"十三五"国家重点出版物出版规划项目

名校名家基础学科系列
Textbooks of Base Disciplines from Top Universities and Experts

普通高等教育"十一五"国家级规划教材

结 构 力 学（Ⅰ）

第 3 版

主编　萧允徽　张来仪
参编　刘　纲　文国治　陈名弟　王达诠
主审　刘　铮

机械工业出版社

本书是在 2006 年第 1 版《结构力学（Ⅰ、Ⅱ）》（普通高等教育"十一五"国家级规划教材）和 2013 年第 2 版的基础上修订而成的升级版。

全书分Ⅰ、Ⅱ两册。第Ⅰ册共 11 章，内容包括：绪论、平面体系的几何组成分析、静定梁和静定刚架的受力分析、三铰拱和悬索结构的受力分析、静定桁架和组合结构的受力分析、虚功原理和结构的位移计算、力法、位移法、渐近法和近似法、影响线及其应用、矩阵位移法，并附有用 C 语言编制的平面刚架静力分析程序；第Ⅱ册共 3 章，内容包括：结构的动力计算、结构的稳定计算、结构的极限荷载。

本书采用"条理化"的论述方式和"板书式"的排版方式，文图并茂，一目了然。本版修订又着重在新增数字资源在线支持，力求融图、文、声、像为一体方面做了新的探索，是一本适应新时代要求、内容更新、版式新颖、教师好用、学生易读的教学用书。

本书适用于普通高等学校宽口径的"大土木"专业（包括建筑工程、路桥、岩土工程、水利工程和建筑安装等），也可供有关工程技术人员参考。为便于教师讲授本教材，配套编制了电子教案，教师可通过 http://www.cmpedu.com（机工教育服务网）注册后免费下载使用。

图书在版编目（CIP）数据

结构力学.Ⅰ/萧允徽，张来仪主编. —3 版. —北京：机械工业出版社，2018.8
（2020.1 重印）
"十三五"国家重点出版物出版规划项目　名校名家基础学科系列　普通高等教育"十一五"国家级规划教材
ISBN 978-7-111-60216-3

Ⅰ.①结… Ⅱ.①萧…②张… Ⅲ.①结构力学—高等学校—教材　Ⅳ.①O342

中国版本图书馆 CIP 数据核字（2018）第 128309 号

机械工业出版社（北京市百万庄大街22号　邮政编码100037）
策划编辑：张金奎　　责任编辑：张金奎
责任校对：陈　越　　封面设计：萧　力
责任印制：孙　炜
保定市中画美凯印刷有限公司印刷
2020 年 1 月第 3 版第 2 次印刷
297mm×210mm · 28.25 印张 · 654 千字
标准书号：ISBN 978-7-111-60216-3
定价：79.00 元

凡购本书，如有缺页、倒页、脱页，由本社发行部调换

电话服务	网络服务
服务咨询热线：010-88379833	机工官网：www.cmpbook.com
读者购书热线：010-88379649	机工官博：weibo.com/cmp1952
	教育服务网：www.cmpedu.com
封面无防伪标均为盗版	金书网：www.golden-book.com

关于本书配套数字课程资源的使用说明

一、如何激活本书的书伴权限

1. 下载"书伴"

用手机浏览器打开 www.weixue.co，按照提示下载对应版本的"书伴"APP。

或者用"微信"扫描右侧二维码，并点击右上角"三个点"按钮，在呼出的菜单中选择"在浏览器中打开"，并按照提示下载对应版本的"书伴"APP。

2. 注册账号

首次打开"书伴"，选择"注册"账号，并按照提示注册账号。

3. 激活本书权限

注册账号后，请刮尽封底正版验证码上的覆层，保证二维码完全露出。然后，用已注册的账号登录书伴，点击书伴开始界面下方正中间的"扫一扫"，扫描刮开的二维码，即可激活本书。

特别注意，激活时仅能绑定一个手机号码及对应的"书伴"账号。

二、如何使用本书的数字资源

本书于每章末，设置"数字资源页"，引入数字课程资源，并列出明细菜单。其内容由"基本内容"和"特色栏目"两个部分组成（详见"第3版前言"）。读者扫描二维码，即可使用相应数字资源。

第 3 版 前 言

本书第 1 版于 2006 年 8 月出版，被遴选为"普通高等教育'十一五'国家级规划教材"。第 2 版于 2013 年 2 月出版，从八个方面对第 1 版进行了修订和完善。本书为第 3 版，是第 1 版和第 2 版的升级版。

本次修订的着眼点和着力点为"三个加强"——加强力学基础理论与土木工程应用相结合，加强自然科学教育与人文素质教育相结合，加强传统教学方式与现代教学手段相结合。

本书未对第 2 版的章节编排及其具体内容做大的变动和修改，而主要是在**新增数字资源在线支持，力求融图、文、声、像为一体**方面做了一些新的探索。其具体做法是：于每章末，设置"数字资源页"，引入数字资源，并列出明细菜单，方便读者扫描，讲求实效。

章末所附"数字资源页"内容，由"基本部分"和"特色栏目"两部分组成。

1. 基本部分

（1）本章回顾：基本内容归纳与解题方法提示。

（2）思辨试题：为加深基本概念理解，培养学生思辨能力，编写有思考题 128 个，判断题 174 个，单选题 138 个，填空题 155 个，均附有题目解析和答案。

（3）自测试卷：为加强基本功训练和分阶段检测学习效果，给学生提供了"静定梁及静定刚架内力图的绘制自测题（含答案）3 套，《结构力学》（Ⅰ）期末自测题（含答案）3 套和《结构力学》（Ⅱ）期末自测题（含答案）3 套。

（4）动画演示：在"第 12 章 结构的动力计算"中，对每个例题所求出的体系主振型均给出相应的动画演示。

（5）难题解析：选择有关基本分析方法和基本计算方法的部分难题，通过视频进行重点讲解。

2. 特色栏目

（1）《专家论坛》：注重学术性、可读性和前瞻性。

紧密结合各章内容的学习，特别编辑了我国力学界、工程界 8 位专家、教授关于力学在土木工程中的重要作用、广泛应用及发展前景的深刻见解和精辟论述，奉献给读者，以期激励莘莘学子拓宽视野，启迪思维，开创未来。

（2）《知识拓展》：注重启发性和应用性。

对第Ⅱ分册（专题部分）所学有关基本知识作适当的拓展和延伸，向读者介绍我国相关科研成果在国家工程设计《规范》和《规程》编制中的实际应用。

（3）《趣味力学》：注重知识性和趣味性。

从日常生活、艺术创作和工程实例中，揭示力学的知识性和趣味性，从而增强年轻读者联系实际学习和研究力学课题的兴趣和能力。

本书由萧允徽和张来仪担任主编。参加修订和编写工作的还有：刘纲、文国治、陈名弟、王达诠。具体分工（以"数字资源"内容分）为："本章回顾"（文国治、刘纲）；"思辨试题""自测试卷""难题解析"（文国治、王达诠）；"动画演示"（陈名弟）；《专家论坛》《知识拓展》（萧允徽）；《趣味力学》（刘纲）。全书由萧允徽和张来仪负责统稿。本书封面和"数字资源页"版面由萧力设计。

本书再次承蒙西安建筑科技大学刘铮教授精心审阅，谨此致谢。

本书所设《专家论坛》，得到了重庆大学李开禧、张希黔、李英民、李正良、杨庆山、华建民、黄国庆等专家、教授的大力支持和热情参与，在此表示由衷感谢；同时，通过在《专家论坛》中选编和学习《谈计算力学》一文，表达对我国著名力学家、教育家钱令希院士的缅怀之情。

为便于教师讲授，本书配套编制有高质量的电子教案，教师可通过 http://www.cmpedu.com（机工教育服务网）注册后免费下载使用。

为帮助读者深入学习结构力学，还配套编写出版了《结构力学辅导》一书（主编文国治，副主编刘纲，机械工业出版社出版），供读者学习参考。

恳请专家、读者对本书不足之处给予批评和指正。

编 者

2018 年 5 月

第 2 版 前 言

本书是在第 1 版《结构力学（Ⅰ、Ⅱ）》（普通高等教育"十一五"国家级规划教材）的基础上，根据教育部 2008 年审定的《结构力学课程教学基本要求（A 类）》以及全国土木工程专业指导委员会 2011 年 10 月制定的《高等学校土木工程本科指导性专业规范》，并认真总结近七年来的教学实践经验修订而成的。

本次修订工作仍遵循第 1 版关于"四基"的编写原则，并保持第 1 版教材原有的鲜明特色，在以下几个方面进行了修订、完善和探索。

（1）为了加强本课程与专业课程以及工程实际的紧密联系，改写和充实了第 1 章绪论的内容。

（2）为了弥补第 1 版教材在培养学生对内力图绘制正误性判断能力上的不足，在第 3 章中强调了对静定结构内力图的校核。

（3）为了加深对变形图的正确理解，凡绘制各插图中的变形曲线时，均力求更能符合变形规律和反映变形特征；同时，通过贯穿于第 6 章～第 9 章中相关的例题和习题，着意培养学生勾绘变形曲线的能力。

（4）为了加强矩阵位移法基本原理的介绍，并与后续相关课程相衔接，改写了第 11 章；同时，考虑到目前程序编制的发展趋势，改用 C 语言编写了附录 A 中的平面刚架静力分析程序。

（5）为了贯彻"少而精"的原则，更方便本科教学，对于第 13 章第 3 节，即"13.3 确定临界荷载的能量法"一节，进行了重新编写，精选其中一种解法，而删去对多种解法的介绍及综述。

（6）为了论述更加严密和便于阅读理解，对一些文字和例题进行了修改和调整。

（7）为了更好地体现各个插图对诠释文中内容的作用，对全书所有插图的名称和标注重新进行了规范和必要修改。

（8）为了更好地发挥"板书式"排版方式其"图文并茂，一目了然"的优点，本次修订时，对教材版式也作了进一步的完善。

本书由萧允徽、张来仪担任主编。参加修订工作的有：文国治、王达诠（第Ⅰ分册）和陈名弟（第Ⅱ分册）。

本书再次承蒙西安建筑科技大学刘铮教授精心审阅，谨致谢意。

本书封面照片是编者自摄的重庆朝天门长江大桥（该桥为我国自行设计和建造的"世界第一钢桁架拱桥"）。

欢迎专家、读者继续批评和指正。

编　者

2013 年 1 月

第1版 前言

本书是按照教育部审定的《结构力学课程教学基本要求》新编的教材,适用于普通高等学校宽口径的"大土木"专业(包括建筑工程、路桥、岩土工程、水利工程和建筑安装等),也可供有关工程技术人员参考。

为培养高素质创新型专门人才,本书在编写过程中,坚持"基本概念的阐述要准确,基本原理的论证要透彻,基本方法的分析要具体,基本能力的培养要加强"的编写原则,在学习、继承的基础上,结合编者多年来从事结构力学教学、科研的实践,力求为读者提供一本内容精炼、版式新颖、教师好用、学生易读的新教材。本书在以下几方面作了一些新的探索:

(1)专门为教师上课,特别是采用多媒体教学,设计了"板书式"(书横排,强调文、图、公式紧密结合)的排版方式,图文并茂,一目了然,以利于教师使用和学生理解。

(2)刻意依次编排推理层次,纲目清晰,采用多层次并对小节次也多冠以标题的"条理化"的论述方式,以突出结构变形行为的因果关系和逻辑环链。

(3)精选措辞,务求准确覆盖力学概念的内涵。

(4)丰富示例,用以验证理论的工程实用价值,为后续深化认识奠定坚实的基础。

(5)适当引入新的科研成果,以充实和更新教材内容,使力学原理和计算更贴近和反映工程实际。

本书由萧允徽、张来仪主编,萧允徽、张来仪、陈名弟、王达诠共同编写完成。

本书书稿承蒙西安建筑科技大学刘铮教授和重庆大学张汝清教授精心审阅,提出了许多宝贵的意见,对提高本书的质量起了重要作用。

本书的编写得到重庆大学教材建设基金的资助,同时还得到了重庆大学土木工程学院及建筑力学教研室同仁的大力支持。赵更新、游渊、文国治为本书各章编写了思考题和习题,黎娟、刘纲为本书绘制了插图。

借本书出版之际,编者在此一并致以衷心的谢忱。

限于编者水平,书中可能还存在不少问题,恳请广大读者批评指正。

编 者
2006 年 7 月

目 录

第3版前言
第2版前言
第1版前言

第1章 绪论 ··· 1
  1.1 结构力学研究的对象和任务 ······································ 3
  1.2 杆件结构的计算简图 ·· 7
  1.3 平面杆件结构的分类 ·· 9
  1.4 荷载的分类 ·· 10
  1.5 结构计算简图实例 ··· 11
  数字资源目录 ·· 14

第2章 平面体系的几何组成分析 ·································· 15
  2.1 几何不变体系和几何可变体系 ································ 17
  2.2 几何组成分析的几个概念 ······································· 18
  2.3 平面体系的计算自由度 ··· 20
  2.4 平面几何不变体系的基本组成规则 ························ 23
  2.5 几何可变体系 ·· 24
  2.6 几何组成分析的方法及示例 ··································· 26
  2.7 静定结构与超静定结构 ··· 29
  习 题 ··· 29
  数字资源目录 ·· 34

第3章 静定梁和静定刚架的受力分析 ························· 35
  3.1 单跨静定梁 ·· 37
  3.2 多跨静定梁 ·· 46
  3.3 静定平面刚架 ·· 48
  *3.4 静定空间刚架 ··· 58
  习 题 ··· 61
  数字资源目录 ·· 70

第4章 三铰拱和悬索结构的受力分析 ························ 71
  4.1 拱结构的形式和特性 ··· 73
  4.2 三铰拱的内力计算 ··· 74
  4.3 三铰拱的压力线和合理拱轴 ··································· 80
  *4.4 悬索结构 ··· 84
  习 题 ··· 88
  数字资源目录 ·· 92

第5章 静定桁架和组合结构的受力分析 ···················· 93
  5.1 桁架的特点和组成 ··· 95
  5.2 静定平面桁架 ·· 97
  5.3 三种平面梁式桁架受力性能比较 ···························· 109
  *5.4 静定空间桁架 ··· 112

| 5.5 静定组合结构 ································· 115
| 5.6 静定结构的特性 ······························ 118
| 习 题 ··· 121
| 数字资源目录 ·· 128

第6章 虚功原理和结构的位移计算 ············ 129
| 6.1 概述 ··· 131
| 6.2 变形体系的虚功原理 ····························· 133
| 6.3 结构位移计算的一般公式 单位荷载法 ······· 139
| 6.4 静定结构在荷载作用下的位移计算 ············ 141
| 6.5 图形相乘法 ······································ 146
| 6.6 静定结构由于支座移动引起的位移计算 ······· 154
| 6.7 静定结构由于温度变化引起的位移计算 ······· 155
| *6.8 具有弹性支座的静定结构的位移计算 ········ 158
| 6.9 线弹性体系的互等定理 ························· 160
| 习 题 ··· 164
| 数字资源目录 ·· 174

第7章 力 法 ······································ 175
| 7.1 超静定结构概述 ································· 177
| 7.2 力法的基本原理 ································· 180
| 7.3 力法的基本体系选择及典型方程 ··············· 184
| 7.4 用力法计算超静定结构在荷载作用下的内力 ··· 188
| 7.5 用力法计算超静定结构在支座移动和温度变化时的内力 ······································ 199
| 7.6 对称结构的简化计算 ····························· 205
| 7.7 用弹性中心法计算对称无铰拱 ··················· 211
| 7.8 超静定结构的位移计算 ························· 218
| 7.9 超静定结构内力图的校核 ······················· 222
| 7.10 超静定结构的特性 ····························· 225
| 习 题 ··· 226
| 数字资源目录 ·· 236

第8章 位移法 ···································· 237
| 8.1 位移法的基本概念 ································ 239
| 8.2 等截面直杆的转角位移方程 ···················· 241
| 8.3 位移法的基本未知量 ····························· 246
| 8.4 位移法的基本结构及位移法方程 ··············· 250
| 8.5 用典型方程法计算超静定结构在荷载作用下的内力 ··· 254
| *8.6 用典型方程法计算超静定结构在支座移动和温度变化时的内力 ······························ 266
| 8.7 用直接平衡法计算超静定结构的内力 ········· 270
| *8.8 混合法 ··· 273
| 习 题 ··· 275
| 数字资源目录 ·· 284

第9章 渐近法和近似法 ··· 285

9.1 概述 ··· 287
9.2 力矩分配法的基本概念 ··· 288
9.3 用力矩分配法计算连续梁和无侧移刚架 ··· 295
9.4 无剪力分配法 ··· 301
*9.5 多层多跨刚架的近似计算法 ··· 304
习　题 ··· 308
数字资源目录 ··· 318

第10章 影响线及其应用 ··· 319

10.1 移动荷载及影响线概念 ··· 321
10.2 用静力法作静定梁的影响线 ··· 323
10.3 用静力法作间接荷载作用下梁的影响线 ··· 330
10.4 用静力法作静定桁架的影响线 ··· 333
10.5 用机动法作静定梁的影响线 ··· 337
10.6 利用影响线计算影响量值 ··· 342
10.7 利用影响线确定移动荷载最不利位置 ··· 344
10.8 铁路公路的标准荷载制 ··· 351
10.9 换算荷载 ··· 353
10.10 简支梁的内力包络图和绝对最大弯矩 ··· 356
10.11 用机动法作连续梁的影响线 ··· 360
10.12 连续梁的内力包络图 ··· 364
习　题 ··· 367
数字资源目录 ··· 376

第11章 矩阵位移法 ··· 377

11.1 概述 ··· 379
11.2 杆件结构的离散化 ··· 380
11.3 单元坐标系中的单元刚度矩阵 ··· 384
11.4 结构坐标系中的单元刚度矩阵 ··· 387
11.5 用先处理法形成结构刚度矩阵 ··· 388
11.6 结构的综合结点荷载列阵 ··· 397
11.7 求解结点位移和单元杆端力 ··· 400
11.8 矩阵位移法的计算步骤和算例 ··· 402
11.9 平面刚架程序设计 ··· 409
习　题 ··· 416
数字资源目录 ··· 424

附录 ··· 425

附录A 平面刚架静力分析程序（PFF程序） ··· 425
附录B 部分分析计算题答案 ··· 433

参考文献 ··· 440

第 1 章 绪论

- **本章教学的基本要求**：了解结构力学研究的对象和任务；初步了解计算机化的结构力学的发展趋势；了解选取结构计算简图的原则、要求及其主要内容；了解平面杆件结构的分类；了解各类结构的受力性能；了解荷载的分类。

- **本章教学内容的重点**：结构力学研究的对象和任务；杆件结构的计算简图。

- **本章教学内容的难点**：如何将实际结构简化为计算简图。

- **本章内容简介**：

> 1.1 结构力学研究的对象和任务
> 1.2 杆件结构的计算简图
> 1.3 平面杆件结构的分类
> 1.4 荷载的分类
> 1.5 结构计算简图实例

第1章 绪论

1.1 结构力学研究的对象和任务

1.1.1 结构

建筑物和构筑物中，用以支承、传递荷载并维持其使用功能形态的部分，称为**工程结构**，简称**结构**。例如，房屋中的梁柱体系，水工建筑物中的水坝和闸门，公路和铁路上的桥梁和隧道，以及电力通信系统中的输电塔和电视塔等。

1.1.2 研究的对象和任务

以下工程力学课程之间既有密切的联系，又有明确的分工。

(1) **理论力学**：着重讨论刚体机械运动的基本规律。

(2) **材料力学**：着重讨论单个杆件的强度、刚度和稳定性的计算。

(3) **结构力学**：着重讨论杆件结构的强度、刚度、稳定性计算和动力反应，以及结构的组成规律。具体地说，包括以下几个方面：

　1) 讨论结构的组成规律、合理形式及结构计算简图的合理选择。

　2) 讨论结构内力和变形的计算方法，为结构设计的强度计算和刚度验算奠定基础。

　3) 讨论结构的稳定性以及在动力荷载作用下的结构反应。

(4) **弹塑性力学**：着重讨论薄壁结构（板、壳、膜结构等）和实体结构（挡土墙、墩台、重力坝、块体基础等）的应力、变形、稳定性和动力反应等问题。

学习结构力学，要注重对于分析能力、计算能力、自学能力和表达能力的训练。

1.1.3 土木工程结构实例

图 1-1 是土木工程结构的一些实例。

(1) **上海环球金融中心**（图 1-1a）

塔楼地上 101 层，高 492m。由三维巨型框架-核心筒及其间相互联系的伸臂钢桁架所组成的三重结构体系。于 2008 年 8 月竣工。

(2) **北京奥运会主体育馆（鸟巢）**（图 1-1b）

骨架结构由 24 榀巨大的门式钢桁架围绕着内部碗状看台旋转而成。于 2008 年 4 月竣工。

(3) **重庆朝天门长江大桥**（图 1-1c）

主跨为 552m 的"世界第一钢桁架拱桥"。于 2009 年 4 月通车。

(4) **国家游泳中心（水立方）**（图 1-1d）

世界上最大的膜结构工程，外墙体和屋面围护结构采用新型空间钢膜结构体系。于 2008 年 1 月竣工。

(5) **国家大剧院**（图 1-1e）

巨大的椭圆形壳体由 148 榀弧形钢桁架组成。该壳体东西长轴 212m，南北短轴 143m，高 46m。于 2007 年 12 月竣工。

(6) **中央电视台新台址工程**（图 1-1f）

两塔楼为筒中筒结构，顶部"空中楼阁"悬挑臂长 75m。于 2012 年 5 月竣工。

(7) **长江三峡大坝**（图 1-1g）

世界上规模最大的混凝土重力坝，坝顶总长 3035m，高 185m。主体工程于 2006 年 5 月建成。

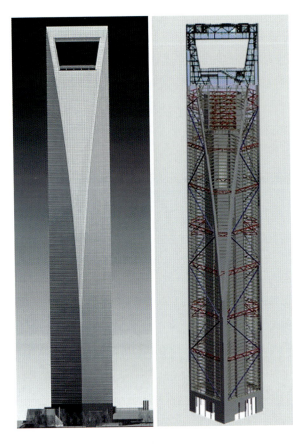

a) 上海环球金融中心
（选自本教材参考文献[24]）

图1-1 土木工程结构的一些实例

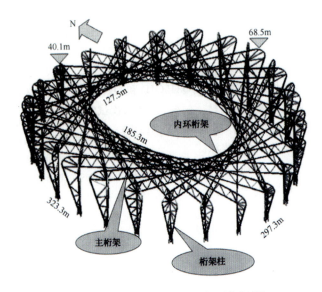

b) 北京奥运会主体育馆（鸟巢）结构布置图
（选自本教材参考文献[25]）

c) 重庆朝天门长江大桥
（选自《中国影像网》http://www.imagecn.cn）

d) 国家游泳中心（水立方）
（选自《昵图网》http://www.nipic.com）

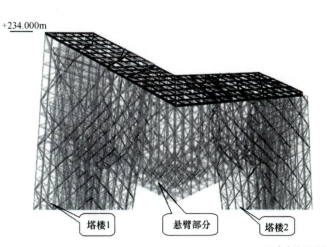

f) 中央电视台新台址工程
（左图选自本教材参考文献[24]，右图选自《百度网》http://www.baidu.com）

g) 长江三峡大坝
（选自《百度网》http://www.baidu.com）

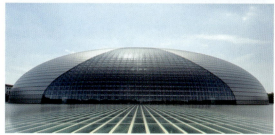

e) 国家大剧院
（选自《昵图网》http://www.nipic.com）

图 1-1　土木工程结构的一些实例（续）

1.1.4 计算机化的结构力学

应当指出的是，自从电子计算机和有限元法问世以来，结构力学这门学科得到了进一步的发展，出现了计算机化的结构力学（即计算结构力学）这个新的分支，使结构力学研究的对象、任务、理论、计算模型和数学工具都发生了深刻的变化。

① 对象

结构力学研究的对象，原先主要是杆件结构；计算结构力学研究的对象，变成为可以是各种不同类型构件（杆件、板、壳、膜结构和实体结构）的组合体，即过去是一种一种地来处理，而现在则可以比较如实地按结构的本来面貌来研究。

② 任务

由原先仅仅是进行结构受力和反应的分析（被动地分析和说明结构在外因作用下的反应），发展为在一定的目标和约束下，主动从事结构优化设计（主动地设计和改造结构）。

③ 理论

过去各种特殊的计算方法层出不穷（由于来自计算工具方面的障碍，使基础理论的作用未能尽情发挥），现在已使计算方法趋于比较统一，以变分法为基础的有限元法成为普遍采用的方法，其相关软件已商业化。而各种公理化了的变分原理又增添了新的活力，进一步发挥了它们的作用。

④ 计算模型

以往总是尽可能地把空间问题简化为平面问题，多维变少维；非线性问题简化为线性问题；不均匀简化为均匀；不连续的改为连续的；动态的改为静态的。改来改去，无非是如何使问题容易求解。计算机化以后，结构力学可以处理复杂得多的计算模型，从而更便于反映结构的真实情况。

⑤ 数学工具

以往杆件结构用线性代数计算，板、壳、实体结构用偏微分方程计算。现在是离散化的数值计算，矩阵数学成为最有效的数学工具。其他如循环迭代、逻辑判别等，都是结构力学的重要工具。

这些由于计算手段带来的变化，使力学工作者为工程服务的能力有了量级上的提高，这是在计算机化以前难以想象的。

为了反映这种变化和适应发展趋势，在本书中，专列第 11 章矩阵位移法，初步介绍有关内容。为了便于读者进一步学习，可参阅重庆大学文国治、李正良主编的《结构分析中的有限元法》，或其他相关教材。各高等院校均开设有这方面的必修课或选修课。

有必要强调的是：在计算结构力学中，力学是它的主体，是研究的基础；而计算是手段，是为力学服务的。同时，力学还可以判断电子计算机计算结果的正确性。因此，我们应当十分重视经典结构力学理论与方法的学习。

1.2 杆件结构的计算简图

1.2.1 结构的计算简图

实际结构是很复杂的，完全按照结构的实际情况进行力学分析，既不可能，也无必要。结构的计算简图是力学计算的基础，极为重要。

在结构计算中，经过科学抽象加以简化，用以代替实际结构的计算图形，称为结构的计算简图。

1.2.2 选取的原则及要求

选取的原则是：一要从实际出发，二要分清主次。

选取的要求是：既要尽可能正确地反映结构的实际工作状态，又要尽可能使计算简化。

有时，根据不同的要求和具体情况，对于同一实际结构也可选取不同的计算简图。例如，在初步设计阶段，可选取比较简略的计算简图，而在施工图设计阶段，则可选取较为精确的计算简图；用手算时，可选取较为简单的计算简图，而采用电子计算机计算时，则可选取较为复杂的计算简图。

总的来说，这是一个比较复杂的问题，对结构计算简图的合理选择，需经过本书以下逐章的学习、相关专业课的学习以及今后工作的实践的积累，才能逐渐理解和把握得更准确。

1.2.3 实际杆件结构的简化

将实际杆件结构简化为计算简图，通常包括以下几个方面的内容：

1 杆件体系的简化

实际工程结构都是空间结构，其计算工作量一般都很大。在大多数情况下，常可忽略一些次要的空间约束，而将其简化为平面结构，使计算得到简化，并能满足一定的工程精度要求。

2 几何形式的简化

在平面杆件结构中，当杆件的长度大于其截面宽度和高度的5倍以上时，通常可认为杆件变形时其截面仍保持平面，截面上某点的应力可以根据该截面上的内力（弯矩、剪力和轴力）来确定。由于内力只沿杆长方向变化，因此，在计算简图中，无论是直杆或曲杆，均可用其轴线（各横截面形心的连线）代替杆件，而用按杆轴线形成的几何轮廓来代替原结构。

3 材料性质的简化

杆件材料一般均假设为连续、均匀、各向同性、完全弹性或弹塑性。对于金属材料，以上假设在一定受力范围内是符合实际情况的；而对于混凝土、砖、石，乃至木材等材料，则带有不同程度的近似性。

4 支座的简化

根据支座对结构的约束作用，平面杆件结构的支座可简化为下列几种：

(1) **活动铰支座（滚轴支座、辊轴支座）**：见图 1-2a。

(2) **固定铰支座（不动铰支座，也简称铰支座）**：见图 1-2b。

(3) **固定支座**：见图 1-2c。

以上三种支座，在先修的力学课程中已作过详细介绍。

(4) **定向支座（滑动支座、双链杆支座）**：见图 1-2d。

结构在支承处不能转动，不能沿垂直于支承面的方向移动，但可沿支承面的方向滑动。计算简图用垂直于支承面的两根平行链杆表示，其支座反力为一垂直于支承面的集中力和一个力矩。这种支座在实际工程结构中并不多见，但对超静定结构利用对称性进行简化计算时，具有理论分析价值。

(5) **弹性支座**：如果在结构计算时，需要考虑支座本身的变形，则称这种支座为弹性支座。弹性支座又可分为**抗移动弹性支座**（如图 1-2e 所示）和**抗转动弹性支座**（如图 1-2f 所示）。图中 k，表示使弹性支座发生单位移动（或单位转动）时，沿该方向所需施加的力（或力矩），称为弹性刚度系数。

有必要指出，**支座反力（简称支反力）是一个广义力，它既可表示支座处沿某方向的单个反力，也可表示支座处的反力矩。**

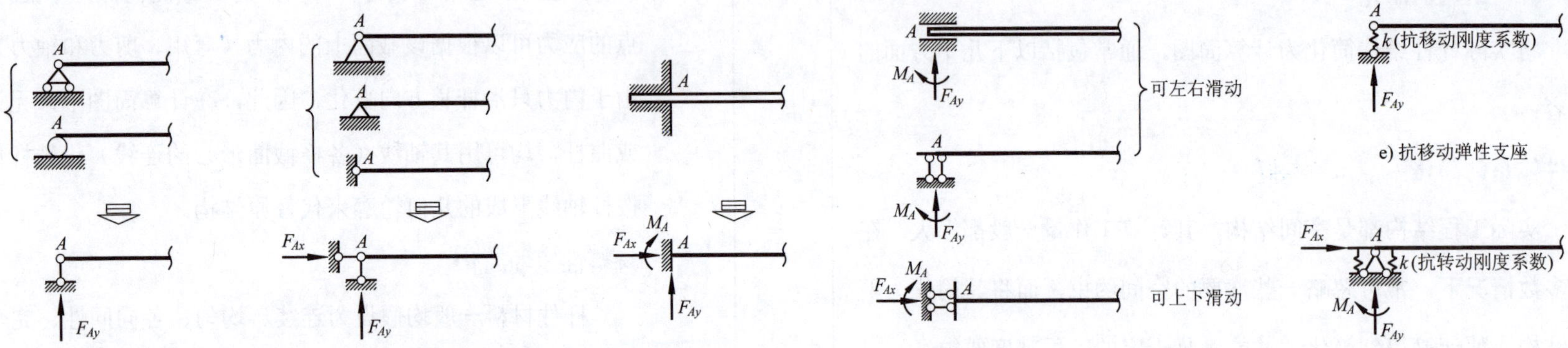

图 1-2 平面杆件结构的支座

a) 活动铰支座　　b) 固定铰支座　　c) 固定支座　　d) 定向支座　　f) 抗转动弹性支座

e) 抗移动弹性支座

⑤ **结点的简化**

实际平面结构各杆件连接的形式多种多样，但通常可以简化为以下两种基本结点和一种组合结点。

(1) **刚结点**：其变形特征是，汇交于结点的各杆端之间不能发生相对转动；其受力特点是，刚结点处不但能承受和传递力，而且能承受和传递力矩（图1-3a）。

(2) **铰结点**：其变形特征是，汇交于结点的各杆端可以绕结点自由转动；其受力特点是，在铰结点处，只能承受和传递力，而不能承受和传递力矩（图1-3b）。

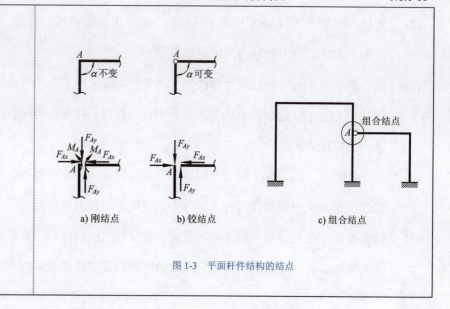

图1-3 平面杆件结构的结点

(3) **组合结点**（又称**不完全铰结点**或**半铰结点**）：在同一结点上，部分刚结，部分铰结（图1-3c）。

⑥ **荷载的简化**

在对结构进行分析时，常将荷载简化为沿杆轴连续分布的线荷载或作用在一点的集中力。

例如，对于横放的等截面杆，可以将其自重简化为沿杆长均匀分布的线荷载；对水坝进行计算时，常取单位长度的坝段（例如1m），将水压力简化为作用在坝段对称面内，与水深成正比的线性分布荷载。

又如，当荷载的作用面积相对于构件的几何尺寸很小时，可以将其简化为集中力。工业厂房中，通过轮子作用在吊车梁上的吊车（起重机俗称吊车，本书中吊车专指工业厂房所用桥式起重机）荷载，由于轮子与吊车梁的接触面积很小，可以将轮压看作是作用在吊车梁上的集中荷载。

1.3 平面杆件结构的分类

结构的分类，实际上是指结构计算简图的分类。

1.3.1 按结构受力和变形特性分类

(1) **梁**：梁（图1-4a）是一种受弯构件，其轴线通常为直线。梁有单跨和多跨的。其内力一般有弯矩和剪力，以弯矩为主。

(2) **刚架**：刚架（图 1-4b）由梁和柱组成，结点多为刚结点。其内力一般有弯矩、剪力和轴力，以弯矩为主。

(3) **拱**：拱（图 1-4c）的轴线为曲线，且在竖向荷载作用下会产生水平反力（推力）。这使得拱内弯矩和剪力比同跨度、同荷载的梁小。其内力以压力为主。

(4) **桁架**：桁架（图 1-4d）由直杆组成，所有结点都为理想铰结点。当仅受结点集中荷载作用时，其内力只有轴力（拉力和压力）。

(5) **组合结构**：组合结构（图 1-4e）是由只承受轴力的**桁杆**和主要承受弯矩的**梁杆**（梁或刚架杆件）组成的结构，其中含有组合结点。

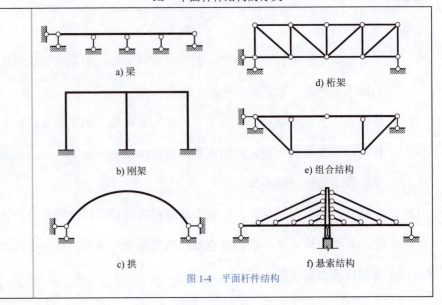

图 1-4　平面杆件结构

(6) **悬索结构**：悬索结构（图 1-4f）通常以仅能承受拉力的柔性缆索作为主要受力构件。

1.3.2　按结构计算特性分类

(1) **静定结构**：其杆件内力（包括支反力）可由平衡条件唯一确定。

(2) **超静定结构**：其杆件内力（包括支反力）仅由平衡条件还不能唯一确定，而必须同时考虑变形条件才能唯一确定。

1.3.3　按结构几何特性分类

(1) **平面结构**：各杆的轴线和外力的作用线均在同一平面内。

(2) **空间结构**：各杆的轴线不在同一平面内，如空间刚架、电视塔等。

1.4　荷载的分类

结构产生内力和变形等效应的原因，统称为**结构上的作用**。结构上的作用包括直接作用和间接作用。**结构上的直接作用**，是指直接施加在结构上的各种主动外力（集中力和分布力）；而**结构上的间接作用**，是指引起结构外加变形或约束变形的作用，例如，温度变化、支座移动、制造误差、材料收缩以及松弛、徐变等。

结构上的直接作用，就是通常所称的**荷载**；而结构上的间接作用，则可称为**广义荷载**。

现对工程中的荷载分类如下：

1.4.1 按荷载作用的时间长短分类

根据我国现行《建筑结构荷载规范》的规定，可分为三类：

(1) 恒载（亦称永久荷载）：永久作用在结构上的不变荷载，如结构自重、固定设备、土压力等。

(2) 活载（亦称可变荷载）：暂时作用在结构上的可变荷载，如临时设备、人群、风力、水压力、移动的吊车、汽车和列车等。

活载按其作用位置的变化情况，还可分为：

1) 可动荷载：可作用于结构上任意位置的荷载，如风载、雪载、人群等。

2) 移动荷载：一般互相平行、间距不变，并能在结构上移动的荷载。如汽车、火车和吊车荷载等。

(3) 偶然荷载：偶然作用在结构上的，其量值很大且持续时间很短的荷载，如地震、爆炸冲击荷载等。

1.4.2 按荷载作用的动力效应分类

(1) 静力荷载：其大小、方向和位置不随时间变化或变化极为缓慢，不会使结构产生显著的振动，因而可略去惯性力的影响。恒载以及只考虑位置改变而不考虑动力效应的移动荷载都是静力荷载。

(2) 动力荷载：随时间迅速变化的荷载，使结构产生显著的振动，因而惯性力的影响不能忽略，如往复周期荷载（机械运转时产生的荷载）、冲击荷载（爆炸冲击波）和瞬时荷载（地震、风振）等。

1.5 结构计算简图实例

本节，以图 1-5a 所示的钢筋混凝土单层工业厂房的实例，说明结构计算简图的选取。

1.5.1 结构体系的简化

该厂房结构是由屋架、柱和基础所组成的若干横向平面单元，通过屋面板、吊车梁和支撑系统等各种纵向构件联系起来的一个空间杆件结构。但从荷载传递的情况来看，屋面荷载（包括屋面上的风荷载）和吊车轮压等，都主要通过纵向的屋面板和吊车梁等构件，将相应荷载传递到横向平面单元上；而侧墙上的风荷载

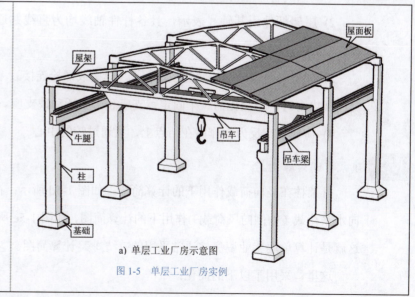

a) 单层工业厂房示意图

图 1-5 单层工业厂房实例

（图中侧墙省略未画出），一般也可简化为沿竖向的均布线荷载，由墙体传递到横向平面单元的柱上。因此，在选择计算简图时，可以略去各横向平面单元之间的纵向联系的作用，而把这样一个复杂的空间结构，分解转化为如图 1-5b 所示的一个横向平面单元来分析。这样的横向平面单元，通常称为排架。

1.5.2 屋架的计算简图

沿厂房的横向，屋架可按平面桁架计算。

图 1-5a 中的屋架，承受屋面板传来的竖向荷载的作用，其荷载大小按纵向柱间距中线之间屋面板的面积计算；同时，屋架还

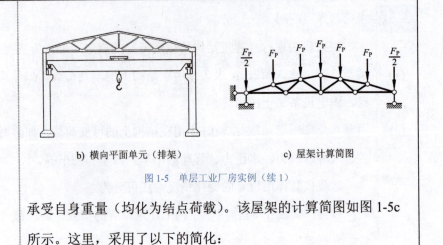

b) 横向平面单元（排架）　　c) 屋架计算简图

图 1-5　单层工业厂房实例（续 1）

承受自身重量（均化为结点荷载）。该屋架的计算简图如图 1-5c 所示。这里，采用了以下的简化：

1) 各结点都是光滑的理想铰。

2) 屋架杆件用其轴线表示，且各杆件轴线均为直线并通过铰的中心。

3) 屋架的两端分别与两边柱顶相连（焊接或螺栓连接），在计算屋架内力时，可简化为一个固定铰支座和一个活动铰支座。

4) 荷载和支反力都作用在结点上，且通过铰的中心。

1.5.3 排架柱的计算简图

排架柱在竖向荷载作用下的计算简图，如图 1-5d 所示；在横向水平荷载（如侧向风荷载）作用下的计算简图，如图 1-5e 所示。这就是计算单层工业厂房柱通常采用的铰结排架计算简图。

这里，采用了以下的简化：

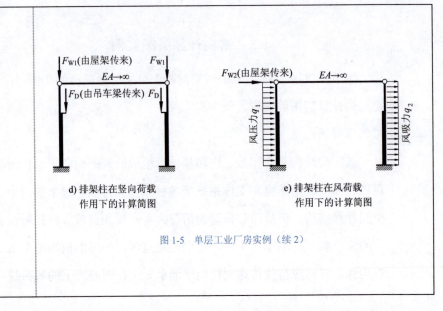

d) 排架柱在竖向荷载　　e) 排架柱在风荷载
　作用下的计算简图　　　作用下的计算简图

图 1-5　单层工业厂房实例（续 2）

1) 柱用其轴线表示。由于上下两段柱的截面大小不同，因此，应分别各用一条通过各自截面形心的连线来表示。

2) 屋架以一链杆代替。由于屋架的横向刚度很大，因此，可认为两柱顶之间的水平距离在受荷前后没有变化，即可用抗拉压刚度 $EA\to\infty$ 的一根链杆来代替该屋架。

3) 柱插入基础后，再用细石混凝土填实，因此，柱基础可视为固定支座。

4) 在图 1-5d 中，排架柱除承受屋架传来的竖向压力 F_{W1} 外，还承受牛腿上吊车梁传来的吊车荷载 F_D 作用。

5) 在图 1-5e 中，排架柱所受的水平风荷载包括以下两个部分：

① 迎风面柱顶上作用的水平集中力 F_{W2}：它是由屋架传来的屋面上所有风荷载沿水平方向的合力；

② 两排架柱上分别作用的风压力 q_1 和风吸力 q_2：它们是将侧墙上纵向柱间距中线之间的风荷载简化为沿柱高均匀分布的线荷载。

1.5.4 吊车梁的计算简图

吊车梁及其计算简图如图 1-5f 所示。这里，采用了以下简化：

1) 以梁的轴线代替实际的吊车梁，近似地取梁两端与柱子牛腿接触面的中心之间的距离为梁的计算跨度 l。

2) 吊车梁两端通过预埋件与柱子牛腿焊接，不能上下移动，也不能水平移动。但承受荷载而微弯时，梁的两端可以发生微小的转动；当温度变化时，梁还能自由伸缩。因此，可将梁的一端简化为固定铰支座，另一端简化为可动铰支座。

3) 吊车梁及其上面钢轨的自重，是作用在梁轴上的恒载，沿梁轴线均匀分布，可简化为均匀线荷载 q；吊车荷载所引起的两个竖向轮压 F_P 是活载（间距 d 不变的移动荷载），由于与钢轨接触面很小，可简化为集中荷载。

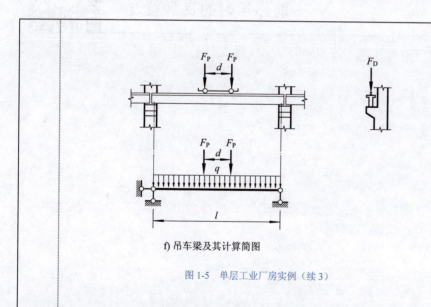

f) 吊车梁及其计算简图

图 1-5 单层工业厂房实例（续3）

第1章 绪论 数字资源目录

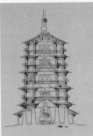

【专家论坛】

1 结构力学的前世今生

【专家论坛】

2 当代400米以上典型超高层建筑集锦

【历史记忆】

3 全国结构力学教师的一次盛会

【你知道吗】

中国著名土木工程人物

【团队建设】

为你服务的教学团队
助你学习的良师益友

山西应县木塔

第 2 章　平面体系的几何组成分析

● **本章教学的基本要求**：掌握几何不变体系、几何可变体系、刚片、自由度、约束、必要约束与多余约束、实铰与虚铰的概念；了解平面体系的计算自由度及其计算方法；掌握平面几何不变体系的基本组成规则及其运用；了解体系的几何组成与静力特性之间的关系。

● **本章教学内容的重点**：几何不变体系的基本组成规则及其运用；静定结构与超静定结构的概念。

● **本章教学内容的难点**：灵活运用三个基本组成规则分析平面体系的几何组成性质。

● **本章内容简介**：

> 2.1　几何不变体系和几何可变体系
> 2.2　几何组成分析的几个概念
> 2.3　平面体系的计算自由度
> 2.4　平面几何不变体系的基本组成规则
> 2.5　几何可变体系
> 2.6　几何组成分析的方法及示例
> 2.7　静定结构与超静定结构

2.1 几何不变体系和几何可变体系

2.1.1 几何不变体系和几何可变体系

任一杆件体系在荷载等外因作用下，其几何形状和位置均要发生改变，但原因有本质不同：仅由于杆件自身弹性变形（缘于材料应变）引起的，变形微小（图2-1a）；而由于杆件之间发生刚体位移引起的，形状和位置改变很大（图2-1c）。显然，前者不影响结构的正常使用，如果忽略材料应变，将其视为刚性杆件，则其几何形状和位置均不会改变（图2-1b），即该体系具有几何稳定性，而后者产生刚体运动，其体系不具有几何稳定性。

这样，杆件体系根据其几何稳定性，可分为以下两种体系：

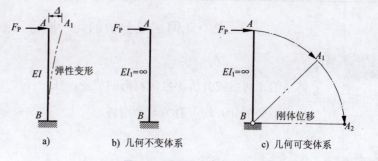

图2-1 几何不变体系和几何可变体系

(1) 几何不变体系：受到荷载等外因作用后，若不考虑材料的应变，其几何形状和位置均能保持不变的体系（图2-1b）。

(2) 几何可变体系：受到荷载等外因作用后，由于刚体运动，其几何形状和位置可以发生改变的体系（图2-1c）。

2.1.2 造成几何可变的原因

1 内部构造不健全

如图2-2a所示，由两个铰结三角形组成的桁架，本为几何不变体系；但若从其内部抽掉一根桁杆 CB，如图2-2b所示，则当结点 C 处作用 F_P 时，该桁架杆件之间将产生刚体位移，即变成了几何可变体系。

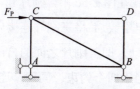
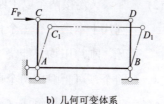

a) 几何不变体系　　b) 几何可变体系

图2-2 造成几何可变的原因之一

2 外部支承不恰当

如图2-3a所示简支梁，本为几何不变体系；但若将 A 端水平支杆移至 C 处并竖向设置，如图2-3b所示，则在图示 F_P 作用下，梁 AB 将相对于地基发生刚体平移，即变成了几何可变体系。

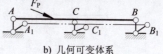

a) 几何不变体系　　b) 几何可变体系

图2-3 造成几何可变的原因之二

2.1.3 几何组成分析的目的

结构必须是几何不变体系才能承担荷载。几何组成分析主要就是要检查并设法保证结构是几何不变体系；同时，有助于结构的受力分析。

2.2 几何组成分析的几个概念

2.2.1 刚片

体系的几何组成分析不考虑材料的应变，任一杆件（或体系中一几何不变部分）均可看为一个刚体，一个平面刚体称为一个刚片。

2.2.2 自由度

体系运动时可以独立改变的几何坐标的数目，称为该体系的自由度。

平面内一个点的自由度为二（参见图 2-4a）。

平面内一根杆件（一个刚片）的自由度为三（参见图 2-4b）。

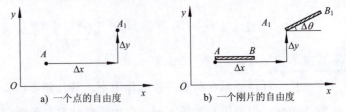

a) 一个点的自由度　　b) 一个刚片的自由度

图 2-4　一个点与一个刚片的自由度

2.2.3 约束

减少自由度的装置称为约束（或联系）。可以减少一个自由度的装置是一个约束。杆件与地基之间常用的约束是支杆、固定铰支座和固定支座，称为外部约束；杆件之间常用的约束是链杆、铰结和刚结，称为内部约束。

1. 链杆的约束作用

在图 2-5a 中，刚片 II 相对于刚片 I（此时刚片 I 可视为不动，以下同）本来有三个自由度，但用链杆 AB 连接后，则刚片 II 沿 AB 方向的移动受到约束，使两刚片间的自由度减少一个。因此，一根链杆相当于一个约束。

2. 铰的约束作用

(1) 单铰（连接两个刚片的铰）：在图 2-5b 中，刚片 II 相对于刚片 I 本来有三个自由度，但用铰 A 连接后，则刚片 II 只能绕铰 A 相对转动，使两刚片之间的自由度减少两个。因此，一个单铰相当于两个约束。

(2) 复铰（连接两个以上刚片的铰）：在图 2-5c 中，刚片 II、III 相对于刚片 I 本来各有三个自由度，但用铰 A 将三刚片连接后，则刚片 II、刚片 III 均只能绕 A 相对转动，即三刚片之间的自由度共减少四个，可折算成两个单铰，相当于四个约束。同理，连接 n 个刚片的复铰可折算成 $(n-1)$ 个单铰，相当于 $2(n-1)$ 个约束。

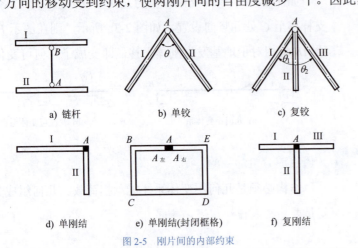

a) 链杆　　b) 单铰　　c) 复铰

d) 单刚结　　e) 单刚结（封闭框格）　　f) 复刚结

图 2-5　刚片间的内部约束

3 刚结的约束作用

(1) **单刚结**（连接两个刚片的刚结）：在图 2-5d 中，刚片 Ⅰ 与 Ⅱ 用刚结点 A 连接后，使两刚片间不再有相对运动，其自由度减少三个。因此，一个单刚结相当于三个约束。图 2-5e 所示为工程实际中常见到的**封闭框格**，是单刚结的一个特例，该封闭框格可看作是一个开口的刚片 $A_\text{左}BCDEA_\text{右}$ 在 A 处用单刚结连接而成。

(2) **复刚结**（连接两个以上刚片的刚结）：在图 2-5f 中，Ⅰ、Ⅱ、Ⅲ 用复刚结 A 连接后，使三刚片间不再有相对运动，自由度共减少六个，可折算成两个单刚结，相当于六个约束。同理，连接 n 个刚片的复刚结可折算成 (n−1) 个单刚结，相当于 3(n−1) 个约束。

2.2.4 必要约束和多余约束

(1) **必要约束**：在体系中增加或去掉某个约束，体系的自由度数目将随之变化，则此约束称为**必要约束**。

(2) **多余约束**：在体系中增加或去掉某个约束，体系的自由度数目并不因此而改变，则此约束称为**多余约束**。

如图 2-6a 所示，梁 AB 被支杆①、②、③约束，自由度为零，去掉其中任何一根支杆，AB 均将发生刚体位移，自由度增加为 1。因此，该三根支杆都是必要约束。若如图 2-6b 所示，在 C 处增设

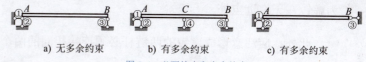

a) 无多余约束　　b) 有多余约束　　c) 有多余约束

图 2-6 必要约束和多余约束

一竖向支杆④，梁 AB 的自由度仍为零，则支杆④为多余约束（可将竖向支杆②、③、④中任一根视为多余约束），而水平支杆①则是必要约束。若如图 2-6c 所示，梁 AB 的三根支杆交于一点，则水平支杆①和③中只有一个是必要约束，另一个则是多余约束；而竖向支杆②则是必要约束。

2.2.5 实铰和虚铰

(1) **实铰**：如图 2-7a 所示，当刚片 Ⅰ、Ⅱ 用交于 A 点的两根链杆连接时，其约束作用与图 2-7b 所示用一个铰连接的约束作用完全相同。

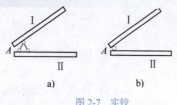

图 2-7 实铰

图 2-7a 两根链杆的交点 A 和图 2-7b 的铰 A 称为**实铰**。

(2) **虚铰（瞬铰）**：

如图 2-8a、b 所示，刚片 Ⅰ 在平面内本来有三个自由度，如果用两根不平行的链杆将其与地基相连接，则此体系仍有一个自由度。A 点、C 点的微小位移应分别与链杆①、②相垂直。以 O 点表示两根链杆轴线的交点。显然，刚片 Ⅰ 可以发生以 O 为中心的

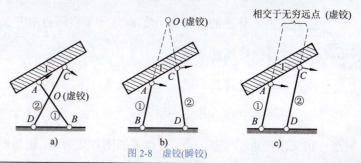

图 2-8 虚铰（瞬铰）

微小转动，O 点称为**瞬时转动中心**。这时，刚片 I 的瞬时运动情况，与刚片 I 在 O 点用铰与地基相连接时的运动情况完全相同。因此，称两根链杆轴线的交点 O 为**虚铰**。与实铰不同的是，在刚片 I 相对于地基运动中，交点的位置是随刚片的转动而变化的，所以**虚铰也称瞬铰**。

当连接刚片 I 和地基的两根链杆相互平行时（图 2-8c），则认为虚铰在无穷远点处。

此外，应注意形成虚铰的两链杆必须连接相同的两个刚片。

2.3　平面体系的计算自由度

2.3.1　体系的实际自由度 S 与计算自由度 W 的定义

1　体系的实际自由度 S

体系是由**对象**（刚片或铰结点等部件）加上约束组成的。

令体系的**实际自由度**为 S，各对象的自由度总和为 a，必要约束数为 c，则

$$S = a - c \qquad (2\text{-}1)$$

为了回避事先需要确定必要约束的困难，下面引入一新的参数——体系的**计算自由度** W。

2　体系的计算自由度 W

将式(2-1)中的必要约束数 c 改为全部约束数 d，则有

$$W = a - d \qquad (2\text{-}2)$$

比较式(2-1)与式(2-2)可知，只有当体系的全部约束中没有多余约束时，体系的计算自由度 W 才等于实际自由度 S。

2.3.2　平面体系的计算自由度

1　刚片体系的计算自由度

将平面体系看作若干刚片彼此通过刚结和铰结点连接而成，再用支座约束于地基之上。若体系的刚片数为 m，则其"自由度总和"$a = 3m$；又若在这 m 个刚片之间加入的单刚结个数为 g，单铰结个数为 h，与地基之间加入的支杆数为 r，则加入的"全部约束数" $d = 3g + 2h + r$。因此，以刚片为对象，以地基为参照物，**其刚片体系的计算自由度为**

$$W = 3m - (3g + 2h + r) \qquad (2\text{-}3)$$

在应用式(2-3)时，应注意以下几点：

1) 地基是参照物，不计入 m 中。

2) 计入 m 的刚片，其内部应无多余约束。如果遇到内部有多余约束的刚片，则应把它变成内部无多余约束的刚片，而把它的

附加约束在计算体系的"全部约束数" d 时考虑进去。图 2-9a 是内部没有多余约束的刚片，而图 2-9b、c、d 则是内部分别有一、二、三个多余约束的刚片，它们可以看作在图 2-9a 的刚片内部分别附加了一根链杆或一个铰结或一个刚结。

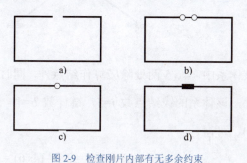

图 2-9 检查刚片内部有无多余约束

3) 刚片与刚片之间的刚结或铰结数目（复刚结或复铰结应折算为单刚结或单铰结数目）计入 g 和 h。

4) 刚片与地基之间的固定支座和铰支座不计入 g 和 h，而应等效代换为三根支杆或两根支杆计入 r。

【例 2-1】试求图 2-10 所示体系的计算自由度 W。

解：以刚片为对象，地基为参照物，计算该刚片体系的计算自由度。

在图 2-10 中，于各杆旁已标注刚片 $m_1 \sim m_9$，故 $m=9$；于复刚结处已折算并标注$(3)g$，即三个单刚结，故 $g=3$；于各铰结处，已折算并标注相应的单铰数，共计$(1)h+(3)h+(3)h+(1)h=(8)h$，即八个

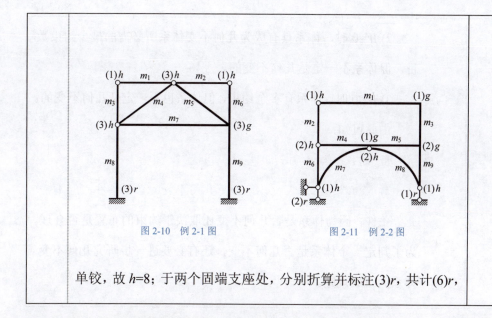

图 2-10 例 2-1 图　　图 2-11 例 2-2 图

单铰，故 $h=8$；于两个固端支座处，分别折算并标注$(3)r$，共计$(6)r$，

故 $r=6$。将以上各已知值代入式(2-3)，即得

$$W = 3m - (3g + 2h + r) = 3 \times 9 - (3 \times 3 + 2 \times 8 + 6) = -4$$

【例 2-2】试求图 2-11 所示体系的计算自由度 W。

解：将各个结点之间所有的直杆和曲杆段分别看作刚片，本例中共有 9 个刚片，即 $m=9$；在各刚结处，折算并标注了单刚结的个数，故有 $g=4$；在各铰结处，折算并标注了单铰结的个数，则 $h=7$；在支座处，标注了支杆的根数，合计有 $r=3$。

于是，由式(2-3)，即得

$$W = 3m - (3g + 2h + r) = 3 \times 9 - (3 \times 4 + 2 \times 7 + 3) = -2$$

2 铰接链杆体系的计算自由度

若体系全由两端铰接的杆件相互连接而成，则称为**铰接链杆体系**。若将铰结点看作运动对象，体系的铰结点数为 j，其"自由度总和" $a=2j$；又若在这 j 个铰结点之间加入的链杆数为 b，在铰结点与地基之间加入的支杆数为 r，则加入的"全部约束数" $d=b+r$。因此，铰接链杆体系的计算自由度为

$$\boxed{W=2j-(b+r)} \qquad (2\text{-}4)$$

应用式(2-4)时，应注意：在计算 j 时，凡是链杆的端点，都应当算作结点，而且无论一个铰结点上连接几根链杆，都只以 1 计入 j 中；在计算 b 和 r 时，链杆与支杆应当区别开来，因为链杆是内部约束，而支杆则是外部约束，二者不可混淆。

【例 2-3】 试求图 2-12 所示体系的计算自由度 W。

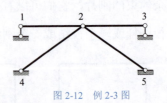

图 2-12　例 2-3 图

解： 在该体系中，4、5 两处除应算作结点外，同时还都是固定铰支座。因此，该体系的铰结点数 $j=5$，链杆数 $b=4$，支杆数 $r=6$。故由式(2-4)，可得

$$W = 2j-(b+r) = 2\times 5-(4+6) = 0$$

2.3.3 体系的几何组成性质与计算自由度之间的关系

利用式(2-3)和式(2-4)，可求出图 2-13 所示各体系的 W。

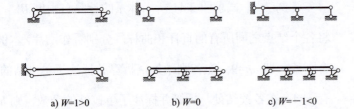

a) $W=1>0$　　　b) $W=0$　　　c) $W=-1<0$

图 2-13　W 为不同数值时的几何组成性质

由图 2-13 可看出存在以下三种情况：

1) $W>0$ 时，体系缺少必要的约束，具有运动自由度，为几何可变体系。

2) $W=0$ 时，体系具有成为几何不变体系所必需的最少约束数目，但体系不一定是几何不变的。

3) $W<0$ 时，体系有多余约束，但体系也不一定是几何不变的。

由此可知：

1) 若 $W>0$，体系一定是几何可变的。

2) 若 $W\leqslant 0$，只表明体系具有几何不变的必要条件，但不是充分条件。因为体系是否几何不变还取决于约束的布置是否合理。为了判定一个体系是否几何不变，还有必要进一步研究几何不变体系的组成规则。

2.4 平面几何不变体系的基本组成规则

组成几何不变体系一般遵循一条总规则，在此基础上，可建立三条基本规则。一条总规则是：铰结三角形是几何不变的（几何定理：定长三边组成的三角形是唯一的），而铰结四边形是几何可变的。三条基本规则是：二元体规则、两刚片规则和三刚片规则。

2.4.1 二元体规则（固定一点规则）—— 一个点与一个刚片的联结方式

由图 2-14a 显见，平面内的一个点 A 具有两个自由度，因此，只需从刚片 I 向 A 点伸出两根不共线的链杆②和③，即施加两个约束，就可将 A 点固定于刚片 I 之上，组成一个铰结三角形，这

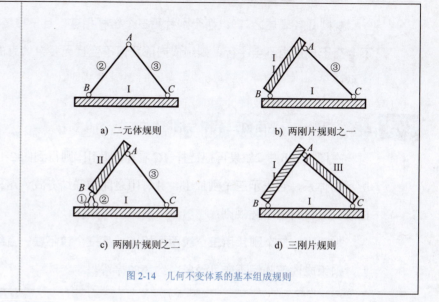

a) 二元体规则 b) 两刚片规则之一
c) 两刚片规则之二 d) 三刚片规则

图 2-14 几何不变体系的基本组成规则

样，可得出下述规则：

规则 I：一个点与一个刚片用两根不共线的链杆相连，则组成内部几何不变且无多余约束的体系。

用两根不共线的链杆联结(发展)一个新结点的构造，称为二元体（图 2-15a、b、c），于是，规则 I 也可用二元体的组成表述为：

在一个刚片上，增加一个二元体，仍为几何不变，且无多余约束的体系。

图 2-15 二元体的常见形式

由二元体的性质可知：在一个体系上依次加上（或取消）若干个二元体，不影响原体系的几何可变性。这一结论，常为几何组成分析带来方便。

2.4.2 两刚片规则——平面内两个刚片的联结方式

在图 2-14a 中，如果把链杆 AB 看作刚片 II，则得到如图 2-14b 所示的体系，它表示两个刚片 I 与 II 之间的联结方式。这样，由规则 I 可得出下述规则：

规则 II（表述之一）：两刚片用一铰和一链杆相连，且链杆及其延长线不通过铰，则组成内部几何不变且无多余约束的体系。

由于一个铰的约束等效于两根链杆的约束，故图 2-14b 又可表示为图 2-14c。于是，可得出规则 II 的另一表述：

规则Ⅱ（表述之二）：两个刚片用三个链杆相连，且三根链杆不全交于一点也不全平行，则组成内部几何不变且无多余约束的体系。

2.4.3 三刚片规则——平面内三个刚片的联结方式

在图2-14b中，如果再把链杆AC看作刚片Ⅲ，则得到图2-14d所示的体系，它表示三个刚片Ⅰ、Ⅱ、Ⅲ之间的联结方式。这样，由规则Ⅱ可得出下述规则：

规则Ⅲ：三个刚片用三个铰两两相连，且三个铰不在一直线上，则组成内部几何不变且无多余约束的体系。

在对以上三个基本规则内容正确理解的基础上，可作如下简明小结：

1) 二元体规则：　伸出两杆发展结点　（不共线）

2) 两刚片规则：　一铰一杆铰心勿穿　（铰可"实"可"虚"）

或　三根链杆不交一点　（包括不在无穷远点相交——不全平行）

3) 三刚片规则：　三个铰链不共一线

2.5 几何可变体系

由于约束布置不当，可以持续发生大的刚体运动的体系，称为**几何常变体系**；而只能瞬时绕虚铰产生微小运动的体系，称为**几何瞬变体系**。

2.5.1 当两个刚片互相联结时

(1) 三根链杆，常交一点——**几何常变体系**（图2-16a、b）。刚片Ⅱ相对于刚片Ⅰ可持续发生相对运动。

(2) 三根链杆，瞬交一点——**几何瞬变体系**（图2-16c、d）。刚片Ⅱ经瞬时绕近处（或无穷远点处）虚铰微小运动后，三根链杆不再交于一点（或不在无穷远点相交——不再全平行），即转化为几何不变的体系。

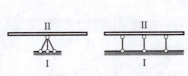

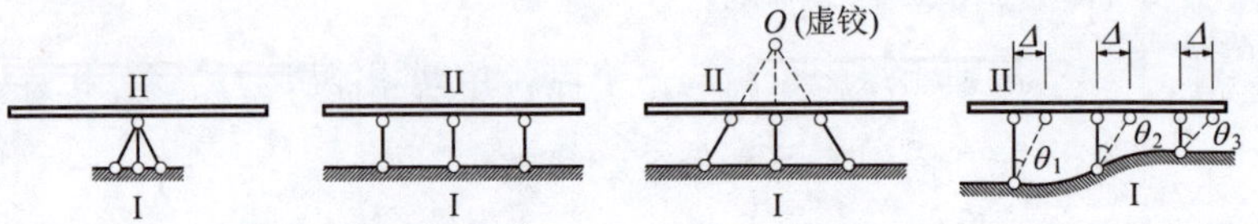

a) 几何常变体系　　b) 几何常变体系
(三根链杆平行且等长)

c) 几何瞬变体系

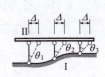
d) 几何瞬变体系
(三根链杆平行但不等长)

图2-16　几何可变体系（两个刚片互相联结时）

2.5.2 当三个刚片互相联结时

若三个铰链共在一线，则该体系即为几何可变体系（视约束布置具体情况，可判定其为几何瞬变体系或几何常变体系）。

(1) 若三铰共线,且全是有限远铰,则体系必为几何瞬变(如图2-17)。

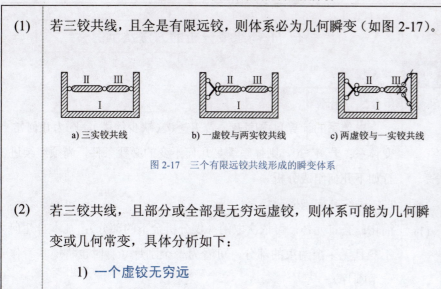

a) 三实铰共线　　b) 一虚铰与两实铰共线　　c) 两虚铰与一实铰共线

图2-17　三个有限远铰共线形成的瞬变体系

(2) 若三铰共线,且部分或全部是无穷远虚铰,则体系可能为几何瞬变或几何常变,具体分析如下:

1) **一个虚铰无穷远**

一个虚铰在无穷远处,另两铰(或虚铰)位置确定。当无穷远的虚铰方向与另两铰连线方向相同时(如图2-18a),体系为几何瞬变。

2) **两个虚铰无穷远**

两个虚铰在无穷远处,另一铰位置确定。当组成两虚铰的四根链杆平行且不等长时(如图2-18b),即两虚铰为同一方向无穷远,体系为几何瞬变;当四根链杆平行且等长时(如图2-18c),体系为几何常变。

3) **三个虚铰无穷远**

当三个虚铰均在无穷远处时,它们是否共线呢?根据射影几何学原理,平面上不同方向的所有无穷远点的集,是一条直线,称为**无穷远直线**(而一切有限远点均不在此直线上)。所以,若组成虚铰的每对链杆不全等长(如图2-18d),体系为几何瞬变;若组成虚铰的每对链杆等长,则分两种情况:1)若如图2-18e所示,每对链杆都是从每一个刚片的同侧方向联出,则此体系各刚片间可发生持续的相对平动,体系为几何常变;2)若如图2-18f所示,某对链杆有从异侧方向联出的情况,则体系仍为几何瞬变。

【讨论】瞬变体系的静力特征

图2-19a所示为瞬变体系。杆件 AB 与 AC 在 A 点有一段公切线,在 F_P 作用下,可以产生微小线位移 AA_1 及相应的微小转角 θ。

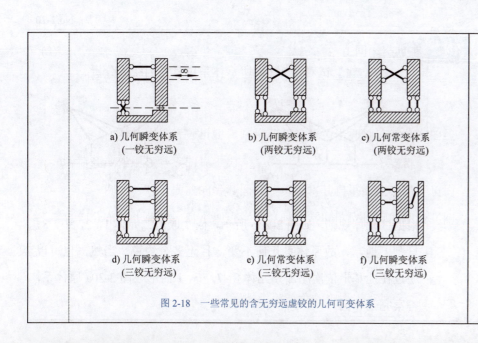

a) 几何瞬变体系　　b) 几何瞬变体系　　c) 几何常变体系
(一铰无穷远)　　(两铰无穷远)　　(两铰无穷远)

d) 几何瞬变体系　　e) 几何常变体系　　f) 几何瞬变体系
(三铰无穷远)　　(三铰无穷远)　　(三铰无穷远)

图2-18　一些常见的含无穷远虚铰的几何可变体系

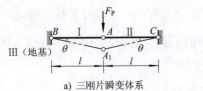
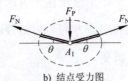

a) 三刚片瞬变体系　　b) 结点受力图

图 2-19　瞬变体系的静力特征

取结点 A 为隔离体，如图 2-19b 所示。由 $\sum F_y=0$，得

$$F_P=2F_N\sin\theta$$

$$F_N=\frac{F_P}{2\sin\theta}$$

当 $\theta\to 0$ 时，则 $F_N\to\infty$。这表明，该几何瞬变体系在有限力的作用下，杆件会产生无穷大的内力。

由以上分析可知，几何常变体系和几何瞬变体系在工程结构中均不可采用。

2.6　几何组成分析的方法及示例

2.6.1　解题步骤

1　用公式法计算 W

求体系的计算自由度 W，若 $W>0$（缺少约束），则为几何常变体系；若 $W\leq 0$，则体系满足几何不变的必要条件，尚须继续进行如下几何组成分析。

2　直接进行几何组成分析

(1) 简化：有二元体，可依次取消（仅分析余下的部分）；凡本身几何不变且无多余约束的部分，可看为一个刚片（有时也将地基看作一个刚片）。

(2) 根据三条基本规则，判定体系的几何可变性：若体系是由并列之二、三刚片组成，则可对照基本规则Ⅱ、Ⅲ分析判断；若体系为多层多跨结构，则应先分析基本结构，再分析附属结构。

(3) 注意：一是约束的等效代换，可将二链杆看作一个铰（虚铰），一个形状复杂的刚片如果仅有两个单铰与其他部分连接也可化作一直线链杆；二是找出"基本——附属"体系中的第一个构造单元。

3　答案要肯定

进行几何组成分析后，应明确回答：①该体系是几何可变的（是常变的还是瞬变的）；或②该体系是几何不变的且无多余约束；或③该体系是几何不变的但有几个多余约束。

2.6.2　示例

【例 2-4】试对图 2-20a 所示体系进行几何组成分析。

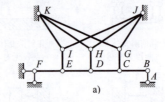
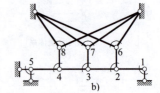

图 2-20　例 2-4 图

解：根据二元体规则，如图 2-20b 所示，依次取消二元体 1, 2, …, 8, 只剩下地基，故原体系几何不变，且无多余约束。当然，也可以通过在地基上依次添加二元体 8, 7, …, 1 而形成图 2-20a 原体系，答案完全相同。

【例 2-5】 试对图 2-21a 所示体系进行几何组成分析。

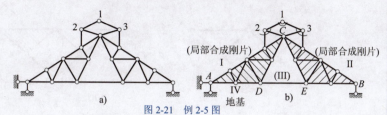

图 2-21 例 2-5 图

解：如图 2-21b 所示，首先，依次取消二元体 1，2，3；其次，将几何不变部分 ACD 和 BCE 分别看作刚片 Ⅰ 和刚片 Ⅱ，该两刚片用一铰（铰 C）和一杆（杆 DE）相连，组成几何不变的一个新的大刚片 ABC。当然，也可将 DE 看作刚片 Ⅲ，则刚片 Ⅰ、Ⅱ、Ⅲ 用三个铰（铰 C、D、E）两两相连，同样组成新的大刚片 ABC；第三，该大刚片 ABC 与地基刚片 Ⅳ 之间用一铰（铰 A）和一杆（B 处支杆）相连，组成几何不变且无多余约束的体系。

【例 2-6】 试对图 2-22a 所示体系进行几何组成分析。

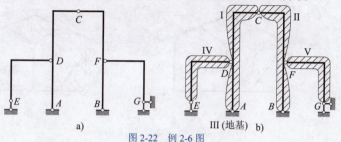

图 2-22 例 2-6 图

解：如图 2-22b 所示，首先，找出第一个构造单元，它是由刚片 Ⅰ、Ⅱ、Ⅲ（地基）用三铰 A、B、C 两两相连所组成的几何不变的新的大刚片 ABC；其次，该大刚片与刚片 Ⅳ 用一铰一链杆相连，组成更大刚片 $ABCDE$；第三，该更大刚片与刚片 Ⅴ 用两个铰（铰 F、G）相连，组成几何不变，但有一个多余约束的体系。

【例 2-7】 试对图 2-23a 所示体系进行几何组成分析。

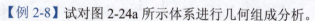
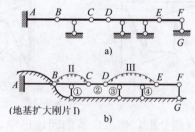

图 2-23 例 2-7 图

解：如图 2-23b 所示，首先，取消二元体 FEG；其次，地基扩大刚片 Ⅰ 与刚片 Ⅱ 用一铰（铰 B）一链杆（杆①）相连，组成地基扩大新刚片 ABC；第三，该新刚片与刚片 Ⅲ 用三杆②、③、④相连，组成几何不变且无多余约束的体系。

【例 2-8】 试对图 2-24a 所示体系进行几何组成分析。

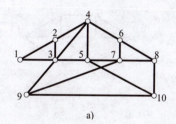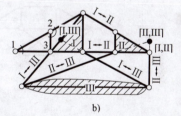

图 2-24 例 2-8 图

解：如图 2-24b 所示，首先，依次取消二元体 1、2；其次，分析所余部分，除刚片 Ⅰ、Ⅱ 之外，还有七根链杆，若选择其中一杆视为刚片 Ⅲ，则三刚片之间共有六根杆，形成不共直线的三个虚铰即 [Ⅰ，Ⅱ]、[Ⅰ，Ⅲ] 和 [Ⅱ，Ⅲ]，组成内部几何不变且无多余约束的体系。

【例 2-9】 试对图 2-25a 所示体系进行几何组成分析。

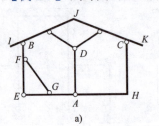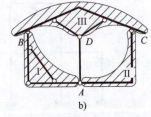

图 2-25 例 2-9 图

解： 如图 2-25b 所示，首先，进行简化，将"不变部分，并为一杆（刚片）"，其中刚片 I、III 分别按三刚片规则和二元体规则组成；其次，对刚片 I、II、III 进行几何组成分析，该三刚片用不共直线的三铰（铰 A、B、C）两两相连，组成几何不变体系，但有一个多余约束（杆 AD）。

【例 2-10】 试对图 2-26a 所示体系进行几何组成分析。

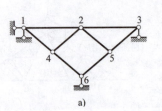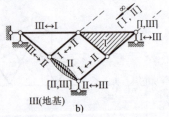

图 2-26 例 2-10 图

解： 当一个体系的支杆多于三根时，常运用三刚片规则进行分析。本例若按常规以铰结三角形 124、235 和地基为刚片，则分析将无法进行下去，这时应重新选择刚片和约束后再试。今选三刚片如图 2-26b 所示，三刚片之间由三个虚铰两两相连：[I，III]与[II，III]以及∞点处的[I，II]共在一直线上，故体系为瞬变。

【例 2-11】 试对图 2-27a 所示体系进行几何组成分析。

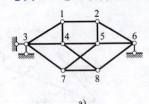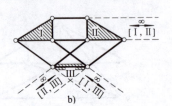

图 2-27 例 2-11 图

解： 凡由三根支杆与地基相边的体系，一般可先分析除支杆以外的其余部分。本题则如图 2-27b 所示，刚片 I、II、III 用三个在无穷远点的虚铰相连。参见 2.5.2 节图 2-18e 可知，由三对平行且等长杆构成的在无穷远点处的三个虚铰，可以使体系各刚片之间发生持续的相对平动，故该体系为常变体系。

【例 2-12】 试对图 2-28a 所示体系进行几何组成分析。

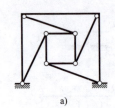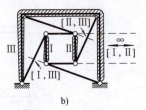

图 2-28 例 2-12 图

解： 按三刚片规则分析。体系内部的四边形中，可选取一对相互平行的链杆作为刚片，如图 2-28b 中的刚片 I 和 II；再将外框与地基看成刚片 III（根据两刚片规则，该刚片内有一个多余约束）。三刚片之间由不共线的三个虚铰两两相连：[I，III]与[II，III]以及无穷远点处的[I，II]。故原体系几何不变且有一个多余约束。

【例 2-13】试对图 2-29a 所示体系进行几何组成分析。

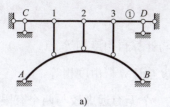
a)

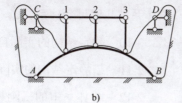
b)

图 2-29 例 2-13 图

解： 将曲杆 AB 连同 4 个固定铰支座一起看成大地基刚片（该刚片的内部有一个多余约束），如图 2-29b 所示。上部 4 根水平链杆中，可将任意一根看成多余约束（如链杆①）而先行去掉，则剩余链杆可视为连在大地基刚片之上的三个二元体 1、2 和 3。由此可知，原体系几何不变且有两个多余约束。

2.7 静定结构与超静定结构

按结构的几何组成特征，可判别是静定结构或超静定结构。现将静定结构与超静定结构的几何特征和静力特性分述如下：

2.7.1 几何特征

(1) 静定结构——几何不变且无多余约束的体系。
(2) 超静定结构——几何不变但有多余约束的体系。

2.7.2 静力特性

(1) 静定结构——其杆件内力（包括支反力）可由静力平衡条件唯一确定。
(2) 超静定结构——其杆件内力（包括支反力）由静力平衡条件还不能唯一确定，而必须同时考虑变形条件才能唯一确定。

习 题

分析计算题

2-1 求习题 2-1 图所示各体系的计算自由度。

2-2 对习题 2-1 图所示各体系进行几何组成分析。

a)

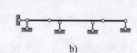
b)

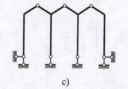
c)

d)

e)

f)

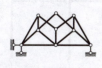
g)

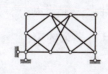
h)

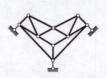
i)

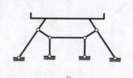
j)

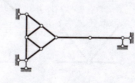
k)

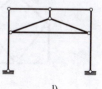
l)

习题 2-1 图

判断题

2-3 若平面体系的实际自由度为零，则该体系一定为几何不变体系。（　）

2-4 若平面体系的计算自由度 $W=0$，则该体系一定为无多余约束的几何不变体系。（　）

2-5 若平面体系的计算自由度 $W<0$，则该体系为有多余约束的几何不变体系。（　）

2-6 由三个铰两两相连的三刚片组成几何不变体系且无多余约束。（　）

2-7 习题 2-7 图所示体系去掉二元体 CEF 后，剩余部分为简支刚架，所以原体系为无多余约束的几何不变体系。（　）

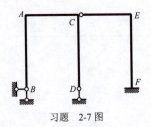

习题 2-7 图

2-8 习题 2-8 图 a 所示体系去掉二元体 ABC 后，成为图 b，故原体系是几何可变体系。（　）

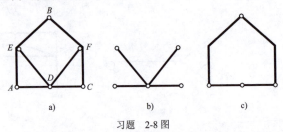

习题 2-8 图

2-9 习题 2-8 图 a 所示体系去掉二元体 EDF 后，成为图 c，故原体系是几何可变体系。（　）

2-10 静定结构的实际自由度与计算自由度相等。（　）

2-11 超静定结构的实际自由度与计算自由度相等。（　）

2-12 若体系中的三刚片通过一个无穷远虚铰与两个有限远铰相连，只要保证这两个有限远铰的连线方向与该无穷远虚铰方向不平行，则该体系为几何不变体系。（　）

2-13 若体系中的三刚片通过两个无穷远虚铰与一个有限远铰相连，只要保证构成这两个无穷远虚铰的两对链杆不平行，则该体系为几何不变体系。（　）

2-14 若体系中的三刚片通过三个无穷远虚铰相连，则该体系为几何可变体系。（　）

单项选择题

2-15 称几何不变且无多余约束的体系为（　）

A. 超静定结构；B. 基本结构；C. 静定结构；D. 半结构。

2-16 若某体系的计算自由度为零，则该体系（　）

A. 几何不变；B. 几何常变；C. 几何瞬变；D. 均有可能。

2-17 习题 2-17 图所示体系的几何组成性质为（　）

A. 几何不变且无多余约束；

B. 几何不变且有多余约束；

C. 几何常变；

D. 几何瞬变。

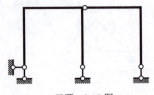

习题 2-17 图

2-18 习题 2-18 图所示体系的几何组成性质为（　　）

A. 几何不变且无多余约束；

B. 几何不变且有多余约束；

C. 几何常变；

D. 几何瞬变。

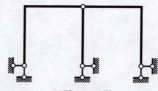

习题 2-18 图

2-19 习题 2-19 图所示体系的几何组成性质为（　　）

A. 几何不变且无多余约束；

B. 几何不变且有多余约束；

C. 几何常变；

D. 几何瞬变。

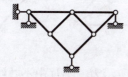

习题 2-19 图

2-20 习题 2-20 图所示体系中能被视作多余约束的支杆或链杆是（　　）

A. ②、③、④、⑥中的任意 1 根；

B. ①、④、⑥、⑦中的任意 1 根；

C. ③、④、⑥、⑦中的任意 2 根；

D. ①、④、⑤、⑥中的任意 2 根。

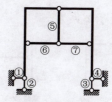

习题 2-20 图

2-21 习题 2-21 图所示体系的几何组成性质为（　　）

A. 几何不变且无多余约束；

B. 几何不变且有多余约束；

C. 几何常变；

D. 几何瞬变。

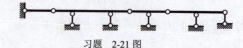

习题 2-21 图

填空题

2-22 习题 2-22 图所示体系为几何____体系,有___个多余约束。

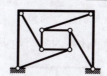

习题 2-22 图

2-23 习题 2-23 图所示体系为_____体系。

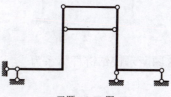

习题 2-23 图

2-24 习题 2-24 图所示体系为_____体系。

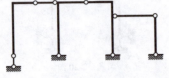

习题 2-24 图

2-25 习题 2-25 图所示四个体系的多余约束数目分别为__、__、__、__。

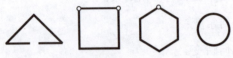

习题 2-25 图

2-26 习题 2-26 图所示体系的多余约束个数为__。

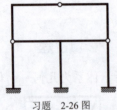

习题 2-26 图

2-27 习题 2-27 图所示体系的多余约束个数为__。

习题 2-27 图

2-28 习题 2-28 图所示铰结链杆体系为_____体系，有__个多余约束。

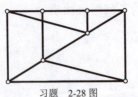

习题 2-28 图   习题 2-29 图

2-29 习题 2-29 图所示体系为_____体系，有__个多余约束。

思考题

2-30 几何组成分析中，部件或者约束是否可以重复使用？习题 2-30 图所示体系中，作为约束，铰 A 可以利用几次？链杆 CD 可以利用几次？

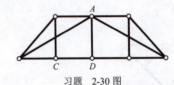 

习题 2-30 图   习题 2-31 图

2-31 习题 2-31 图所示为三刚片由不共线的三铰 A、B、C 相连，组成无多余约束的几何不变体系。此结论是否正确？为什么？

2-32 三刚片规则中，若分别有一个、两个或三个虚铰在无穷远处，如何判断体系的几何组成性质？

2-33 习题 2-33 图 a 所示体系不发生形状的改变，所以是几何不变体系；图 b 所示体系会发生双点画线所示的变形，所以是几何可变体系。上述结论是否正确？为什么？

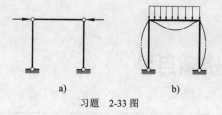

习题 2-33 图

2-34 试求习题 2-34 图所示体系的计算自由度 W。

1）若视①～⑧杆为刚片，则公式 $W=3m-(3g+2h+r)$ 中，$h=?$ $r=?$

2）若视③～⑧杆为刚片，则 $h=?$ $r=?$

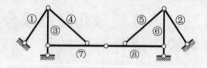

习题 2-34 图

2-35 如习题 2-35 图所示，三刚片由不共线三铰 A、B、C 相连，组成的体系几何不变且无多余约束。此结论是否正确？为什么？

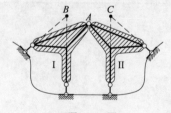

习题 2-35 图

2-36 几何常变体系和几何瞬变体系的特点是什么？（试从约束数目、运动方式、受力及变形情况等方面讨论）。

2-37 静定结构的几何特征是什么？力学特性是什么？

2-38 超静定结构的几何特征是什么？力学特性是什么？

第2章 平面体系的几何组成分析 数字资源目录

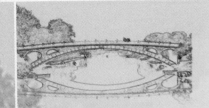

【本章回顾】
基本内容归纳与解题方法提示

【思辨试题四】
填空题解析和答案（8题）

【思辨试题一】
思考题解析和答案（9题）

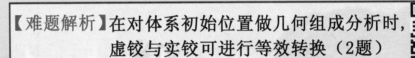
【难题解析】在对体系初始位置做几何组成分析时，
虚铰与实铰可进行等效转换（2题）

【思辨试题二】
判断题解析和答案（12题）

【趣味力学】1. 中国功夫—扎马步中的几何组成分析
2. 钱塘江大桥—中国人的骄傲

【思辨试题三】
单选题解析和答案（7题）

河北赵州桥

第 3 章 静定梁和静定刚架的受力分析

● **本章教学的基本要求**：灵活运用隔离体平衡法（截面法）计算指定截面的内力；熟练掌握静定梁和静定平面刚架内力图绘制的方法；了解空间刚架内力图绘制的方法。

● **本章教学内容的重点**：绘制静定梁和静定平面刚架的内力图，这是本课程最重要的基本功之一。

● **本章教学内容的难点**：用隔离体平衡法计算任一指定截面的内力；用区段叠加法绘弯矩图；根据弯矩图和所受荷载绘出剪力图和轴力图。

● **本章内容简介**：

> 3.1 单跨静定梁
> 3.2 多跨静定梁
> 3.3 静定平面刚架
> *3.4 静定空间刚架

第3章 静定梁和静定刚架的受力分析

3.1 单跨静定梁

单跨静定梁的内力分析和内力图的绘制，是多跨梁和刚架受力分析的基础，是本课程最重要的基本内容之一。因此，在材料力学课程已详细介绍的基础上，这里再作一简要复习和必要补充。

常见的单跨静定梁有简支梁（杆轴水平或倾斜）、悬臂梁和伸臂梁，如图3-1所示。

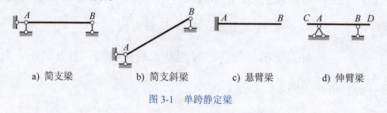

a) 简支梁 b) 简支斜梁 c) 悬臂梁 d) 伸臂梁

图3-1 单跨静定梁

3.1.1 用隔离体平衡法计算指定截面内力

计算指定截面内力的基本方法是**隔离体平衡法**（习称**截面法**）。在首先利用整体平衡条件求出支反力后，即可按照以下"切、取、力、平"四个具体步骤进行（参见图3-2）：

第一，**切**——设想将杆件沿指定截面切开。

第二，**取**——取截面任一侧部分为隔离体。

第三，**力**——这是该方法最关键的一步。一是勿忘在隔离体上保留原有的全部外力（包括支反力）；二是必须在切割面上添要求的未知内力。所求的轴力和剪力，按正方向添加（轴力以拉力为正，剪力以绕隔离体顺时针方向转动者为正）；而所求的弯矩，

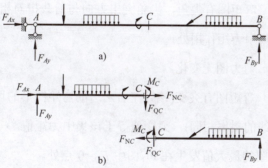

图3-2 隔离体平衡法（截面法）

其方向可任意假设，只需注意在计算后判断其实际方向，并在绘弯矩图时，绘在杆件受拉一侧。

第四，**平**——利用隔离体平衡条件，直接计算截面的内力。亦即

1) 任意截面的轴力等于该截面一侧所有外力沿杆轴切线方向投影的代数和。

2) 任意截面的剪力等于该截面一侧所有外力沿杆轴法线方向投影的代数和。

3) 任意截面的弯矩等于该截面一侧所有外力对某点（例如该截面形心）的力矩代数和（关于各项正负号的确定：凡与所设截面弯矩的方向相反者，即与之对抗者，取正号；方向相同者，即与之协力者，取负号）。

注意：如果截面内力计算结果为正（或负），则表示该指定截面内力的实际方向与所假设的方向相同（或相反）。

3.1.2　内力图的特征

1　荷载与内力之间的微分关系

在材料力学中，已导出荷载与内力之间的微分关系(图 3-3)，即

$$\left.\begin{aligned}\frac{\mathrm{d}F_Q}{\mathrm{d}x}&=-q\\ \frac{\mathrm{d}M}{\mathrm{d}x}&=F_Q\\ \frac{\mathrm{d}^2M}{\mathrm{d}x^2}&=-q\end{aligned}\right\}\qquad(3\text{-}1)$$

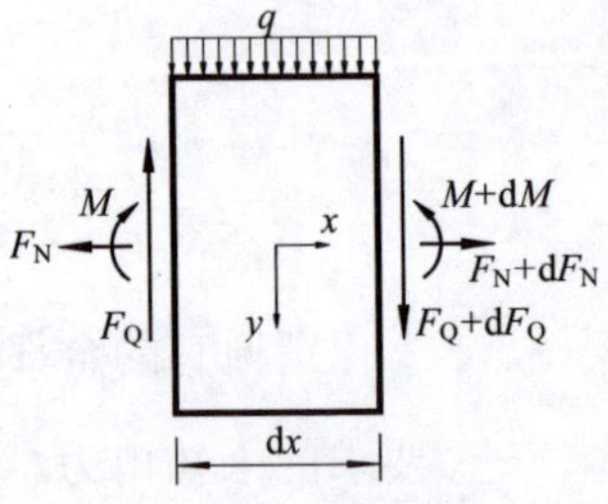

图 3-3　微段隔离体受力图

以上微分关系的几何意义是：

剪力图在某点的切线斜率等于该点的荷载集度，但两者的正负号相反。

弯矩在某点的切线斜率等于该点的剪力。

弯矩在某点的曲率与该点的荷载集度成正比。

2　内力图的特征

由以上微分关系可以说明，内力图形状具有以下特点：

(1)　在均布荷载区段：q=常数

F_Q是 x 的一次式，F_Q图是斜直线。

M是 x 的二次式，M图是二次抛物线，且其突出方向与荷载指向相同。

(2)　无荷载区段：$q=0$(图 3-4)，分以下三种情况：

1) 一般情况下(CD 段)：M图为斜线，F_Q图为水平线。

2) 特殊情况之一——杆端无横向荷载(可有轴向荷载)作用(AB 段)：$M=0$，$F_Q=0$。

3) 特殊情况之二——纯弯曲(BC 段)：M图为水平线，$F_Q=0$。

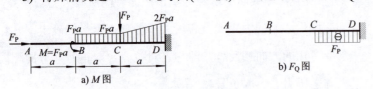

图 3-4　无荷载区段(q=0)内力图特征

(3)　在集中荷载作用处：

剪力有突变，其突变值等于该集中荷载值。

弯矩图有尖角，尖角突出方向与荷载指向相同。

(4)　在集中力矩作用处：

剪力图无变化。

弯矩图有突变(该处左右两边的弯矩图形的切线相互平行，即切线的斜率相同)，突变值等于该集中力矩值。

(5)　M图的最大值发生在 F_Q图中 $F_Q=0$ 点处。

利用内力图的上述特征，可不列出梁的内力方程，而只需算出一些表示内力图特征的截面(称为**控制截面**)的内力值，就能迅速地绘出梁的内力图。

3.1.3 用区段叠加法绘直杆的弯矩图

1 记住简单直梁在一些单一荷载作用下的弯矩图

- 要求读者根据材料力学课程所介绍的方法，计算、绘制并熟记图 3-5 所示的 11 个最基本的弯矩图形。
- 弯矩图绘在杆件受拉一侧，不标注正负号。
- 可借用**柔绳比拟**的方法，定性地理解图 3-5 中前面七个简支梁弯矩图的轮廓图，这些弯矩图就像一根两端绷紧的橡皮筋受相应力作用后的形状。
- 当杆端有外力矩作用时，可将表示力矩的圆弧箭头顺其原指向绘于杆端外侧，则箭尾一侧受拉。

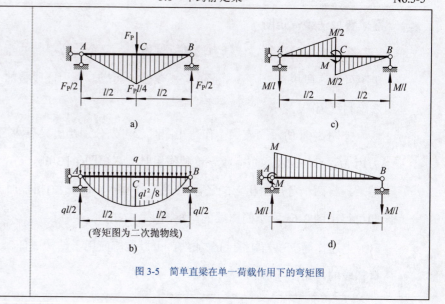

图 3-5 简单直梁在单一荷载作用下的弯矩图

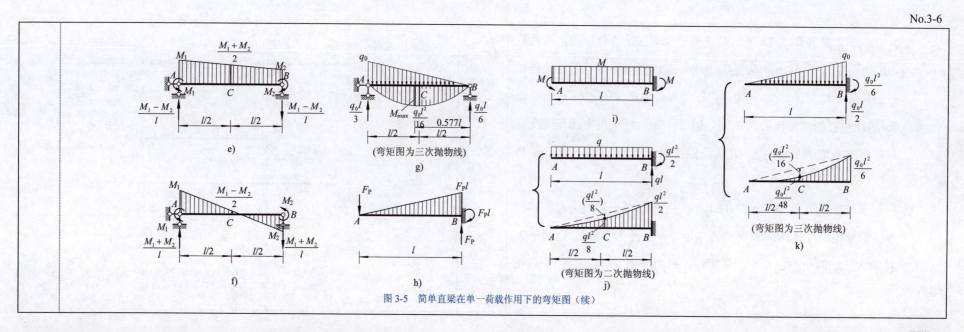

图 3-5 简单直梁在单一荷载作用下的弯矩图（续）

2 区段叠加法绘弯矩图

在小变形情况下,依据力的独立性原理,复杂荷载引起的弯矩图可分区段用单一荷载引起的弯矩图叠加而成,即用**区段叠加法绘制弯矩图**。

如图 3-6a 所示简支梁,作弯矩图时,可先分别绘出梁在两端力矩 M_A、M_B 以及均布荷载 q 单独作用时的弯矩图(图 3-6b、c),然后,将两个弯矩图相应的竖标(注意:均垂直于原杆轴)相叠加,即可得出图 3-6a 所示简支梁的弯矩图(图 3-6d)。

上述作简支梁弯矩图的叠加法,可以推广应用于结构中任一直杆段的弯矩图绘制。

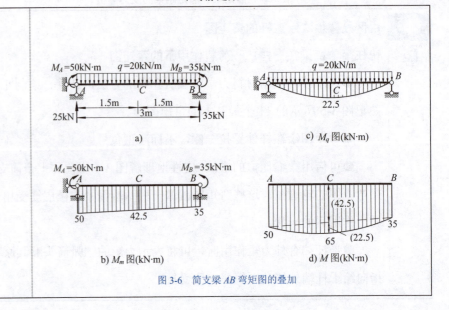

图 3-6 简支梁 AB 弯矩图的叠加

例如,要作图 3-7a 所示简支梁中 AB 区段的弯矩图,可截取 AB 为隔离体(图 3-7b)。显见,该段隔离体受力图可等效地化作相应的简支梁计算简图(本例中,正好可等效地化作图 3-6a 所示的简支梁),两者的弯矩图必然相同。因此,完全可利用上述作简支梁弯矩图的叠加法来绘制该 AB 区段的弯矩图,如图 3-7c 中 AB 段弯矩图所示。

至于该简支梁 DA 段和 BE 段的弯矩图,可根据内力图的特征方便地绘出。该两区段均无荷载作用,弯矩图为斜直线。已知 D、A 和 B、E 四个控制截面的弯矩值,只需分别引直线相连即成(图 3-7c)。

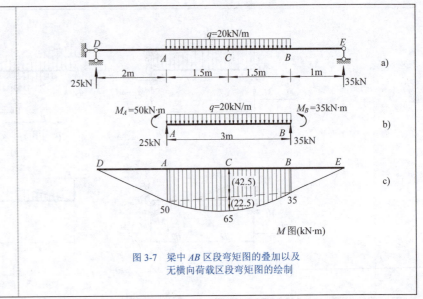

图 3-7 梁中 AB 区段弯矩图的叠加以及无横向荷载区段弯矩图的绘制

在以上讨论的基础上，可对区段叠加法分两种情况作出归纳：

第一种情况——对于常见的直线图形叠加直线图形或直线图形叠加曲线图形的情况，可按以下三个步骤进行：

1) **一求控制弯矩**：首先，是求两杆端的弯矩，常可直接判断（对于简支梁两端铰支处和悬臂梁的悬臂端，若无集中力矩作用，其弯矩为零；若有集中力矩作用，其弯矩即等于该集中力矩）；其次，是求外力不连续点处的弯矩（如集中力作用点、均布荷载的起点和终点、集中力矩作用点两侧的弯矩），用隔离体平衡法即可方便求得。

2) **二引直线相连**：将相邻二控制弯矩用直线相连。

当二控制截面间无横向荷载作用时，用实线连接，即为该区段弯矩图形。

当二控制截面间尚有横向荷载作用时，则用虚线连接，作为新的"基线"，然后再按下面第3)步进行叠加。

3) **三叠简支弯矩**：在新的基线上，叠加该区段按简支梁仅承受跨间横向荷载作用时所求得的弯矩图(注意，竖标垂直于原杆轴)。

现以图 3-8 所示简支伸臂梁为例，用区段叠加法绘制弯矩图。其计算步骤示于图 3-8b～d 中(实际作法仅在图 3-8d 上完成，具体计算过程从略)。

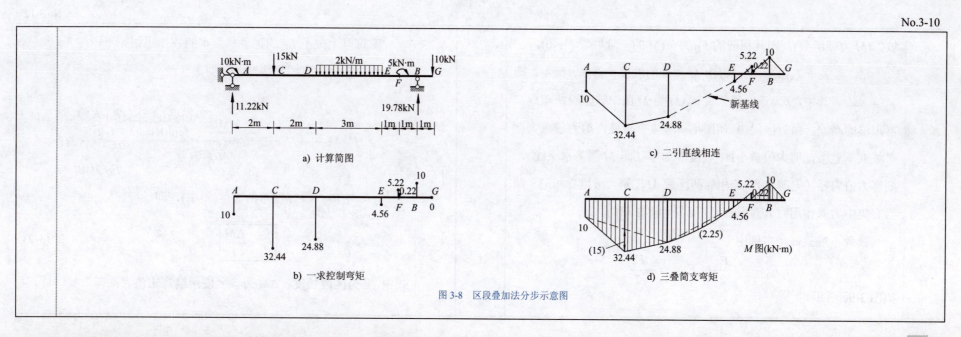

图 3-8 区段叠加法分步示意图

第二种情况——对于曲线弯矩图叠加曲线弯矩图的情况：找出一些控制截面弯矩值(至少三点)，中间连以适当曲线，主要是定好弯曲方向，一般为连续光滑曲线。

3.1.4 根据弯矩图绘剪力图

利用微分关系 $\dfrac{dM}{dx} = F_Q$，可方便地根据弯矩图绘剪力图。

1 当弯矩图为直线变化时

以图 3-9a 所示跨中作用集中荷载的简支梁为例，加以说明。

其 M 图和 F_Q 图分别示于图 3-9b、c。

在图 3-9b 中，按惯例，选取 x–M 直角坐标系。当分区段考

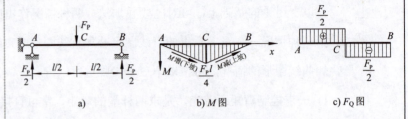

图 3-9 根据弯矩图绘剪力图（水平杆段）

察 M 图形与 F_Q 图形的关系时，若沿 x 轴的指向看（约定以下均表述为：沿杆轴由左向右看），则将会看到如下客观规律：

第一，关于 F_Q 的正负：AC 段，M 图"下坡"（即 M 为增函数），则其相应的 F_Q 为正（M 的一阶导数 $F_Q>0$）；CB 段，M 图"上坡"(M 为减函数)，则其相应的 F_Q 为负（M 的一阶导数 $F_Q<0$）。

第二，关于 F_Q 的大小：可由 M 图形的坡度（斜率）确定，即 $F_Q = \dfrac{\Delta M}{l}$，其中，$l$ 为该区段长度，ΔM 为 M 图中该区段两端点二弯矩值的高差。而且区段内 M 图形"坡度"愈陡，剪力值愈大；"坡度"愈缓，剪力值愈小；"坡度"为零（即 M 图为水平线），则剪力值为零（无剪力）。若相邻两区段 M 图形"坡度"相同（即当有集中力偶作用时），则该两区段剪力值亦相同。

读者不难验证，本例中

$$F_{QAC} = +\frac{F_P}{2}, \quad F_{QCB} = -\frac{F_P}{2}$$

如图 3-9c 所示。

现将以上关于 F_Q 的正负和大小的规律小结如下：

当弯矩图为直线变化时，其剪力——

符号——左 $\begin{array}{l} \nearrow M\text{减（上坡）} \rightarrow F_Q \text{为} \ominus \\ \searrow M\text{增（下坡）} \rightarrow F_Q \text{为} \oplus \end{array}$ 右（沿杆轴由左向右看）

数值——M 图形的坡度(斜率)，即

$$\boxed{F_Q = \frac{\Delta M}{l}} \tag{3-2}$$

式中，l 为区段长度；ΔM 为该区段两端弯矩值"高差"。

有必要指出，以上规律同样适用于竖杆或斜杆，只是需注意，先假想将该杆"放平"(即绕该杆下端顺时针或逆时针方向转动到水平位置)，再遵循"沿杆轴由左向右看"这一前提条件。

现以图3-10b所示竖杆AB弯矩图为例。为绘制该杆的剪力图，可先假想将该杆绕下端A点沿顺时针方向或逆时针方向转动"放平"，如图3-10c、a所示。因"放平"后的AB杆其M图形为"上坡"(无论图3-10a或图3-10c都一样)，故剪力为负；又两杆端弯矩的"高差"

$$\Delta M = \frac{F_P l}{8} + \frac{F_P l}{4} = \frac{3F_P l}{8}$$

所以

$$F_{Q\,AB} = F_{Q\,BA} = -\left(\frac{\Delta M}{l}\right) = -\left(\frac{3F_P l}{8}\right)/l = -\frac{3F_P}{8}$$

由此，可绘出剪力图，如图3-10d所示。

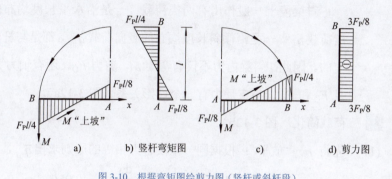

图3-10 根据弯矩图绘剪力图（竖杆或斜杆段）

2 当M图为二次抛物线变化时

根据M与F_Q的微分关系可判定，该F_Q图为斜直线(一次式)。因此，只需按照"一求两端剪力（隔离体平衡法），二引直线相连"的步骤，即可绘出该区段的F_Q图。

【例3-1】试根据图3-11a所示弯矩图，绘出相应的剪力轮廓图。

解：(1) 关于F_Q图的正负：区段1-2、3-4、5-6、8-9和10-11，弯矩图由左向右看，均为"下坡"，故剪力图为正；其他各区段弯矩图为"上坡"，故剪力图为负。

(2) 关于F_Q图的大小：M图坡度愈陡(如区段5-6)，剪力愈大；坡度愈缓(如区段1-2)，剪力愈小；区段6-7和区段7-8的M图线坡度相同(相互平行)，剪力为同一大小；第10点处M图切线水平，剪力为零。

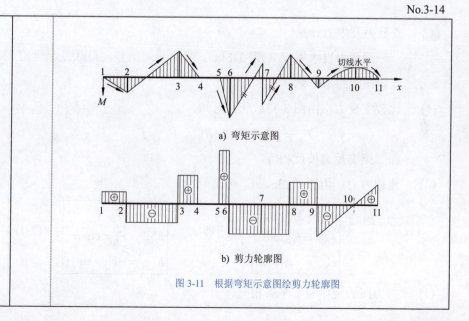

图3-11 根据弯矩示意图绘剪力轮廓图

3.1.5 斜梁

房屋中的楼梯梁和坡屋面梁，是常见的杆轴倾斜的斜梁。

1 计算特点

斜梁段上一般作用有两类荷载：一是沿水平长度均布的竖向活荷载 $q_{活}$，一是沿倾斜长度均布的竖向荷载 $q_{恒}$，都是与杆轴线斜交的。因此，斜梁内力不仅有弯矩 M、剪力 F_Q，还有轴力 F_N；而且 F_Q 和 F_N 均与支反力有一个投影关系（图 3-12a）。

2 荷载简化（图 3-12b）

(1) 先将 $q_{恒}$ "放平"：根据同一微段合力相等的原则求出 $\bar{q}_{恒}$，即

$$\bar{q}_{恒} \mathrm{d}x = q_{恒}\mathrm{d}s, \quad \bar{q}_{恒} = q_{恒}\frac{\mathrm{d}s}{\mathrm{d}x} = q_{恒}/\cos\alpha$$

(2) 再与 $q_{活}$ 叠加：可得用于计算的沿水平长度均布的竖向荷载 q，即

$$q = q_{活} + \bar{q}_{恒} = q_{活} + q_{恒}/\cos\alpha$$

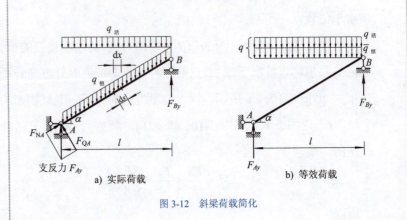

图 3-12 斜梁荷载简化

3 支反力及内力计算

选取**相当水平梁**（图 3-13a）：与原斜梁的竖向荷载及水平跨度均相同的水平梁。

(1) 比较支反力：由图 3-13a、b，可知

$$F_{Ax} = F_{Ax}^0, \quad F_{Ay} = F_{Ay}^0, \quad F_{By} = F_{By}^0$$

即二梁支反力彼此相等。

(2) 比较内力：由图 3-13c、d，可得

$$\begin{cases} M_K = M_K^0 \\ F_{QK} = F_{QK}^0 \cos\alpha \\ F_{NK} = -F_{QK}^0 \sin\alpha \end{cases} \quad 即 \quad \begin{cases} M_{斜} = M_{平} \\ F_{Q斜} = F_{Q平}\cos\alpha \\ F_{N斜} = -F_{Q平}\sin\alpha \end{cases} \quad (3-3)$$

(3) 内力图的规律与水平梁相同。

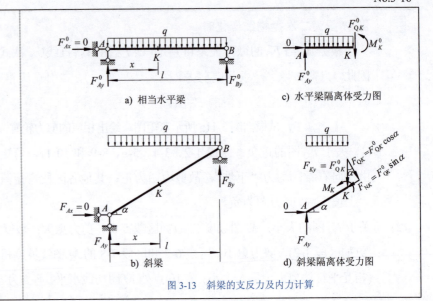

图 3-13 斜梁的支反力及内力计算

【例3-2】试绘制图3-14a所示斜梁的内力图。

解：详见图3-14b、c、d。

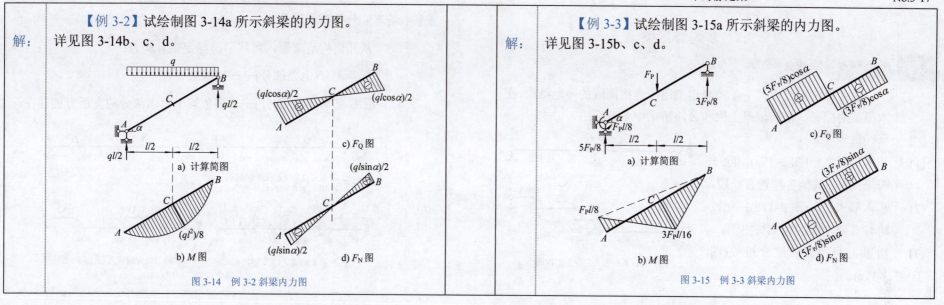

图3-14 例3-2 斜梁内力图

【例3-3】试绘制图3-15a所示斜梁的内力图。

解：详见图3-15b、c、d。

图3-15 例3-3 斜梁内力图

【例3-4】试绘制图3-16a所示三折斜梁的内力图。

解：详见图3-16b~g。

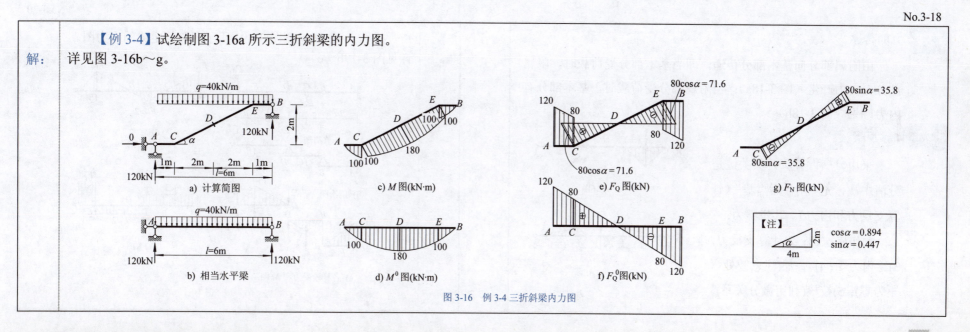

图3-16 例3-4 三折斜梁内力图

3.2 多跨静定梁

3.2.1 组成特点（构造分析）

多跨静定梁是由若干单跨静定梁用铰连接而成的静定结构。在木屋架的檩条、钢筋混凝土梁和公路桥梁中多有应用。

1 三种组成形式

(1) 基本形式之一(图 3-17a)：除一跨无铰外，其他各跨皆有一铰。
(2) 基本形式之二(图 3-17b)：无铰跨与有两个铰的跨交替出现。
(3) 由以上两种方式混合组成(图 3-17c)。

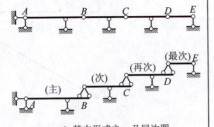

a) 基本形式之一及层次图

图 3-17 多跨静定梁的三种组成形式

2 基本部分和附属部分

从几何构造来看，可将多跨静定梁分解为：

基本部分(主要部分)——能独立存在。

附属部分(次要部分)——需依赖于基本部分的支承方能存在。

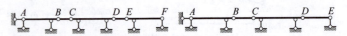

(二主梁 CD 和 EF 在竖向荷载作用下本身可维持平衡)

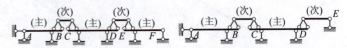

b) 基本形式之二及层次图   c) 混合组成及层次图

图 3-17 多跨静定梁的三种组成形式(续)

3.2.2 力的传递

由附属部分向基本部分传递，即当基本部分受荷载时，附属部分无内力产生（图 3-18a）；当附属部分受荷载时，基本部分有内力产生（图 3-18b）。

3.2.3 计算步骤

采用**分层计算法**，其关键是分清主次，先"附"后"基"（计算支反力和内力）。其步骤为：

1)作层次图；2)计算支反力；3)绘内力图；4) 叠加(注意铰处弯矩为零)；5)校核(利用微分关系)。

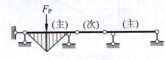

a) M 图

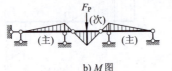

b) M 图

图 3-18 多跨静定梁力的传递

【例 3-5】试绘制图 3-19a 所示多跨静定梁的内力图。

解：详见图 3-19b～e。

图 3-19 例 3-5 图

第3章 静定梁和静定刚架的受力分析

【例 3-6】 试绘制图 3-20a 所示多跨静定梁的内力图。

解： 详见图 3-20b～e。

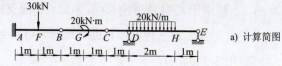

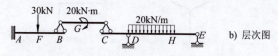

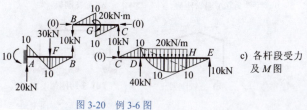

图 3-20 例 3-6 图

3.2 多跨静定梁

注意：二铰处 M 为零；绘 DH 段 F_Q 图时，可取该杆段为隔离体，化作等效简支梁(图 3-20f)，求两端支反力，即为两端剪力值。

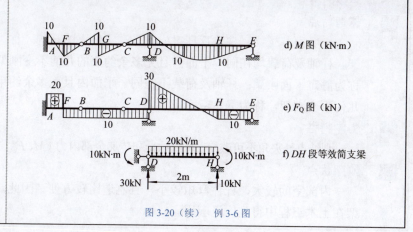

图 3-20（续） 例 3-6 图

【例 3-7】 试求图 3-21a 所示多跨静定梁铰 E 和铰 F 的位置，使中间跨的支座负弯矩 M_B 和 M_C 与跨中正弯矩 M_2 的绝对值相等。

解： 按图 3-21b，先求出 E、F 两点竖向反力，得图 3-21c 的基本部分受力图。在图 3-21d 中

$$|M_B| = |M_C| = \frac{q(l-x)}{2}x + \frac{qx^2}{2} \tag{a}$$

按题意，要求 $|M_B| = |M_C| = M_2$。由图 3-21d，可知 $|M_B| + M_2 = ql^2/8$，亦即 $2|M_B| = ql^2/8$，于是可得

$$|M_B| = \frac{ql^2}{16} \tag{b}$$

将式(b)代入式(a)，解出

$$x = 0.125l$$

与三跨跨度为 l 的简支梁比较可知，其跨中正弯矩将减小一些。

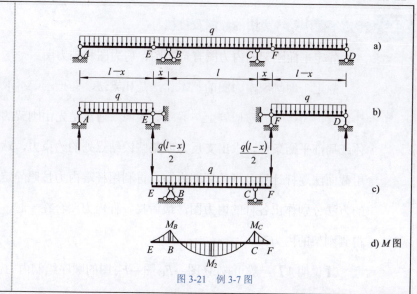

图 3-21 例 3-7 图

3.3 静定平面刚架

3.3.1 刚架的特点

1 构造特点

一般由若干梁、柱等直杆组成且具有刚结点的结构，称为刚架。杆轴及荷载均在同一平面内且无多余约束的几何不变刚架，称为静定平面刚架；杆轴及荷载不在同一平面内且无多余约束的几何不变刚架，称为静定空间刚架。

2 力学特性

刚结点处夹角不可改变，且能承受和传递全部内力（M、F_Q、F_N）。

3 刚架优点

内部空间较大，杆件弯矩较小，且制造比较方便。因此，刚架在土木工程中得到广泛应用。

3.3.2 静定平面刚架的组成形式

基本形式有悬臂刚架(图 3-22a)、简支刚架(图 3-22b)和三铰刚架(图 3-22c)三种。将其进行组合，可得到多层多跨静定平面刚架(图 3-22d、e)。

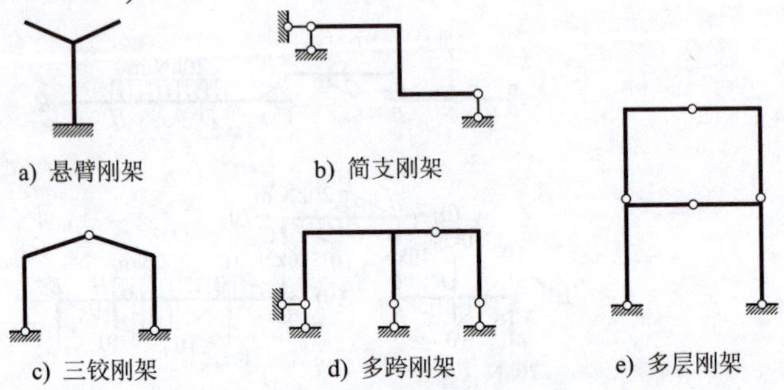

a) 悬臂刚架　　b) 简支刚架

c) 三铰刚架　　d) 多跨刚架　　e) 多层刚架

图 3-22 静定平面刚架

3.3.3 静定平面刚架内力图的绘制及校核

静定平面刚架的内力图有弯矩图、剪力图和轴力图。

静定平面刚架内力图的基本作法是**杆梁法**，即把刚架拆成杆件，其内力计算方法原则上与静定梁相同。通常是先由刚架的整体或局部平衡条件，求出支反力或某些铰结点处的约束力，然后用截面法逐杆计算各杆的杆端内力，再利用杆端内力按照静定梁的方法分别作出各杆的内力图，最后将各杆内力图合在一起，就得到刚架的内力图。

【说明1】一般可按 M 图→F_Q 图→F_N 图的顺序绘制内力图。

1) 关于 M 图的绘制：对于每个杆件而言，实际上是分别应用一次区段叠加法（"一求控制弯矩，二引直线相连，三叠简支弯矩"）。

2) 关于 F_Q 图的绘制：当 M 图为直线变化时，可根据微分关系，由 M 图"下坡"或"上坡"的走向（沿杆轴由左向右看）及其"坡度"的大小，直接确定 F_Q 的正负和大小（如前所述）；当 M 图为二次抛物线变化时，可取该杆段为隔离体，化为等效的简支梁，根据杆端的已知 M 及跨间荷载，利用力矩方程，求杆端剪力值。

3) 关于 F_N 图的绘制：对于比较复杂的情况，可取结点为隔离体，根据已知 F_Q，利用投影方程，求杆件轴力值。

【说明 2】刚架的 M 图约定绘在杆件受拉一侧，不标注正负号；F_Q 图和 F_N 图可绘在杆件的任一侧，但必须标注正负号，其符号规定与梁相同。

【说明 3】关于简单刚结点的概念：两杆刚结点，称为**简单刚结点**。当无外力偶作用时，汇交于该处两杆的杆端弯矩坐标应绘在结点的同一侧(内侧或外侧)，且数值相等。作 M 图时，可充分利用这一特性。

【说明 4】关于刚架内力图的校核：刚架内力图作出后，还应利用微分关系和截面法校核内力图的正确性。

1) 根据荷载与内力之间的微分关系，校核内力图的形状特征。常可直接观察内力图的形状与荷载种类、结点性质、支承情况等是否相符（即进行定性判断）。

2) 利用截面法，截取刚架的任一部分为隔离体，校核其静力平衡条件是否满足（即进行定量判断）。须注意，在校核时，应利用在内力计算过程中未使用过的平衡条件。

对于弯矩图，通常是检查刚结点处是否满足力矩平衡方程（一般以此作为校核的依据）；而对于剪力图和轴力图，则可从刚架中任取结点、杆件、刚架的任一部分为隔离体，检查是否满足力投影平衡方程 $\sum F_x = 0$ 和 $\sum F_y = 0$。

【例 3-8】试绘制图 3-23a 所示刚架的内力图。

解：(1) 求支反力：由刚架整体平衡条件求出支反力，直接标注于图 3-23a 中。

(2) 求作 M 图(图 3-23b)：

1) 杆 AB：一求控制弯矩，$M_{AB}= 0$，$M_{BA} = F_P l/4$(上边受拉)；二引直线相连。也可视 AB 段为 A 端自由(该处支反力当作外力)、B 端为固定端的悬臂梁直接绘出 M 图。

2) 杆 CD：一求控制弯矩，$M_{CD}= F_P l/4$(下边受拉)，$M_{DC}= 0$；二引直线相连。也可视 CD 段为 D 端自由(该处支反力当作外力)、C 端为固定端的悬臂梁直接绘出 M 图。

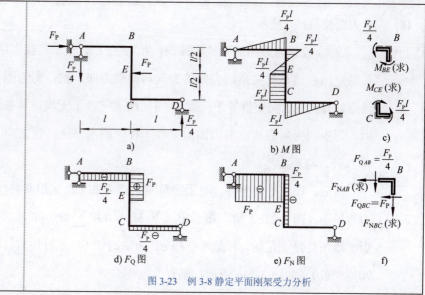

图 3-23 例 3-8 静定平面刚架受力分析

3) 杆 BC：一求控制弯矩，$M_{BE}=F_P l/4$(右边受拉)，$M_E=F_P l/4$(左边受拉)，$M_{CE}=F_P l/4$(左边受拉)；二引直线相连。

注意：为求简单刚结点 B 和 C 处杆端弯矩 M_{BE} 和 M_{CE}，也可取相应结点 B 和 C 为隔离体，分别由 $\sum M_B=0$ 和 $\sum M_C=0$ 求出（图 3-23c）：

$$M_{BE}=M_{BA}=\frac{F_P l}{4}, \quad M_{CE}=M_{CD}=\frac{F_P l}{4} \text{（图中虚线表示受拉侧）}$$

由以上结果可以验证：简单刚结点处，汇交于该处两杆的杆端弯矩应绘在结点的同一侧(此例为外侧)，且数值相等。

(3) 求作 F_Q 图(图 3-23d)：

杆 AB、BE 和 CD 的 M 图均为斜直线图形；EC 部分 M 图为常数，无 F_Q。相应的 F_Q 图可很方便地绘出。

(4) 求作 F_N 图(图 3-23e)：

本例杆件及荷载情况均较简单(各杆段 F_N 为常量)，可用截面法直接求作各杆 F_N 图。若改用取结点 B 为隔离体(图 3-23f)，将 F_Q 图中的已知值 $F_{QAB}=-F_P/4$ 和 $F_{QBC}=F_P$ 正确标注(剪力以绕隔离体顺时针旋转者为正)，并将欲求的两杆轴力按拉力为正的方向标出，则由两投影方程 $\sum F_x=0$ 和 $\sum F_y=0$，即可分别求出为

$$F_{NAB}=-F_P \text{（压力）}, \quad F_{NBC}=-\frac{F_P}{4} \text{（压力）}$$

(5) 内力图校核：

首先，校核内力图的形状特征。杆 BC 中点 E 有集中荷载作用，其弯矩图在该点有尖角，尖角的突向与荷载方向一致；剪力图在该点处有突变，突变值等于荷载值。杆 AB 和 CD 上无横向荷载作用，弯矩图为斜直线；剪力图为平行于杆轴的水平线。铰支座 A 和 D 处，弯矩为零。

然后，校核平衡条件。对于简单刚结点 B 和 C，利用其特性，由弯矩图（图 3-23b）可直接看出，$\sum M_B=0$ 和 $\sum M_C=0$，其力矩平衡条件是满足的。若截取竖杆 BC 为隔离体（将该杆逆时针转 $90°$ 平放），如图 3-23g 所示，则有

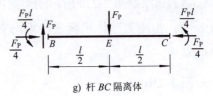

g) 杆 BC 隔离体

图 3-23（续） 例 3-8 静定平面刚架内力图校核

$$\sum F_x = \frac{F_P}{4} - \frac{F_P}{4} = 0$$

$$\sum F_y = F_P - F_P = 0$$

$$\sum M_B = \frac{F_P l}{4} + \frac{F_P l}{4} - F_P \frac{l}{2} = 0$$

显然，此杆件静力平衡条件无误。

【例3-9】试绘制图3-24a所示简支刚架的内力图。

解： (1) 求支反力：由刚架整体平衡条件求出支反力，直接标注于图3-24a中。

(2) 求作 M 图(图3-24d)：根据荷载情况可知，弯矩图可分为 AE、EC、CD、DB 和 DF 五段，分别应用区段叠加法绘出。

1) 一求控制弯矩：各控制截面的弯矩可用截面法求得。

① 杆 AE：$M_{AE} = M_{EA} = 0$

② 杆 EC：$M_{EC} = 0$，$M_{CE} = 4\text{kN} \times 2\text{m} = 8\text{kN·m}$（左侧受拉）

③ 杆 BD：$M_{BD} = 0$，$M_{DB} = 4\text{kN} \times 4\text{m} = 16\text{ kN·m}$（右侧受拉）

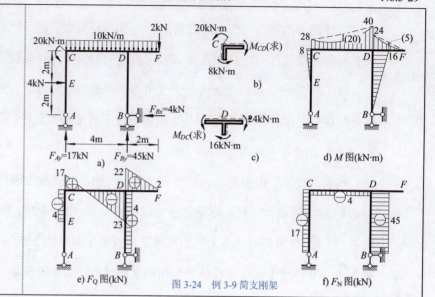

④ 杆 DF：$M_{FD} = 0$，$M_{DF} = (2 \times 2)\text{ kN·m} + \left(\dfrac{1}{2} \times 10 \times 2^2\right)\text{kN·m} = 24\text{ kN·m}$（上侧受拉）。

⑤ 杆 CD：利用结点 C 和 D 为隔离体(图3-24b、c)的力矩平衡条件，可求出杆 CD 两端二控制截面的弯矩为

$$M_{CD} = (20+8)\text{ kN·m} = 28\text{ kN·m} \text{（"箭尾"侧即上侧受拉）}$$
$$M_{DC} = (24+16)\text{ kN·m} = 40\text{ kN·m} \text{（"箭尾"侧即上侧受拉）}$$

2) 二引直线相连：杆 AE 无弯矩；杆 EC 和杆 BD 均于二控制弯矩之间引实线相连；而杆 CD 和杆 DF 因跨中尚有横向荷载作用，在该两杆的二控制弯矩之间均暂引虚线相连，作为新的基线。

3) 三叠简支弯矩：对于杆 CD 和杆 DF，在其新的基线上叠加该二杆按简支梁求得的弯矩值，跨中分别叠加 20 kN·m 和 5 kN·m。

(3) 求作 F_Q 图（图3-24e）：杆 CD 和 DF 为斜直线，用截面法可求出该两杆杆端剪力为 $F_{QCD} = 17\text{kN}$，$F_{QDC} = (17-10 \times 4)\text{ kN} = -23\text{ kN}$（取 D 之左部分为隔离体）；$F_{QFD} = 2\text{kN}$，$F_{QDF} = (10 \times 2 + 2)\text{ kN} = 22\text{kN}$（取 D 之右部分为隔离体）。

(4) 求作 F_N 图，如图3-24f所示。

(5) 内力图校核：

首先，校核内力图的形状特征。杆 CD 和 DF 上有均布荷载 q

作用，M 图为抛物线，凸向荷载指向；F_Q 图为斜直线。杆 AC 中点 E 有集中荷载作用，M 图在该点有尖角，尖角的突向与荷载方向一致；F_Q 图在该点处有突变，突变值等于荷载值。杆 BD 上无横向荷载作用，M 图为斜直线；F_Q 图为平行于杆轴的竖直线。铰支座 A 和 B 处，弯矩为零。

然后，校核平衡条件。为校核 F_Q 图和 F_N 图，分别截取刚结点 C 和 D 为隔离体（杆端弯矩这里可以不画出），如图 3-24g 和 h 所示。可见，作用在两结点上的力都满足力投影平衡条件 $\sum F_x = 0$ 和 $\sum F_y = 0$。至于常用来校核弯矩图的这两结点的力矩平衡条件 $\sum M_C = 0$ 和 $\sum M_D = 0$，在先前计算杆端弯矩时已经使用过了，这里，就不再采用。若沿两柱顶作一横截面，截取梁 CDF 作为隔离体，如图 3-24i 所示，则有

$$\sum F_x = 4 - 4 = 0$$
$$\sum F_y = 17 + 45 - 10 \times 6 - 2 = 0$$
$$\sum M_C = (10 \times 6) \times 3 + 2 \times 6 + 16 - 20 - 8 - 45 \times 4 = 0$$

显然，此横梁静力平衡条件无误。

提请注意，以下各例中静定平面刚架内力图的校核，建议读者利用微分关系及截面法自行完成，这将有利于培养和提高对计算结果正误的判断能力。

【例 3-10】 试绘制图 3-25 所示悬臂刚架的内力图。

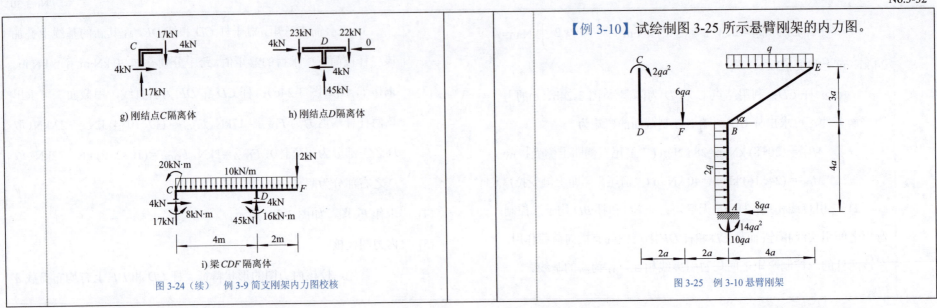

图 3-24（续） 例 3-9 简支刚架内力图校核

图 3-25 例 3-10 悬臂刚架

解： (1) 求支反力：由刚架整体平衡条件求出支反力，直接标注于图 3-25 中。

(2) 求作 M 图(图 3-27a)：用区段叠加法，循"一求、二引、三叠"的步骤，逐杆绘制 M 图。

1) CD 段(图 3-26a)：一求控制弯矩，$M_{DC}=M_{CD}=2qa^2$(左侧受拉)；二引直线相连(图 3-27a)。

2) DB 段(图 3-26b)：一求控制弯矩，由 $\sum M_B=0$，得 DB 段 B 端弯矩 $M_{BD}=6qa\times2a-2qa^2=10qa^2$(上侧受拉)，而根据简单刚结点 D 的特性可知，M_{DB} 与 M_{DC} 大小相等，且同为外侧受拉，即 $M_{DB}=2qa^2$

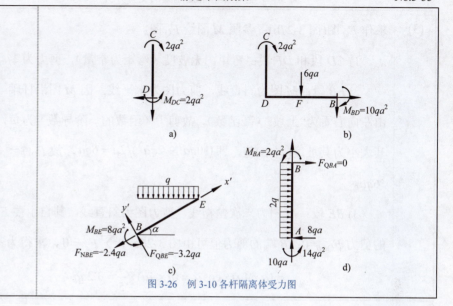

图 3-26 例 3-10 各杆隔离体受力图

(下侧受拉)；在图 3-27a 中二引直线相连(虚线)；三叠简支弯矩，跨中 F 所叠加的弯矩值为 $\frac{1}{4}\times6qa\times4a=6qa^2$。

3) BE 段(图 3-26c)：一求控制弯矩，由 $\sum M_B=0$，可得 $M_{BE}=(q\times4a)\times2a=8qa^2$，而自由端 $M_{EB}=0$；在图 3-27a 中，二引直线相连(虚线)；三叠简支弯矩，跨中所叠加的弯矩值为 $\frac{1}{8}\times2q\times(4a)^2=4qa^2$。该 BE 段也可按悬臂斜梁绘出其弯矩图。

4) AB 段(图 3-26d)：一求控制弯矩，$M_{AB}=14qa^2$(左侧受拉)，而由 $\sum M_B=0$，得 $M_{BA}=8qa\times4a-14qa^2-(2q\times4a)\times2a=2qa^2$（右侧受拉）；在图 3-27a 中，二引直线相连（虚线）；三叠简支弯矩，跨中所叠加的弯矩值为 $\frac{1}{8}\times2q\times(4a)^2=4qa^2$。

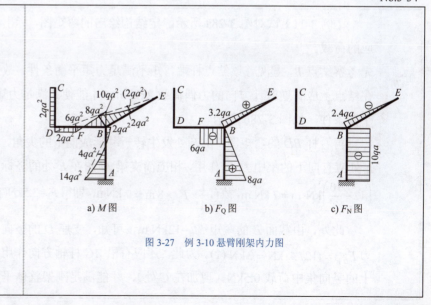

图 3-27 例 3-10 悬臂刚架内力图

53

(3) 求作 F_Q 图(图 3-27b)：参照 M 图绘 F_Q 图。

1) CD 段和 DF 段：弯矩图无坡度（弯矩为常量），剪力为零。

2) FB 段：M 图为斜直线，剪力图为水平线。因 M 图沿杆轴由左向右看为"上坡"（减函数），故剪力（函数的一阶导数）为负，其大小为其坡度(斜率)值，即 $(10qa^2 + 2qa^2)/2a = 6qa$，故 $F_{QFB} = -6qa$。

3) BE 段：M 图为二次抛物线，剪力图为斜直线。其自由端 E 的剪力 $F_{QEB}=0$；B 端的剪力值可由图 3-26c 中 $\sum F_{y'} = 0$，求得为

$$F_{QBE} = (q \times 4a) \times \cos\alpha = (q \times 4a) \times \frac{4}{5} = 3.2qa$$

4) 杆 AB：M 图为二次抛物线，剪力图为斜直线。其 A 端剪力值 $F_{QAB} = 8qa$；B 端剪力值可由图 3-26d 中 $\sum F_x = 0$，求得为

$$F_{QBA} = 8qa - (2q \times 4a) = 0$$

(4) 求作 F_N 图(图 3-27c)：

1) 杆 CD 和 DB：无轴力。

2) 杆 BE：该斜杆轴力图为斜直线。其自由端 E 的轴力 $F_{NEB}=0$；B 端轴力值可由图 3-26c 中 $\sum F_{x'} = 0$，求得为

$$F_{NBE} = -(q \times 4a) \times \sin\alpha = -(q \times 4a) \times \frac{3}{5} = -2.4qa \quad （压力）$$

3) 杆 AB：$F_{NAB} = F_{NBA} = -10qa$ （压力）

【例 3-11】试对图 3-28a 所示静定结构绘出的弯矩图，标出相应的荷载。

解：先考察结点 B，显见，该结点杆端弯矩不满足力矩平衡条件，故知在结点上应有逆时针方向的力偶荷载 2kN·m，才能使其满足力矩平衡条件，如图 3-28b 所示。

再看杆 BD 的弯矩图，在 E 处发生转折并形成向下的尖角，故 E 处应有向下的集中力 F_P 作用，相应简支梁 M 图在 E 处的竖标为 $\left(12 - \frac{10}{2}\right)$ kN·m = 7 kN·m，故有 $\frac{1}{4} \times F_P \times 8$ m = 7 kN·m，即得 $F_P = 3.5$ kN(↓)。

此外，由截面 E 的弯矩 $M_E = 12$ kN·m，可知，支座 D 的竖向反力 $F_{Dy} = (12/4)$ kN = 3 kN(↑)。为此，还应有沿 AC 杆轴方向作用向上的竖向集中荷载 0.5kN（现加在 C 处），才能满足刚架整体平衡

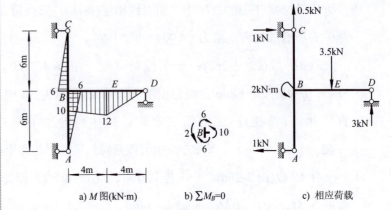

a) M 图(kN·m)　　　b) $\sum M_B = 0$　　　c) 相应荷载

图 3-28 根据已知弯矩图标出相应荷载

$\sum F_y = 0$ 的条件，并使所得的荷载情况（图 3-28c）与图 3-28a 给出的弯矩图完全相符。

【例 3-12】 试绘制图 3-29a 所示三铰刚架的内力图。

解:

(1) 求支反力：该静定三铰刚架有四根支杆，因此，欲求其全部支反力，除了利用平面一般力系的三个静力平衡方程外，还需根据结构中某截面已知的内力条件(如铰 C 处的弯矩为零)，建立一个补充静力平衡方程，方能求解。具体计算如下：

1) 由刚架整体平衡条件，建立三个静力平衡方程，即

$$\sum M_B = 0, \quad F_{Ay} = \frac{3ql}{8}(\uparrow)$$

$$\sum F_y = 0, \quad F_{By} = \frac{ql}{8}(\uparrow)$$

$$\sum F_x = 0, \quad F_{Ax} = F_{Bx}$$

2) 取刚架右半部分 CEB 为隔离体(图 3-29b)，补充 $\sum M_C = 0$，

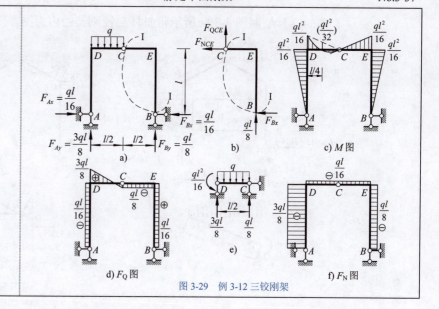

图 3-29 例 3-12 三铰刚架

即

$$F_{Bx}l - \frac{ql}{8} \times \frac{l}{2} = 0$$

由此得

$$F_{Bx} = \frac{ql}{16}(\leftarrow)$$

于是有

$$F_{Ax} = \frac{ql}{16}(\rightarrow)$$

(2) 求作 M 图(图 3-29c)：

可先易后难，按两竖柱 AD 和 BE、右横梁 CE、再左横梁 DC 的顺序，逐杆绘制弯矩图。对于杆 DC，一求控制弯矩，$M_{DC} = \frac{ql^2}{16}$ (上侧受拉，由简单刚结点的特性判定)，$M_C = 0$(铰处)；二引直线相连(虚线)；三叠简支弯矩，该杆中点所叠加的弯矩值为 $q(l/2)^2/8 = ql^2/32$。

(3) 求作 F_Q 图(图 3-29d)：

除杆 DC 段外，各杆的弯矩图均为斜直线，据此，可简捷地绘出剪力图。对于杆 DC，弯矩图为二次抛物线，只需按照"一求两端剪力，二引直线相连"的步骤，即可绘出剪力图，为求两端剪力，既可直接利用截面法求解，也可取该杆为隔离体，化为等效的简支梁(图 3-29e)，根据杆端已知弯矩及跨间荷载，利用平衡方程求杆端竖向反力，即为杆端剪力。

(4) 求作 F_N 图(图 3-29f)：各杆轴力可直接利用截面法很方便地求得。

【例 3-13】 绘制图 3-30a 所示带斜杆三铰刚架的内力图。

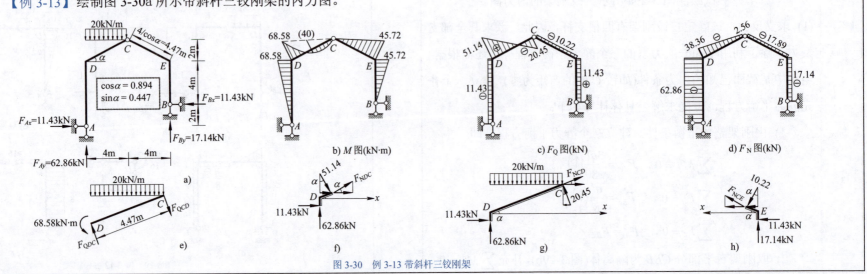

图 3-30 例 3-13 带斜杆三铰刚架

解：

(1) 求支反力：如前例 3-12 所述，由刚架整体平衡条件建立的三个平衡方程以及取刚架右半部分为隔离体建立一个补充方程 $\sum M_C = 0$，可解出四个支反力值，其计算结果标注于图 3-30a 中。

(2) 求作 M 图(图 3-30b)：按前例方法和步骤绘制。

(3) 求作 F_Q 图(图 3-30c)：除杆 DC 外，各杆的弯矩图均为直线，据此可简捷地绘出剪力图。对于杆 DC，为求两端剪力，可取杆 DC 为隔离体，化为等效的简支梁(图 3-30e)求解。

由 $\sum M_C = 0$，得

$$F_{QDC} = \left\{ \left[68.58 + \left(20 \times 4^2\right)/2\right]/4.47 \right\} \text{kN} = 51.14 \text{ kN}$$

由 $\sum M_D = 0$，得

$$F_{QCD} = \left\{ \left[68.58 - \left(20 \times 4^2\right)/2\right]/4.47 \right\} \text{kN} = -20.45 \text{ kN}$$

(4) 求作 F_N 图(图 3-30d)：对于杆 AD 和 BE，其轴力就等于竖向反力。

1) 取图 3-30f 所示隔离体，由 $\sum F_x = 0$，可得

$$F_{NDC} \times 0.894 + 51.14 \text{ kN} \times 0.447 + 11.43 \text{ kN} = 0$$

$$F_{NDC} = -38.36 \text{ kN}$$

2) 取图 3-30g 所示隔离体，由 $\sum F_x = 0$，可得

$$F_{NCD} \times 0.894 - 20.45 \text{ kN} \times 0.447 + 11.43 \text{ kN} = 0$$

$$F_{NCD} = -2.56 \text{ kN}$$

3) 取图 3-30h 所示隔离体，由 $\sum F_x = 0$，可得

$$F_{NCE} \times 0.894 + 10.22 \text{ kN} \times 0.447 + 11.43 \text{ kN} = 0$$

$$F_{NCE} = -17.89 \text{ kN}$$

【例3-14】试绘出图3-31a所示多跨静定刚架在荷载作用下的弯矩图大致形状。

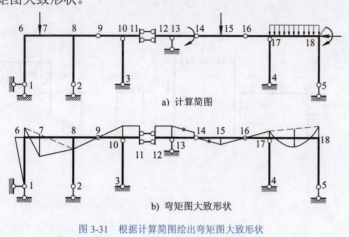

图3-31 根据计算简图绘出弯矩图大致形状

解：(1) 根据结构特点，判定不产生弯矩的杆件号：杆2-8、3-10、4-17和5-18（该4根杆件内均只产生轴力）。

(2) 作弯矩图(图3-31b)应按附属部分到基本部分的顺序进行，即

杆14-16
  → 由左向右：杆16-17→17-18。
  → 由右向左：杆13-14→12-13→10-11→9-10→8-9；再1-6→6-8。

(3) 注意：杆14-16按简支梁绘制；铰14左侧弯矩值向上跳跃，但该铰两侧弯矩图线平行；杆10-11和12-13无剪力（定向支承不产生竖向反力），弯矩图为水平线。杆8-10和15-17无荷载作用，弯矩图为斜直线(分别过铰9和16)。

【例3-15】绘制图3-32所示刚架的弯矩图（不求支反力）。

解：这是一个多跨静定结构，ABG为基本部分，右两跨为附属部分。自右向左按先附属部分后基本部分的顺序，依次求出各支反力及刚片间铰结处的约束力，然后逐杆绘制其弯矩图并无困难，不需赘述。现在要讨论的是不求支反力如何绘出弯矩图。

1) 三根竖杆均为悬臂，它们的弯矩图可先行绘出。

2) EF段：亦属悬臂部分，由于右边外力F_P平行于该段轴线，故其两杆端E和F的弯矩均为$F_P a$，连以水平线。

3) DE段：铰D处弯矩为零，截面E弯矩已求出为$F_P a$，连以斜直线。

4) CD段：遇到一定困难，因为支座E的支反力或铰D处的约束力都未求出。但注意到CD段和DE段的剪力是相等的(F_{QDC}和F_{QDE}都等于支座E的支反力)，因而可知，该两段弯矩图的坡度

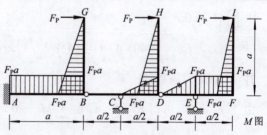

图3-32 不求支反力绘出弯矩图

也应相等。于是，利用刚结点D力矩平衡和作DE段弯矩图的平行线，便可绘出CD段的弯矩图，并可定出$M_{CD}=0$。

5) BC段：铰B处弯矩为零，又$M_{CB}=0$，连以直线，与基线重合。

6) AB段：利用刚结点B力矩平衡，并注意到AB段与BC段的剪力相等，因而两段的弯矩图应平行，便可作出AB段的弯矩图。

【例 3-16】 绘制图 3-33a 所示多跨刚架的弯矩图。

解： 此刚架为三跨静定刚架，由基本部分 ACDB 和附属部分 EFG 及 KIH 组成。将刚架在铰 G 和 K 处拆开，分别画出附属部分和基本部分隔离体受力图，如图 3-33b 所示。

1) 取 EFG 为隔离体：

由 $\sum F_x = 0$，可得

$$F_{Gx} = 10 \times 4 \text{ kN} = 40 \text{ kN}(\leftarrow)$$

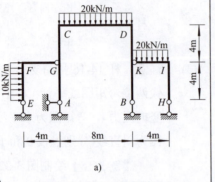

图 3-33 例 3-16 多跨刚架

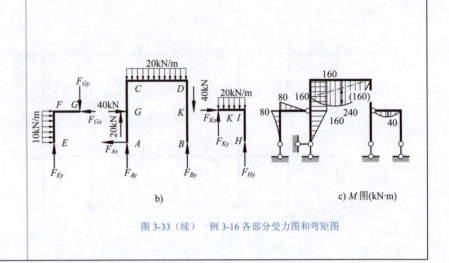

图 3-33（续） 例 3-16 各部分受力图和弯矩图

由 $\sum M_E = 0$，可得

$$F_{Gy} = \left\{\left[40 \times 4 - (10 \times 4^2)/2\right]/4\right\} \text{kN} = 20 \text{ kN}(\downarrow)$$

2) 取 KIH 为隔离体：

由 $\sum F_x = 0$，可得 $F_{Kx} = 0$；而由 $\sum M_H = 0$，可得

$$F_{Ky} = \left\{\left[(20 \times 4^2)/2\right]/4\right\} \text{kN} = 40 \text{ kN}(\uparrow)$$

3) 将 F_{Gx}、F_{Gy} 和 F_{Ky} 反向分别加在基本部分 ACDB 的 G 和 K 处。取 ACDB 为隔离体，由 $\sum F_x = 0$，可得

$$F_{Ax} = 40 \text{ kN}(\leftarrow)$$

刚架弯矩图如图 3-33c 所示。

*3.4 静定空间刚架

3.4.1 静定空间刚架

当刚架的各杆轴线及所承受的荷载不在同一平面内时，称为**空间刚架**。无多余约束的几何不变的空间刚架，称为**静定空间刚架**。实际工程中的空间刚架几乎都是超静定的，一般用计算机进行受力分析。静定空间刚架在工程中很少使用，但它是超静定空间刚架受力分析的基础，本节对静定空间刚架作初步介绍。

3.4.2 空间杆件结构的支座

空间杆件结构的支座类型及其支反力，如图 3-34 所示。

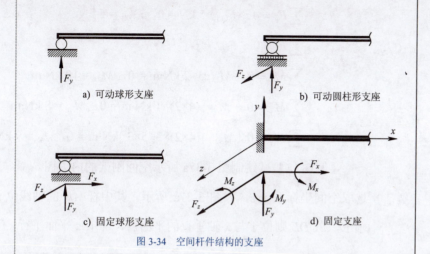

图 3-34 空间杆件结构的支座

3.4.3 空间刚架的内力

空间刚架的杆件横截面上一般有六个内力分量(图 3-35a)，即轴向力 F_N（沿杆轴线方向）、剪力 F_{Qy} 和 F_{Qz}（分别沿截面的两个形心主轴方向）；弯矩 M_y 和 M_z（分别绕截面的两个形心主轴旋转的力偶矩），扭矩 M_x（绕杆轴线旋转的力偶矩，或写作 M_T）。为了清楚地表示力偶作用面的位置，弯矩和扭矩都按右手螺旋法则用双箭头矢量表示，如图 3-35b 所示。图中所标示的内力方向均为正，反之为负。通常以杆轴作为 x 轴，并以截面的外法线作为 x 的正方向，以截面的两个主轴为 y 轴和 z 轴，并以 x 轴为基准，按右手螺旋规则定出 y 轴和 z 轴的正方向。

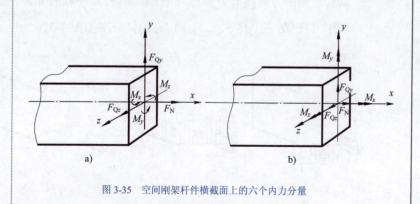

图 3-35 空间刚架杆件横截面上的六个内力分量

3.4.4 计算静定空间刚架内力的基本方法

计算静定空间刚架截面内力的基本方法仍是截面法，即取截面一边为隔离体，由空间一般力系的六个平衡方程，可求得截面上的六个内力分量。作内力图时，可逐杆建立内力方程，再按各内力方程作图；也可分段求出各控制截面的内力，再根据作用于杆件的荷载情况作出各杆的内力图。

弯矩图不标正负号，画在杆件受拉纤维一侧。扭矩图、轴力图和剪力图都要注明正负号：扭矩以双箭头矢量向外为正，轴力以受拉为正，而剪力则以绕杆件顺时针旋转为正。

【例 3-17】试求图 3-36a 所示空间刚架支座截面的内力。

解： 截取如图 3-36b 所示的隔离体，由空间一般力系的平衡条件，可得

$\sum F_x = 0$，$F_N + 4 \times 2 \text{ kN} = 0$，$F_N = -8 \text{ kN}$

$\sum F_y = 0$，$F_{QAy} - 5 \text{ kN} = 0$，$F_{QAy} = 5 \text{ kN}$

$\sum F_z = 0$，$F_{QAz} = 0$

$\sum M_x = 0$，$M_{Ax} - 5 \times 2 \text{ kN·m} = 0$，$M_{Ax} = 10 \text{ kN·m}$

$\sum M_y = 0$，$M_{Ay} - (4 \times 2) \times 1 \text{ kN·m} = 0$，$M_{Ay} = 8 \text{ kN·m}$

$\sum M_z = 0$，$M_{Az} - [(4 \times 2) \times 3 + 5 \times 3] \text{ kN·m} = 0$，$M_{Az} = 9 \text{ kN·m}$

【例 3-18】试绘制图 3-37a 所示空间刚架的内力图。

解： 选取空间坐标系 xyz，如图 3-37a 所示。其中杆 AB 的轴线位于 x 轴上，$BCDE$ 则位于与 x 轴垂直的平面内，与 yAz 平面平行。

图 3-36 空间刚架支座截面内力

$BCDE$ 部分可视为在结点 B 固定支承的平面悬臂刚架，依次由 ED、DC 和 CB 可分别作出这些杆件的 M、F_Q 和 F_N 图，如图 3-37b、d、e 所示。因 $BCDE$ 只承受该刚架平面内的荷载，故其各杆均不产生扭矩。

对于杆 AB，可视为 A 端固定的悬臂梁，其上除承受均布荷载外，还在 B 端受有 $BCDE$ 传来的剪力 $F_{QBC} = 12 \text{kN}$ 及扭矩（规定扭矩以其主矢的方向离开截面时为正）$M_{TB} = -18 \text{kN·m}$ 的外力。据此，即可作出杆 AB 的 M、F_Q、F_N 和 M_T 图，分别如图 3-37b、d、e、c 所示。

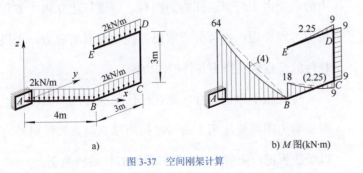

图 3-37 空间刚架计算

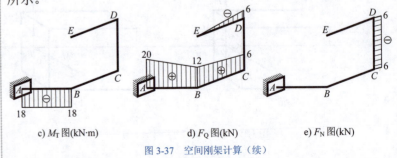

图 3-37 空间刚架计算（续）

习 题
分析计算题

3-1 用区段叠加法作习题 3-1 图所示单跨静定梁的弯矩图。

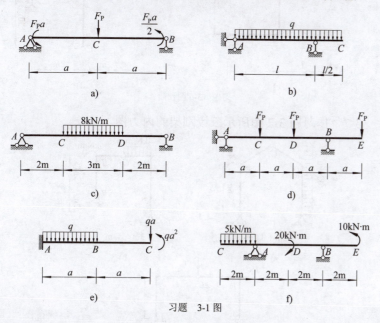

习题 3-1 图

3-2 作习题 3-2 图所示单跨静定梁的内力图。

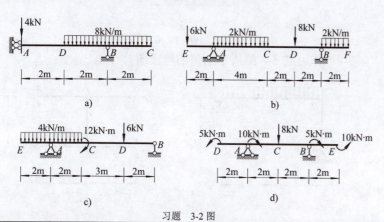

习题 3-2 图

3-3 作习题 3-3 图所示斜梁的内力图。

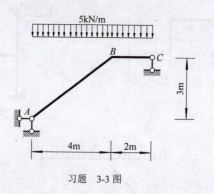

习题 3-3 图

3-4 作习题 3-4 图所示多跨静定梁的内力图。

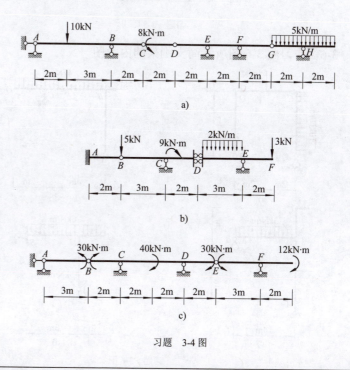

习题 3-4 图

3-5 作习题 3-5 图所示悬臂刚架的内力图。

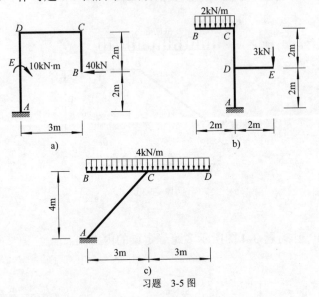

习题 3-5 图

3-6 作习题 3-6 图所示简支刚架的内力图。

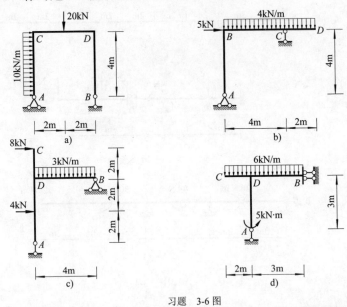

习题 3-6 图

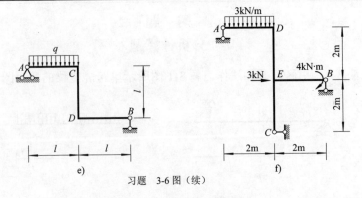

习题 3-6 图（续）

3-7 作习题 3-7 图所示三铰刚架的内力图。

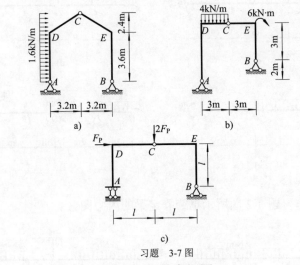

习题 3-7 图

3-8 作习题 3-8 图所示刚架的弯矩图。

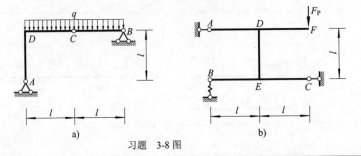

习题 3-8 图

第3章 静定梁和静定刚架的受力分析

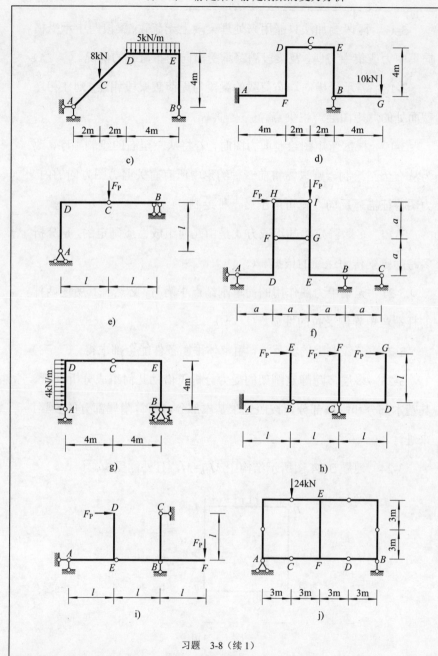

习题 3-8（续1）

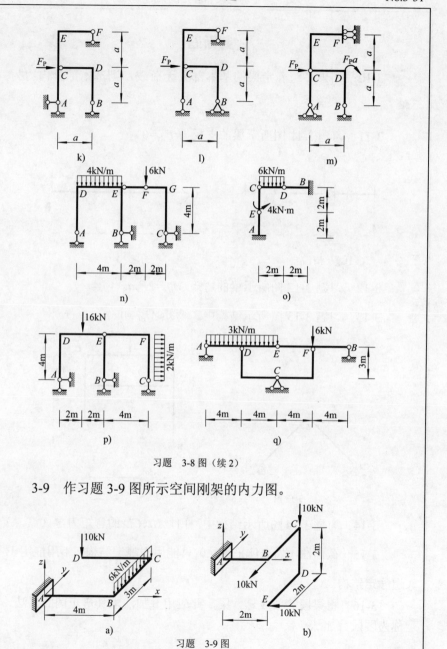

习题 3-8 图（续2）

3-9 作习题 3-9 图所示空间刚架的内力图。

习题 3-9 图

判断题

3-10 如果多跨静定梁的基本部分无荷载，则基本部分内力为零。（　）

3-11 习题 3-11 图所示梁的支反力 $F_{Ay}=0$。（　）

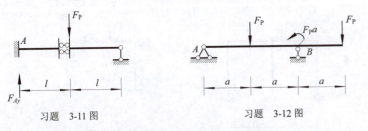

习题 3-11 图　　　习题 3-12 图

3-12 习题 3-12 图所示梁的弯矩 $M_{BA}=2F_P a$。（　）

3-13 习题 3-13 图所示结构中，弯矩 $M_{BC}=0$。（　）

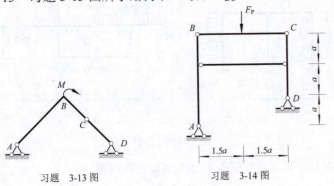

习题 3-13 图　　　习题 3-14 图

3-14 习题 3-14 图所示结构中，杆件 AB、CD 的弯矩为零。（　）

3-15 截面法（隔离体平衡法）只能用于静定结构，不用能用于超静定结构。（　）

3-16 将梁段等效成悬臂梁，并应用叠加法求其弯矩图的方法，称为区段叠加法。（　）

3-17 区段叠加法只能用来处理梁段上无荷载、梁段跨中承受横向集中力或集中力偶，及梁段满跨承受横向均布荷载的情况。（　）

3-18 若承受横向均布荷载的梁段与无荷载梁段相连，则在相连截面处的弯矩图会产生尖点。（　）

3-19 根据弯矩图绘制剪力图时，若将从左至右的绘制顺序，改为从右至左绘制，则只需将前一种约定中所有有关剪力图方向的内力图特征描述反向，就可用于后一种绘制。（　）

3-20 多跨静定梁的组成方式是由几何组成性质确定的，是分析多跨静定梁传力途径的依据。（　）

3-21 无集中力偶作用的简单刚结点平衡时，必然有其所连两杆的杆端弯矩异侧受拉的性质。（　）

3-22 三铰刚架的支反力，用整体平衡条件能全部求得。（　）

3-23 多层多跨静定刚架的受力分析可借助几何组成分析判断其基本部分和附属部分，按照先求基本部分，再算附属部分的步骤来进行。（　）

3-24 习题 3-24 图所示结构中 $M_{AB}=M$，且外侧受拉。（　）

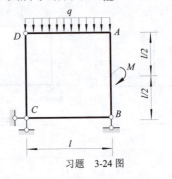

习题 3-24 图

3-25 若某直杆段的弯矩为 0，则剪力必定为 0；反之，若剪力为 0，则弯矩必定为 0。（　　）

单项选择题

3-26 静定结构受力分析时，通常采用（　　）。

A. 能量法； B. 隔离体平衡法； C. 动静法； D. 图乘法。

3-27 快速绘制某杆的弯矩图时，通常采用（　　）。

A. 静力法； B. 机动法； C. 单位荷载法； D. 区段叠加法。

3-28 对于包含基本结构与附属结构的静定结构，通常应按（　　）顺序进行受力分析。

A. 先附属结构后基本结构；
B. 先基本结构后附属结构；
C. 基本结构与附属结构同时分析；
D. 视具体情况而定。

3-29 习题 3-29 图所示三铰刚架支座 A 的水平反力为（　　）。

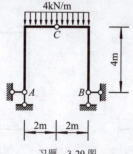

习题 3-29 图

A. 2kN，向右； B. 2kN，向左； C. 4kN，向右； D. 4kN，向左。

3-30 习题 3-30 图所示多跨梁中，支杆 B 的支反力为（　　）。

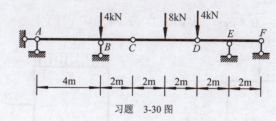

习题 3-30 图

A. 12kN（↑）； B. 10kN（↑）； C. 2kN（↑）； D. 2kN（↓）。

3-31 习题 3-30 图所示多跨梁中，杆 EF 截面 E 的剪力 F_{QEF} 为（　　）。

A. 4kN； B. -4kN； C. 8kN； D. -8kN。

3-32 习题 3-32 图所示刚架中，BC 杆 B 端的弯矩及受拉侧为（　　）。

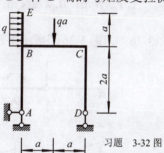

A. qa^2，上侧；
B. qa^2，下侧；
C. $2.5qa^2$，上侧；
D. $2.5qa^2$，下侧。

习题 3-32 图

3-33 习题 3-33 图所示刚架中，CD 杆 D 端的弯矩及受拉侧为（　　）。

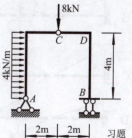

A. 16kN·m，上侧；
B. 48kN·m，上侧；
C. 16kN·m，下侧；
D. 48kN·m，下侧。

习题 3-33 图

3-34 习题 3-34 图所示刚架中，杆 CD 的轴力为（　　）。

A. F_P； B. $-F_P$； C. $F_P/4$； D. $-F_P/4$。

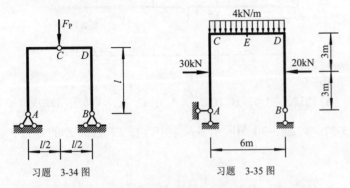

习题 3-34 图　　习题 3-35 图

3-35 习题 3-35 图所示刚架截面 E 的弯矩 M_E 的值为（　　）。

A. 12kN·m； B. 27kN·m； C. 42kN·m； D. 57kN·m。

3-36 习题 3-36 图所示多跨梁弯矩图大致形状正确的是（　　）。

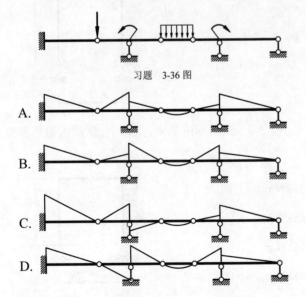

习题 3-36 图

3-37 习题 3-37 图所示简支刚架截面 E 的剪力为（　　）。

A. −10kN； B. −15kN； C. −20kN； D. −25kN。

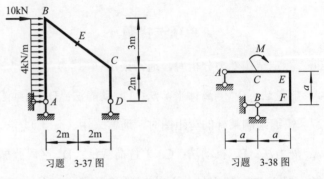

习题 3-37 图　　习题 3-38 图

3-38 习题 3-38 图所示简支刚架 C 右截面的弯矩为（　　）。

A. M，上侧受拉；　　　　B. 1.5M，下侧受拉；

C. 0.5M，下侧受拉；　　　D. 0。

3-39 习题 3-39 图所示简支刚架中的弯矩 M_{BD} 为（　　）。

A. 25kN·m，上侧受拉；　　B. 25kN·m，下侧受拉；

C. 10kN·m，上侧受拉；　　D. 10kN·m，下侧受拉。

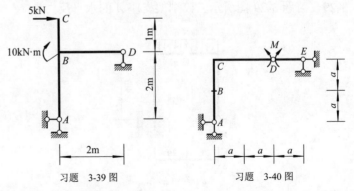

习题 3-39 图　　习题 3-40 图

3-40 习题 3-40 图所示刚架中的弯矩 M_B 为（　　）。

A. M，左侧受拉；   B. M，右侧受拉；

C. $1.5M$，左侧受拉；   D. $1.5M$，右侧受拉。

3-41 习题 3-41 图所示刚架中的弯矩 M_B 为（   ）。

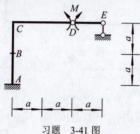

习题 3-41 图

A. $3M$，左侧受拉；   B. $3M$，右侧受拉；

C. $1.5M$，左侧受拉；   D. $1.5M$，右侧受拉。

填空题

3-42 习题 3-42 图所示结构中，剪力 $F_{QBA}=$ _____，弯矩 $M_{CD}=$ _____，___侧受拉。

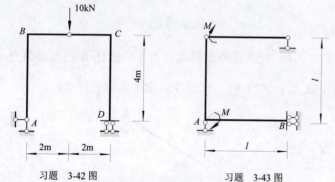

习题 3-42 图   习题 3-43 图

3-43 习题 3-43 图所示结构中，剪力 $F_{QAB}=$ _____，弯矩 $M_{AB}=$ _____，___侧受拉。

3-44 习题 3-44 图所示结构中，弯矩 $M_{AB}=$ _____，___侧受拉；轴力 $F_{NAB}=$ _____。

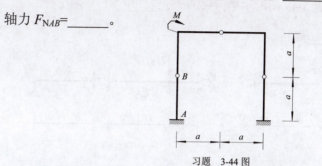

习题 3-44 图

3-45 习题 3-45 图所示梁的剪力 $F_{QBA}=$ _____。

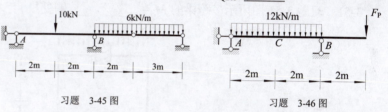

习题 3-45 图   习题 3-46 图

3-46 欲使习题 3-46 图所示梁截面 B、C 处弯矩的绝对值相等，则荷载 $F_P=$ _____。

3-47 试求习题 3-47 图所示结构的剪力 $F_{QBA}=$ _____。

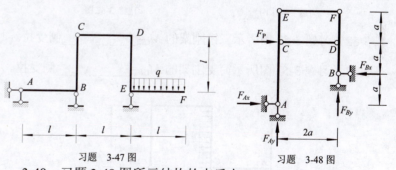

习题 3-47 图   习题 3-48 图

3-48 习题 3-48 图所示结构的支反力 $F_{Ax}=$ _____，$F_{Ay}=$ _____，$F_{Bx}=$ _____，$F_{By}=$ _____。

3-49 习题 3-49 图所示单跨梁的 $M_A=$_____，___侧受拉；$M_B=$_____，___受拉。

3-50 习题 3-50 图所示多跨梁的 $M_C=$_____，___侧受拉。

3-51 习题 3-51 图所示多跨梁的 $M_A=$_____，___侧受拉。

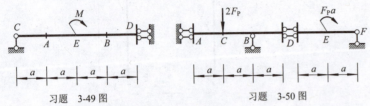

习题 3-49 图   习题 3-50 图

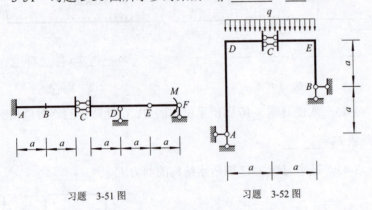

习题 3-51 图   习题 3-52 图

3-52 习题 3-52 图所示三铰刚架的 $M_C=$_____，___侧受拉。

3-53 习题 3-53 图所示简支刚架的 $M_{CB}=$_____，___侧受拉。

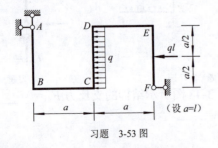

（设 $a=l$）

习题 3-53 图

3-54 习题 3-54 图所示多跨梁的 $M_C=$_____，___侧受拉。

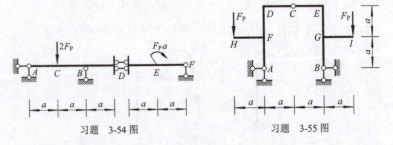

习题 3-54 图   习题 3-55 图

3-55 习题 3-55 图所示三铰刚架的 $M_{DF}=$_____，____受拉。

3-56 习题 3-56 图所示三铰刚架的 $M_{DF}=$_____，___侧受拉。

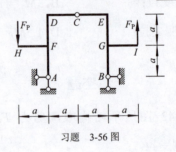

习题 3-56 图

思考题

3-57 习题 3-57 图所示斜梁，当支座链杆 B 的方向改变（β 小于、等于或大于 $90°$）时，试讨论斜梁的内力变化情况。

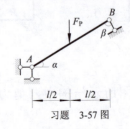

习题 3-57 图

3-58 试求习题 3-58 图所示伸臂梁的伸臂长度 x，使支座负弯矩与跨中正弯矩的绝对值相等。

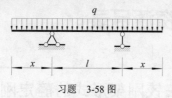

习题 3-58 图

3-59 多跨静定梁的基本部分和附属部分的划分在有些情况下是否与所受的荷载有关？试举例说明。

3-60 绘制多跨静定梁的内力图时，为什么要先计算附属部分，后计算基本部分？如果不划分基本部分和附属部分，是否也能求出多跨静定梁的全部支反力并作出内力图？

3-61 试确定习题 3-61 图所示多跨静定梁铰 C 的位置，使支座截面弯矩 M_B、M_D 的绝对值相等。

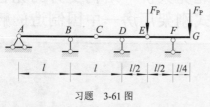

习题 3-61 图

3-62 习题 3-62 图 a、b 所示梁（集中力偶分别作用在铰左侧和右侧）的弯矩图是否相同？

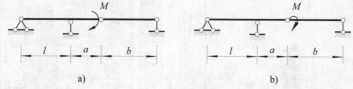

习题 3-62 图

3-63 静定梁和静定平面刚架的内力图如何进行校核？

3-64 指出习题 3-64 图所示各弯矩图形状的错误，并加以改正。

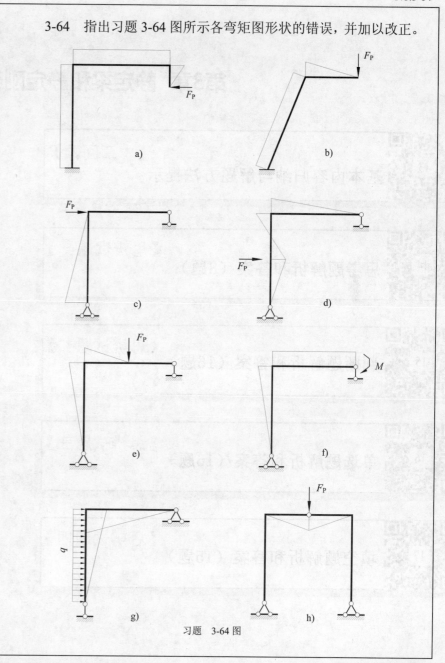

习题 3-64 图

第3章 静定梁和静定刚架的受力分析 数字资源目录

【本章回顾】基本内容归纳与解题方法提示

【思辨试题一】思考题解析和答案（8题）

【思辨试题二】判断题解析和答案（16题）

【思辨试题三】单选题解析和答案（16题）

【思辨试题四】填空题解析和答案（15题）

【难题解析】1. 具有三铰刚架形式的静定刚架
2. 符合三刚片组成规则的静定刚架

【自测试卷】静定梁和静定刚架内力图绘制（含答案，共3套）

【趣味力学】1. 魁北克大桥——结构受力的完善呈现
2. 门式刚架厂房——中国制造的孵化器

上海浦东高层建筑群

第 4 章 三铰拱和悬索结构的受力分析

● **本章教学的基本要求**：了解三铰拱的受力特点，掌握三铰拱支反力及指定截面内力的计算方法；了解三铰拱压力线的概念，了解三铰拱在几种常见荷载作用下的合理拱轴方程。

● **本章教学内容的重点**：三铰拱支反力和内力的计算方法。

● **本章教学内容的难点**：三铰拱的压力线和合理拱轴。

● **本章内容简介**：

> 4.1 拱结构的形式和特性
> 4.2 三铰拱的内力计算
> 4.3 三铰拱的压力线和合理拱轴
> *4.4 悬索结构

第4章 三铰拱和悬索结构的受力分析

4.1 拱结构的形式和特性

拱结构在桥梁、水工、地下建筑和屋盖结构中都有广泛应用。

4.1.1 拱结构

在竖向荷载作用下，支座会产生向内的水平反力（推力）的曲线形结构，称为**拱结构**，如图4-1a所示。

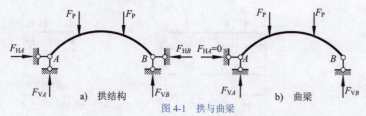

图4-1 拱与曲梁

需指出，图4-1b所示的结构，虽然其轴线也是曲线，但在竖向荷载作用下，它不产生水平推力，故它不是拱结构，而是一根**曲梁**。这是拱结构与曲梁的本质区别所在。

4.1.2 拱结构的形式

1 基本形式

一般有三铰拱、两铰拱和无铰拱三种基本形式，如图4-2所示。工程中还有多跨相连的多跨拱。

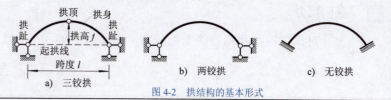

图4-2 拱结构的基本形式

2 带拉杆的拱结构

由于水平推力的存在，它对地基和支承结构要求较高。用于屋架的三铰拱，常在两支座之间设置拉杆，以代替支座承受水平力，如图4-3所示。这样，在竖向荷载作用下，支座就只产生竖向反力，从而消除了推力对支承结构的影响，而拱身仍具有拱的受力特性。

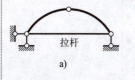 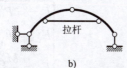 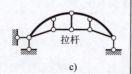

图4-3 带拉杆的拱结构

4.1.3 拱结构的力学特性

拱结构截面内一般有弯矩、剪力和轴力，但在竖向荷载作用下，由于有水平推力的存在，使得其弯矩和剪力都要比同跨度、同荷载的梁小得多，而其轴力则将增大。因此，拱结构主要承受压力。这样，拱结构就可以用抗压强度较高而抗拉强度较低的砖、石、混凝土等材料来建造。我国于公元595～605年建成的净跨为37.02m的石拱桥河北赵州桥，就是世界建桥史上一个光辉的范例。

本章仅介绍在竖向荷载作用下的静定三铰拱的内力分析。关于超静定拱的内力计算，将在第7章力法中介绍。

4.2 三铰拱的内力计算

下面以图 4-4a 所示在竖向荷载作用下的三铰拱为例，进行受力分析。为了便于比较，取与该三铰拱的跨度和荷载均相同的简支梁，称为相当简支梁，如图 4-4b 所示。

4.2.1 支反力的计算

1 竖向反力

对该三铰拱和相当简支梁分别考虑整体平衡，并加以比较，显然有

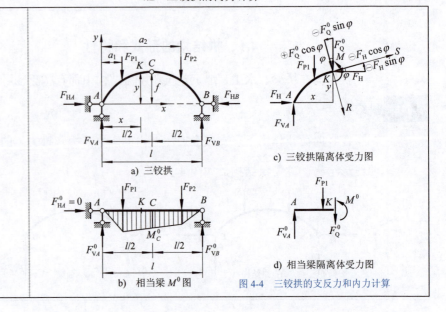

图 4-4 三铰拱的支反力和内力计算

$$\sum M_B = 0, \quad F_{VA} = F_{VA}^0 \tag{a}$$

$$\sum M_A = 0, \quad F_{VB} = F_{VB}^0 \tag{b}$$

这就是说，拱的竖向反力与相当简支梁的竖向反力相同。

2 水平反力（F_{HA} 和 F_{HB}，在竖向荷载作用下可统一表示为 F_H）

由三铰拱整体平衡条件 $\sum F_x = 0$，可得

$$F_{HA} = F_{HB} = F_H \tag{c}$$

为了求出推力 F_H，须建立补充平衡方程，取铰 C 左边隔离体，由 $\sum M_C = 0$，可得

$$F_{VA}\left(\frac{l}{2}\right) - F_{P1}\left(\frac{l}{2} - a_1\right) - F_H f = 0$$

式中，前两项是 C 点左边所有竖向力对 C 点的力矩代数和，恰好等于相当简支梁跨中截面 C 的弯矩，以 M_C^0 表示，则上式可写成

$$M_C^0 - F_H f = 0$$

所以

$$F_H = \frac{M_C^0}{f} \tag{d}$$

【小结】

1) 三铰拱支反力计算公式为

$$\boxed{\begin{aligned} F_{VA} &= F_{VA}^0 \\ F_{VB} &= F_{VB}^0 \\ F_H &= \frac{M_C^0}{f} \end{aligned}} \tag{4-1}$$

2) 支反力与 l 和 f（亦即三个铰的位置）以及荷载情况有关，而与拱轴线形式无关。

3) 推力 F_H 与拱高成反比。拱愈低，推力愈大；如果 $f \to 0$，则 $F_H \to \infty$，这时，三铰在同一直线上，成为几何可变体系。

4.2.2 内力的计算

试求指定截面 K 的内力。约定弯矩以拱内侧受拉为正。

在计算中，借用相当简支梁相应截面 K 的弯矩 M^0 和剪力 F_Q^0（图 4-4d）。图 4-4c 所示为拱截面 K 左边的隔离体，在截面 K 作用的内力不但有弯矩 M，而且有水平力(等于拱的推力 F_H)和竖向力(等于相当简支梁截面 K 的剪力 F_Q^0)。后两个力可由 $\sum F_x = 0$ 和 $\sum F_y = 0$ 证实。

为了求得拱 K 截面的弯矩 M、剪力 F_Q 和轴力 F_N，可应用该拱截面 K 左边隔离体的三个平衡条件，即

1) 由 $\sum M_K = 0$，得
$$M = M^0 - F_H y$$

2) 由 $\sum F_R = 0$，得
$$F_Q = F_Q^0 \cos\varphi - F_H \sin\varphi$$

3) 由 $\sum F_S = 0$，得
$$F_N = -F_Q^0 \sin\varphi - F_H \cos\varphi$$

【小结】

1) 三铰拱的内力计算公式（竖向荷载、两趾等高）为

$$\begin{cases} M = M^0 - F_H y \\ F_Q = F_Q^0 \cos\varphi - F_H \sin\varphi \\ F_N = -F_Q^0 \sin\varphi - F_H \cos\varphi \end{cases} \quad (4-2)$$

2) 由式(4-2)可知，由于推力的存在（注意前两个计算式右边的第二项），拱与相当简支梁相比较，其截面上的弯矩和剪力将减小。弯矩的降低，使拱能更充分地发挥材料的作用。

3) 在竖向荷载作用下，梁的截面内没有轴力，而拱的截面内轴力较大，且一般为压力（拱轴力仍以拉力为正、压力为负）。

4) 内力与拱轴线形式(y,φ)有关。

5) 关于 φ 值的正负号：左半跨 φ 取正号；右半跨 φ 取负号，即式(4-2)中，$\cos(-\varphi) = \cos\varphi$，$\sin(-\varphi) = -\sin\varphi$。

4.2.3 内力图的绘制

一般可将拱沿跨长分为若干等分（如 8、12、20、…等分），应用式（4-2）分别计算其内力值（注意：各截面的 x、y 和 φ 均不相同，可列表计算，见例 4-1），然后逐点描迹并连成曲线。弯矩图绘在受拉侧，剪力图和轴力图须注明正负号。

【例 4-1】

已知拱轴线方程 $y = \dfrac{4f}{l^2}x(l-x)$，试作图 4-5a 所示三铰拱的内力图。

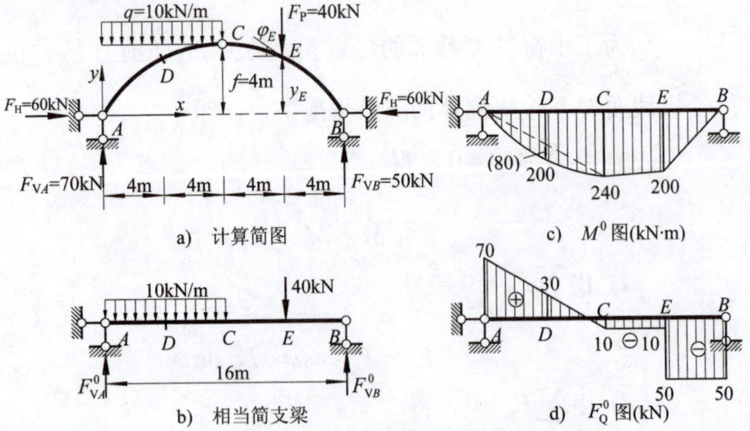

图 4-5 例 4-1 三铰拱及其相当梁的 M^0 图和 F_Q^0 图
a) 计算简图 b) 相当简支梁 c) M^0 图 (kN·m) d) F_Q^0 图 (kN)

解： (1) 计算支反力

$$F_{VA} = F_{VA}^0 = \frac{40\times 4 + 10\times 8\times 12}{16}\,\text{kN} = 70\,\text{kN}\,(\uparrow)$$

$$F_{VB} = F_{VB}^0 = \frac{10\times 8\times 4 + 40\times 12}{16}\,\text{kN} = 50\,\text{kN}\,(\uparrow)$$

$$F_H = \frac{M_C^0}{f} = \frac{50\times 8 - 40\times 4}{4}\,\text{kN} = 60\,\text{kN}\,(\text{推力})$$

(2) 计算各截面几何参数（y 和 φ）

1) 求 y

将 $l = 16\,\text{m}$ 和 $f = 4\,\text{m}$ 代入拱轴线方程

$$y = \frac{4f}{l^2}x(l-x) \tag{4-3}$$

得

$$y = x - \frac{x^2}{16}$$

2) 求 φ

$$\tan\varphi = y' = 1 - \frac{x}{8}$$

代入各 x 值，即可查得相应的 φ 值。

为绘内力图将拱沿跨度分为八个等份，计有九个控制截面，求出各截面的 y、φ 等值，列于表 4-1 中。

(3) 作出相当简支梁（图 4-5b）的弯矩图（M^0 图）和剪力图（F_Q^0 图）

如图 4-5c、d 所示，相当简支梁各截面 M^0 和 F_Q^0 一目了然，如 $M_E^0 = 200\,\text{kN·m}$。但需注意，截面 E 由于有 F_P 作用，其剪力图有一个突变，即

$$F_{QE左}^0 = -10\,\text{kN}$$

$$F_{QE右}^0 = -50\,\text{kN}$$

(4) 计算内力

以截面 E 为例，计算其内力值。

将 $x = 12\,\text{m}$ 代入 y 和 y' 式中，得 $y_E = 3\,\text{m}$，$y_E' = \tan\varphi_E = -0.5$，查得 $\varphi_E = -26°34'$。因此，有

$$\sin\varphi_E = -0.447,\quad \cos\varphi_E = 0.894$$

将上述截面 E 的各相关值代入式(4-2)，即可得各内力值：

1）弯矩计算

$$M_E = M_E^0 - F_H y_E = (200 - 60 \times 3)\ \text{kN·m} = 20\ \text{kN·m}$$

2）剪力计算

$$\begin{cases} F_{QE左} = F_{QE左}^0 \cos\varphi_E - F_H \sin\varphi_E \\ \quad = (-10\,\text{kN})(0.894) - (60\,\text{kN})(-0.447) = 17.88\ \text{kN} \\ F_{QE右} = F_{QE右}^0 \cos\varphi_E - F_H \sin\varphi_E \\ \quad = (-50\,\text{kN})(0.894) - (60\,\text{kN})(-0.447) = -17.88\ \text{kN} \end{cases}$$

3）轴力计算

$$\begin{cases} F_{NE左} = -F_{QE左}^0 \sin\varphi_E - F_H \cos\varphi_E \\ \quad = -(-10\,\text{kN})(-0.447) - (60\,\text{kN})(0.894) = -58.11\ \text{kN} \\ F_{NE右} = -F_{QE右}^0 \sin\varphi_E - F_H \cos\varphi_E \\ \quad = -(-50\,\text{kN})(-0.447) - (60\,\text{kN})(0.894) = -75.99\ \text{kN} \end{cases}$$

用同样的方法和步骤，可求得其他控制截面的内力。列表进行计算，如表4-1所示。

(5) 作内力图

求得各控制截面的内力值后，以拱轴线为基线，作出 M、F_Q 和 F_N 图，如图4-6a、b、c所示。

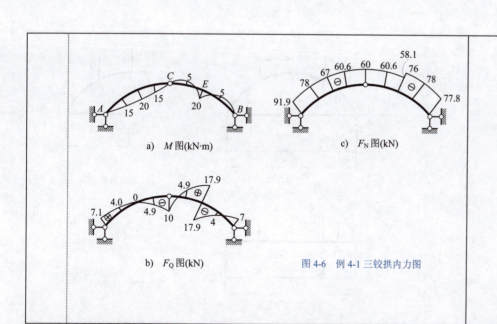

图4-6 例4-1 三铰拱内力图

表4-1 三铰拱内力计算

截面几何参数					F_Q^0 /kN	弯矩计算/kN·m			剪力计算/kN			轴力计算/kN		
x/m	y/m	$\tan\varphi$	φ	$\sin\varphi$	$\cos\varphi$		M^0	$-F_H y$	M	$F_Q^0\cos\varphi$	$-F_H\sin\varphi$	F_Q	$-F_Q^0\sin\varphi$	$-F_H\cos\varphi$	F_N
0	0	1	45°	0.707	0.707	70	0	0	0	49.5	−42.4	7.1	−49.5	−42.4	−91.9
2	1.75	0.75	36°52′	0.600	0.800	50	120	−105	15	40.0	−36.0	4.0	−30.0	−48.0	−78.0
4	3.00	0.5	26°34′	0.447	0.894	30	200	−180	20	26.8	−26.8	0	−13.4	−53.6	−67.0
6	3.75	0.25	14°2′	0.243	0.970	10	240	−225	15	9.7	−14.6	−4.9	−2.4	−58.2	−60.6
8	4.0	0	0	0	1	−10	240	−240	0	−10.0	0	−10.0	0	−60.0	−60.0
10	3.75	−0.25	−14°2′	−0.243	0.970	−10	220	−225	−5	−9.7	14.6	4.9	−2.4	−58.2	−60.6
12	3.0	−0.5	−26°34′	−0.447	0.894	−10 / −50	200	−180	20	−8.9 / −44.7	26.8	17.9 / −17.9	−4.5 / −22.4	−53.6	−58.1 / −76.0
14	17.5	−0.75	−36°52′	−0.600	0.800	−50	100	−105	−5	−40.0	36.0	−4.0	−30.0	−48.0	−78.0
16	0	−1	−45°	−0.707	0.707	−50	0	0	0	−35.4	42.4	7.0	−35.4	−52.4	−77.8

【讨论】对于图 4-5a 所示 $y = \dfrac{4f}{l^2}x(l-x)$ 的二次抛物线三铰拱：

1) 当仅在左半跨或右半跨作用均布荷载 q 时，其 M 图都是反对称的，如图 4-7a、b 所示；而 F_Q 图都是对称的，如图 4-7c、d 所示。

2) 显见，当全跨同时作用均布荷载 q 时，M 图将为零，F_Q 图也将为零(只需将图 4-7a 与图 4-7b，图 4-7c 与图 4-7d 相叠加，即可得到验证)，拱仅受轴向压力 F_N 作用。

3) 这种在给定荷载作用下，拱处于无弯矩状态的拱轴线，是最合理的拱轴线。这是下面 4.3 节即将讨论的问题。

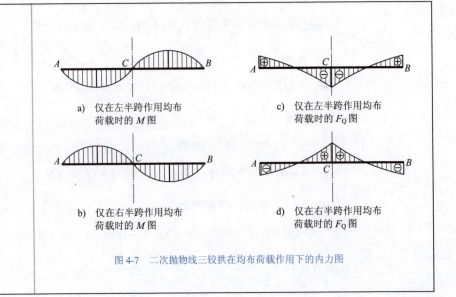

a) 仅在左半跨作用均布荷载时的 M 图
c) 仅在左半跨作用均布荷载时的 F_Q 图
b) 仅在右半跨作用均布荷载时的 M 图
d) 仅在右半跨作用均布荷载时的 F_Q 图

图 4-7 二次抛物线三铰拱在均布荷载作用下的内力图

4.2.4 带拉杆的三铰拱和三铰拱式屋架的计算

下面，以两个例题说明带拉杆的三铰拱和三铰拱式屋架的一些计算特点。

【例 4-2】试求图 4-8a 所示有水平拉杆的三铰拱在竖向荷载作用下的支反力和内力。

解：该三铰拱由拉杆 AB 来阻止支座的水平位移，因此，拱的一个支座改为可动铰支座。相当简支梁如图 4-8b 所示。

(1) 计算支反力

由整体平衡条件 $\sum F_y = 0$、$\sum M_B = 0$ 和 $\sum M_A = 0$，可分别求得

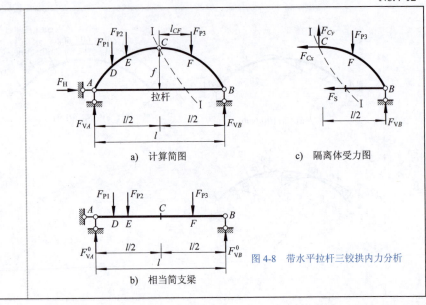

a) 计算简图
c) 隔离体受力图
b) 相当简支梁

图 4-8 带水平拉杆三铰拱内力分析

$$F_H = 0, \quad F_{VA} = F_{VA}^0, \quad F_{VB} = F_{VB}^0 \tag{4-4}$$

由此可见，$F_H=0$ 是其计算特点之一。

(2) 计算拉杆内力

取截面 I – I 之右为隔离体，如图 4-8c 所示。由 $\sum M_C = 0$，得

$$F_S = \left(F_{VB} \times \frac{l}{2} - F_{P3} \times l_{CF}\right)/f$$

即

$$F_S = \frac{M_C^0}{f} \tag{4-5}$$

将上式与无拉杆三铰拱公式 $F_H = M_C^0/f$ 相比较，显见，其两算式右边完全相同，这是其计算特点之二。带拉杆的三铰拱就是通过拉杆中的拉力 F_S 来代替支座水平推力 F_H，以维持拱身平衡，消除其对支座结构的不利影响。

(3) 计算拱身内力

在无拉杆三铰拱的内力计算式(4-2)中，只需用 F_S 去取代 F_H，即可得出有水平拉杆拱身内力计算式为

$$\begin{cases} M = M^0 - F_S y \\ F_Q = F_Q^0 \cos\varphi - F_S \sin\varphi \\ F_N = -F_Q^0 \sin\varphi - F_S \cos\varphi \end{cases} \tag{4-6}$$

这是其计算特点之三。

【例 4-3】试求图 4-9 所示三铰拱式屋架在竖向荷载作用下的支反力和内力。

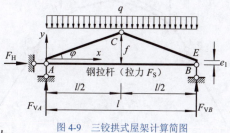

图 4-9 三铰拱式屋架计算简图

解：(1) 计算支反力

与有拉杆的三铰拱同，即

$$F_H = 0, \quad F_{VA} = F_{VA}^0, \quad F_{VB} = F_{VB}^0$$

(2) 计算拉杆内力

与有拉杆的三铰拱同，即

$$F_S = \frac{M_C^0}{f}$$

(3) 计算拱身内力

需注意两个计算特点：一是要考虑偏心矩 e_1，二是左、右半跨屋面倾角 φ 为定值。于是，可参照式(4-6)写出拱身内力计算式为

$$\begin{cases} M = M^0 - F_S(y + e_1) \\ F_Q = F_Q^0 \cos\varphi - F_S \sin\varphi \\ F_N = -F_Q^0 \sin\varphi - F_S \cos\varphi \end{cases} \tag{4-7}$$

4.3 三铰拱的压力线和合理拱轴

4.3.1 压力线

1 压力线的意义

拱中外力对拱身横截面上作用力的合力常为压力,**拱各横截面上合力作用点的连线,称为压力线**,代表拱内压力经过的路线。

如果三铰拱中,某截面 D 左边(或右边)所有外力的合力 F_{RD} 已经确定,则由此合力便可分解为该截面形心上的三个内力(图4-10),即

$$\begin{cases} M_D = F_{RD} r_D \\ F_{QD} = F_{RD} \sin\alpha_D \\ F_{ND} = F_{RD} \cos\alpha_D \end{cases} \quad (4-8)$$

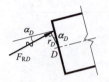 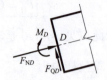

a) 截面 D 上外力的合力 F_{RD} b) F_{RD} 在截面形心处的分解

图 4-10 截面 D 上外力的合力 F_{RD} 及其在截面形心处的分解

式中,r_D 为由截面形心到合力 F_{RD} 的垂直距离;α_D 为合力 F_{RD} 与 D 点拱轴切线之间的夹角。

由此可见,确定截面内力的问题,可归结为确定截面一边所有外力的合力问题。

2 压力线的图解法

现以图 4-11a 所示三铰拱为例。

(1) 确定各截面合力的大小和方向

首先,求出支座 A 和 B 处支反力的合力 F_{RA} 和 F_{RB} 的大小及方向。然后,用图解法,按 F_{RA}、F_{P1}、F_{P2}、F_{P3}、F_{RB} 的顺序,画出**封闭力多边形**。最后,以 F_{RA} 与 F_{RB} 的交点 O 为**极点**,画出射线 12 和 23(由极点到力多边形顶点的连线叫作**射线**),如图 4-11b 所示。

这样,三铰拱各截面合力的大小和方向,就可由各射线来确定,即任一射线代表此线上边(或下边)各外力(包括支反力)的合力。

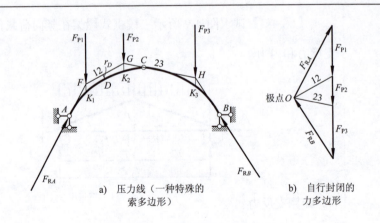

a) 压力线(一种特殊的索多边形)   b) 自行封闭的力多边形

图 4-11 三铰拱压力线的图解法

其中，四条射线 F_{RA}、12、23 及 F_{RB} 分别代表 AK_1、K_1K_2、K_2K_3、K_3B 四段中的任一截面上合力的大小和方向。

(2) 确定各截面合力的作用线

由图 4-11b 已经知道四个合力 F_{RA}、12、23、F_{RB} 的方向，如果再分别确定一个作用点，则每个合力的作用线就完全确定了。现参照图 4-11a 说明作法如下：

1) F_{RA} 应通过支座点 A，故由 A 点作射线 F_{RA} 的平行线(与 F_{P1} 交于 F 点)，即为合力 F_{RA} 的作用线。

2) 过 F 点作射线 12 的平行线(与 F_{P2} 交于 G 点)，即为合力 12 的作用线。

3) 过 G 点作射线 23 的平行线(与 F_{P3} 交于 H 点)，即为合力 23 的作用线。

4) 过 H 点作射线 F_{RB} 的平行线，即为 F_{RB} 的作用线。显然，该线应通过支座 B 点。这一性质，可作为校核条件，用以检验作图的精确程度。

以上依次得出了四条合力的作用线，它们组成一个多边形 $AFGHB$，称为**索多边形**，其中，每个边称为**索线**。

这样，三铰拱各截面合力的作用线，就可由压力线的各索线来确定，即任一索线代表此线的左边(或右边)所有外力的合力作用线。其中，四条索线分别代表拱 AK_1、K_1K_2、K_2K_3、K_3B 四段中的任一截面上合力的作用线。因此，这个**索多边形又称为合力多边形**。对拱来说，由于截面轴力一般都是压力，故**亦称为压力多边形或压力线**。当某段内竖向力连续分布时，该段的压力线为曲线。

3 压力线的用途

(1) 求任一拱截面的内力

首先，由力多边形中的射线确定合力的大小和方向，由压力线中的索线确定合力的作用线，从而完全确定任一截面的合力。然后，就可按照式(4-8)，求出任一截面的内力。以图 4-11a 中的截面 D 为例，它的合力 F_{RD} 由索线 12 和射线 12 共同表示。求弯矩 M_D 时，可先在图 4-11b 中量出射线 12 的长度，从而得出合力 F_{RD} 的数值；然后，在图 4-11a 中量出截面形心 D 到索线 12 的垂直距离 r_D；最后，按 $M_D = F_{RD} r_D$，求出弯矩 M_D。求剪力和轴力时，可在图 4-11b 中，将射线 12 沿截面 D 的法线和切线方向投影，即得出 F_{QD} 和 F_{ND}。在铰 A、B、C 处，弯矩为零，因而相应的距离 r 应为零。可见，压力线应当与杆轴在铰 A、B、C 处相交。

(2) 选择合理拱轴

由上面分析可知，拱的压力线与拱轴曲线形式无关。因此，有了压力线之后，可以选择合理的拱轴曲线形式，应使拱轴线与压力线尽量接近（以减少弯矩），最好重合（此时截面弯矩为零）。

对抗拉强度低的砖石拱和混凝土拱，则要求截面上合力 F_R 作用点不超出截面核心(对于矩形截面，压力线应不超过截面对称轴上三等分的中段范围)。

4.3.2 三铰拱的合理拱轴线

1 合理拱轴线

在固定荷载作用下，使拱身各截面处于无弯矩状态的轴线，称为**合理拱轴线**。

2 合理拱轴的解析法

对于竖向荷载作用下的三铰拱，除了通过压力线采用图解法求合理拱轴线外，还可由解析法求合理拱轴线。令式(4-2)中的弯矩表达式 $M = M^0 - F_H y = 0$，得

$$y = \frac{M^0}{F_H} \quad (4\text{-}9)$$

上式表明，在固定荷载作用下，三铰拱的合理拱轴线 y 与相当简支梁弯矩图的竖标 M^0 成正比。

3 常见的几种荷载作用下三铰拱的合理拱轴线

三铰拱所承受的主要荷载，常见的有以下三种：

1) 满跨竖向均布荷载，如房屋建筑中的拱等。
2) 竖向连续分布荷载，如拱桥和地下建筑等。
3) 径向均布荷载，如水管、高压隧洞和拱坝等。

下面，分别对这三种荷载作用下三铰拱的合理拱轴线进行推导。

【例 4-4】设三铰拱承受沿水平方向均匀分布的竖向荷载，试求其合理拱轴线（图 4-12a）。

解： 在图 4-12a 中，取 y 轴向上为正。由式(4-9)，知

$$y = \frac{M^0}{F_H}$$

相当简支梁（图 4-12b）的弯矩方程为

$$M^0 = \frac{q}{2}x(l-x)$$

拱的推力为

$$F_H = \frac{M_C^0}{f} = \frac{ql^2}{8f}$$

所以

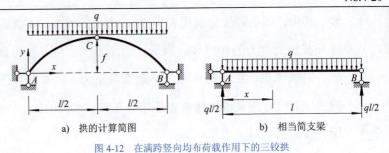

a) 拱的计算简图　　b) 相当简支梁

图 4-12 在满跨竖向均布荷载作用下的三铰拱

$$y = \frac{4f}{l^2}x(l-x) \quad (4\text{-}10)$$

由此可知，三铰拱在沿水平方向均匀分布的竖向荷载作用下，其合理轴线为一抛物线。在方程(4-10)中，拱高 f 没有确定。因此，具有不同高跨比的任一抛物线都是合理拱轴。

【例 4-5】 设在三铰拱的上面回填土,填土表面为水平面。试求在填土重力作用下三铰拱的合理轴线。设填土的重度为 γ,拱所受的竖向分布荷载为 $q = q_C + \gamma y$(图 4-13)。

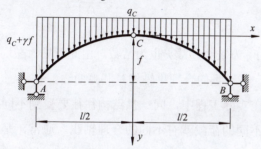

图 4-13 在回填土荷载作用下的三铰拱

解: 将式(4-9) $y = M^0 / F_H$ 对 x 微分两次,得

$$\frac{d^2 y}{dx^2} = \frac{1}{F_H} \times \frac{d^2 M^0}{dx^2}$$

用 $q(x)$ 表示沿水平线单位长度的荷载值,则

$$\frac{d^2 M^0}{dx^2} = -q(x)$$

所以

$$\frac{d^2 y}{dx^2} = -\frac{q(x)}{F_H} \quad (4\text{-}11)$$

这就是在竖向连续分布荷载作用下拱的合理轴线的微分方程。对于图 4-13 y 轴向下的情况,上式右边应该取正号,即

$$\frac{d^2 y}{dx^2} = \frac{q(x)}{F_H} \quad (a)$$

在本题中,当拱轴线改变时,荷载也随之改变,M^0 图无法事先求得。因此,求合理轴线时,不用式(4-9)而用式(a)。

将 $q = q_C + \gamma y$ 代入式(a),得

$$\frac{d^2 y}{dx^2} - \frac{\gamma}{F_H} y = \frac{q_C}{F_H} \quad (b)$$

这个微分方程的解答可用双曲函数表示为

$$y = A \cosh \sqrt{\frac{\gamma}{F_H}} x + B \sinh \sqrt{\frac{\gamma}{F_H}} x - \frac{q_C}{\gamma}$$

两个常数 A 和 B,可由边界条件求出如下:

在 $x = 0$ 处,$y = 0$,得 $A = \dfrac{q_C}{\gamma}$;

在 $x = 0$ 处,$\dfrac{dy}{dx} = 0$,得 $B = 0$。

因此

$$y = \frac{q_C}{\gamma}\left(\cosh\sqrt{\frac{\gamma}{F_H}} x - 1\right) \quad (4\text{-}12)$$

上式表明:在回填土重力作用下,三铰拱的合理轴线是一悬链线。

【例 4-6】 设三铰拱承受径向均匀分布的水压力的作用,试求其合理拱轴线(图 4-14a)。

解: 从拱中截取一微段 ds,其受力如图 4-14b 所示。假设拱处于无弯矩状态,各截面上只有轴力。

由微段隔离体的力矩平衡条件 $\sum M_O = 0$,有

$$F_N r - (F_N + dF_N) r = 0$$

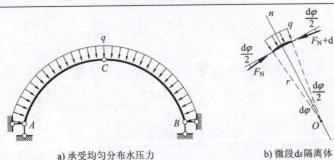

图 4-14 在径向均布荷载作用下的三铰拱

式中，r 为微段的曲率半径，不等于零，故必有 $dF_N=0$。这表明，拱截面上的轴力为一常数。

再由微段隔离体沿 $n-n$ 轴的投影平衡条件 $\sum F_n = 0$，有

$$F_N \sin\frac{d\varphi}{2} + (F_N + dF_N)\sin\frac{d\varphi}{2} - qds = 0$$

由于 $d\varphi$ 很小，取 $\sin\frac{d\varphi}{2} = \frac{d\varphi}{2}$，并略去高阶微量，则上式成为

$$F_N d\varphi - qds = 0$$

将 $ds = rd\varphi$ 代入上式，可得

$$r = \frac{F_N}{q} \qquad (4-13)$$

因为 F_N 为常数，故 r 也为常数。由此可见，在均匀分布水压力作用下，三铰拱的合理拱轴线是圆弧曲线。

在实际工程中，同一拱结构往往要受到不同荷载的作用，而对应不同的荷载就有不同的合理轴线。通常，是以主要荷载作用下的合理轴线作为拱的轴线。这样，在一般荷载作用下，拱仍会产生不大的弯矩。

*4.4 悬索结构

4.4.1 基本概念

1 悬索结构

悬索结构是由柔软的索绳、立柱和锚拉绳等组成的一种几何形状可变化的、依靠拉力维持其稳定性的柔性结构体系（图 4-15）。

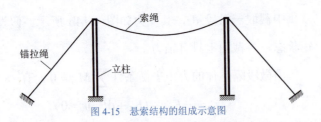

图 4-15 悬索结构的组成示意图

索是柔软的，其抗弯刚度可以忽略，因此，可认为索的任一点处弯矩和剪力都为零，只受轴向拉力作用。在支承处，除受竖向反力分量外，还受向外水平拉力，以维持索的平衡（与三铰拱比较：三铰拱所受的水平反力是向内的推力）。

2 基本假设

一是认为索是理想柔性的，即不能受压，不能受弯，只能受拉。

二是认为索在使用阶段时，应力和应变符合线性关系，即符合胡克定律。但在研究索的极限承载能力时，则应考虑其塑性性质而摒弃这条基本假定。

3 结构形式

悬索结构形式可分为：
- 单层悬索体系
- 双层悬索体系
- 索—梁（桁）体系
- 鞍形索网
- 组合式悬挂屋盖
- 斜拉体系、索拱体系等混合结构

其中，**单层悬索体系**由一系列按一定规律布置的单根悬索组成，又可以分为平行布置、辐射布置和网状布置三种布置形式。

4 计算方法

悬索结构的计算有近似法和精确法两种：

1) 近似法：假定荷载沿跨度方向分布。具体计算时，又有考虑或不考虑悬索弹性变形的区分。

2) 精确法：按实际情况，采用荷载沿索长分布。

本节主要讨论不考虑悬索弹性变形的单根悬索的近似计算。

4.4.2 单根悬索的近似计算

下面，以图4-16a所示任意竖向荷载作用下的单根悬索为例，讨论其计算方法。图4-16b为相当简支梁。

1 支反力的计算

(1) 先将 A、B 两支反力 F_{RA}、F_{RB} 沿竖向和 AB 两点连线方向分解：

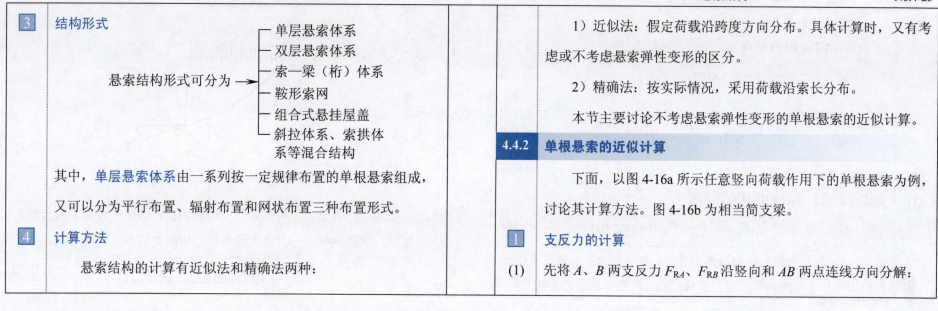

A、B 两支座处

$$F_{VA1} = F_{VA}^0, \quad F_{VB1} = F_{VB}^0 \tag{a}$$

取 D 点之左部分为隔离体，由 $\sum M_D = 0$，有

$$M_D^0 - F_H'(f\cos\alpha) = 0$$

于是，可求沿 AB 两点连线方向的支反力

$$F_H' = \frac{M^0}{f\cos\alpha} \tag{b}$$

(2) 再将支反力改用竖向分力和水平分力表示

由图4-16a，可知

$$\boxed{F_H = F_H'\cos\alpha = M^0/f} \quad（指向外） \tag{4-14}$$

$$\boxed{F_{VA} = F_{VA}^0 + F_H \tan\alpha} \tag{4-15}$$

$$\boxed{F_{VB} = F_{VB}^0 - F_H \tan\alpha} \tag{4-16}$$

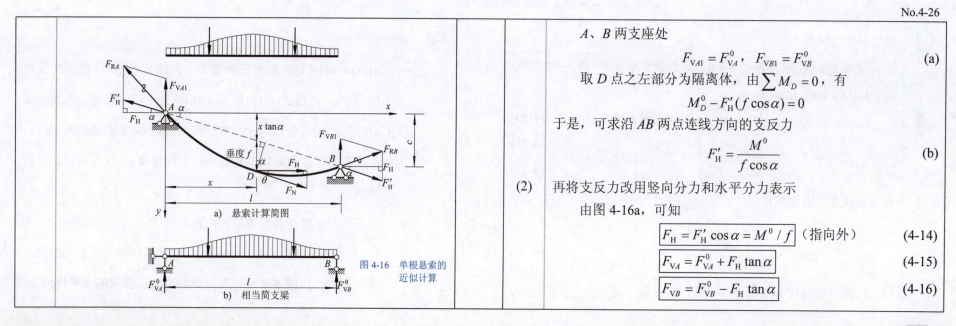

图4-16 单根悬索的近似计算
a) 悬索计算简图
b) 相当简支梁

2 悬索曲线方程的建立

由图 4-16a 中 D 点可知，悬索的竖标距

$$y = f + x\tan\alpha = f + \frac{c}{l}x$$

即

$$\boxed{y = \frac{M^0}{F_H} + \frac{c}{l}x} \quad (4\text{-}17)$$

3 悬索拉力的计算

(1) 公式一：由图 4-16a 中 D 点，可知

$$\boxed{F_N = \frac{F_H}{\cos\theta} = F_H\sqrt{1+\tan^2\theta}} \quad (4\text{-}18)$$

式中，F_H 为悬索轴向拉力的水平分量，称为**张力**；θ 为悬索任一点的切线与水平坐标轴之间的夹角。F_{Nmax} 发生在悬索坡度最大处。

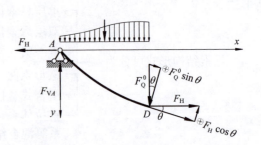

图 4-17 单根悬索的近似计算（续）

(2) 公式二：悬索的平衡形式与三铰拱相似，仿照三铰拱求内力的方法，取图 4-16 中 AD 段为隔离体，如图 4-17 所示，不难得出

$$\boxed{F_N = F_Q^0 \sin\theta + F_H \cos\theta} \quad (4\text{-}19)$$

4 悬索的受力特点

如果支座 A、B 的高差 $c=0$，即悬索支座在同一水平线上时，由式(4-14)~式(4-16)，有

$$\boxed{F_H = M^0/f} \quad \text{（指向外）} \quad (4\text{-}20)$$

$$\boxed{F_{VA} = F_{VA}^0} \quad (4\text{-}21)$$

$$\boxed{F_{VB} = F_{VB}^0} \quad (4\text{-}22)$$

与三铰拱支反力算式相似。

由式(4-17)，有

$$\boxed{y = \frac{M^0}{F_H}} \quad (4\text{-}23)$$

与三铰拱合理轴线公式相似。可见，**悬索是一条天然的合理轴线**。

5 悬索的计算特点

由式(4-14)可知，只有已知悬索一点的垂度 f，才能确定支座水平拉力 F_H，而由式(4-15)和式(4-16)求支座竖向反力，以及由式(4-17)和式(4-18)求悬索的曲线方程和轴向拉力，又都要用到 F_H 值。因此，悬索的计算须先知道悬索上一点的垂度 f，这是悬索计算的一个特点。

将悬索与三铰拱及简单梁相比较，可以得到以下结论：

1）悬索的平衡形式与三铰拱的合理轴线相同，所不同的是：当荷载向下时，拱的水平反力为向内的推力，悬索的水平反力为

向外的拉力；拱向上升起，而悬索则下垂；拱主要受压，而悬索则受拉。

2）弯矩是梁的主要内力，而悬索只受拉力作用。故悬索利用材料更为经济。但是，悬索的刚度比较小，在荷载作用下变形大。悬索的支座也需要抵抗向外拉力的作用。

【例 4-7】试计算图 4-18a 所示悬索的内力。

解：(1)计算支反力

$$F_{VA} = F_{VA}^0 = 24\text{kN} \ (\uparrow)$$
$$F_{VB} = F_{VB}^0 = 16\text{kN} \ (\uparrow)$$
$$F_H = \frac{M_C^0}{f} = \frac{96}{1}\text{kN} = 96\text{kN} \ (\text{指向外})$$

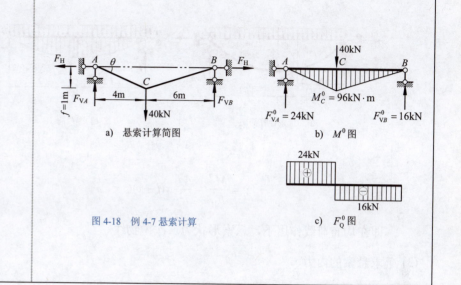

图 4-18 例 4-7 悬索计算

(2) 计算悬索内力（拉力）

1）AC 段

先求出 $\sin\theta = 0.243$，$\cos\theta = 0.970$，$F_{QAC}^0 = 24\text{kN}$，并将其代入式(4-19)，得

$$F_{NAC} = F_{QAC}^0 \sin\theta + F_H \cos\theta$$
$$= 24\text{kN} \times 0.243 + 96\text{kN} \times 0.970 = 98.95\text{kN} \ (\text{拉力})$$

2）CB 段

先求出 $\sin\theta = -0.164$，$\cos\theta = 0.986$，$F_{QCB}^0 = -16\text{kN}$，并将其代入式(4-19)，得

$$F_{NCB} = F_{QCB}^0 \sin\theta + F_H \cos\theta$$
$$= (-16\text{kN})(-0.164) + 96\text{kN} \times 0.986 = 97.28\text{kN} \ (\text{拉力})$$

【例 4-8】试计算图 4-19a 所示悬索的支反力、曲线方程和悬索内力。

解：(1) 求支反力

$$F_{VA} = F_{VA}^0 = \frac{ql}{2} \ (\uparrow), \quad F_{VB} = F_{VB}^0 = \frac{ql}{2} \ (\uparrow)$$
$$F_H = \frac{M_C^0}{f} = \frac{ql^2}{8f} \ (\text{指向外})$$

(2) 建立悬索的曲线方程

将 $M^0 = \frac{ql}{2}x - \frac{qx^2}{2}$（图 4-19b）和 $F_H = \frac{ql^2}{8f}$ 代入式(4-23)，有

第4章 三铰拱和悬索结构的受力分析

4.4 悬索结构

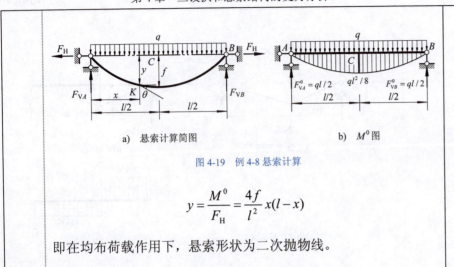

a) 悬索计算简图　　b) M^0 图

图4-19 例4-8悬索计算

$$y = \frac{M^0}{F_H} = \frac{4f}{l^2}x(l-x)$$

即在均布荷载作用下，悬索形状为二次抛物线。

(3) 求悬索的内力

现用"公式1"计算。已知 $F_H = \dfrac{ql^2}{8f}$，还需求出 $\tan\theta$。为此，求 y 对 x 的一阶导数，即

$$y' = \tan\theta = \frac{4f}{l^2}(l-2x)$$

代入式（4-18），得

$$F_N = F_H\sqrt{1+\tan^2\theta} = \frac{ql^2}{8f}\sqrt{1+\frac{16f^2}{l^2}\left(1-2\frac{x}{l}\right)^2}$$

当 $x=0$ 和 $x=l$（支座处）时，有最大内力，即

$$F_{Nmax} = \frac{ql^2}{8f}\sqrt{1+16\frac{f^2}{l^2}}$$

习　题

分析计算题

4-1　试求习题4-1图所示三铰拱的支反力。

4-2　试求习题4-2图所示三铰拱中拉杆的内力。

4-3　习题4-3图所示三铰拱的轴线方程为 $y=\dfrac{4f}{l^2}x(l-x)$，求荷载 F_P 作用下的支反力及截面 D、E 的内力。

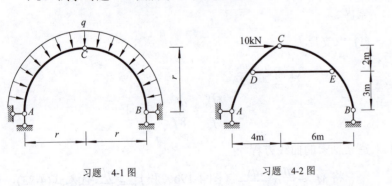

习题 4-1 图　　习题 4-2 图

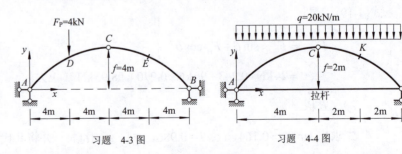

习题 4-3 图　　习题 4-4 图

4-4　求习题4-4图所示圆弧三铰拱的支反力和截面 K 的内力。

4-5 求习题 4-5 图所示三铰拱的合理拱轴线方程，并绘出合理拱轴线图形。

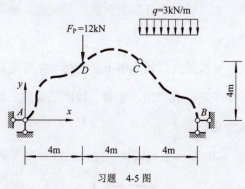

习题 4-5 图

4-6 试求习题 4-6 图所示带拉杆的半圆三铰拱截面 K 的内力。

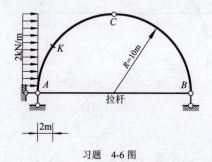

习题 4-6 图

4-7 求习题 4-7 图所示三铰拱的合理拱轴线方程。

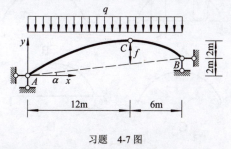

习题 4-7 图

判断题

4-8 按照合理拱轴制成的三铰拱，在任意竖向荷载作用下，拱各截面的弯矩均为零。（　）

4-9 在相同跨度和相同竖向荷载作用下，三铰拱的矢高 f 愈大，推力 F_H 就愈小。（　）

4-10 习题 4-10 图所示三铰拱的水平支反力为 $F_H = \dfrac{ql^2}{8f}$。（　）

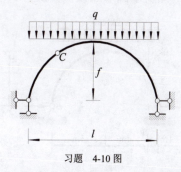

习题 4-10 图

4-11 习题 4-11 图所示荷载作用下，不论铰 C 在结构上任何位置，图示三铰结构均无弯矩和剪力，而只有轴力。（　）

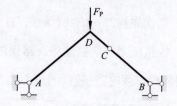

习题 4-11 图

4-12 在相同竖向荷载作用下，两拱趾等高三铰拱的竖向反力，与受同样荷载且同跨度的简支梁的竖向反力相等。（　）

4-13 三铰拱的支反力与三个铰的位置无关。（ ）

4-14 三铰拱的内力不仅与其所受荷载和铰的位置有关，也与拱轴的形状有关。（ ）

4-15 任意荷载作用时，都可以用公式 $F_H = M_C^0 / f$ 计算三铰拱的水平支反力。（ ）

单项选择题

4-16 习题 4-16 图所示圆形三铰拱支反力 F_H 的值为（ ）kN。

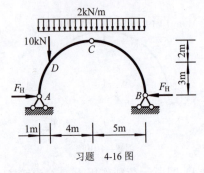

习题 4-16 图

A. 6； B. 7； C. 8； D. 9。

4-17 满跨竖向均布荷载作用下三铰拱的合理拱轴线是（ ）。

A. 折线； B. 二次抛物线； C. 圆弧线； D. 悬链线。

4-18 下述对三铰拱压力线的描述中，错误的是（ ）。

A. 承受相同竖向荷载时，三铰拱的压力线与合理拱轴线重合；

B. 三铰拱压力线的图解法基于二力平衡原理；

C. 三铰拱的压力线不能用于确定三铰拱横截面的内力；

D. 受一组竖向集中力作用的三铰拱，其压力线为折线。

4-19 下述对三铰刚架与三铰拱描述中，正确的是（ ）。

A. 二者在支反力的计算方法上不同，但内力的计算方法相同；

B. 三铰刚架可以视作杆轴为折线的三铰拱，故其内力计算方法相同；

C. 三铰刚架在竖向荷载作用下必然会产生弯矩和剪力；

D. 若承受竖向荷载作用，随着三铰刚架高度的增大，其水平支反力也将增大。

4-20 习题 4-20 图所示三铰拱，拉杆的轴力为（ ）kN。

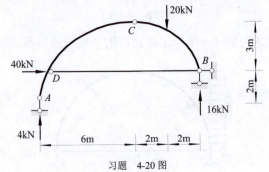

习题 4-20 图

A. 40； B. -40； C. 32； D. -32。

4-21 习题 4-21 图所示结构中，（ ）不属于拱结构。

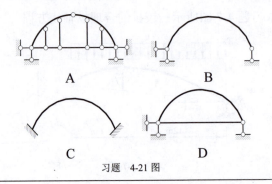

习题 4-21 图

填空题

4-22 区别拱和曲梁的主要标志是_____。

4-23 已知三个铰的位置和荷载如习题 4-23 图所示。为使结构的任一截面内只产生轴力,则高度 y_D=_____。

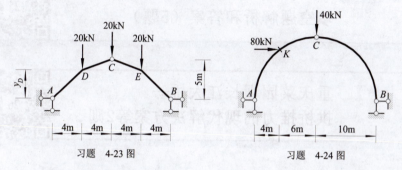

习题 4-23 图　　习题 4-24 图

4-24 习题 4-24 图所示半圆三铰拱,截面 K 的弯矩 M_K =_____ kN·m,____侧受拉。

4-25 若抛物线三铰拱拱轴线方程为 $y=\dfrac{2}{25}x(20-x)$,如习题 4-25 图所示,则截面 D 的弯矩 M_D=_____ kN·m,____侧受拉。

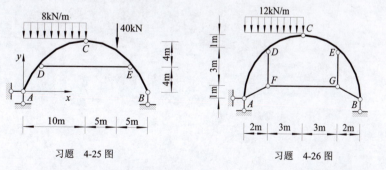

习题 4-25 图　　习题 4-26 图

4-26 习题 4-26 图所示结构中 M_E=_____ kN·m,____侧受拉。

思考题

4-27 三铰拱与三铰刚架的受力特点是否相同?能否用三铰拱的计算公式计算三铰刚架?

4-28 为什么要在地基较软的落地三铰拱的拱脚之间配置拉杆?

4-29 什么是合理拱轴线?试求习题 4-29 图所示两种荷载作用下三铰拱的合理轴线。拱高对合理拱轴线有无影响?

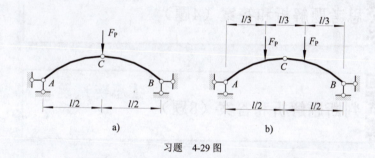

习题 4-29 图

4-30 习题 4-30 图所示三铰拱 $y=\dfrac{4f}{l^2}x(l-x)$。试求 $x=\dfrac{l}{4}$ 处拱截面的弯矩。其他任意截面的弯矩与该截面是否相同?

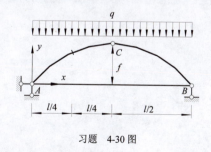

习题 4-30 图

第4章 三铰拱和悬索结构的受力分析 数字资源目录

【本章回顾】基本内容归纳与解题方法提示

【思辨试题四】填空题解析和答案（5题）

【思辨试题一】思考题解析和答案（4题）

【趣味力学】重庆菜园坝长江大桥——拱桥推力的现代解决方案等2则

【思辨试题二】判断题解析和答案（8题）

【思辨试题三】单选题解析和答案（6题）

舟山西堠门大桥

第 5 章 静定桁架和组合结构的受力分析

● **本章教学的基本要求**：理解理想桁架的概念；熟练掌握静定平面桁架杆件轴力的计算方法；能利用结点平衡的特殊情况判定零杆和等力杆；掌握静定组合结构的受力特点及内力计算方法；了解静定空间桁架的几何组成规则及杆件轴力的计算方法；了解静定结构的力学特性。

● **本章教学内容的重点**：运用结点法、截面法计算桁架各杆轴力；静定组合结构内力的计算方法；三种平面梁式桁架的受力特点。

● **本章教学内容的难点**：合理地确定计算路径，恰当地选择隔离体和平衡方程。

● **本章内容简介**：

> 5.1 桁架的特点和组成
> 5.2 静定平面桁架
> 5.3 三种平面梁式桁架受力性能比较
> *5.4 静定空间桁架
> 5.5 静定组合结构
> 5.6 静定结构的特性

5.1 桁架的特点和组成

桁架在土木工程以及机械工程中有相当广泛的应用。同梁和刚架相比，桁架具有应力分布均匀、能充分发挥材料的作用以及重量轻等优点。因此，桁架是大跨结构常用的一种形式。例如，屋架（图5-1a）、桥梁（图5-1b）和水闸闸门（图5-1c）等。起重机塔架、输电电缆塔架等也常采用桁架作为受力体系。桁架还可作为高层建筑中的转换层或建筑主体结构。桁架常用钢材、钢筋混凝土或木材制作。

凡各杆轴线和荷载作用线位于同一平面内的桁架，称为<u>平面桁架</u>。实际工程中的桁架都是<u>空间桁架</u>，但常可简化为平面桁架来分析。

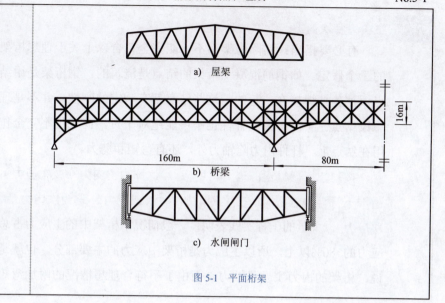

图 5-1 平面桁架

5.1.1 关于桁架计算简图的三个假定（参见图5-2a）

1) 各结点都是光滑的理想铰。
2) 各杆轴线都是直线，且通过结点铰的中心。
3) 荷载和支反力都作用在结点上，且通过铰的中心。

满足以上假定的桁架，称为<u>理想桁架</u>。

5.1.2 桁架的组成特点

<u>理想桁架是各直杆在两端用理想铰相连接而组成的几何不变体系（格构式结构、链杆体系）。</u>

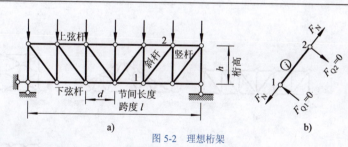

图 5-2 理想桁架

5.1.3 桁架的力学特性

理想桁架各杆内力只有轴力（拉力或压力）而无弯矩和剪力（只需从理想桁架中任取一杆件作为隔离体，如图5-2b所示，即可验证），且<u>两杆端轴力大小相等、方向相反、具有同一作用线，习称二力杆</u>。

5.1.4 主内力和次内力

有必要指出：实际桁架都不可能完全符合以上关于理想桁架的三个假定。如钢筋混凝土桁架的结点是浇筑的，钢桁架是用结点板把各杆焊接在一起的。这些结点都有一定的刚性，并不是理想铰结点。实际桁架的杆件也不可能绝对平直，荷载也不完全作用在结点上。杆件内力除轴力外，还有弯矩和剪力。

按理想桁架算出的内力（或应力），称为主内力（或主应力）；由于不符合理想情况而产生的附加内力（或应力），称为次内力（或次应力）。大量的工程实践表明：一般情况下桁架中的主应力占总应力的 80%以上，所以主应力是桁架中应力的主要部分。也就是说，桁架的内力主要是轴力，而由于不符合理想情况的附加弯矩的影响是次要的。

次内力的计算一般需将桁架结点取为刚结点，按超静定结构方法计算。计算主内力则按理想桁架计算简图计算。

本章只讨论理想桁架计算问题，即桁架主内力的计算问题。

5.1.5 静定平面桁架的分类

静定平面桁架根据不同的特征，可分类如下：

1 按桁架的几何组成方式分

1) 简单桁架——从一个基本铰接三角形或地基上，依次增加二元体而组成的桁架（图 5-3a、d、e）。

2) 联合桁架——由几个简单桁架按照两刚片或三刚片组成几何不变体系的规则构成的桁架（图 5-3b、f）。

3) 复杂桁架——不是按上述两种方式组成的其他桁架（图 5-3c）。

2 按桁架的外形分

1) 平行弦桁架（图 5-3a）。

2) 三角形桁架（图 5-3b）。

3) 折弦桁架（图 5-3d）。

4) 梯形桁架（图 5-3e）。

3 按支反力的性质分

1) 梁式桁架或无推力桁架（图 5-3a~e）。

2) 拱式桁架或有推力桁架（图 5-3f）。

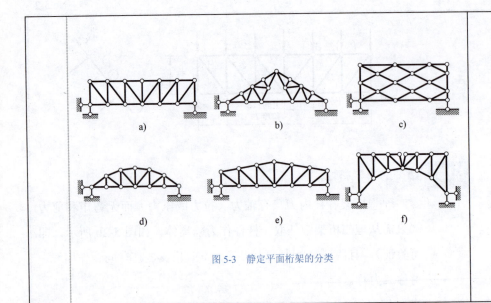

图 5-3 静定平面桁架的分类

5.2 静定平面桁架

计算静定平面桁架各杆轴力的基本方法，仍是隔离体平衡法。根据截取隔离体方式的不同，又区分为结点法和截面法。

5.2.1 结点法

结点法是截取桁架中一个结点为隔离体，利用平面汇交力系的两个平衡条件，求解各杆未知轴力的方法。

对于具有 j 个结点、b 根链杆和 r 根支杆的静定平面桁架，由于其计算自由度 $W=0$，由式（2-4），可知

$$W=2j-(b+r)=0$$

即 $2j=b+r$。显见，利用 j 个结点的 $2j$ 个独立平衡方程，便可确定全部 b 根杆件和 r 根支杆的未知力。因此，从原则上讲，任何形式的静定平面桁架都可以用结点法求解，但在实际计算中，只有当所取结点上的未知力不超过两个时，用结点法才方便。

结点法最适用于计算简单桁架。由于简单桁架是从地基或一个基本铰接三角形开始，依次增加二元体形成的，其最后一个结点只包含两根杆件，所以只需从最后一个两杆结点开始，按与几何组成相反的顺序，依次截取结点计算，就可顺利地求出桁架全部杆件的轴力。

有必要指出，结点法的原理极其浅显，但计算技巧十分重要。

1 利用力三角形与长度三角形对应边成比例的关系简化计算

在静定平面桁架中，总是包含着若干个斜杆。为了便于计算，一般不宜直接计算斜杆的轴力 F_N，而是将其分解为水平分力 F_x 和竖向分力 F_y 先行计算。

观察如图 5-4 所示的长度三角形与 F_N 及其二分力所组成的力三角形，它们各相应边相互平行，所以是相似的，因而有下列关系：

$$\boxed{\frac{F_N}{l}=\frac{F_x}{l_x}=\frac{F_y}{l_y}} \quad (5-1)$$

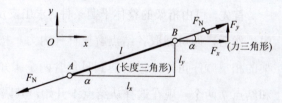

图 5-4　力三角形与长度三角形相应边成比例

利用这个比例关系，就可以很简便地由其中一个力推算其他两个力，而不需要使用三角函数进行计算。例如，在图 5-4 中，如果 $l_x=2\text{m}$，$l_y=1\text{m}$，$l=\sqrt{5}\text{ m}$，并已知竖向分力 $F_y=20\text{kN}$，则利用式（5-1），即可得出

$$F_N=\frac{\sqrt{5}}{1}(20\text{kN})=44.72\text{kN}, \quad F_x=\frac{2}{1}(20\text{kN})=40\text{kN}$$

现在，以图 5-5a 所示桁架为例，来说明结点法的应用。

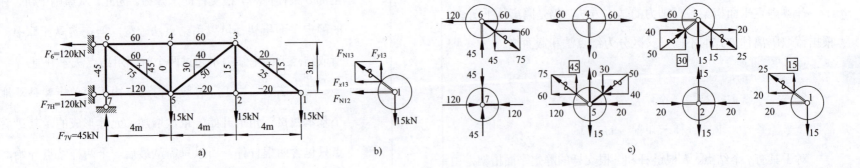

图 5-5 结点法计算静定平面桁架内力

首先，可由桁架的整体平衡条件，求出支反力，标注于图 5-5a 中。然后，即可截取各结点解算杆件内力。按增加二元体组成桁架的相反顺序可知，最初遇到只包含两个未知力的结点有结点 1 和结点 7 两个。现在选择从结点 1 开始，其隔离体图如图 5-5b 所示。通常假定杆件内力为正，即拉力，若计算结果为负，则表明为压力。为了计算方便，将斜杆内力 F_{N13} 的水平分力 F_{x13} 和竖向分力 F_{y13} 作为未知数。由 $\sum F_y = 0$，可得

$$F_{y13} = 15\text{kN}$$

于是，可由比例关系求得

$$F_{x13} = \frac{4}{3}(15\text{kN}) = 20\text{kN}$$

以及杆 13 的轴力

$$F_{N13} = \frac{5}{3}(15\text{kN}) = 25\text{kN}$$

再由 $\sum F_x = 0$，可得杆 12 的轴力

$$F_{N12} = -F_{x13} = -20\text{kN}$$

以下，依次取结点 2、3、4、5 进行计算，每次都只有两个未知力，故不难求解。到结点 6 只剩下一个未知力 F_{N67}，而最后到结点 7 时，各力都已求出。故结点 6 和结点 7 两点的平衡条件是否都满足，可用来校核计算结果。

在图 5-5c 中，标明了按结点 1、2、…、7 依次计算各结点相关杆件轴力的详细过程。各结点隔离体图中，用粗实线表示已知

轴力杆，用双线表示未知轴力杆。在计算斜杆轴力时，所算出的第一个分力，加上矩形框，以突出它在计算过程中的作用。

当计算比较熟练时，可不必绘出各结点的隔离体图，而直接在桁架图上逐点推算，并将杆件内力及其分力用小直角三角形标注在各杆旁，其中的正负号表示轴力是拉力或压力，如图 5-5a 所示。

2　利用结点平衡的特殊情况，判定零杆和等力杆

对桁架进行分析时，常会遇到一些特殊结点，掌握其平衡规律，可直接判定一些杆件的轴力，这将给计算带来很大方便。

(1)　关于零杆的判断

在给定荷载作用下，桁架杆件中轴力为零的杆件，称为**零杆**。

1）**L 形结点**（图 5-6a）：成 L 形汇交的两杆结点无荷载作用，则这两杆皆为零杆。

2）**T 形结点**（图 5-6b）：成 T 形汇交的三杆结点无荷载作用，则不共线的第三杆（又称**单杆**）必为零杆，而共线的两杆内力相等且正负号相同（同为拉力或压力）。图 5-6c 可视为 T 形结点的推广，图中单杆的轴力 $F_{N3}=0$。

(2)　关于等力杆的判断

1）**X 形结点**（图 5-7a）：成 X 形汇交的四杆结点无荷载作用，则彼此共线的杆件的内力两两相等。

a)　L 形结点　　b)　T 形结点　　c)　T 形结点（推广）

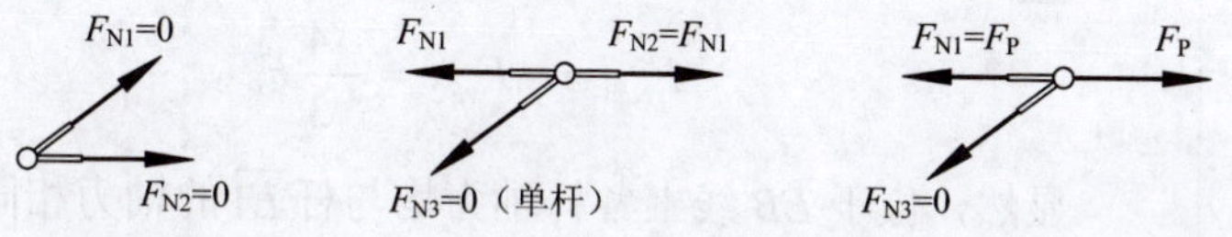

图 5-6　判断零杆

2）**K 形结点**（图 5-7b）：成 K 形汇交的四杆结点，其中两杆共线，而另外两杆在此直线同侧且交角相等，若结点上无荷载作用，则不共线的两杆内力大小相等而符号相反。

a)　X 形结点　　b)　K 形结点　　c)　Y 形结点

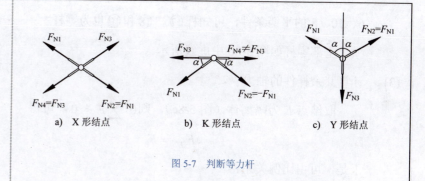

图 5-7　判断等力杆

3）**Y 形结点**（图 5-7c）：成 Y 形汇交的三杆结点，其中两杆分别在第三杆的两侧且交角相等，若结点上无与该第三杆轴线方向偏斜的荷载作用，则该两杆内力大小相等且符号相同。

【例 5-1】试求图 5-8a 所示桁架各杆的轴力。

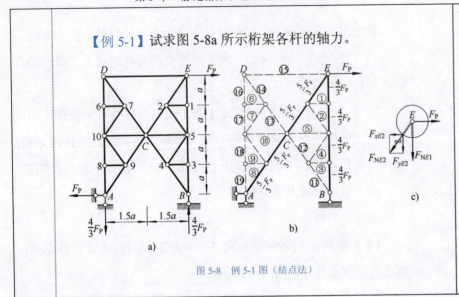

图 5-8 例 5-1 图（结点法）

解： (1) 利用桁架的整体平衡条件，求出支座 A、B 的支反力，并标注于图 5-8a 中。

(2) 判断零杆

1) 观察结点 1，按照成 T 形汇交的三杆结点无荷载作用的平衡规律，可判定杆①为零杆。同理，可依次在相关结点判定杆②~⑩为零杆。

2) 观察结点 B，按照 T 形结点的推广（参见图 5-6c）的平衡规律，可判定杆⑪为零杆。再由结点 4、C、7 的平衡条件，可知杆⑫、⑬和⑭也为零杆。

3) 观察结点 D，已知杆⑭为零杆，再按照成 L 形汇交的两杆结点无荷载作用的平衡规律，可判定杆⑮、⑯为零杆。再由结点 6、10、8 的平衡条件，可知杆⑰、⑱和⑲也为零杆。

全部零杆如图 5-8b 中虚线所示。

(3) 计算其余杆件的轴力

取结点 E 为隔离体（图 5-8c），则由 $\sum F_x = 0$，可得

$$F_{xE2} = F_P$$

于是，可由比例关系得

$$F_{yE2} = \frac{4}{3}F_P$$

以及杆 $\overline{E2}$ 的轴力

$$F_{NE2} = \frac{5}{3}F_P$$

再由 $\sum F_y = 0$，可得杆 $\overline{E1}$ 的轴力

$$F_{NE1} = -F_{yE2} = -\frac{4}{3}F_P$$

显然，位于 EB 线上各杆轴力均与杆 $\overline{E1}$ 的轴力相同，位于 EA 线上各杆轴力均与杆 $\overline{E2}$ 轴力相同。最后，将计算结果标注于桁架各相应杆旁，如图 5-8b 所示。

应注意的是，零杆只是当桁架受某一给定荷载作用时，该杆件的特定内力状态。对于同一桁架，其所受的荷载发生变化时，则应重新判定零杆。此外，虽然零杆的内力为零，但并不表明可以将其从桁架中移去不要，对静定桁架而言，该杆在几何组成上是必不可少的。

【例 5-2】 试求图 5-9a 所示桁架杆件 a 的轴力。

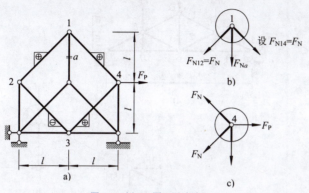

图 5-9 例 5-2 图（通路法）

解： 此桁架为复杂桁架。截取各结点为隔离体，其上未知力个数均超过两个，因此直接用结点法计算将会遇到困难。观察到本桁架中存在一些等力杆的情况，可利用其特殊平衡条件进行计算。

首先，假设 $F_{N14}=F_N$，取结点 1 为隔离体（图 5-9b），由 $\sum F_x = 0$，可得

$$F_{N12} = F_{N14} = F_N$$

其实，结点 1 可视为 Y 形结点的推广，$F_{N12}=F_{N14}$ 的结论自然得出。

然后，依次由结点 2（属 K 形结点推广情况）和结点 3（属 K 形结点情况），可判定

$$F_{N23} = -F_{N12} = -F_N$$

$$F_{N34} = -F_{N23} = F_N$$

再取结点 4 为隔离体（图 5-9c），由 $\sum F_x = 0$，得

$$\frac{\sqrt{2}}{2} F_N \times 2 - F_P = 0$$

所以

$$F_N = \frac{\sqrt{2}}{2} F_P \quad （拉力）$$

最后，再回到结点 1（图 5-9b），由 $\sum F_y = 0$，得

$$\frac{\sqrt{2}}{2} F_N \times 2 + F_{Na} = 0$$

所以

$$\frac{\sqrt{2}}{2} \left(\frac{\sqrt{2}}{2} F_P \right) \times 2 + F_{Na} = 0$$

$$F_{Na} = -F_P \quad （压力）$$

【注】 此桁架还可利用对称性计算，更为简便，见后面例 5-9。

上述这种解题方法，为我国学者所提出，习称**通路法**（或初参数法）。通路法实际上是结点法（或下面将介绍的截面法）再加上一"通路边界的平衡条件"。

通路法的具体做法是：

1) 选择一适当的通路（如本例从 1→2→3→4→再回到 1），要求回路要通畅，且愈短愈好。先设通路上一杆的轴力为 F_N。

2) 由结点法（或截面法）依次求出通路上其他杆的轴力，表示为初参数 F_N 的函数。

3) 最后，由结点平衡或取部分结构的平衡，利用通路边界的平衡条件，求出 F_N，于是，整个桁架的计算即无困难。

3. 求解一个结点同时包含两个未知斜杆内力的简便方法

现以如图 5-10a 所示桁架中的结点 C（包含斜杆 1 和斜杆 2）为例。若已由桁架的整体平衡条件求出支反力，并由结点 A 的平衡条件求出杆 $\overline{AC}$ 和 $\overline{AF}$ 的轴力（均已标注在图 5-10a 中）。同时，已判定杆 $\overline{CF}$ 为 T 形结点 F 中的零杆。

截取结点 C 为隔离体，如图 5-10b 所示。为求解两个斜杆轴力 F_{N1} 和 F_{N2}，可采用的一种方法是，按 $\sum F_x = 0$ 和 $\sum F_y = 0$，建立两个投影平衡方程，但需解算联立方程。另一种方法是，可将拟求的 F_{N1} 在其作用线上的 D 点分解为 F_{x1} 和 F_{y1} 两个分量，F_{N2}

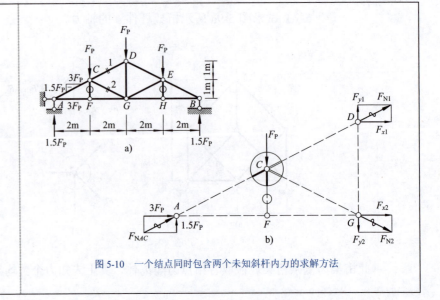

图 5-10 一个结点同时包含两个未知斜杆内力的求解方法

在其作用线上的 G 点分解为 F_{x2} 和 F_{y2} 两个分量；同时，将先求出的 $\overline{AC}$ 杆的压力 F_{NAC} 在其作用线上的结点 A 分解为指向该结点的水平分力 $3F_P$ 和竖向分力 $1.5F_P$。

由 $\sum M_G = 0$，得

$$F_{x1} \times 2 - F_P \times 2 + 1.5F_P \times 4 = 0$$

$$F_{x1} = -2F_P$$

于是，可由比例关系求得

$$F_{N1} = \frac{\sqrt{5}}{2}(-2F_P) = -\sqrt{5}F_P \text{（压力）}$$

又由 $\sum F_x = 0$，得

$$-2F_P + F_{x2} + 3F_P = 0$$

$$F_{x2} = -F_P$$

于是，可由比例关系求得

$$F_{N2} = \frac{\sqrt{5}}{2}(-F_P) = -\frac{\sqrt{5}}{2}F_P \text{（压力）}$$

这样，取结点为隔离体，但利用力矩方程求解，取一个未知力延长线上适当点为力矩中心，可由每个方程求出一个轴力，比较简便。

一般来说，在研究平衡问题时，可将任何一个力（如斜杆中的轴力）在其作用线上之任一点（如某结点），沿 x、y 方向分解为两个分力，用以代替原力参加计算。

5.2.2 截面法

截面法是截取桁架一部分（包括两个以上结点）为隔离体，利用平面一般力系的三个平衡条件，求解所截杆件未知轴力的方法。

如果所截各杆中的未知轴力只有三个，它们既不相交于同一点，也不彼此平行，则用三个平衡条件即可求出这三个未知轴力。因此，截面法最适用于下列情况：联合桁架的计算；简单桁架中少数指定杆件的内力计算。

1 **选择适当的截面，以便于计算要求的内力**

根据需要，可选取任意形式的截面，以求出指定杆件的轴力。

【例 5-3】试求图 5-11a 所示桁架指定杆件 a、b 的轴力。

解： 应用截面法求本例指定杆件 a、b 的轴力，可试选多种截面，但是所截开的杆件数均在四根以上，若截面选择不当，将使计算难以进行。经比较后发现，图 5-11a 若取 Ⅰ-Ⅰ 截面左边（或右边）部分为隔离体（参见图 5-11b），将使问题得以顺利解决。而且，可由一个平衡方程解出一个未知力。

(1) 求 F_{Na}

由 $\sum M_2 = 0$（只含 F_{Na} 一个未知力），可得

$$2F_P \times a + F_P \times 2a + F_{Na} \times 3a = 0$$

$$F_{Na} = -\frac{4}{3}F_P（压力）$$

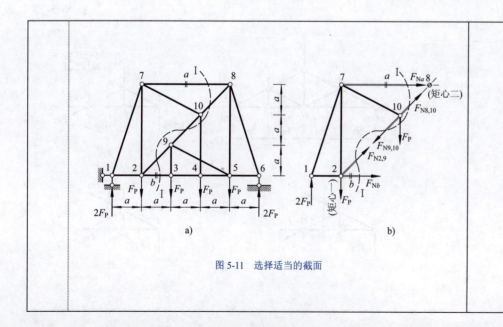

图 5-11 选择适当的截面

(2) 求 F_{Nb}

由 $\sum M_8 = 0$（只含 F_{Nb} 一个未知力），可得

$$2F_P \times 4a - F_P \times 3a - F_P \times a - F_{Nb} \times 3a = 0$$

$$F_{Nb} = \frac{4}{3}F_P（拉力）$$

2 **选择适当的平衡方程，使每个方程中只含一个未知力**

应用截面法求桁架轴力，当截断的杆件数大于 3 时，一般会给计算带来困难。但如果注意观察和利用截面平衡的一些特殊情况，通过选择适当的平衡方程（包括适当的投影轴和矩心），也能使符合以下两类情况的截开杆件的轴力方便地求出。

当截断的杆件数≥3时，除一杆外，若其他杆件全都汇交于一点（包括延长线相交），则求解此杆轴力可采用力矩法，以其他杆交点为矩心，列写力矩平衡方程而求得；若其他杆件全都相互平行，则求解此杆轴力可采用投影法，以垂直于平行杆的轴线为投影轴，列写投影方程而求得。

例如，在图 5-12a 所示桁架中，取截面Ⅰ-Ⅰ左边部分为隔离体（图 5-12b）。这时，虽然截面上包含有五个未知轴力，但除 F_{Na} 外，其余四个未知轴力均交于点 C。因此，由 $\sum M_C = 0$，可求出 F_{Na}。

又例如，在图 5-13a 所示桁架中，取截面Ⅰ-Ⅰ左边部分为隔

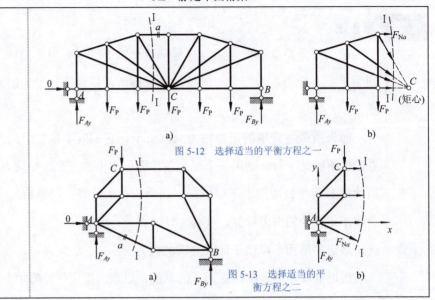

图 5-12　选择适当的平衡方程之一

图 5-13　选择适当的平衡方程之二

离体（图 5-13b）。这时，虽然截面上包含有四个未知轴力，但除 F_{Na} 外，其余三个未知轴力均沿 x 方向相互平行。所以，由 $\sum F_y = 0$，可求出 F_{Na}。

【例 5-4】试求图 5-14a 所示桁架指定杆件 1、2、3 的轴力。

解：截取截面Ⅰ-Ⅰ左边部分为隔离体（参见图 5-14b、c、d），只需注意选择适当的矩心，分别列写出相应的三个力矩平衡方程，即可求出所截开三杆的未知轴力。

(1) 求 F_{N3}：在图 5-14b 中，由 $\sum M_G = 0$，得

$$1.5F_P \times 4 - F_P \times 2 + F_{x3} \times 2 = 0$$

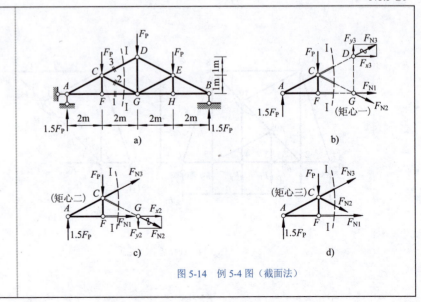

图 5-14　例 5-4 图（截面法）

$$F_{x3} = -2F_P$$

$$F_{N3} = \frac{\sqrt{5}}{2}(-2F_P) = -\sqrt{5}F_P \text{（压力）}$$

(2) 求 F_{N2}：在图 5-14c 中，由 $\sum M_A = 0$，得

$$F_P \times 2 + F_{y2} \times 4 = 0$$

$$F_{y2} = -\frac{F_P}{2}$$

$$F_{N2} = \frac{\sqrt{5}}{1}\left(-\frac{F_P}{2}\right) = -\frac{\sqrt{5}F_P}{2} \text{（压力）}$$

(3) 求 F_{N1}：在图 5-14d 中，由 $\sum M_C = 0$，得

$$F_{N1} = \frac{1.5F_P \times 2}{1} = 3F_P \text{（拉力）}$$

如上所述，在分析桁架内力时，如能选择合适的截面、合适的平衡方程及其投影轴或矩心，并将杆件未知轴力在适当的位置进行分解，就可以避免解联立方程，做到一个平衡方程求出一个未知轴力，从而使计算工作得以简化。

3 截面法求解联合桁架

截面法还常用于计算联合桁架中各简单桁架之间联系杆的轴力。

例如，图 5-15 所示的联合桁架仅用结点法不能求出全部杆件的轴力，但若确定出联系杆 DE 的内力后，则可计算出其余各杆的轴力。这时，应采用截面法，作 I—I 截面并取左边（或右边）为隔离体，由 $\sum M_C = 0$ 求出 F_{Na}。又如图 5-16a 所示联合桁架，联系杆为 a、b、c，可作一封闭截面 I—I，截取隔离体如图 5-16b 所示，由 $\sum M_B = 0$，可求出 F_{Nb}；由 $\sum F_x = 0$，可求出 F_{Na}；由 $\sum F_y = 0$，可求出 F_{Nc}（由于 F_{N1}、F_{N2} 均成对出现，计算中有关项相互抵消）。

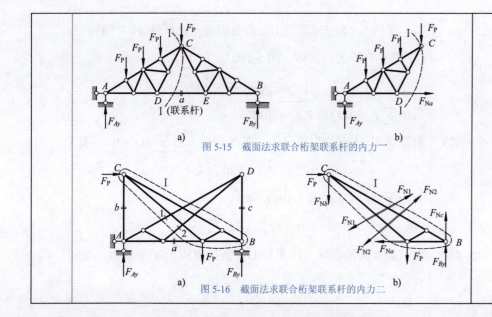

图 5-15 截面法求联合桁架联系杆的内力一

图 5-16 截面法求联合桁架联系杆的内力二

5.2.3 结点法与截面法的联合运用

在上述桁架的受力分析中已经看到，单独使用结点法或截面法有时并不简便。实际上，该两种方法作为桁架分析的基本方法是不能割裂的。无论在简单桁架上求解指定的某些杆件轴力，或为计算复杂桁架寻求有效途径，都有必要灵活地联合应用结点法与截面法。

【例 5-5】试求图 5-17 所示桁架指定杆件 a、b、c 的轴力。

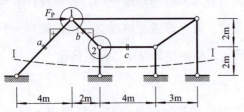

图 5-17 结点法与截面法的联合运用

解： 此例为复杂桁架，但注意到四根支杆中有三根相互平行，可以加以利用。

(1) 求 F_{Na}：取截面 I – I 上边部分为隔离体，由 $\sum F_x = 0$，可解出 $F_{xa} = F_P$，所以，$F_{Na} = \sqrt{2} F_P$。

(2) 求 F_{Nb}：取结点 1 为隔离体，该结点属 K 形结点推广情况，所以，$F_{Nb} = -F_{Na}$，即 $F_{Nb} = -\sqrt{2} F_P$，其水平分力 $F_{xb} = -F_P$。

(3) 求 F_{Nc}：取结点 2 为隔离体，由 $\sum F_x = 0$，得 $F_{Nc} = F_{xb} = -F_P$。

【例 5-6】试求图 5-18a 所示桁架指定杆件 a、b、c 的轴力。

解： 此桁架虽为简单桁架，完全可用结点法求内力，但当直接求内部某些指定杆件轴力时，用截面法与结点法联合求解较方便。

(1) 求 F_{Na}：取截面 I – I 左边为隔离体（图 5-18b），由 $\sum M_4 = 0$，求得 F_{Na}。

(2) 求 F_{Nb}：取截面 II – II 左边为隔离体（图 5-18c），由 $\sum M_7 = 0$，求出 F_{xb}，从而按比例求得 F_{Nb}。

(3) 求 F_{Nc}：取结点 5 为隔离体（图 5-18d），该结点属于 K 形结点，所以，$F_{Nc} = -F_{Nb}$。

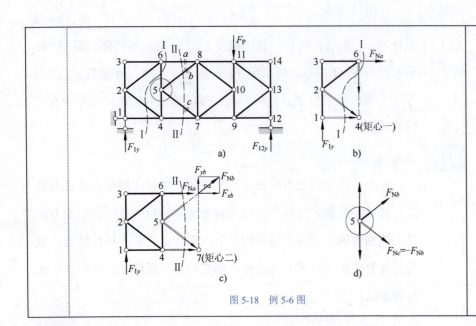

图 5-18 例 5-6 图

【例 5-7】试求图 5-19a 所示桁架指定杆件 a、b 的轴力。

解： (1) 取结点 6 为隔离体（图 5-19b），由 $\sum F_y = 0$，得

$$F_{N46} = -60\sqrt{2} \text{ kN}$$

再由 $\sum F_x = 0$，得 $F_{N76} = 60 \text{ kN}$。

(2) 取截面 I – I 左边为隔离体（图 5-19c），由 $\sum M_3 = 0$，得

$$F_{Nb} = -20\sqrt{2} \text{ kN}$$

再由 $\sum M_9 = 0$（图 5-19c），得

$$F_{N38} = 40\sqrt{2} \text{ kN}$$

(3) 取结点 8 为隔离体（图 5-19d），该结点属于 X 形结点，可知

$$F_{Na} = F_{N38} = 40\sqrt{2} \text{ kN}$$

5.2 静定平面桁架

有必要指出，应用结点法与截面法联合求解桁架轴力时，所截取的结点和截面，常可有多种选择。建议读者对本例试作多个方案的思考和比较。

5.2.4 对称桁架的计算

实际工程结构常采用对称桁架。若桁架的几何形状、支承形式和杆件刚度（截面尺寸及材料）都关于某一轴线对称，则称此桁架为**对称桁架**。当仅计算静定桁架内力时，由于杆件刚度对内力没有影响，可以不必考虑刚度是否对称的条件。图 5-20a 所示为一对称桁架；而图 5-20b 所示简支桁架，因其仅受竖向荷载作用，水平反力为零，也可被看作是对称桁架。

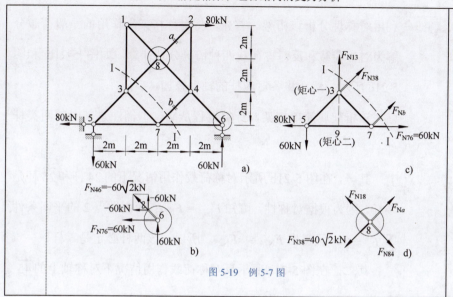

图 5-19 例 5-7 图

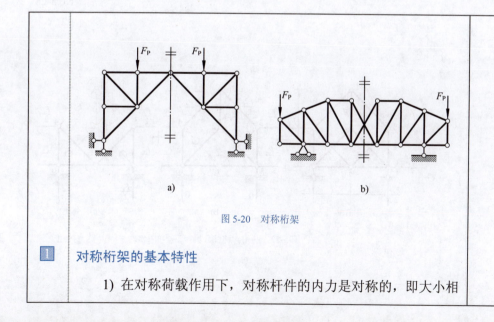

图 5-20 对称桁架

1 对称桁架的基本特性

1) 在对称荷载作用下，对称杆件的内力是对称的，即大小相等，且拉压一致。

2) 在反对称荷载作用下，对称杆件的内力是反对称的，即大小相等，但拉压相反。

3) 在任意荷载作用下，可将荷载分解为对称荷载与反对称荷载两组，分别计算出内力后再叠加。

利用上述性质，分析一个受对称荷载或反对称荷载作用的对称桁架时，只需计算半边桁架即可。

所谓**对称荷载**，是指位于对称轴两边大小相等，若将结构沿对称轴对折后，其作用线重合且方向相同的荷载；而**反对称荷载**，则是指位于对称轴两边大小相等，若将结构沿对称轴对折后，其作用线重合但方向相反的荷载。

【例 5-8】试利用比较简捷的方法计算图 5-21a 所示桁架各杆的轴力。

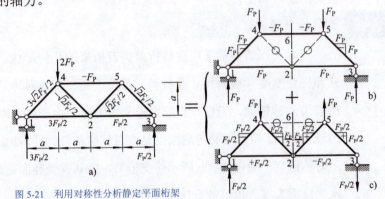

图 5-21 利用对称性分析静定平面桁架

解：利用对称性分析该桁架。首先，将对称桁架上作用的一般荷载分解为对称荷载和反对称荷载两种情况分别计算，如图 5-21b 和图 5-21c 所示。然后将各对应杆的轴力叠加。

该桁架属简单桁架，计算过程从略。但需注意其中的两类杆件：

其一，在图 5-21b 所示对称荷载作用情况下的 $\overline{24}$ 杆和 $\overline{25}$ 杆是零杆。因为根据对称性，可知 $F_{N24} = F_{N25}$；而由结点 2 的平衡条件 $\sum F_y = 0$，又得出 $F_{N24} = -F_{N25}$。所以，该两杆必定是零杆。

其二，在图 5-21c 所示反对称荷载作用情况下对称轴上的 $\overline{45}$ 杆是零杆。因为根据对称性质，$\overline{45}$ 杆在对称轴两侧对称截面上的轴力大小相等、拉压相反，即 $F_{N46} = -F_{N65}$；但取 $\overline{45}$ 杆为隔离体，由 $\sum F_x = 0$，则又有 $F_{N46} = F_{N65}$。所以，必有 $F_{N45} = 0$，即该杆必定是零杆。

【例 5-9】利用对称性重新计算例 5-2 中图 5-9 所示桁架杆件 a 的轴力。

解：图 5-22a 所示桁架即是原例 5-2 中图 5-9 所示桁架，在该例中，曾用通路法求出 F_{Na}。现利用对称性求解 F_{Na}，以兹比较。

(1) 将图 5-22a 中的荷载与支反力一起分解为对称荷载和反对称荷载，如图 5-22b、c 所示。

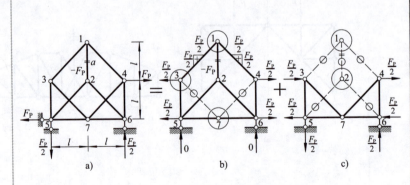

图 5-22 利用对称性分析静定平面桁架

(2) 求在对称荷载作用下杆件 a 的轴力 F_{Na1}：先判定对称轴上 K 形结点 7 的二斜杆 $\overline{73}$ 和 $\overline{74}$ 为零杆；依次由结点 3、1 的平衡条件，求得 $F_{Na1} = -F_P$。

(3) 求在反对称荷载作用下杆件 a 的轴力 F_{Na2}：根据对称性质，对称杆件的轴力是反对称的，有 $F_{N13} = -F_{N14}$（或 $F_{N25} = -F_{N26}$），再由结点 1（或 2）的平衡条件 $\sum F_y = 0$，可得出 $F_{Na2} = 0$，即杆件 a 为零杆。

(4) 将对称荷载作用与反对称荷载作用下杆件 a 的轴力叠加，即可得出图 5-22a 所示杆件的轴力为

$$F_{Na} = F_{Na1} + F_{Na2} = (-F_P) + 0 = -F_P \text{（与通路法计算结果相同）}$$

2 利用对称性判定桁架零杆

从以上两个例题可以看出，利用对称条件，从位于桁架对称轴上的结点和杆件进行分析，有可能使问题进一步简化。特别是对称桁架中与对称轴直接相关的以下三种杆件，可以利用对称性直接判定为零杆：

1) 在对称荷载作用下，位于对称轴处的 K 形结点，若无外力作用（图 5-21b 中的结点 2），则两斜杆轴力为零。

2) 在反对称荷载作用下，位于对称轴上且与对称轴线垂直的横杆（图 5-21c 中的 $\overline{45}$ 杆）或与对称轴线重合的竖杆（图 5-22c 中的 $\overline{12}$ 杆）轴力均为零。

5.3 三种平面梁式桁架受力性能比较

下面，将对最常用的三种梁式桁架——平行弦桁架、三角形桁架和抛物线形桁架的受力性能进行比较。

5.3.1 梁式桁架的受力特点

图 5-23a 所示平行弦桁架，上部承受均布结点荷载作用。图 5-23c、d 为该桁架的相当简支梁的弯矩图（M^0 图）和剪力图（F_Q^0 图）。简支梁受向下荷载作用，上边纤维受压、下边纤维受拉。梁式桁架的整体作用与实体梁相当，它们都承受弯矩和剪力。由任

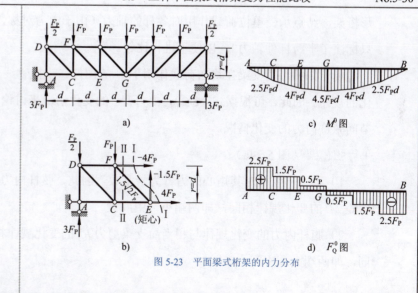

图 5-23 平面梁式桁架的内力分布

意节间的内力平衡（图 5-23b），可进一步看出，桁架上、下弦杆轴力组成一对内力矩来平衡梁的外力矩，而腹杆轴力（包括竖杆轴力和斜杆轴力的竖向分量）用来平衡梁的剪力。

1）平行弦桁架上下弦杆轴力公式（也适用于三角形桁架和抛物线形桁架）为

$$F_\mathrm{N} = \pm \frac{M^0}{r} \quad (5\text{-}2)$$

式中，M^0 为相当简支梁上对应于矩心的弯矩；r 为弦杆轴力对矩心的力臂。

2）平行弦桁架腹杆（包括竖杆和斜杆）轴力公式为

$$F_{\mathrm{N}y} = \pm F_\mathrm{Q}^0 \quad (5\text{-}3)$$

式中，$F_{\mathrm{N}y}$ 为竖杆的轴力或斜杆轴力的竖向分力；F_Q^0 为相当简支梁与竖杆或斜杆所在荷载弦节间对应的剪力。

5.3.2 桁架内力变化的依据

荷载，是桁架内力变化的外部条件；而桁架的外形和腹杆指向，则分别是影响桁架内力分布和内力符号的内部依据。现分述如下。

5.3.3 桁架外形对内力分布的影响

图 5-24a、b、c 所示分别为平行弦桁架、三角形桁架和抛物线形桁架，结点承受单位荷载作用时各杆的轴力（由于内力对称，只标注了半跨杆件轴力），以便于进行比较。

现已知相当简支梁在均布荷载作用下，M^0 图按二次抛物线变化的规律。因此，可根据式（5-2），由力臂 r 的变化情况来讨论各节间弦杆内力的变化情况。

1 平行弦桁架（图 5-24a）

1）上、下弦杆对其矩心的力臂为一常数，因此，弦杆内力与弯矩 M^0 的变化规律相同，即两端小，中间大。

2）腹杆内力的变化规律与相当简支梁剪力 F_Q^0 的变化规律相同，即两端大，中间小。

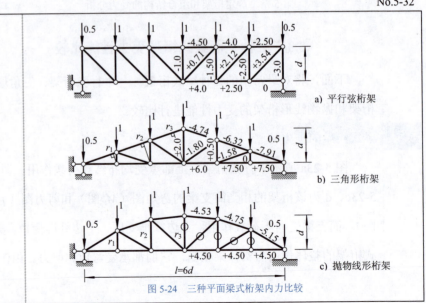

图 5-24 三种平面梁式桁架内力比较

② **三角形桁架**（图5-24b）

1) 各弦杆对应的力臂从两端向中间按直线增加，其增加的速度快于按抛物线规律变化的弯矩值增加的速度，因而弦杆的内力两端大，中间小。

2) 利用以端结点为矩心的力矩方程或由结点法计算可以看出，腹杆的内力为两端小，中间大。

③ **抛物线形桁架**（图5-24c）

1) 各下弦杆内力及各上弦杆的水平分力对其矩心的力臂，即为各竖杆的长度。而竖杆的长度与弯矩一样都是按抛物线规律变化的，由式（5-2）可知，各下弦杆内力与各上弦杆水平分力的大小（绝对值）都相等，从而各上弦杆的内力也近于相等。

2) 根据截面法由每一节间截面的水平投影方程 $\sum F_x = 0$ 可知，各斜杆内力均为零，并可推知各竖杆的内力也等于零（荷载上承）或等于下弦结点上的荷载（荷载下承）。

5.3.4 桁架腹杆指向对内力符号的影响

当结点都承受相同荷载时，平行弦桁架和梯形桁架（坡度 $i<\dfrac{1}{9}$）之间的各式桁架，凡下斜指向跨度中心（N形）的斜杆受拉，反之（反N形）受压；抛物线形桁架和三角形桁架之间的各式桁架，凡下斜指向跨度中心的斜杆受压，反之受拉。

5.3.5 几点结论

根据上述分析，可以得出如下结论：

1) **平行弦桁架**内力分布不均匀，若每一弦杆根据内力大小采用不同的截面，则制作复杂；若采用相同截面，又浪费材料。但平行弦桁架在构造上有许多优点，如所有弦杆、斜杆、竖杆长度都分别相同，所有结点处相应各杆交角均相同等，因而利于制造标准化。平行弦桁架用于轻型桁架时，可采用截面一致的弦杆而不致有很大浪费。在厂房中，多用于跨度在12m以上的吊车梁。在铁路桥梁中，由于采用平行弦桁架给构件制作及施工拼装都带来了很多方便，故较多采用。

2) **抛物线形桁架**的内力分布均匀，因而在材料使用上最为经济。但是其构造上有缺点，上弦杆在每一结点处均转折而需设置接头，故构造较复杂。不过在大跨度桥梁（100~150m）及大跨度屋架（18~30m）中，节约材料意义较大，故常采用。

3) **三角形桁架**的内力分布也不均匀，弦杆内力在两端最大，且端结点处夹角甚小，构造布置较为困难。但是其两斜面符合屋顶构造需要，故只在屋架中采用。

*5.4 静定空间桁架

上面讨论的静定平面桁架，通常是从实际的空间桁架结构中取出的一榀主桁架，作为分析对象，而忽略了各主桁架之间连接系统的作用，因而所采用的是一种简化图形。但是，在工程实际中，仍有一类具有明显空间特征的桁架，根本不可能简化为平面桁架，如网架结构、塔架和起重机构架等，而且实际的空间桁架常常是超静定的。

本节主要讨论静定空间桁架，它是分析超静定空间桁架的基础。

5.4.1 静定空间桁架

凡不在同一平面内的各直线杆件在两端相互用理想球形铰连接而组成几何不变且无多余联系的体系，称为**静定空间桁架**。

静定空间桁架在结点荷载作用下，各杆内力只有轴力。

静定空间桁架通常采用的支座形式有三种，即可动球形支座、可动圆柱形支座和固定球形铰支座。在第3章中有关空间杆件结构的支座部分已作介绍（参见图3-34a、b、c）。

5.4.2 静定空间桁架的组成规则

1 固定空间一点的规则（三元体规则）

规则Ⅰ：空间一点与一个刚片用三根不共面的链杆相连，则组成内部几何不变且无多余联系的体系。

用三根链杆连接（发展）一个新结点的构造，称为**三元体**。于是规则Ⅰ也可表述为：**在一个空间刚片上，增添一个三元体，仍为几何不变且无多余联系的体系**。

例如，考察图5-25所示体系，由规则Ⅰ可判断，图5-25a为几何不变体系且无多余联系，而图5-25b、c则为几何可变体系。

2 两空间刚体组成规则（固定空间一刚体的规则）

规则Ⅱ：两空间刚片之间用六根既不相交于空间一直线也不

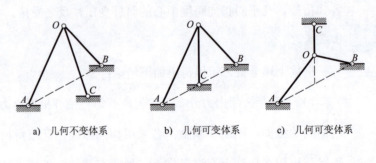

a) 几何不变体系　　b) 几何可变体系　　c) 几何可变体系

图 5-25　三元体规则

完全在相互平行的平面内的链杆相连，组成内部几何不变且无多余联系的体系。

观察图 5-26 所示体系，由规则Ⅱ可判断，图 5-26a 为几何不变体系且无多余联系，图 5-26b、c 为几何可变体系。因为在图 5-26b 中，六根支杆均交于直线 AB，刚体将绕 AB 轴产生微小转动；而在图 5-26c 中，六根支杆成三对分别位于相互平行的三个平面内，刚体将沿 AB 方向有微小移动。

5.4.3 静定空间桁架按组成的分类

1 简单桁架

从基础或一个铰接三角形出发，依次添加三元体而组成的桁架，称为**简单桁架**，如图 5-27a、b 所示。其添加三元体的顺序见结点序号。

2 联合桁架

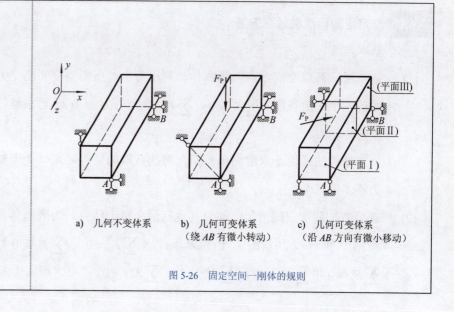

a) 几何不变体系　　b) 几何可变体系（绕 AB 有微小转动）　　c) 几何可变体系（沿 AB 方向有微小移动）

图 5-26　固定空间一刚体的规则

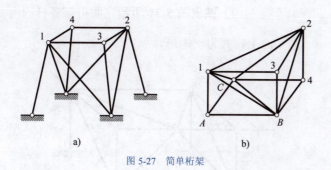

a)　　　b)

图 5-27　简单桁架

由两个或两个以上简单桁架按规则Ⅱ用适当的链杆相连，组成的几何不变且无多余联系的体系，称为**联合桁架**。图 5-28a 所示联合桁架，即是由两个简单桁架 ACDB 和 EFHG，按照两空间刚体几何组成规则组成的联合桁架，其六根联系杆既不相交于空间一直线，也不完全在相互平行的平面内。

3 复杂桁架

凡不属于简单桁架和联合桁架的其他桁架，均称为**复杂桁架**，如图 5-28b 所示。

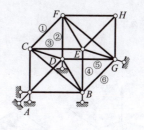 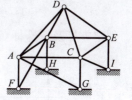

a) 联合桁架　　　　b) 复杂桁架

图 5-28　联合桁架和复杂桁架

5.4.4 静定空间桁架的计算方法

1 基本方法

(1) **结点法**：截取空间结点为隔离体，利用每个结点所受空间汇交力系的三个平衡条件（$\sum F_x = 0$，$\sum F_y = 0$ 和 $\sum F_z = 0$），可求解三个未知轴力。

结点法适用于求解简单桁架，每次截取的结点隔离体上未知力不多于三个。

(2) **截面法**：截取空间桁架一部分（包括两个以上结点）为隔离体，利用空间一般力系的六个平衡条件（$\sum F_x = 0$，$\sum F_y = 0$，$\sum F_z = 0$ 和 $\sum M_x = 0$，$\sum M_y = 0$，$\sum M_z = 0$），可求解六个未知轴力。

截面法适用于求解联合桁架的联系杆或指定杆件（一般截开杆数≤6）的未知轴力。具体计算时，应细心地选择合适的截面、投影轴和力矩轴（力与力矩轴相交或平行均不产生力矩），尽量避免解算联立方程。

2 简化计算

(1) 利用力三角形与长度三角形相似，对应边成比例的关系（图 5-29）

$$\frac{F_N}{l} = \frac{F_x}{l_x} = \frac{F_y}{l_y} = \frac{F_z}{l_z}$$

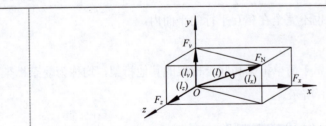

图 5-29 力多边形与长度三角形相应边成比例

(2) 判定零杆及特殊杆（图 5-30）

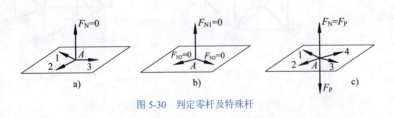

图 5-30 判定零杆及特殊杆

【例 5-10】试求图 5-31 所示空间桁架各杆的内力。ABCD 在一水平面上，并为一矩形。

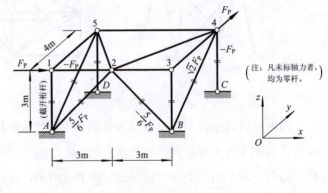

图 5-31 空间桁架内力计算

解：(1) 由结点 1 可知，$F_{N12}=-F_P$；$\overline{15}$、$\overline{1A}$ 分别为单杆，故有 $F_{N15}=0$，$F_{N1A}=0$。

(2) 由结点 3 为三元体上无荷载情况，可得 $F_{N32}=0$，$F_{N34}=0$，$F_{N3B}=0$。

(3) 用截面截开 $\overline{1A}$、$\overline{5A}$、$\overline{5D}$、$\overline{2A}$、$\overline{2B}$、$\overline{3B}$、$\overline{4B}$、$\overline{4C}$ 等链杆，取上部为隔离体，由 $\sum M_{\overline{3B}}=0$，有 $\dfrac{1}{\sqrt{2}}F_{N5A}\times 6=0$，故
$$F_{N5A}=0$$

(4) 由结点 5，因 $F_{N15}=0$，$F_{N5A}=0$，此时结点 5 恰为三元体上无荷载情况，故 $F_{N5D}=0$，$F_{N52}=0$，$F_{N54}=0$。

(5) 由结点 2，因 $F_{N52}=0$，此时 $\overline{24}$ 杆为单杆，故 $F_{N24}=0$。

(6) 由结点 4，$\sum F_y=0$，有 $-\dfrac{1}{\sqrt{2}}F_{N4B}+F_P=0$，故
$$F_{N4B}=\sqrt{2}F_P$$

$\sum F_z=0$，有 $-\dfrac{1}{\sqrt{2}}F_{N4B}-F_{N4C}=0$，故
$$F_{N4C}=-\dfrac{1}{\sqrt{2}}F_{N4B}=-\dfrac{1}{\sqrt{2}}\times\sqrt{2}F_P=-F_P$$

(7) 由结点 2
$$\sum F_z=0,\ 得\ F_{N2A}=-F_{N2B} \quad (a)$$
$$\sum F_x=0,\ 有\ \dfrac{3}{5}F_{N2B}-\dfrac{3}{5}F_{N2A}+F_P=0 \quad (b)$$

联立求解方程（a）和（b），得
$$F_{N2A}=\dfrac{5}{6}F_P,\quad F_{N2B}=-\dfrac{5}{6}F_P$$

5.5 静定组合结构

组合结构是由桁杆（二力杆）和梁式杆所组成的、常用于房屋建筑中的屋架、吊车梁以及桥梁的承重结构。桁杆是指两端铰接且其上无横向荷载作用、只承受轴力的杆件；梁式杆是指杆端有刚结点、杆中有组合结点或其上有横向荷载作用，兼有弯矩、剪力和轴力的杆件。图 5-32a、b 所示的两个结构，就是较常见的静定组合结构的实例。其中，AC、CB 杆为梁式杆，其余杆均为桁杆。

计算组合结构时，先分清各杆内力性质，并进行几何组成分

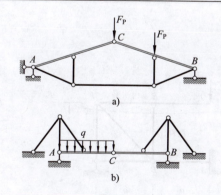

图 5-32 静定组合结构

析。对可分清主次结构的，按层次图，由次要结构向主要结构的顺序，逐个结构进行内力分析；对无主次结构关系的，则需在求

出支反力后，先求联系桁杆的内力，再分别求出其余桁杆以及梁式杆的内力，最后，作出其 M、F_Q 和 F_N 图。需强调的是，要注意区分桁杆和梁式杆。例如，观察图 5-33 所示杆件，虽然 A、B 两端都是铰接，但由于杆上荷载作用情况不同（图 5-33a、b）或跨中 C 点结构构造情况不同（图 5-33c、d），则图 5-33a、c 所示杆为桁杆，而图 5-33b、d 所示杆为梁式杆。在建立平衡方程计算过程中，要尽可能避免截取由桁杆和梁式杆相连的结点。

【例 5-11】试求图 5-34a 所示组合结构的内力，并作内力图。

解：图示结构为具有明显主次关系的静定组合结构，其层次图和计算路径如图 5-34b 所示。

首先，分析"再次梁"DF 的受力情况，其中关键的一步是取截面 I-I 上边部分为隔离体，分别由 $\sum F_x = 0$、$\sum M_F = 0$ 和 $\sum F_y = 0$，求出三根桁杆的轴力 F_{NBF}、F_{NEB} 和 F_{NFC}；其次，分析"次梁"BC 的受力情况；最后，分析"主梁"AB 的受力情况（具体计算过程从略）。据此作出的内力图，分别如图 5-34c、d、e 所示。

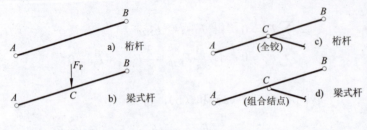

图 5-33 区分桁杆和梁式杆

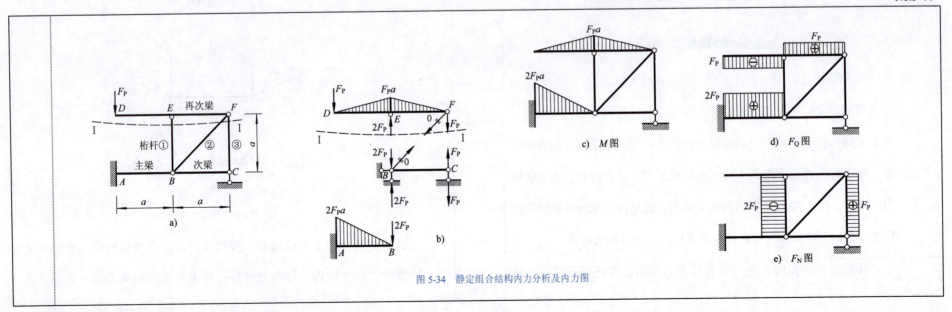

图 5-34 静定组合结构内力分析及内力图

【例 5-12】 试求图 5-35a 所示组合结构的内力，并作内力图。

解： (1) 进行几何组成分析：图示结构是由两刚片 AFCD 和 CGBE，通过铰 C 和联系桁杆 DE 相连接而组成的静定组合结构。杆 AC 和 CB 是梁式杆，其他杆均为桁杆。

(2) 计算支反力：考虑结构整体平衡，可求得支反力，如图 5-35a 所示。

(3) 计算桁杆轴力：先计算联系桁杆 DE 的拉力。为此，作截面 Ⅰ-Ⅰ 拆开铰 C 和截断拉杆 DE（图 5-35a），并取右边部分为隔离体，由 $\sum M_C = 0$，有

$$F_{NDE} \times a - F_P \times 2a = 0$$

得

$$F_{NDE} = 2F_P$$

再考虑结点 D 和 E 的平衡，由结点法便可求得其余各桁杆的轴力，如图 5-35a 所示。

(4) 分析梁式杆内力：作截面 Ⅱ-Ⅱ，取上边部分为隔离体（图 5-35b）。显见，该图也可等效地化为图 5-35c 所示受力图。据此，可绘出梁式杆的 M、F_Q 和 F_N 图，如图 5-35c、d、e 所示。

(5) 作组合结构内力图：根据以上第(3)、(4)步的计算结果，即可作出组合结构的 M、F_Q 和 F_N 图，如图 5-35f、g、h 所示。

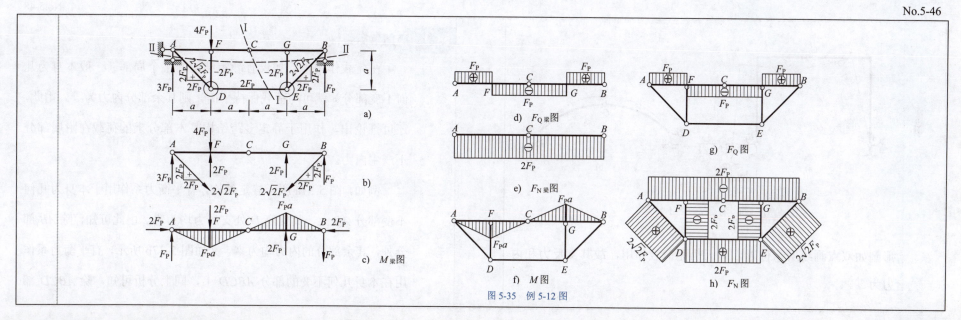

图 5-35 例 5-12 图

5.6 静定结构的特性

静定结构是几何不变且无多余联系的体系，这是它的几何特征。以上第 3~5 章所介绍的各类静定结构，因其在几何组成上的共性，使得它们具有一些相同的受力特性。掌握这些特性，有利于加深对静定结构的认识，也有助于正确、快速地对其进行内力分析。

5.6.1 静力解答的唯一性

静定结构的全部支反力和内力均可由静力平衡条件求得，且其解答是唯一的确定值。据此可知，在静定结构中，能够满足平衡条件的内力解答，就是真正的解答，并可确信，除此以外再无其他任何解答存在。这一特性，是静定结构的基本静力特性。由静定结构的几何特征和基本静力特性，派生出以下特性。

5.6.2 静定结构无自内力

所谓**自内力**，是指超静定结构在非荷载因素作用下自身会产生的内力。由于静定结构不存在多余约束，因此可能发生的温度改变、支座移动、制造误差和材料胀缩等非荷载因素，虽会导致结构产生位移，但不会引起内力。这是由静力解答的唯一性决定的。

例如，图 5-36a 所示三铰刚架，当支座 B 下沉时，整个刚架将随之发生如双点画线所示刚体运动，由静力平衡方程可知，其支反力和内力为零。又如图 5-36b 所示三铰拱，当温度改变时，将会变

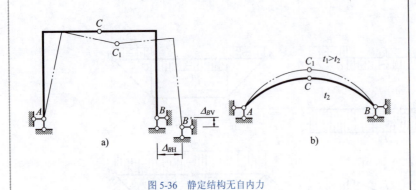

图 5-36 静定结构无自内力

形到如双点画线所示位置，但因仍无荷载作用，故其支反力和内力为零。

5.6.3 局部平衡特性

在荷载作用下，如仅有静定结构的某个局部（一般本身为几何不变部分）就可与荷载保持平衡，则其余部分内力为零。由此，还可推论出，作用于静定多跨结构基本部分上的荷载在附属部分不产生内力。

例如，图 5-37a 所示静定结构，有平衡力系作用于本身为几何不变部分 AB 上，其支座 D 处支反力均为零。由此可知，除 AB 部分外，其余部分的内力均为零。又如图 5-37b 所示，有平衡力系作用在本身几何不变的部分 $ABCD$ 上，同上分析可知，除 $ABCD$ 部

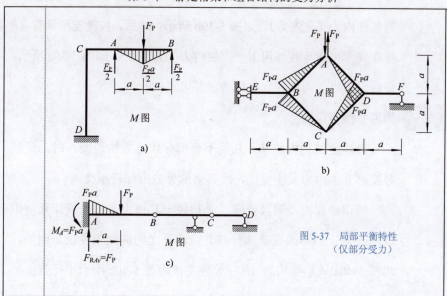

图 5-37 局部平衡特性（仅部分受力）

分外，其余部分均不受力。再如，图 5-37c 所示多跨静定梁，AB 梁上的荷载与支座 A 的支反力已构成平衡力系，因此，其附属部分 BC 和 CD 梁无内力。

5.6.4 荷载等效特性

当静定结构内部某一几何不变部分上的荷载作静力等效变换时，只有该部分的内力发生变化，而其余部分的内力保持不变。

所谓 荷载等效变换，是指将一组荷载换成合力的大小、方向和作用位置均不改变的另一组荷载（即等效荷载）。

例如，将图 5-38a 所示荷载，在本身几何不变部分 CD 的范围内作等效变换，而成为图 5-38b 所示的情况时，除 CD 段外，其余部分（AC 段和 DB 段）的内力均不改变。这一结论可用局部平衡特性来证明。图 5-38a 所示受力情况，可表示为图 5-38b 和图 5-38c 两种情况的叠加（即原荷载等于其等效代换荷载与局部平衡荷载的代数和）。但在图 5-38c 中，只有受到局部平衡力系作用的 CD 段产生内力，其余部分内力为零。因此，当荷载 F_P 在 CD 段作等效变换时，内力只在该区段发生变化。

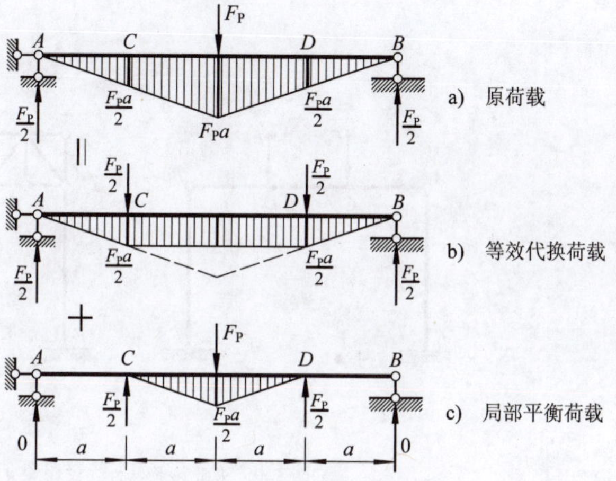

利用这一特性，可得到在非结点荷载作用下桁架的计算方法（图 5-39）：首先，计算桁架在非结点荷载的等效结点荷载作用下

图 5-38 荷载等效特性（仅影响 CD 段内力变化）

的各杆内力（主内力），如图5-39b所示；然后，按简支梁计算AB杆在局部平衡荷载作用下产生的内力（次内力），如图5-39c所示；最后，将以上两项计算结果叠加即可。

5.6.5 构造变换特性

当静定结构内部某一几何不变部分作等效构造变换时，仅被替换部分的内力发生变化，而其余部分内力保持不变。

所谓**局部构造等效变换**，是指将一几何不变的局部作几何组成的改变，但不改变该部分与其余部分之间的约束性质。例如，将图5-40a所示结构的AB杆等效变换为图5-40b所示平行弦桁架

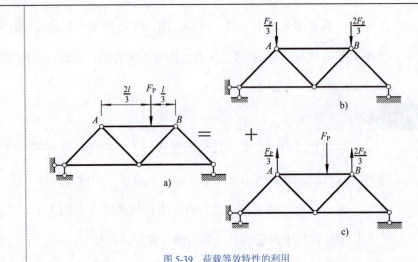

图5-39 荷载等效特性的利用

时，除AB段的内力发生变化外，左柱和右柱内力不变。这种构造变换在结构设计中有重要作用。如图5-40a中梁AB的跨度不能太大，而改用桁架后则可跨越大空间，且梁主要受弯，而桁架中的桁杆仅受拉或受压，因此，被替换部分内力发生了变化。

5.6.6 静定结构的内力与刚度无关

静定结构的内力仅由静力平衡方程唯一确定，而不涉及结构的材料性质（包括拉压弹性模量E和剪切弹性模量G）以及构件的截面尺寸（包括面积A和惯性矩I）。因此，静定结构的内力与结构杆件的抗弯、抗剪和抗拉压的刚度EI、GA和EA无关。

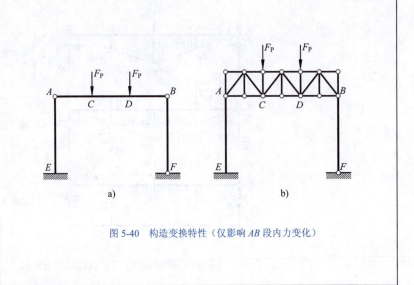

图5-40 构造变换特性（仅影响AB段内力变化）

习 题
分析计算题

5-1 用结点法计算习题 5-1 图所示桁架各杆内力。

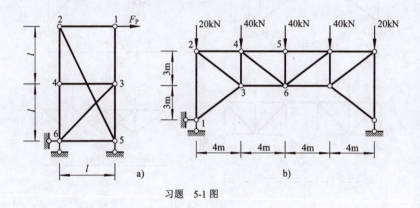

习题 5-1 图

5-2 判定习题 5-2 图所示桁架的零杆。

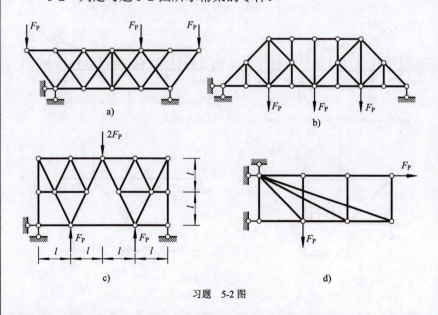

习题 5-2 图

5-3 用截面法计算习题 5-3 图所示桁架指定杆件的内力。

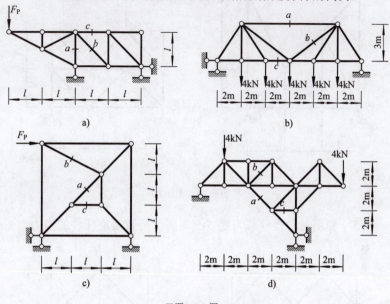

习题 5-3 图

5-4 选择适当方法计算习题 5-4 图所示桁架指定杆件的内力。

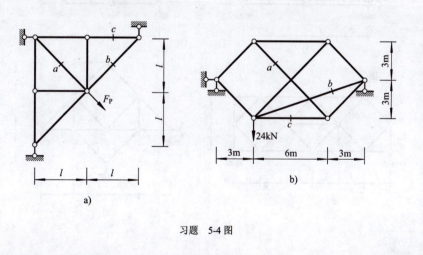

习题 5-4 图

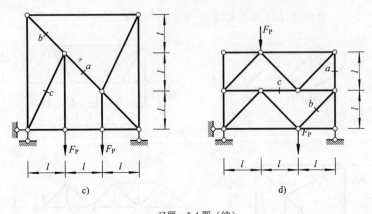

习题 5-4 图（续）

5-5 利用对称性计算习题 5-5 图所示桁架指定杆件的内力。

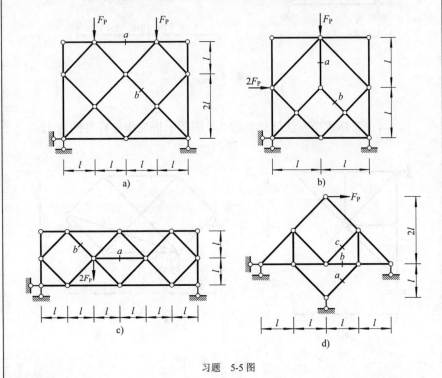

习题 5-5 图

5-6 计算习题 5-6 图所示桁架的支反力及指定杆件的内力。

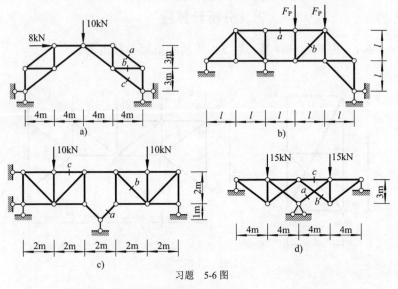

习题 5-6 图

5-7 计算习题 5-7 图所示组合结构中链杆的轴力并绘出梁式杆的内力图。

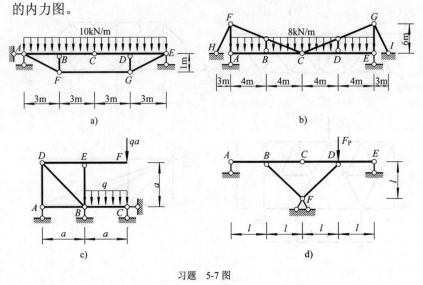

习题 5-7 图

5-8 计算习题 5-8 图所示静定空间桁架的内力。

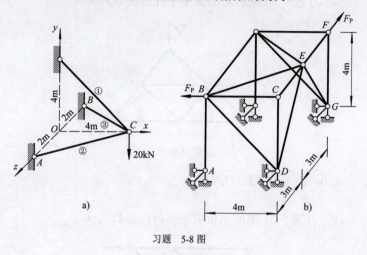

习题 5-8 图

判断题

5-9 在荷载作用下，桁架各杆只产生轴力。（　　）

5-10 由于零杆不受力，因此可将它们从结构中去掉。（　　）

5-11 对习题 5-11 图所示结构，从结点 C 可判定 $F_{NCD}=-F_P$。（　　）

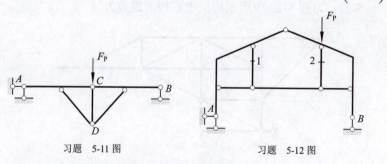

习题 5-11 图　　　习题 5-12 图

5-12 对习题 5-12 图所示结构，有 $F_{N1}=0$，$F_{N2}=0$。（　　）

5-13 习题 5-13 图所示结构中杆 1 的轴力为零。（　　）

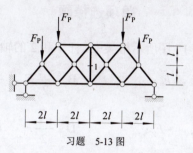

习题 5-13 图

5-14 由于习题 5-14 图所示桁架对称，故杆 AB 的轴力为零。（　　）

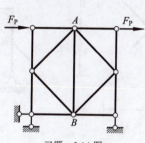

习题 5-14 图

5-15 用截面从平面桁架中截取的隔离体上，所有外力、支反力以及内力构成平面汇交力系。（　　）

5-16 若所受荷载不变，将习题 5-16 图 a 所示结构中的 AC 和 CB 部分替换成图 b 所示的折杆，则 AB 部分内力不变。（　　）

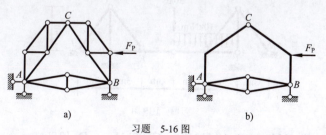

习题 5-16 图

单项选择题

5-17 习题 5-17 图所示桁架中，杆 1 和 2 的轴力分别为（　　）。

A. $-\dfrac{\sqrt{2}}{2}F_P$，F_P；   B. $\dfrac{\sqrt{2}}{2}F_P$，$-F_P$；

C. $-\dfrac{\sqrt{2}}{2}F_P$，$-F_P$；   D. $\dfrac{\sqrt{2}}{2}F_P$，F_P。

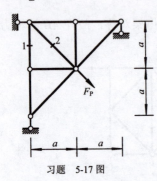

习题 5-17 图

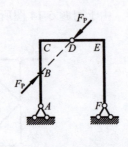

习题 5-18 图

5-18 习题 5-18 图所示结构中，内力为零的杆段为（　　）。

A. AB、BC、CD；   B. AB、CD、DE；

C. AB、DE、EF；   D. BC、CD、DE。

5-19 习题 5-19 图所示结构中的梁截面 D 的弯矩值为（　　）。

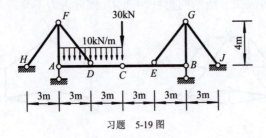

习题 5-19 图

A. 45kN·m； B. 67.5kN·m； C. 90kN·m； D. 135kN·m。

5-20 习题 5-20 图所示桁架中零杆的根数为（　　）。

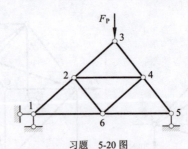

习题 5-20 图

A. 0； B. 1； C. 2； D. 3。

5-21 习题 5-21 图所示桁架中零杆的根数为（　　）。

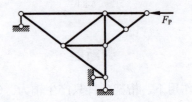

习题 5-21 图

A. 5； B. 6； C. 7； D. 8。

5-22 习题 5-22 图所示桁架中零杆的根数为（　　）。

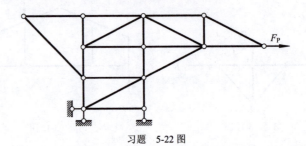

习题 5-22 图

A. 6； B. 7； C. 8； D. 9。

5-23 习题 5-23 图所示桁架中杆 AC 的轴力为（　　）kN。

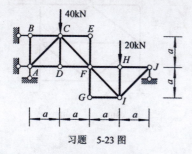

习题 5-23 图

A. $50\sqrt{2}$；B. $-50\sqrt{2}$；C. $25\sqrt{2}$；D. $-25\sqrt{2}$。

5-24 习题 5-24 图中杆 AD 的轴力为（　　）kN。

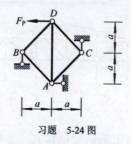

习题 5-24 图

A. 0；B. F_P；C. $-F_P$；D. $1.5F_P$。

5-25 习题 5-25 图所示结构发生支座移动 Δ 时，杆 BC（　　）。

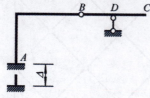

习题 5-25 图

A. 发生平动，内力为零；　　B. 发生平动，内力不为零；

C. 绕 D 点转动，内力为零；　　D. 绕 D 点转动，内力不为零。

5-26 习题 5-26 图所示结构 ABCD 部分的内部升温+10℃，则杆 AB、BC 中（　　）。

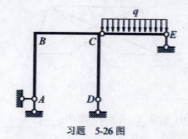

习题 5-26 图

A. 弯矩、剪力、轴力均为零；

B. 剪力、轴力为零，但弯矩不为零；

C. 弯矩、轴力为零，但剪力不为零；

D. 弯矩、剪力为零，但轴力不为零。

填空题

5-27 习题 5-27 图所示结构中，_____ 是梁式杆，_____ 是链杆，_____ 是桁架结点；_____ 是组合结点。

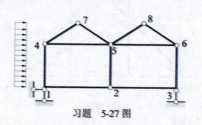

习题 5-27 图

5-28 习题 5-28 图所示对称桁架中，F_{N1}=_____。

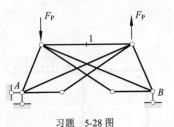

习题 5-28 图

5-29 习题 5-29 图所示组合结构中，有_____根零杆。

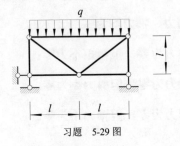

习题 5-29 图

5-30 习题 5-30 图所示桁架结构的零杆根数为_____（不含支座链杆）。

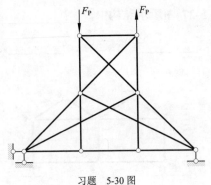

习题 5-30 图

5-31 习题 5-31 图所示桁架中，F_{N1}=_____kN。

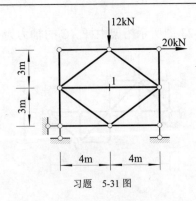

习题 5-31 图

5-32 习题 5-32 图所示抛物线桁架 1-2 节间下弦杆的内力与上弦杆水平分力之间的关系是_____。

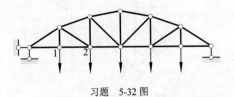

习题 5-32 图

5-33 习题 5-33 图所示桁架结构有____根零杆（不包括支座链杆），杆 a 的轴力为_____，杆 b 的轴力为_____。

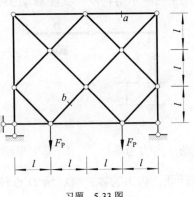

习题 5-33 图

思考题

5-34 实际桁架和理想桁架有何差别?

5-35 计算桁架的两种基本方法是什么?其基本原理是什么?

5-36 试利用结点的平衡条件推出判定零杆和等力杆的各结论。

5-37 桁架内力分析中如何应用几何组成分析的知识?

5-38 为利用对称性,将习题 5-38 图 a 情况分解为图 b 和图 c。问:这样分解是否正确?

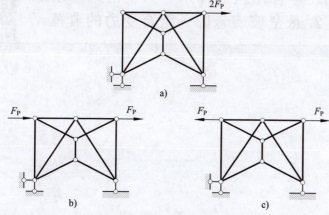

习题 5-38 图

5-39 组合结构中有几种基本杆件?有几种结点类型?计算时应注意什么?

5-40 什么是通路法(初参数法)?试举例说明。

5-41 利用对称性判定对称桁架零杆的规则有哪些?请分对称和反对称荷载作用两种情况分别说明。

第5章 静定桁架和组合结构的受力分析 数字资源目录

【本章回顾】
基本内容归纳与解题方法提示

【思辨试题四】
填空题解析和答案（7题）

【思辨试题一】
思考题解析和答案（8题）

【趣味力学】1. 体育馆屋盖体系—大型桁架体系应用
2. 悬空玻璃悬廊—组合受力的典范

【思辨试题二】
判断题解析和答案（8题）

【思辨试题三】
单选题解析和答案（10题）

北京新机场主航站楼

第 6 章 虚功原理和结构的位移计算

● **本章教学的基本要求**：理解变形体系虚功原理的内容及其在结构位移计算中的应用；理解广义力和广义位移的概念；熟练掌握计算结构位移的单位荷载法；熟练掌握图形相乘法在位移计算中的应用；了解线弹性体系的互等定理。

● **本章教学内容的重点**：静定结构由于荷载作用、支座移动、温度变化和制造误差而产生的位移计算，特别是用图形相乘法计算梁和刚架的位移。

● **本章教学内容的难点**：广义力和广义位移的概念；变形体系的虚功原理及其证明。

● **本章内容简介**：

> 6.1　概述
> 6.2　变形体系的虚功原理
> 6.3　结构位移计算的一般公式　单位荷载法
> 6.4　静定结构在荷载作用下的位移计算
> 6.5　图形相乘法
> 6.6　静定结构由于支座移动引起的位移计算
> 6.7　静定结构由于温度变化引起的位移计算
> *6.8　具有弹性支座的静定结构的位移计算
> 6.9　线弹性体系的互等定理

第6章 虚功原理和结构的位移计算

6.1 概述

6.1.1 结构的位移

任何结构都是由可变形的固体材料组成的，在荷载等外因作用下都将产生形状的改变，称为**结构变形**；结构变形引起结构上任一横截面位置和方向的改变，称为**位移**。

1 一个截面的位移（绝对位移）

考察图 6-1a 所示刚架截面 A 的位移。

1）截面 A 位置的移动（用截面形心的移动来表示）Δ_A，称为**线位移**，可分解为：水平线位移 Δ_{AH}（亦可记作 u_A）和竖向线位移

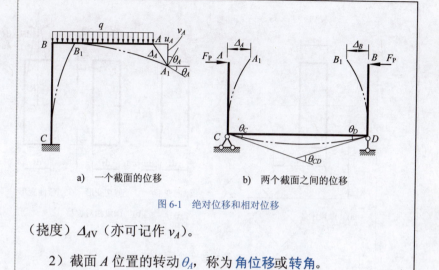

a) 一个截面的位移　　b) 两个截面之间的位移

图 6-1 绝对位移和相对位移

（挠度）Δ_{AV}（亦可记作 v_A）。

2）截面 A 位置的转动 θ_A，称为**角位移**或**转角**。

2 两个截面之间的位移（相对位移）

考察图 6-1b 所示刚架截面 A 和 B、C 和 D 之间的相对位移。

1）相对线位移

$$\Delta_{AB} = \Delta_A + \Delta_B \tag{6-1}$$

2）相对角位移

$$\theta_{CD} = \theta_C + \theta_D \tag{6-2}$$

本章将讨论绝对位移和相对位移的计算原理和方法。

3 一个微杆段的位移

在分析结构的变形时，常以一微杆段（以下简称微段）ds 作为一单元，而微段位移又可分解为两部分，如图 6-2a、b 所示。

1）**刚体位移**（不计微段的变形）：u、v、θ（图 6-2a）。

2）**相对位移**（反映微段的变形，因此又称为**变形位移**）：du、dv、$d\theta$。这是描述微段总变形的三个基本参数。由图 6-2b 可知

$$\left.\begin{aligned}
\text{相对轴向位移} \quad & du = \varepsilon\, ds \\
\text{相对剪切位移} \quad & dv = \gamma_0\, ds \\
\text{相对转角} \quad & d\theta = k\, ds
\end{aligned}\right\} \tag{6-3}$$

式中，ε 为轴向伸长应变；γ_0 为平均切应变；k 为轴线曲率（$k = \dfrac{1}{R}$，R 为轴线变形后的曲率半径）。

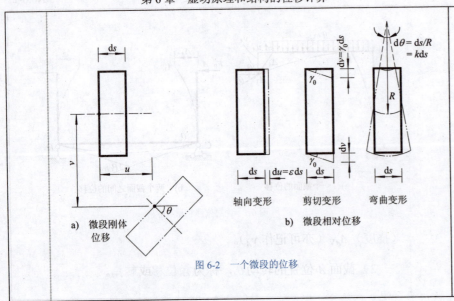

图 6-2 一个微段的位移

对于常见的在荷载作用下的弹性结构，则有

$$\begin{aligned} du &= \frac{F_N}{EA}ds \\ dv &= \mu\frac{F_Q}{GA}ds \\ d\theta &= \frac{M}{EI}ds \end{aligned} \quad (6-4)$$

式中，F_N、F_Q、M 分别为轴力、剪力、弯矩；EA、GA、EI 分别为抗拉压、抗剪、抗弯刚度；**μ 为考虑剪应力分布不均匀系数**，如对于矩形截面 $\mu=1.2$，圆形截面 $\mu=10/9$，薄壁圆环形截面 $\mu=2$，工字形或箱形截面 $\mu=A/A_1$（A_1 为腹板面积）。

注意到式（6-4）的一组三个基本参数的计算式中，分子均为相应的内力，分母均为相应的刚度（仅 dv 式中须用 μ 修正），然后再乘以 ds。因此，很有规律，既好理解，又好记忆。

6.1.2 结构位移产生的原因

主要有下列三种：

1) 荷载作用。

2) 温度变化或材料胀缩。

3) 支座沉陷或制造误差。

6.1.3 结构位移计算的目的

1) 从工程应用方面看：主要进行结构刚度验算。要求结构的最大位移不超过规范规定的允许值。例如，钢筋混凝土吊车梁的跨中允许挠度 $[f] \leqslant l/600$，其中 l 为跨度。又如教室主梁，若 $l=6m$，则其跨中容许挠度 $[f] \leqslant l/200 = 3cm$。

2) 从结构分析方面看：为超静定结构的内力分析（如第 7 章力法等）打好基础（利用位移条件建立补充方程）。

3) 从土建施工方面看：在结构构件的制作、架设等过程中，常需预先知道结构位移后的位置，以便制定施工措施，确保安全和质量。

4) 从后续专题方面看：在结构力学的两大课题，即结构的动力计算和稳定分析中，都常需计算结构的位移。

6.1.4 结构位移计算的方法

位移计算的方法有多种，归纳起来可以分为两大类：

1 几何法

几何法是以杆件变形关系为基础的。例如，材料力学中主要用于计算梁的挠度的重积分法。位移计算虽然是一个几何问题，但最好的解决办法并不是几何法，而是下面介绍的虚功法（虚力法）。

2 虚功法

结构力学的能量原理中最重要的是**虚功原理**。其余几个重要的原理（例如，互等定理、卡氏定理和最小势能原理等），以及结构内力、位移的计算方法，都可以通过虚功原理导出。能量原理不仅是结构未知位移和未知力计算的常用方法，同时也是后面进行结构矩阵分析、结构动力计算、结构稳定性分析以及近似计算的理论基础，读者应该注意理解和运用。

计算结构位移的**虚功法**是以虚功原理为基础的，所导出的**单位荷载法**最为实用。单位荷载法能直接求出结构任一截面、任一形式的位移，能适用于各种外因，且能适合于各种结构；还解决了重积分法推导位移方程较烦且不能直接求出任一指定截面位移的问题。

6.2 变形体系的虚功原理

6.2.1 功、实功与虚功

1 功

在物理学与理论力学中都已介绍过功的概念，即**恒力对物体所做的功**，等于该力与相应的位移（位移在力方向上的分量）的**乘积**。由此可见，功包含了力和位移两个因素。在恒力做功的定义中，并未规定位移是什么原因引起的，也就是说功与位移产生的原因无关。在下面将要进一步讨论实功与虚功时，位移产生的原因却很重要，它是从本质上区分实功与虚功的关键所在。

2 静力荷载所做的实功

静力荷载，是指荷载由零逐渐以微小的增量缓慢地增加到最终值，结构在静力加载过程中，荷载与内力始终保持平衡。

所谓**实功**，是指力在其自身引起的位移上所做的功。

如图 6-3a 所示简支梁，受静力荷载作用产生了如双点画线所示的变形（挠曲线①）。此时，F_{P1} 作用的 1 点产生了位移 Δ_{11}。Δ_{11} 的第一个下标"1"，表示产生位移的方位（位置和方向），即此位移是 F_{P1} 作用点沿 F_{P1} 方向的位移；第二个下标"1"，表示引起位

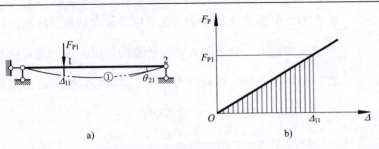

图 6-3 静力荷载所做的实功

移的原因,即此位移是 F_{P1} 引起的。

众所周知,在弹性范围内,F_P 与 Δ 呈线性关系,如图 6-3b 所示。因此,在加载过程中,F_{P1} 所做的功为

$$W_{11} = \frac{1}{2}F_{P1}\Delta_{11} \qquad (a)$$

变形到曲线②的平衡位置。这时,由于后加 M_2,F_{P1} 作用点又产生了新的附加位移 Δ_{12}。第一个下标"1",表示此位移是 F_{P1} 作用点沿 F_{P1} 方向的位移;第二个下标"2",表示此位移是由 M_2 引起的。于是,F_{P1} 在后加 M_2 的过程中也做了功。在此过程中,F_{P1} 之值保持不变(亦称**常力**),故 F_{P1} 在 Δ_{12} 上做的功为

$$W_{12} = F_{P1}\Delta_{12} \qquad (b)$$

这里,位移 Δ_{12} 是 F_{P1} 作用点沿 F_{P1} 方向的位移,但引起这一位移的原因却不是 F_{P1},而是 M_2。因此,W_{12} 是力 F_{P1} 在另外的原因(M_2)引起的位移上所做的功,故为虚功。所谓"虚",就是表示位移与

即等于图 6-3b 中三角形(带影线部分)的面积。这里位移 Δ_{11} 是由做功的力 F_{P1} 引起的。W_{11} 是 F_{P1} 在其自身引起的位移 Δ_{11} 上做功,故为实功。由于在位移过程中,F_{P1} 是变力,是由零逐渐增加到 F_{P1} 的,所以在计算式中有"1/2"。

3 常力所做的虚功

所谓**虚功**,是指力在另外的原因(诸如另外的荷载、温度变化、支座移动等)引起的位移上所做的功。

假设在图 6-4 的简支梁上,在 1 点先加静力荷载 F_{P1},当达到曲线①所示的平衡位置后,再在 2 点加静力荷载 M_2,AB 梁继续

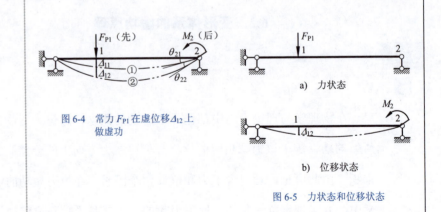

图 6-4 常力 F_{P1} 在虚位移 Δ_{12} 上做虚功

图 6-5 力状态和位移状态

做功的力无关。在做虚功时,力不随位移而变化,是常力,故在计算式中没有系数"1/2"。

由于在式（b）中 F_{P1} 与 Δ_{12} 彼此独立无关，为了清楚起见，常将力和位移分别表示为同一结构的两种彼此独立无关的状态，分开画在两个图上，如图 6-5 所示。图 6-5a 表示做虚功的平衡力系，称为**力状态**；图 6-5b 表示虚功中的位移，称为**位移状态**。位移状态上的位移，应是符合约束条件的、微小的、连续的，除了荷载引起外，也可由于温度变化、支座移动等引起，甚至是假想的。

还应注意，在虚功中，既然力与位移独立无关，不仅可把位移看作是虚设的，也可把力看作虚设的，它们各有不同的应用。

6.2.2 广义力和广义位移

今后不仅会遇到单个力做功的问题，而且会遇到其他形式的力和力系做功的问题。对于各种形式常力所做的虚功，可以参照式（b），用力和位移这两个彼此独立无关的因子的乘积来表示，即

$$W = F_P \Delta \tag{6-5}$$

式中，F_P 是做功的与力有关的因素，称为**广义力**，可以是单个力、单个力偶、一组力、一组力偶等；Δ 是做功的与位移有关的因素，称为与广义力相应的**广义位移**，可以是绝对线位移、绝对角位移、相对线位移、相对角位移等。

6.2.3 刚体体系虚功原理

对于具有理想约束的刚体体系，其虚功原理可表述为：

刚体体系处于平衡的必要和充分条件是，对于符合约束条件的任意微小虚位移，刚体体系上所有外力所做的虚功总和等于零。

6.2.4 变形体系的虚功原理

1 关于原理的表述

变形体系处于平衡的必要及充分条件是，对于符合约束条件的任意微小虚位移，变形体系上所有外力在虚位移上所做虚功总和等于各微段上内力在其变形虚位移上所做虚功的总和，或者简单地说，外力虚功（数量上等于**虚变形能**）等于**变形虚功**。

上述变形体系的虚功原理，可用公式表示为

$$W_{外} = W_{变} \tag{6-6}$$

式（6-6）称为**变形体系虚功方程**。

2 关于原理的证明

下面，只着重从物理概念上来讨论变形体系虚功原理的必要条件，即要论证：若变形体系处于平衡，则虚功方程（6-6）成立。关于虚功原理的严格证明，读者可参阅有关弹性理论的著作。

图 6-6a 所示为力状态，表示结构在力系作用下处于平衡。从

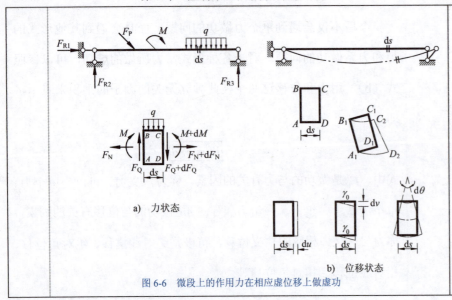

图 6-6　微段上的作用力在相应虚位移上做虚功

中取出一微段 ds 来研究。作用在微段上的力除 q 外，还有两侧截面的内力即轴力、剪力和弯矩（这些力对整个结构而言是内力，对于所取微段而言则是外力，由于习惯，同时也为了与整个结构的外力即荷载与支反力相区别，这里仍称这些力为内力）。

图 6-6b 所示位移状态，表示同一结构由于另外的原因（图中未示出）所引起的如图中双点画线所示的位移，假设这一位移是符合约束条件的、微小的并且是连续的，微段 ds 由初始位置 $ABCD$ 移动到最后位置 $A_1B_1C_2D_2$。

将图 6-6a 中微段上的各力，在图 6-6b 中微段上的对应位移上做功，并把所有微段的虚功加起来，便是**整个结构的总虚功 $W_\text{总}$**。

下面，证明虚功原理的基本思路是：分别从变形的连续条件和力系的平衡条件两个方面考虑，亦即按照两种不同的途径，计算平衡变形体在发生虚位移时所做的总虚功 $W_\text{总}$，两种计算结果应该相等。

(1) 按外力虚功与内力虚功计算（从变形的连续条件考虑）

首先，将微段 ds 上的作用力区分为外力与内力，而变形体系所发生的虚位移不区分（不分成刚体位移和变形位移），因此，相邻两微段之间界面位移是光滑、连续的。这是第一种计算方案的前提。在此基础上，计算作用于微段 ds 上所有各力所做虚功总和 d$W_\text{总}$。因为力分为两类，所做的功也应分为两部分：一部分是外力（荷载和支反力）所做的虚功 d$W_\text{外}$，另一部分是截面上的内力所做的虚功 d$W_\text{内}$。于是，微段总的虚功为

$$dW_\text{总}=dW_\text{外}+dW_\text{内}$$

将其沿杆段积分，并将各杆段积分总加起来，即得整个结构的总虚功为

$$\sum\int dW_\text{总}=\sum\int dW_\text{外}+\sum\int dW_\text{内}$$

或简写为

$$W_\text{总}=W_\text{外}+W_\text{内}$$

式中，$W_外$是整个结构所有外力（荷载和支反力）在其相应的虚位移上所做的虚功的总和，称为**外力虚功**；$W_内$是所有微段上内力在虚位移上所做虚功的总和，称**内力虚功**。

由于任何两相邻微段的相邻截面上的内力是成对出现的，它们大小相等，方向相反；又由于虚位移是光滑的、连续的，两微段相邻的截面总是紧密贴在一起的，而且有相同的位移，因此，每一对相邻截面上的内力所做的虚功总是相互抵消的。由此可见，必有

$$W_内 = 0$$

因此，第(1)方案计算结果为

$$\boxed{W_总 = W_外} \tag{a}$$

(2) 按刚体虚功与变形虚功计算（从力系的平衡条件考虑）

第(2)种计算方案与第(1)种方案正好相反，作用于微段 ds 上的作用力不再区分成外力（荷载和支反力）和内力，对于取出的微段 ds，它们都是外力；而对微段的虚位移则区分为刚体虚位移和变形虚位移两类（注意：当分开只考虑刚体虚位移或变形虚位移时，相邻两微段之间界面位移不再是光滑连续的）。

现将图 6-6b 所示微段虚位移分解为两步：先只发生刚体虚位移，即由 $ABCD$ 移动到 $A_1B_1C_1D_1$；然后再发生变形虚位移，即 A_1B_1 不动，C_1D_1 移动到 C_2D_2。作用在微段上所有各力在刚体虚位移上所做的虚功为 $dW_刚$，在变形体虚位移上所做的虚功为 $dW_变$。于是，微段总的虚功为

$$dW_总 = dW_刚 + dW_变$$

再次强调，由于变形虚位移在界面上不再光滑、连续，所以，$W_变$不再可能相互抵消。但是，从平衡条件考虑，变形体是平衡的，微段自然是平衡的。此外，位移是微小的，因此，由刚体虚功原理，可知

$$dW_刚 = 0$$

于是，微段上总的虚功为

$$dW_总 = dW_变$$

对于全结构，有

$$\sum \int dW_总 = \sum \int dW_变$$

因此，第(2)方案计算结果为

$$\boxed{W_总 = W_变} \tag{b}$$

现在，有必要进一步讨论 $W_变$ 的计算，以了解 $W_变$ 的实际内涵。将图 6-6b 微段 ds 的变形分解为弯曲变形 $d\theta$、轴向变形 du 和剪切变形 dv。力状态微段的受力图如图 6-6a 所示。由于微段上弯矩、

轴力和剪力的增量 dM、dF_N 和 dF_Q 以及分布荷载 q 在这些变形上所做虚功为高阶微量而可略去，因此微段上各力在其变形上所做的虚功为

$$dW_{变}= Md\theta + F_N du + F_Q dv$$

此外，假如此微段上还有集中荷载或力偶荷载作用，可以认为它们作用在截面 AB 上，因而当微段变形时，它们并不做功。总之，仅考虑微段的变形虚位移而不考虑其刚体虚位移时，外力不做功，只有截面上的内力做功。对于平面杆系有

$$W_{变} = \sum \int dW_{变} = \sum \int Md\theta + \sum \int F_N du + \sum \int F_Q dv \quad (c)$$

可见，$W_{变}$ 实际上是所有微段上内力在变形虚位移上所做虚功的总和，称为**变形虚功**（数量上等于虚变形能）。

须注意的是：这里（2）中的 $W_{变}$ 与（1）中的 $W_{内}$ 是有区别的。（1）中的 $W_{内}$ 是指所有微段上内力在截面的总位移（包括刚体位移和变形位移两部分）上所做虚功的总和，如前所述，它恒等于零；而这里（2）中的 $W_{变}$ 仅指所有微段上内力在截面的变形位移上所做虚功的总和。

比较式（a）、式（b）两式，可得

$$\boxed{W_{外}=W_{变}} \quad (d)$$

此即为式（6-6），这就是我们需要证明的结论。

式（6-6）是**变形体系虚功方程的一般表达式**。它不仅适用于杆件结构，也适用于板、壳等非杆件结构。

对于平面杆系而言，因为单个外力虚功按式（6-5）$W=F_P\Delta$ 计算，故所有外力（包括荷载和支反力）在虚位移上所做虚功的总和为

$$W_{外}=\sum F_P\Delta \quad (e)$$

将有关 $W_{外}$ 和 $W_{变}$ 的计算式（e）和式（c）代入式（6-6），则**平面杆件结构的虚功方程**可表示为

$$\underbrace{\sum F_P\Delta}_{位移状态} = \overbrace{\sum \int Md\theta + \sum \int F_N du + \sum \int F_Q dv}^{平衡力系} \quad (6-7)$$

3 **关于原理的说明**

1）在上面的推证过程中，只考虑了力系的平衡条件和变形的连续条件。所以，虚功方程既可以用来代替平衡方程，也可以用来代替几何方程（即协调方程）。

2）虚功方程是个"两用方程"，具体应用时可有两种形式。鉴于力系与变形彼此是独立无关的，因此，如果力系是给定的，则可虚设位移，式（6-7）便称为**变形体系的虚位移方程**，它代表力系的平衡方程，常可用于求力系中的某未知力；如果位移是实有的，则可虚设力系，式（6-7）便称为**变形体系的虚力方程**，它

代表几何协调方程，常可用于求实际位移状态中某个未知位移。本章即主要介绍虚力方程及其应用。

3）在推证式（6-6）时，没有涉及材料的性质。因此，变形体系的虚功方程是一个普遍方程，既适用于弹性问题，也适用于非弹性问题。

4）变形体系的虚功原理同样适用于刚体体系。由于刚体体系发生虚位移时，各微段不产生任何变形位移，故变形虚功 $W_{变}=0$，于是式（6-6）成为

$$\boxed{W_{外}=0} \tag{6-8}$$

可见，刚体体系的虚功原理只是变形体系虚功原理的一个特例。

6.3 结构位移计算的一般公式 单位荷载法

本节将首先利用平面杆系结构的虚功原理，推导出结构位移计算的一般公式，然后再介绍单位荷载法。

6.3.1 利用虚功原理计算结构位移

如图 6-7a 所示为一平面杆系结构在荷载、支座移动和温度变化等共同作用下发生实际变形的情况，称为**实际位移状态**。现在，利用虚功原理来求任一指定截面 K 沿任一指定方向 $i-i$ 的位移 Δ。

为了便于求出 Δ，希望在虚功方程中除了拟求的 Δ 外，不再包含别的未知位移，因此在选择虚力系时，应当只在 K 点沿拟求位

移 Δ 的 $i-i$ 方向**虚设单位荷载**（单位力，记作 $F_P=1$），而在其他处不再设置荷载，这个单位荷载与相应的支反力组成一个虚设的平衡力系，称为**虚设力状态**，如图 6-7b 所示。记此时结构的内力为 $\overline{M}$、$\overline{F}_N$、$\overline{F}_Q$，与实际支座位移 c_1、c_2 相应的支反力为 $\overline{F}_{R1}$、$\overline{F}_{R2}$。

根据平面杆件结构的虚功方程（6-7），其等号左侧为

$$\sum F_P \Delta = 1 \times \Delta + \overline{F}_{R1} c_1 + \overline{F}_{R2} c_2$$
$$= 1 \times \Delta + \sum \overline{F}_R c$$

于是有

$$1 \times \Delta + \sum \overline{F}_R c = \sum \int \overline{M} d\theta + \sum \int \overline{F}_N du + \sum \int \overline{F}_Q dv$$

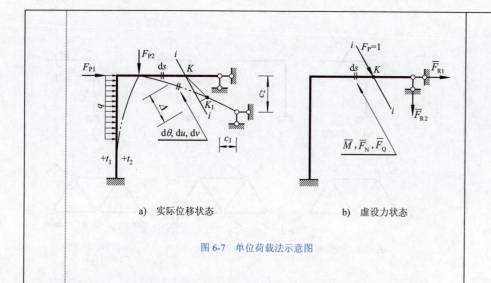

a) 实际位移状态 b) 虚设力状态

图 6-7 单位荷载法示意图

省略等号左侧的"1",即得平面杆系结构位移计算的一般公式为

$$\Delta = \sum \int \overline{M} d\theta + \sum \int \overline{F}_N du + \sum \int \overline{F}_Q dv - \sum \overline{F}_R c \quad (6\text{-}9)$$

此式适用于任何材料的静定或超静定结构。只要求得虚设力状态中的支反力 $\overline{F}_R$ 和内力 $\overline{M}$、$\overline{F}_N$、$\overline{F}_Q$(对于超静定结构,可用第 7~9 章介绍的力法、位移法等方法求得),并将实际位移状态中微段 ds 上的变形位移 $d\theta$、du 和 dv 一并代入式(6-9),即可求得所求的位移 Δ。

这种通过虚设单位荷载作用下的平衡状态,利用虚力原理求结构位移的方法,称为**单位荷载法**。该方法适用于结构小变形情况。

有必要说明,广义单位荷载 $F_P=1$ 为外加单位荷载(F_P 上面不加横线表示),属单位物理量,是量纲为 1 的量(过去称为无量纲量)。当 $F_P=1$ 为单位集中力时,它所引起的 $\overline{F}_N$ 和 $\overline{F}_Q$ 是量纲为 1 的量,$\overline{M}$ 为长度(m)量纲;当 $F_P=1$ 为单位集中力偶时,它所引起的 $\overline{M}$ 是量纲为 1 的量,$\overline{F}_N$ 和 $\overline{F}_Q$ 的量纲为 1/m。

6.3.2 虚拟单位荷载的施加方法

应用单位荷载法每次只能求得一个位移。这个位移可以是线位移,也可以是角位移或相对线位移、相对角位移,即属**广义位移**。因此,需特别强调,当求任意广义位移时,所需施加的虚拟单位荷载,应是一个在所求位移截面、沿所求位移方向并且与所求广义位移相应的**广义力**。这里,"相应"是指力与位移在做功关系上的对应,如集中力与线位移对应,力偶与角位移对应,等等。

现列举几种典型的虚拟力状态如下:

1)图 6-8a 所示为求刚架 K 点沿 $i-i$ 方向的线位移时的虚拟力状态。

2)图 6-8b 所示为求刚架 K 截面角位移时的虚拟力状态。

3)图 6-8c 所示为求刚架 A、B 两点沿其连线方向相对线位移时的虚拟力状态。

4)图 6-8d 所示为求刚架 A、B 两截面相对角位移时的虚拟力状态。

5)图 6-8e 所示为求桁架 A、B 两点沿其连线方向相对线位移时的虚拟力状态。

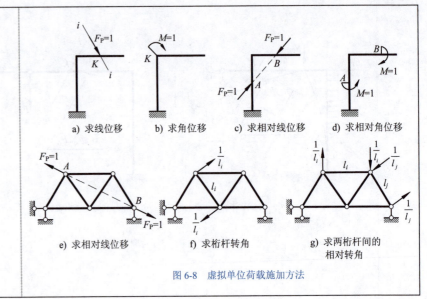

a)求线位移　b)求角位移　c)求相对线位移　d)求相对角位移

e)求相对线位移　f)求桁杆转角　g)求两桁杆间的相对转角

图 6-8　虚拟单位荷载施加方法

6) 图 6-8f 所示为求桁架第 i 杆角位移时的虚拟力状态。施加于该杆两端结点的一对力正好构成一个单位力偶 $M=1$，其中每一个力均为 $1/l_i$ 且与该杆垂直，这里的 l_i 为第 i 杆的长度。

7) 图 6-8g 所示为求桁架第 i 与第 j 杆两根杆间相对角位移的虚拟力状态。施加于该两杆两端结点的各一对力，正好构成方向相反的一对单位力偶。

计算位移时虚设单位荷载的指向可以任意假定，若计算出来的结果为正，就表示实际位移的方向与虚设单位荷载的方向相同，否则相反。

6.4 静定结构在荷载作用下的位移计算

6.4.1 在荷载作用下位移计算的一般公式

当仅考虑荷载作用时，由于无支座移动项，式（6-9）简化为

$$\varDelta = \sum \int \overline{M} \mathrm{d}\theta + \sum \int \overline{F}_\mathrm{N} \mathrm{d}u + \sum \int \overline{F}_\mathrm{Q} \mathrm{d}v \qquad (\mathrm{a})$$

式中，$\mathrm{d}\theta$、$\mathrm{d}u$ 和 $\mathrm{d}v$ 是实际状态中由荷载引起的微段 $\mathrm{d}s$ 上的变形位移。对于弹性结构，可由 6.1 节的式（6-4）进行计算，只是须注意，该式中的各内力 M、F_N、F_Q，应具体采用由实际状态中的荷载引起的内力 M_P、F_NP、F_QP。将式（6-4）代入式（a），即可得到平面杆件结构在荷载作用下的位移计算公式为

$$\boxed{\varDelta = \sum \int \frac{\overline{M} M_\mathrm{P}}{EI} \mathrm{d}s + \sum \int \frac{\overline{F}_\mathrm{N} F_\mathrm{NP}}{EA} \mathrm{d}s + \sum \int \frac{\mu \overline{F}_\mathrm{Q} F_\mathrm{QP}}{GA} \mathrm{d}s} \qquad (6\text{-}10)$$

如果各杆均为直杆，则可用 $\mathrm{d}x$ 代替 $\mathrm{d}s$，即

$$\boxed{\varDelta = \sum \int \frac{\overline{M} M_\mathrm{P}}{EI} \mathrm{d}x + \sum \int \frac{\overline{F}_\mathrm{N} F_\mathrm{NP}}{EA} \mathrm{d}x + \sum \int \frac{\mu \overline{F}_\mathrm{Q} F_\mathrm{QP}}{GA} \mathrm{d}x} \qquad (6\text{-}11)$$

注意，在式（6-10）和式（6-11）中共有两类内力：

M_P、F_NP、F_QP——实际荷载引起的内力；

$\overline{M}$、$\overline{F}_\mathrm{N}$、$\overline{F}_\mathrm{Q}$——虚设单位荷载引起的内力。

关于内力的正负号可规定如下：

轴力 F_NP、$\overline{F}_\mathrm{N}$——以拉力为正；

剪力 F_QP、$\overline{F}_\mathrm{Q}$——以使微段顺时针转动者为正；

弯矩 M_P、$\overline{M}$——只规定乘积 $\overline{M} M_\mathrm{P}$ 的正负号。当 $\overline{M}$ 与 M_P 使杆件同侧纤维受拉时，其乘积取正值。

6.4.2 各类结构的位移计算公式

对各类不同的结构，弯曲变形、轴向变形及剪切变形的影响在位移中所占的比重各不相同。按照考虑主要影响忽略次要影响的原则，从式（6-10）或式（6-11）可得各类结构相应的简化公式。

1 梁和刚架

在梁和刚架中，位移主要是弯矩引起的，轴力和剪力的影响

较小，因此，位移公式可简化为

$$\Delta = \sum \int \frac{\overline{M} M_{\mathrm{P}}}{EI} \mathrm{d}s \qquad (6\text{-}12)$$

2 **桁架**

在桁架中，在结点荷载作用下，各杆只受轴力，而且每根杆的截面面积 A 以及轴力 $\overline{F}_{\mathrm{N}}$ 和 F_{NP} 沿杆长一般都是常数。因此，位移公式可简化为

$$\Delta = \sum \int \frac{\overline{F}_{\mathrm{N}} F_{\mathrm{NP}}}{EA} \mathrm{d}s = \sum \frac{\overline{F}_{\mathrm{N}} F_{\mathrm{NP}} l}{EA} \qquad (6\text{-}13)$$

3 **桁梁组合结构**

在桁梁组合结构中，梁式杆主要受弯曲，桁杆只受轴力，因

此位移公式可简化为

$$\Delta = \sum \int \frac{\overline{M} M_{\mathrm{P}}}{EI} \mathrm{d}s + \sum \int \frac{\overline{F}_{\mathrm{N}} F_{\mathrm{NP}}}{EA} \mathrm{d}s \qquad (6\text{-}14)$$

4 **拱**

计算表明，通常只需考虑弯曲变形的影响，即可按式（6-12）计算。但当拱轴线与压力线比较接近（即两者的距离与杆件的截面高度为同量级），或者是计算扁平拱（$f/l<1/5$）中的水平位移时，则还需要考虑轴向变形的影响，即有

$$\Delta = \sum \int \frac{\overline{M} M_{\mathrm{P}}}{EI} \mathrm{d}s + \sum \int \frac{\overline{F}_{\mathrm{N}} F_{\mathrm{NP}}}{EA} \mathrm{d}s \qquad (6\text{-}15)$$

而像拱坝一类的厚度较大的拱形结构，剪切变形的影响则需一并考虑。

本节中所列出的在荷载作用下的位移计算公式，不仅适用于静定结构，也同样适用于超静定结构。

6.4.3 单位荷载法的计算步骤

应用单位荷载法计算在荷载作用下结构的位移，其计算步骤可归纳如下（以梁和刚架为例）：

1) 列写在实际荷载作用下的 M_{P} 的表达式（或作出**荷载弯矩图 M_{P} 图**）。

2) 加相应的单位荷载，列写 $\overline{M}$ 的表达式（或作出**单位弯矩图 $\overline{M}$ 图**）。

3) **计算位移值**：将 $\overline{M}$ 和 M_{P} 代入式（6-12），求出拟求位移 Δ。

注意：需在计算所得的位移值后加圆括号，注明实际方向。

【**例 6-1**】 试求图 6-9a 所示简支梁在均布荷载作用下跨中截面 C 的竖向位移（即挠度）Δ_{CV}。已知 EI=常数。

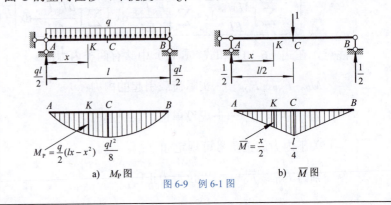

a) M_{P} 图   b) $\overline{M}$ 图

图 6-9 例 6-1 图

解： (1) 列写在实际荷载作用下的 M_P 的表达式

建立 x 坐标，如图 6-9a 所示。当 $0 \leq x \leq l$ 时，有

$$M_P = \frac{q}{2}(lx - x^2)$$

(2) 列写在虚单位荷载作用下的 $\overline{M}$ 的表达式

根据拟求 Δ_{CV}，在点 C 加一竖向单位荷载，作为虚拟状态，如图 6-9b 所示。当 $0 \leq x \leq l/2$ 时，有

$$\overline{M} = \frac{x}{2}$$

(3) 计算位移值

因为结构和荷载均为对称，所以由式（6-12），得

$$\begin{aligned}\Delta_{CV} &= 2\int_0^l \frac{\overline{M}M_P}{EI}dx \\ &= 2\int_0^{\frac{l}{2}} \frac{1}{EI}\frac{x}{2}\frac{q}{2}(lx - x^2)dx \\ &= \frac{q}{2EI}\int_0^{\frac{l}{2}}(lx^2 - x^3)dx \\ &= \frac{5ql^4}{384EI}(\downarrow)\end{aligned}$$

计算结果为正，说明点 C 竖向位移的方向与虚拟单位荷载的方向相同，即向下。顺便提到，在上面的第(1)、(2)步骤中，还绘出了可作参考的 M_P 和 $\overline{M}$ 图，若能对整个弯矩的分布状况事先有一个直观、形象的了解，常能使列写相应弯矩表达式的思路更清晰。

【例 6-2】 试求图 6-10a 所示简支刚架点 D 的水平位移 Δ_{DH}。已知 EI=常数。

解： (1) 列写在实际荷载作用下的 M_P 的表达式

作出实际荷载作用下的 M_P 图，并列写各杆的 M_P 的表达式，如图 6-10b 所示。AC 和 CD 两杆 M_P 式相同。

(2) 列写在虚单位荷载作用下的 $\overline{M}$ 的表达式

根据拟求 Δ_{DH}，在点 D 加一水平单位荷载，作为虚拟状态。作出单位荷载作用下的 $\overline{M}$ 图，并列写各杆的 $\overline{M}$ 的表达式，如图 6-10c 所示。

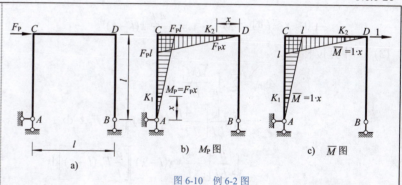

图 6-10 例 6-2 图

(3) 计算位移值

$$\begin{aligned}\Delta_{DH} &= \sum \int_0^l \frac{\overline{M}M_P}{EI}dx \\ &= \frac{2}{EI}\int_0^l (x)(F_P x)dx = \frac{2F_P l^3}{3EI}(\rightarrow)\end{aligned}$$

【例 6-3】试求图 6-11a 所示简支曲梁点 A 的水平位移 Δ_{AH}。已知 $EI=$ 常数，$y=\dfrac{4f}{l^2}x(l-x)$。

解： (1) 列写在实际荷载作用下的 M_P 的表达式

建立 x 坐标，如图 6-11a 所示。

当 $0 \leqslant x \leqslant a$ 时，$M_P = \dfrac{l-a}{l}F_P x$

当 $a \leqslant x \leqslant l$ 时，$M_P = \dfrac{a}{l}F_P(l-x)$

(2) 列写在虚单位荷载作用下的 $\overline{M}$ 的表达式

根据拟求 Δ_{AH}，在点 A 加一水平单位荷载，作为虚拟状态，如图 6-11c 所示。

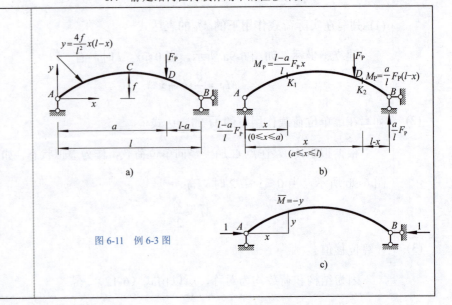

图 6-11　例 6-3 图

当 $0 \leqslant x \leqslant l$ 时，$\overline{M} = -y = -\dfrac{4f}{l^2}x(l-x)$

(3) 计算位移值

$$\begin{aligned}
\Delta_{AH} &= \sum \int_0^l \dfrac{\overline{M}M_P}{EI}dx \\
&= \int_0^a \dfrac{1}{EI}\left[-\dfrac{4f}{l^2}x(l-x)\right]\left(\dfrac{l-a}{l}F_P x\right)dx + \\
&\quad \int_a^l \dfrac{1}{EI}\left[-\dfrac{4f}{l^2}x(l-x)\right]\left[\dfrac{a}{l}F_P(l-x)\right]dx \\
&= -\dfrac{F_P a f}{3EI l^2}(l^2+al-a^2)(l-a)\;(\leftarrow)
\end{aligned}$$

【例 6-4】试求图 6-12a 所示体系中 A_1 与 A_2 截面水平相对错动的位移 $\Delta_{A_1 A_2}$。已知 EI、EA、GA 均为常数。

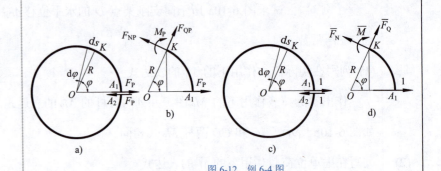

图 6-12　例 6-4 图

解： (1) 列写在实际荷载作用下的 M_P、F_{NP} 和 F_{QP} 的表达式（图 6-12b）

$$M_P = F_P R \sin\varphi$$

$$F_{NP} = F_P \sin\varphi$$

$$F_{QP} = -F_P \cos\varphi$$

(2) 列写在虚单位荷载作用下的 $\overline{M}$、$\overline{F}_N$ 和 $\overline{F}_Q$ 的表达式

根据拟求 $\Delta_{A_1A_2}$，在 A_1、A_2 截面加一对方向相反的水平单位荷载，作为虚拟状态，如图 6-12c 所示。由图 6-12d，有

$$\overline{M} = 1 \times R\sin\varphi = R\sin\varphi$$

$$\overline{F}_N = 1 \times \sin\varphi = \sin\varphi, \quad \overline{F}_Q = -1 \times \cos\varphi = -\cos\varphi$$

(3) 计算位移值

将 $\overline{M}$、$\overline{F}_N$、$\overline{F}_Q$ 及 M_P、F_{NP}、F_{QP} 代入位移计算式 (6-10)，并以 $ds = Rd\varphi$ 代入，得

$$\Delta_{A_1A_2} = \sum\int\frac{\overline{M}M_P}{EI}ds + \sum\int\frac{\overline{F}_N F_{NP}}{EA}ds + \sum\int\frac{\mu\overline{F}_Q F_{QP}}{GA}ds$$

$$= \frac{2}{EI}\int_0^\pi F_P R^2 \sin^2\varphi \times Rd\varphi + \frac{2}{EA}\int_0^\pi F_P \sin^2\varphi \times Rd\varphi +$$

$$\frac{2}{GA}\int_0^\pi \mu F_P \cos^2\varphi \times Rd\varphi$$

$$= \frac{\pi F_P R^3}{EI}\left(1 + \frac{I}{R^2 A} + \mu\frac{EI}{GAR^2}\right)$$

为了比较弯矩、轴力及剪力对位移的影响，设截面为圆形截面，$A = \pi r^2$；$r = R/10$；$\mu = 10/9$，$E = 2.5G$；$I = \pi r^4 / 4$。代入 $\Delta_{A_1A_2}$ 最后计算式，求得

$$\Delta_{A_1A_2} = \frac{\pi F_P R^3}{EI}\left(1 + \frac{1}{400} + \frac{1}{135}\right)$$

由此可见：轴向力及剪力对该位移的影响还不到弯矩影响的 1%。因此，在计算位移时，可只考虑弯矩的影响而采用式 (6-12) 计算。

【例 6-5】试求图 6-13a 所示桁架结点 A 的水平位移 Δ_{AH} 及垂直位移 Δ_{AV}。

解：(1) 计算在实际荷载作用下各杆的轴力 F_{NP}，如图 6-13a 所示。

(2) 在点 A 加水平单位荷载，求各杆的轴力 $\overline{F}_{N1}$，如图 6-13b 所示。

(3) 在点 A 加竖向单位荷载，求各杆的轴力 $\overline{F}_{N2}$，如图 6-13c 所示。

(4) 计算位移值

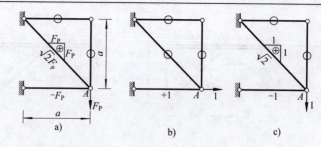

图 6-13 例 6-5 图

$$\Delta_{AH} = \sum\frac{\overline{F}_{N1}F_{NP}l}{EA} = \frac{1}{EA}[(+1)\times(-F_P)\times a] = -\frac{F_P a}{EA}(\leftarrow)$$

$$\Delta_{AV} = \sum\frac{\overline{F}_{N2}F_{NP}l}{EA} = \frac{1}{EA}[\sqrt{2}\times\sqrt{2}F_P\times\sqrt{2}a + (-1)\times(-F_P)\times a]$$

$$= \frac{(1+2\sqrt{2})aF_P}{EA} = \frac{3.828aF_P}{EA}(\downarrow)$$

【例 6-6】 试求图 6-14a 所示组合结构点 A 的水平位移 Δ_{AH} 及竖向位移 Δ_{AV}。已知 EI、EA 均为常数。

解： 此组合结构中 BC 杆为梁式杆，主要受弯曲；AC 杆和 AD 杆为桁杆，只受轴力。

(1) 求实际荷载作用下梁式杆的 M_P 图和桁杆的 F_{NP}，如图 6-14b 所示。

(2) 根据拟求位移 Δ_{AH}，在点 A 加水平单位荷载，并求出梁式杆的 $\overline{M}_1$ 图和桁杆的 $\overline{F}_{N1}$，如图 6-14c 所示。

(3) 根据拟求位移 Δ_{AV}，在点 A 加竖向单位荷载，并求出梁式杆的 $\overline{M}_2$ 图和桁杆的 $\overline{F}_{N2}$，如图 6-14d 所示。

(4) 计算位移值

$$\Delta_{AH} = \int_0^a \frac{\overline{M}_1 M_P}{EI} dx + \frac{\overline{F}_{N1} F_{NP} l_{AD}}{EA}$$

$$= \frac{-1}{EI} \int_0^a (a)\left(\frac{F_P x}{\sqrt{2}}\right) dx + \frac{(\sqrt{2})(F_P)(\sqrt{2}a)}{EA}$$

$$= -\frac{\sqrt{2} F_P a^3}{4EI} + \frac{2 F_P a}{EA} (\rightarrow)$$

$$\Delta_{AV} = \int_0^a \frac{\overline{M}_2 M_P}{EI} dx + 0$$

$$= \frac{1}{EI} \int_0^a (a+x)\left(\frac{F_P x}{\sqrt{2}}\right) dx = \frac{5\sqrt{2} F_P a^3}{12 EI} (\downarrow)$$

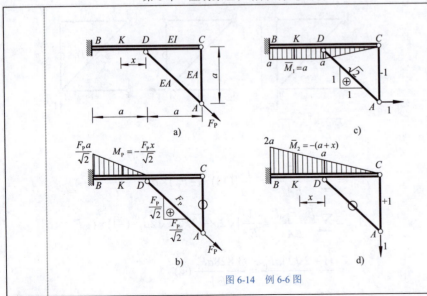

图 6-14 例 6-6 图

6.5 图形相乘法

计算梁和刚架在荷载作用下的位移时，常需利用式（6-12）

$$\Delta = \sum \int \frac{\overline{M} M_P}{EI} ds$$

当结构杆件数量较多而荷载情况又较复杂时，以上弯矩列式和积分工作将十分繁琐。

在实用计算中，除了曲杆、连续变截面杆等情况外，对于工程中符合以下适用条件的大多数的梁和刚架，均能采用本节介绍的图形相乘法（简称图乘法）将上式复杂的积分运算转化为简单的几何计算。

6.5 图形相乘法

6.5.1 简化的条件（适用条件）

1) 杆段的 EI 为常数。
2) 杆段的轴线为直线。
3) 杆段的 $\overline{M}$ 图和 M_P 图中至少有一个为直线图形。

其实，只要梁和刚架各杆段均为**等直杆**（即等截面直线杆），则以上的三个条件都能自然得到满足。因为若杆段为等截面，则其抗弯刚度 EI 必然为常数；杆段为直线杆，则由单位荷载产生的单位弯矩图 $\overline{M}$ 必然为直线图形或折线图形（又可分解为两个或两个以上的直线图形）。

6.5.2 简化方法

如图 6-15 所示，等截面直杆 AB 段上的两个弯矩图中，设 $\overline{M}$ 图为一段直线，而 M_P 图为任意形状。对于图示坐标系，有

$$\int \frac{\overline{M}M_P}{EI}ds = \frac{1}{EI}\int \overline{M}M_P dx$$
$$= \frac{1}{EI}\int (x\tan\alpha)(dA)$$
$$= \frac{\tan\alpha}{EI}\int xdA \quad \text{(a)}$$

式中，$dA=M_P dx$，为 M_P 图中有阴影线的微分面积，而 $\int xdA$ 即为整个 M_P 图的面积对 y 轴的静矩。用 x_0 表示 M_P 的形心至 y 轴的距离，则有

$$\int xdA = Ax_0 \quad \text{(b)}$$

将式（b）代入式（a），有

$$\int \frac{\overline{M}M_P}{EI}ds = \frac{\tan\alpha}{EI}(Ax_0) = \frac{A(x_0\tan\alpha)}{EI}$$

即

$$\boxed{\int \frac{\overline{M}M_P}{EI}ds = \frac{Ay_0}{EI}} \quad (6\text{-}16)$$

式中，$y_0 = x_0\tan\alpha$，是 M_P 图的形心 C 处所对应的 $\overline{M}$ 图中的竖标。

可见，上述积分式等于一个弯矩图的面积 A 乘以其形心 C 处所对应的另一直线弯矩图上的竖标 y_0，再除以 EI。

这种以图形计算代替积分运算的位移计算方法，就称为**图形相乘法（图乘法）**。式（6-16）即为图乘法的计算公式。

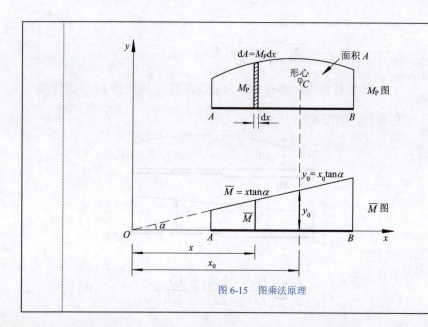

图 6-15 图乘法原理

如果结构上所有各杆段均可图乘，则位移计算式（6-12）可写为

$$\Delta = \sum \int \frac{\overline{M} M_\mathrm{P}}{EI} \mathrm{d}s = \sum \frac{A y_0}{EI} \qquad (6\text{-}17)$$

6.5.3 应用图乘法的注意事项

1）y_0 只能取自直线图形，而 A 应取自另一图形。

2）当 A 与 y_0 在弯矩图的基线同侧时，其互乘值应取正号；在异侧时，应取负号。

3）图 6-16 列出了几种常见简单图形的面积与形心位置。需注意的是：图中所示抛物线 M 图均为标准抛物线，即 M 图曲线的中点（或端点）为抛物线的顶点，而曲线顶点处的切线均与基线平

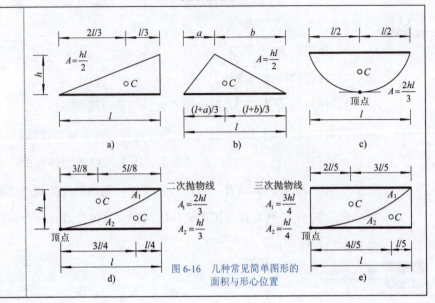

图 6-16　几种常见简单图形的面积与形心位置

行，该处剪力为零。

4）如果 M_P 与 $\overline{M}$ 均为直线，则 y_0 可取自其中任一图形。

5）如果 $\overline{M}$ 是折线图形，而 M_P 为非直线图形，则应分段图乘，然后叠加，如图 6-17 所示。

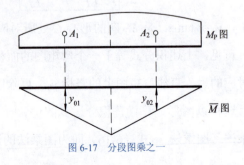

图 6-17　分段图乘之一

$$\sum \frac{A y_0}{EI} = \frac{1}{EI}(A_1 y_{01} + A_2 y_{02})$$

6）如果杆件为阶形杆（EI 为分段常数），则应按 EI 分段图乘，然后叠加，如图 6-18 所示。

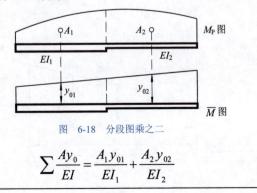

图 6-18　分段图乘之二

$$\sum \frac{A y_0}{EI} = \frac{A_1 y_{01}}{EI_1} + \frac{A_2 y_{02}}{EI_2}$$

7) 如果 M_P 图为复杂的组合图形（由不同类型荷载按区段叠加法绘出），因而其面积和形心位置不便确定，则可用叠加法的逆运算，将 M_P 图分解（还原）为每一种荷载作用下的几个简单图形，分别与 $\overline{M}$ 图互乘，然后叠加。这里，讨论两种常见图形的分解。

首先，考虑梯形的分解。

例如，图 6-19a 所示的两个梯形图形相乘时，可将 M_P 分解为两个三角形（也可分解为一个矩形及一个三角形）。于是，有

$$\sum \frac{Ay_0}{EI} = \frac{1}{EI}(A_1 y_{01} + A_2 y_{02}) \quad (c)$$

其中

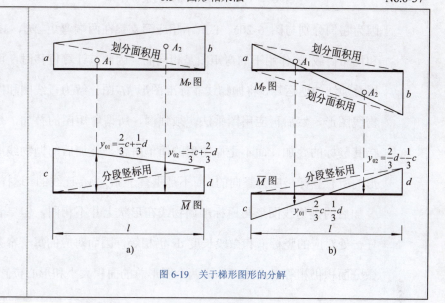

图 6-19 关于梯形图形的分解

$$\left.\begin{aligned} A_1 &= \frac{1}{2}al, \quad A_2 = \frac{1}{2}bl \\ y_{01} &= \frac{2}{3}c + \frac{1}{3}d, \quad y_{02} = \frac{1}{3}c + \frac{2}{3}d \end{aligned}\right\} \quad (d)$$

当 M_P 或 $\overline{M}$ 图的竖标 a、b 或 c、d 不在基线同侧时，如图 6-19b 所示，处理原则仍和上面一样，可将 M_P 分解为位于基线两侧的两个三角形（其中 A_1 在上侧，A_2 在下侧），按式（c）分别图乘（注意每项乘积的正负），然后叠加。

其次，考虑抛物线非标准图形的分解。

受均布荷载作用的任一段直杆的 M_P 图，一般情况下，往往都是抛物线非标准图形，如图 6-20a、d 所示。但由第 3 章知，它们均可看成一个直线图与一个标准抛物线图形的叠加（图 6-20b、e）。

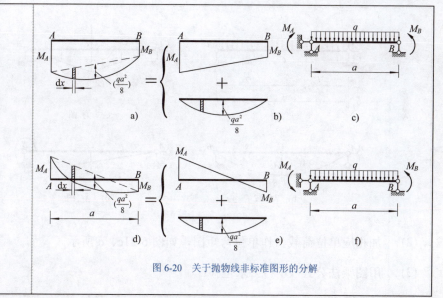

图 6-20 关于抛物线非标准图形的分解

因为它们分别与图 6-20c、f 所示相应简支梁在两端弯矩 M_A、M_B 和均布荷载 q 作用下的弯矩图是相同的。因此，计算位移时，可用叠加法的逆运算，将抛物线非标准图形 M_P 图分解为直线图和抛物线图形，然后再应用图乘法。须强调，所谓弯矩图的叠加，是指其竖标的叠加，而不是原图形的简单拼合。叠加后的抛物线图形的所有竖标仍应为竖向的，而不是垂直于 M_A、M_B 连线的。这样，叠加后的抛物线图形与原标准抛物线在形状上并不相同，但二者任一处对应的竖标 y 和微段长度 ds 仍相等，因而对应的每一窄条微分面积仍相等。由此可知，两个图形总的面积大小和形心位置仍然是相同的。正因为如此，在确定图 6-20a、d 虚线以下抛物线的面积和形心位置时，完全可以采用相应标准抛物线的计算公式。

6.5.4 应用图乘法的计算步骤

1) 作实际荷载弯矩图 M_P 图。

2) 加相应单位荷载，作单位弯矩图 $\overline{M}$ 图。

3) 用图乘法公式（6-17）求位移。

【例 6-7】 试求图 6-21a 所示简支梁跨中截面 C 的挠度 Δ_{CV} 和 B 端的转角 θ_B。已知 EI=常数。

解：(1) 作实际荷载弯矩图，如图 6-21b 所示。

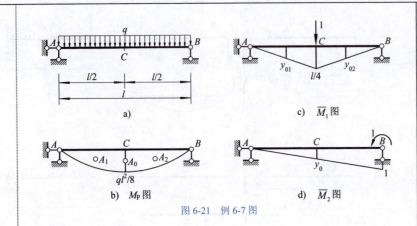

图 6-21 例 6-7 图

(2) 加相应单位荷载，作单位弯矩图，如图 6-21c、d 所示。

(3) 用图乘法公式（6-17）求位移：

将 M_P 图与 $\overline{M}_1$ 图相乘，则得

$$\Delta_{CV} = \frac{1}{EI}(A_1 y_{01} + A_2 y_{02})$$

$$= \frac{2}{EI}\left(\frac{2}{3} \times \frac{l}{2} \times \frac{ql^2}{8}\right) \times \frac{5}{32}l$$

$$= \frac{5ql^4}{384EI} (\downarrow)$$

该结果与例 6-1 中用积分法求得的相同。

将 M_P 图与 $\overline{M}_2$ 图相乘，则得

$$\theta_B = \frac{A_0 y_0}{EI} = \frac{1}{EI}\left(\frac{2}{3} \times l \times \frac{ql^2}{8}\right) \times \frac{1}{2}$$

$$= \frac{ql^3}{24EI} (\curvearrowright)$$

【例 6-8】试求图 6-22a 所示悬臂梁截面 B 的挠度 Δ_{BV}。已知 EI=常数。

解： 比较以下两种解法：

(1) **解法一**

1) 作 M_P 图，并按 A_1、A_2、A_3、A_4 四部分划分，如图 6-22b 所示。
2) 加相应单位荷载，作 $\overline{M}$ 图，如图 6-22c 所示。
3) 计算位移值

$$\Delta_{BV} = \frac{1}{EI}(A_1 y_{01} + A_2 y_{02} + A_3 y_{03} - A_4 y_{04})$$

$$= \frac{1}{EI}\left[\left(\frac{1}{2} \times \frac{l}{2} \times \frac{ql^2}{2}\right) \times \frac{l}{3} + \left(\frac{1}{2} \times \frac{ql^2}{2}\right) \times \frac{3}{4}l + \left(\frac{1}{2} \times \frac{l}{2} \times \frac{5ql^2}{8}\right) \times \frac{5}{6}l \right.$$

$$\left. - \left(\frac{2}{3} \times \frac{l}{2} \times \frac{ql^2}{32}\right) \times \frac{3}{4}l\right]$$

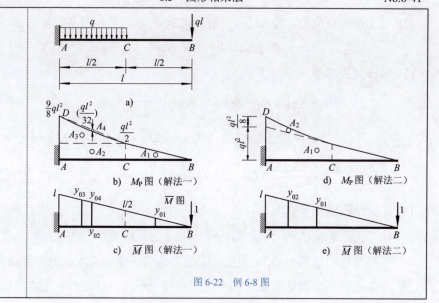

图 6-22 例 6-8 图

$$= \frac{45ql^4}{128EI}(\downarrow)$$

(2) **解法二**

1) 作 M_P 图，并按 A_1、A_2 两部分划分，如图 6-22d 所示。
2) 加相应单位荷载，作 $\overline{M}$ 图，如图 6-22e 所示。
3) 计算位移值

$$\Delta_{BV} = \frac{1}{EI}(A_1 y_{01} + A_2 y_{02})$$

$$= \frac{1}{EI}\left[\left(\frac{1}{2} \times l \times ql^2\right) \times \frac{2}{3}l + \left(\frac{1}{3} \times \frac{l}{2} \times \frac{ql^2}{8}\right) \times \frac{7}{8}l\right]$$

$$= \frac{45ql^4}{128EI}(\downarrow)$$

计算结果与前法完全相同，但因对 M_P 图分块恰当，使计算更简便。

【例 6-9】试求图 6-23a 所示刚架截面 F 的竖向位移 Δ_{FV}，并勾绘变形曲线。EI 为常数。

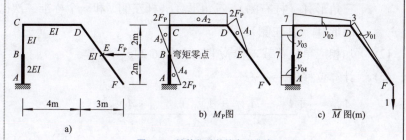

图 6-23 计算位移并绘变形曲线

解： (1) 作 M_P 图，如图 6-23b 所示。其中各部分面积为

$$A_1 = 2.5F_P, \quad A_2 = 8F_P, \quad A_3 = 2F_P, \quad A_4 = 2F_P$$

(2) 加相应单位力，绘 $\bar{M}$ 图，如图6-23c所示。其相应各竖标为

$$y_{01}=2.5, \quad y_{02}=5, \quad y_{03}=7, \quad y_{04}=7$$

(3) 计算位移值

$$\Delta_{FV}=\frac{1}{EI}[A_1 y_{01}+A_2 y_{02}+A_3 y_{03}]-\frac{1}{2EI}A_4 y_{04}$$

$$=\frac{1}{EI}[2.5F_P\times2.5+8F_P\times5+2F_P\times7]-\frac{1}{2EI}\times2F_P\times7$$

$$=\frac{53.25F_P}{EI}(\downarrow)$$

(4) **勾绘原结构变形图**

绘制原结构变形图时，应同时考虑荷载弯矩图的受拉侧（变形曲线向该侧凸出）、结点处的变形连续条件和支承处的边界约束条件这三方面的要求，并考虑"结构变形后，杆轴在原方向上的投影长度不改变"这一假定。有时，还需用单位荷载法判定某些特殊截面（如结点）的转角或线位移的方向。当某杆荷载弯矩图的受拉侧发生变化时，则其弯矩图中的**弯矩零点**对应变形曲线中的**拐点**（用黑点·标示）。

按照以上原则绘出的图6-23a所示结构的变形曲线，如图6-23d所示。结点C和结点D均有顺时针方向的转角，且它们的水平位移向左。

若将荷载 F_P 平移至 F 点，请读者思考如何绘制变形曲线？

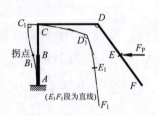

d) 变形曲线

图6-23 计算位移并绘变形曲线（续）

【例6-10】试求图6-24a所示刚架截面D的水平位移 Δ_{DH}。已知各杆EI为相同的常数。

解：
(1) 作 M_P 图，如图6-24b所示。其中，竖杆CD的 M_P 图可分解为：三角形 A_3（杆右侧）、三角形 A_4（杆左侧）和一个标准二次抛物线图形 A_5（杆左侧）。

(2) 加相应单位荷载，作 $\bar{M}$ 图，如图6-24c所示。

(3) 计算位移值

$$\Delta_{DH}=\frac{1}{EI}[\underbrace{A_1 y_{01}+A_2 y_{02}}_{\text{二梁杆}}+\underbrace{A_3 y_{03}+A_4 y_{04}+A_5 y_{05}}_{\text{竖杆}}]$$

$$=\frac{1}{EI}\left[2\times\left(\frac{1}{2}\times\frac{qa^2}{4}\times a\right)\times\left(\frac{2}{3}\times\frac{a}{2}\right)+2\times\left(\frac{1}{2}\times\frac{qa^2}{4}\times a\right)\times\left(\frac{1}{3}\times\frac{a}{2}\right)+0\right]$$

$$=\frac{3qa^4}{24EI}(\leftarrow)$$

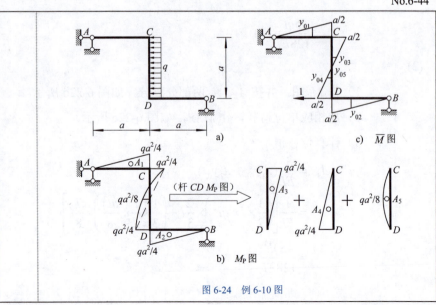

图6-24 例6-10图

【例 6-11】 试求图 6-25a 所示刚架铰 C 左右两侧截面 $C_{左}$、$C_{右}$ 的相对转角 $\theta_{C_{左}C_{右}}$，并勾绘变形曲线。已知各杆 EI 为相同的常数。

解： (1) 作 M_P 图，如图 6-25b 所示。

(2) 根据所求位移 $\theta_{C_{左}C_{右}}$，在 $C_{左}$、$C_{右}$ 两截面加一对大小相等、方向相反的单位力偶，并作 $\overline{M}$ 图，如图 6-25c 所示。

(3) 计算位移值

$$\theta_{C_{左}C_{右}} = \frac{1}{EI}[A_1 y_{01} + A_2 y_{02}] = \frac{1}{EI}\left[\frac{1}{2} \times \frac{M}{2} \times l \times \frac{2}{3}\right] \times 2$$

$$= \frac{Ml}{3EI} \; (\;)(\;)$$

(4) 勾绘变形曲线，如图 6-25d 所示。

由单位荷载法可知，铰 C 有向右并向下的位移。

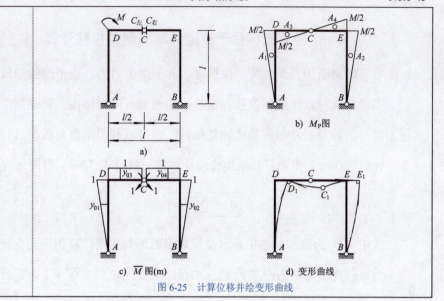

图 6-25 计算位移并绘变形曲线

【例 6-12】 试求图 6-26a 所示组合结构 A、B 两点在其连线方向上的相对线位移 Δ_{AB}。已知桁杆的 EA 和梁式杆的 EI 均为常数。

解： (1) 求在实际荷载作用下桁杆的轴力 F_{NP}（本例中各杆轴力 F_{NP} 均为零），并作梁式杆的 M_P 图，如图 6-26b 所示。

(2) 根据所求位移 Δ_{AB}，在 A、B 两点沿其连线方向，加一对大小相等、方向相反的单位力，求各桁杆轴力 $\overline{F}_N$，并作梁式杆的 $\overline{M}$ 图，如图 6-26c 所示。

(3) 计算位移值

$$\Delta_{AB} = \frac{1}{EI}(A_1 y_{01}) = \frac{1}{EI}\left[\left(\frac{2}{3} \times \frac{qa^2}{8} \times a\right) \times \sqrt{3}a\right]$$

$$= \frac{\sqrt{3}qa^4}{12EI} \; (\updownarrow)$$

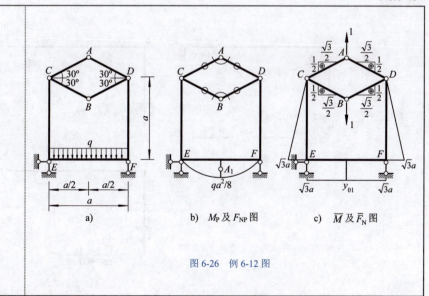

图 6-26 例 6-12 图

6.6 静定结构由于支座移动引起的位移计算

静定结构当支座发生位移时，并不产生内力，也不产生微段变形，而只发生刚体位移。这种位移通常可以直接由几何关系求得；当涉及的几何关系比较复杂时，也可以利用单位荷载法进行计算，这时，平面杆系结构位移计算的一般公式（6-9）可简化为

$$\boxed{\Delta = -\sum \bar{F}_R c} \quad (6\text{-}18)$$

式中，$\bar{F}_R$ 为虚拟状态中由单位荷载引起的与支座位移相应的支反力；c 为实际状态中与 $\bar{F}_R$ 相应的已知的支座位移。$\sum \bar{F}_R c$ 为支反力虚功总和，当 $\bar{F}_R$ 与 c 方向一致时，其乘积取正；相反时，取负。须注意，式（6-18）$\sum$ 前面的负号，系原来推导式（6-9）移项时所得，不可漏掉。

【例 6-13】试求图 6-27a 所示结构由于支座 A 发生竖向位移 c_1=2cm 和转角 c_2=0.02rad 所引起截面 E 的竖向位移 Δ_{EV} 和转角 θ_E。

解：(1) 虚设相应单位力，求出支反力（$\bar{F}_R$），如图 6-27b、c 所示。注意 $\bar{F}_R$ 中的单位应与已知的支座位移 c 的单位相协调。

(2) 利用式（6-18），计算位移值

$$\Delta_{EV} = -\sum \bar{F}_R c = -\left[\left(\frac{1}{2}\times 2\right)+(200\times 0.02)\right]\text{cm} = -5\text{cm}\ (\uparrow)$$

$$\theta_E = -\sum \bar{F}_R c = -\left[\left(\frac{1}{400}\times 2\right)+(1\times 0.02)\right]\text{rad} = -0.025\,\text{rad}\ (\curvearrowright)$$

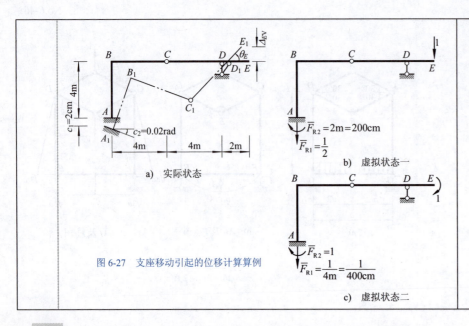

图 6-27 支座移动引起的位移计算算例

【例 6-14】试求图 6-28a 所示桁架由于支座 B 发生竖向位移 Δ 所引起杆件 BC 的转角 $\theta_{\overline{BC}}$。

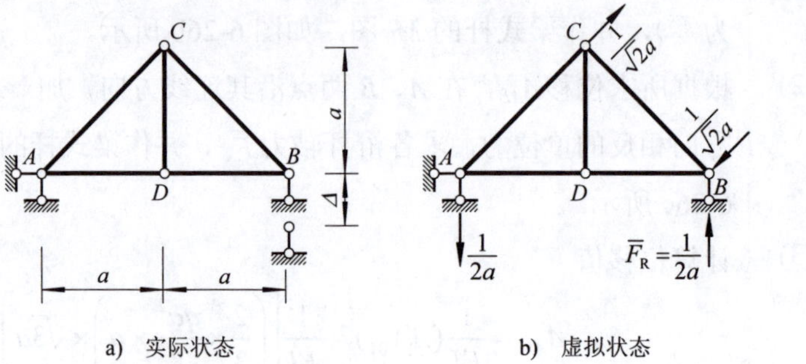

图 6-28 例 6-14 图

解： (1) 虚设相应单位力（在杆 BC 的两端结点 B 和 C 上，垂直于 BC 施加一对大小相等、方向相反的集中力 $1/(\sqrt{2}a)$，构成一个单位力偶 $M = 1/(\sqrt{2}a) \times \sqrt{2}a = 1$，求出支反力 $\bar{F}_R = 1/(2a)$（向上），如图 6-28b 所示。

(2) 利用式 (6-18)，计算位移值

$$\theta_{\overline{BC}} = -\bar{F}_R c$$
$$= -\left[-\left(\frac{1}{2a}\right) \times \Delta\right]$$
$$= \frac{\Delta}{2a} \;(\curvearrowleft)$$

6.7 静定结构由于温度变化引起的位移计算

6.7.1 关于温度变化的假定

第一，温度沿杆件长度均匀分布。

第二，温度沿截面高度直线变化。

6.7.2 静定结构因温度变化而变形的特征

静定结构当温度发生变化时，各杆件均能自由变形（但不产生内力），如图 6-29a 示例。计算该结构的位移，同样可采用单位荷载法。例如，求截面 C 的竖向位移，可选取图 6-29b 所示虚拟状态。由于上述第一点假设，温度沿杆长度均匀分布，杆件不可能出现剪切变形（即微段 $d\nu=0$），同时注意到实际状态的支座移动为零（即 $\sum \bar{F}_R c = 0$），因此，位移公式 (6-9) 可进一步简化为

$$\boxed{\Delta = \sum \int \bar{M} d\theta + \sum \int \bar{F}_N du} \qquad (6-19)$$

式中，$d\theta$ 和 du 为实际温度状态下，因材料热胀冷缩所引起的各微段的弯曲变形和轴向变形。

显见，只要能求出 $d\theta$ 和 du 的表达式，即可利用式 (6-19) 求得结构的位移。

6.7.3 关于 du 的计算表达式

现从图 6-29a 所示结构杆件上截取一微段 ds（图 6-29c）。该微

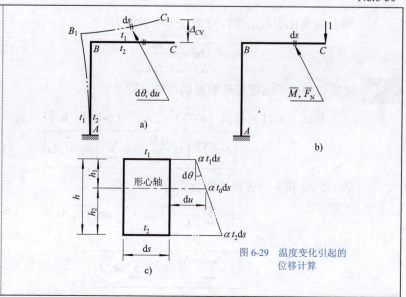

图 6-29 温度变化引起的位移计算

段上侧表面温度升高 t_1，下侧表面温度升高 t_2（设 $t_2 > t_1$），并符合上述第二点假设，即温度沿截面高度直线变化。此时，微段的变形如图 6-29c 双点画线所示，截面变形之后仍保持为平面。其上侧、下侧、形心轴处纤维伸长分别为

$$du_1 = \alpha t_1 ds, \quad du_2 = \alpha t_2 ds, \quad du = \alpha t_0 ds$$

式中，α 为材料的线膨胀系数。

按几何关系可得中性轴温度的变化为

$$\alpha t_0 ds = \frac{h_2}{h}(\alpha t_1 ds) + \frac{h_1}{h}(\alpha t_2 ds)$$

故

$$t_0 = \frac{h_2 t_1 + h_1 t_2}{h} \tag{6-20a}$$

当截面对称于形心轴，即 $h_1 = h_2 = \frac{h}{2}$ 时，则式（6-20a）成为

$$\boxed{t_0 = \frac{t_1 + t_2}{2}} \tag{6-20b}$$

于是，温度变化引起的微段轴向变形

$$\boxed{du = \alpha t_0 ds} \tag{6-21}$$

6.7.4 关于 $d\theta$ 的计算表达式

由图 6-29c，可知

$$d\theta = \frac{\alpha t_2 ds - \alpha t_1 ds}{h} = \frac{\alpha(t_2 - t_1) ds}{h}$$

若令上下边缘温差为

$$\boxed{\Delta t = t_2 - t_1} \tag{6-22}$$

则温度变化引起的微段弯曲变形可表达为

$$\boxed{d\theta = \frac{\alpha \Delta t ds}{h}} \tag{6-23}$$

6.7.5 静定结构由于温度变化引起的位移计算公式

将式（6-21）和式（6-23）代入式（6-19），即得

$$\boxed{\Delta = \sum \int \overline{M} \frac{\alpha \Delta t}{h} ds + \sum \int \overline{F}_N \alpha t_0 ds} \tag{6-24}$$

若 t_0、Δt 和 h 沿各自杆件全长为常量，则

$$\Delta = \sum \frac{\alpha \Delta t}{h} \int \overline{M} ds + \sum \alpha t_0 \int \overline{F}_N ds \tag{6-25a}$$

即

$$\boxed{\Delta = \sum \frac{\alpha \Delta t}{h} A_{\overline{M}} + \sum \alpha t_0 A_{\overline{F}_N}} \tag{6-25b}$$

式中，$A_{\overline{M}} = \int \overline{M} ds$，为 $\overline{M}$ 图的面积；$A_{\overline{F}_N} = \int \overline{F}_N ds$，为 $\overline{F}_N$ 图的面积。

对于梁和刚架，在计算温度变化引起的位移时，轴向变形的影响一般不容忽视。

6.7.6 关于符号的规定

在应用式（6-24）和式（6-25）时，等号右边各项的正负号应按功的取值原则确定：当实际温度变形与虚拟内力方向一致时，变形虚功为正，即其乘积为正，反之则为负。

据此，如 Δt 取绝对值，则高温一侧的 $\overline{M}$ 为正；如 t_0 以升高为正，则 $\overline{F}_N$ 以拉为正。

6.7.7 静定结构由于制造误差引起的位移计算

对于桁架，在温度变化时，其位移计算公式为

$$\Delta = \sum \overline{F}_N \alpha t_0 l \quad (6-26)$$

当桁架的杆件长度因制造误差而与设计长度不符时，由此引起的位移计算与温度变化时相类似。设各杆长度的误差为 Δl（伸长为正，缩短为负），则位移计算公式为

$$\Delta = \sum \overline{F}_N \Delta l \quad (6-27)$$

【例 6-15】 图 6-30a 所示刚架施工时温度为 20℃，试求冬季当外侧温度为 -10℃，内侧温度为 0℃ 时，C 点的竖向位移 Δ_{CV}。已知：$l=4m$，$\alpha = 10^{-5}℃^{-1}$，各杆均为矩形截面，高度 $h=40cm$。

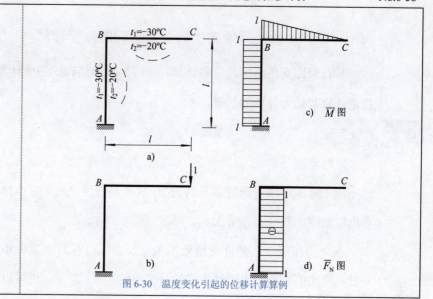

图 6-30 温度变化引起的位移计算算例

解： 外侧温变为 $t_1 = [(-10)-20]℃ = -30℃$，内侧温变为 $t_2 = (0-20)℃ = -20℃$，有

$$\Delta t = |t_2 - t_1| = |-20 - (-30)|℃ = 10℃$$

$$t_0 = \frac{t_1 + t_2}{2} = \frac{(-30)+(-20)}{2}℃ = -25℃$$

加相应单位荷载，作 $\overline{M}$ 图和 $\overline{F}_N$ 图（图 6-30b、c、d），代入式（6-25b）

$$\Delta_{CV} = -\frac{\alpha \times 10}{h} \times \left(\frac{l^2}{2} + l^2\right) + \alpha \times (-25) \times (-1 \times l)$$

$$= -\frac{15\alpha l^2}{h} + 25\alpha l = -\frac{15 \times 10^{-5} \times 400^2 \, cm^2}{40 \, cm} + 25 \times 10^{-5} \times 400 \, cm$$

$$= -0.50 \, cm (\uparrow)$$

【例 6-16】 图 6-31a 所示结构杆 DE 由于制造误差过长 $\Delta l = 2cm$，$a=2m$，试求铰 C 左右两侧截面 $C_左$、$C_右$ 的相对转角 $\theta_{C_左 C_右}$。

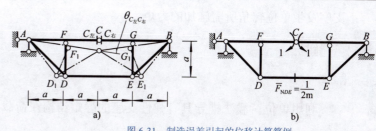

图 6-31 制造误差引起的位移计算算例

解： 在铰 C 左右两侧加一对大小相等、方向相反的单位力偶，并求桁杆 DE 的轴力 $\overline{F}_{NDE}$，如图 6-31b 所示，将 $\overline{F}_{NDE}$ 和 Δl 之值代入式（6-27），得

$$\theta_{C_左 C_右} = \overline{F}_{NDE} \Delta l = \frac{1}{2m} \times 0.02m = 0.01 \, rad \; (\asymp)$$

* 6.8 具有弹性支座的静定结构的位移计算

具有弹性支座结构的位移计算，是研究这类结构的强度计算、稳定计算和动力分析的基础。

6.8.1 弹性支座

弹性支座是指支座本身受力后将会发生弹性变形的支座。弹性支座（图 6-32a）有两种常见的类型：抗转动弹性支座（图 6-32b）和抗移动弹性支座（图 6-32c）。

在外力作用下，弹性支座处产生支反力，且与其变形大小成正比。该比例系数称为弹性支座的刚度系数，用 k 表示，也可以用 k_Δ 和 k_θ 进一步加以区分：k_Δ 称为抗移刚度系数，表示使弹性支座发生单位线位移所需施加的力；k_θ 称为抗转刚度系数，表示使弹性支座发生单位转角所需施加的力矩。

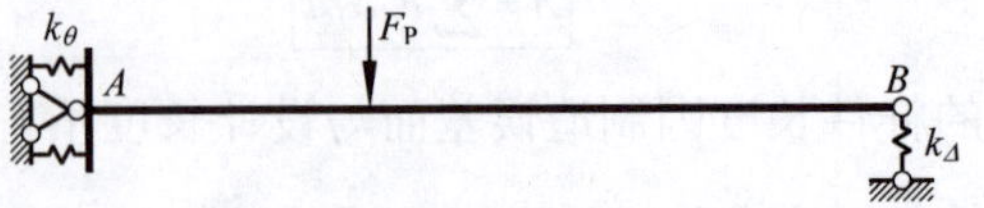

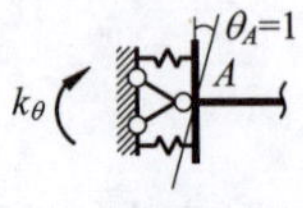

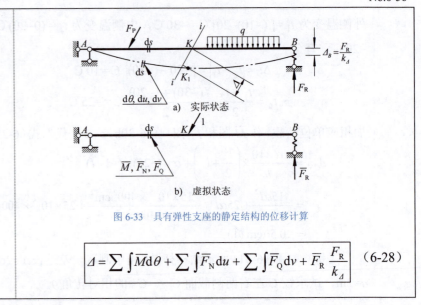

图 6-32 弹性支座及其刚度系数

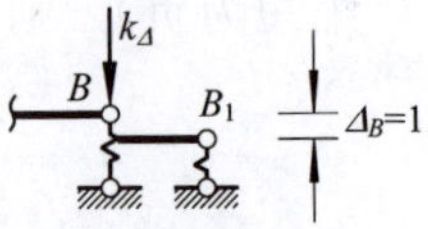

6.8.2 位移计算

1 解法一

利用单位荷载法推导具有弹性支座的静定结构在荷载作用下的位移计算公式。

现以图 6-33a 所示梁为例，求任一截面沿任意方向上的位移，例如，截面 K 沿 i-i 方向上的位移 Δ。在实际状态（图 6-33a）中，抗移动弹性支反力为 F_R，支座位移 $\Delta_B = F_R/k_\Delta$；在虚设力状态（图 6-33b）中，弹性支反力为 $\overline{F}_R$。由位移计算的一般公式，可得

图 6-33 具有弹性支座的静定结构的位移计算

$$\Delta = \sum \int \overline{M} \mathrm{d}\theta + \sum \int \overline{F}_N \mathrm{d}u + \sum \int \overline{F}_Q \mathrm{d}v + \overline{F}_R \frac{F_R}{k_\Delta} \quad (6\text{-}28)$$

第6章 虚功原理和结构的位移计算

对于还有抗转动弹性支座，并且弹性支座不止一个的体系，则位移计算公式可写为

$$\Delta = \sum \int \overline{M} d\theta + \sum \int \overline{F}_N du + \sum \int \overline{F}_Q dv + \sum \overline{F}_R \frac{F_R}{k_\Delta} + \sum \overline{M}_R \frac{M_R}{k_\theta} \quad (6\text{-}29)$$

对于梁和刚架，只考虑弯曲变形，它由实际状态中的 M_P 引起，$d\theta = \dfrac{M_P}{EI} ds$。于是，式（6-29）可简化为

$$\Delta = \sum \int \frac{\overline{M} M_P}{EI} ds + \sum \overline{F}_R \frac{F_R}{k_\Delta} + \sum \overline{M}_R \frac{M_R}{k_\theta} \quad (6\text{-}30)$$

如果满足图乘法的适用条件，式（6-30）中右边第一项可用图乘法计算。

当式（6-30）中抗移动弹性支座的竖向反力 $\overline{F}_R$ 和 F_R、抗转动弹性支座的反力矩 $\overline{M}_R$ 和 M_R 方向一致时，乘积取正，反之取负。

【例 6-17】 试求图 6-34a 所示梁 B 铰左右两侧截面的相对转角 $\theta_{B_\text{左} B_\text{右}}$。已知 $EI=$常数，刚度系数 $k_\Delta = k_1 = 3EI/l^3$，$k_\theta = k_2 = 48EI/l$。

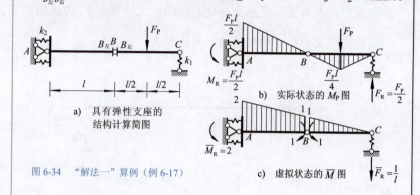

图 6-34 "解法一"算例（例 6-17）
a) 具有弹性支座的结构计算简图
b) 实际状态的 M_P 图
c) 虚拟状态的 $\overline{M}$ 图

6.8 具有弹性支座的静定结构的位移计算

解：(1) 绘 M_P 图并求出弹性支座处的竖向反力 F_R 和反力矩 M_R，如图 6-34b 所示。

(2) 在 B 铰左右两侧加一对大小相等、方向相反的单位力偶，绘 $\overline{M}$ 图并求出弹性支座处的竖向反力 $\overline{F}_R$ 和反力矩 $\overline{M}_R$，如图 6-34c 所示。

(3) 计算位移值

由式（6-30），得

$$\theta_{B_\text{左} B_\text{右}} = \frac{1}{EI} \left[\left(\frac{1}{2} \times \frac{F_P l}{2} \times l \right) \times \left(1 + \frac{2}{3} \right) - \left(\frac{1}{2} \times \frac{F_P l}{4} \times l \right) \times \frac{1}{2} \right]$$
$$- \frac{1}{l} \times \left(\frac{F_P}{2} \times \frac{1}{k_1} \right) + 2 \times \left(\frac{F_P}{2} \times \frac{1}{k_2} \right)$$
$$= \frac{17}{48EI} F_P l^2 - \frac{1}{6EI} F_P l^2 + \frac{1}{48EI} F_P l^2 = \frac{5}{24EI} F_P l^2 \; (\curvearrowright)(\curvearrowleft)$$

2 解法二

具有弹性支座的静定结构的位移计算问题，<u>也可转换为等效的支座移动问题来计算</u>。

例如，图 6-34a 所示结构，C 点产生竖向位移（图 6-34b）

$$\Delta_{CV} = \frac{F_R}{k_1} = \frac{F_P/2}{k_1} = \frac{F_P l^3}{6EI} \; (\downarrow)$$

同样，A 处产生转角（图 6-34b）

$$\theta_A = \frac{M_R}{k_2} = \frac{F_P l/2}{k_2} = \frac{F_P l^2}{96EI} \; (\curvearrowright)$$

需注意，弹性支座的位移与支反力正好是反向的。

这样，图 6-34a 所示结构就可以变换为图 6-35 所示具有荷载和支座位移的结构。在荷载和支座位移共同作用下，所求位移 Δ（对

图 6-34a 为 $\theta_{B_左B_右}$ ）为

$$\Delta = \sum \int \frac{\overline{M}M_P}{EI}ds - \sum \overline{F}_R c \qquad (6\text{-}31)$$

式中，c 为实际状态支座处的已知广义位移；$\overline{F}_R$ 为虚拟状态支座处与广义位移 c 相对应的广义支反力。

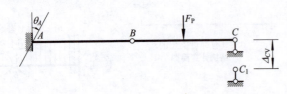

图 6-35 "解法二"算例（例 6-17）

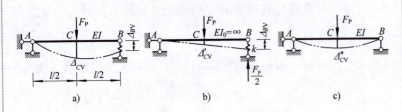

图 6-36 "解法三"算例

Δ''_{CV} 为将支座 B 改为刚性支杆而将梁 AB 恢复其弹性（EI 为常数）所求得的 C 点的位移，如图 6-36c 所示。利用式（6-12），可求得

$$\Delta''_{CV} = \frac{F_P l^3}{48EI}$$

3 解法三

对于简单情况，也可直接利用几何关系来计算具有弹性支座的静定结构的位移。

例如，欲求图 6-36a 所示梁（EI 为常数）中点 C 的挠度 Δ_{CV}，它由两部分组成：

$$\Delta_{CV} = \Delta'_{CV} + \Delta''_{CV}$$

式中，Δ'_{CV} 为将梁视为刚性杆（$EI_0 = \infty$）所求得的 C 点的位移，如图 6-36b 所示。由几何关系，得

$$\Delta'_{CV} = \frac{1}{2}\Delta_{BV} = \frac{1}{2} \times \frac{F_R}{k} = \frac{1}{2} \times \frac{F_P/2}{k} = \frac{F_P}{4k}$$

6.9 线弹性体系的互等定理

本节讨论的四个普遍定理——**互等定理**，是采用小变形和线弹性的假定，并根据虚功原理导出的。其中，最基本的是虚功互等定理（亦简称功的互等定理）；其他三个定理：位移互等定理、支反力互等定理、支反力与位移互等定理，则是应用虚功互等定理的三个特例。这些定理在以后有关章节的理论推导和简化计算中，都有重要作用。

下面，先由虚功原理直接推导虚功互等定理。

6.9.1 虚功互等定理

设有两组外力 F_{P1} 和 F_{P2} 分别作用于同一线弹性结构上，如图 6-37a、b 所示，分别称为结构的第一状态和结构的第二状态。

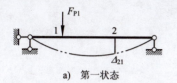
a) 第一状态

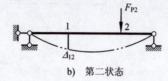
b) 第二状态

图 6-37 虚功互等原理

在第一状态中，微段上内力为 M_1、F_{N1}、F_{Q1}；变形位移为 $\mathrm{d}\theta_1$、$\mathrm{d}u_1$、$\mathrm{d}v_1$；在第二状态中，微段上内力为 M_2、F_{N2}、F_{Q2}；变形位移为 $\mathrm{d}\theta_2$、$\mathrm{d}u_2$、$\mathrm{d}v_2$。

首先，让第一状态的力在第二状态的位移上做虚功，则根据虚功方程 $W_{外}=W_{变}$，可得

$$F_{P1}\Delta_{12} = \sum\int M_1 \mathrm{d}\theta_2 + \sum\int F_{N1} \mathrm{d}u_2 + \sum\int F_{Q1} \mathrm{d}v_2$$
$$= \sum\int M_1 \frac{M_2}{EI}\mathrm{d}s + \sum\int F_{N1}\frac{F_{N2}}{EA}\mathrm{d}s + \sum\int \mu F_{Q1}\frac{F_{Q2}}{GA}\mathrm{d}s \quad (a)$$

其次，让第二状态的力在第一状态的位移上做虚功，可得

$$F_{P2}\Delta_{21} = \sum\int M_2 \mathrm{d}\theta_1 + \sum\int F_{N2} \mathrm{d}u_1 + \sum\int F_{Q2} \mathrm{d}v_1$$
$$= \sum\int M_2 \frac{M_1}{EI}\mathrm{d}s + \sum\int F_{N2}\frac{F_{N1}}{EA}\mathrm{d}s + \sum\int \mu F_{Q2}\frac{F_{Q1}}{GA}\mathrm{d}s \quad (b)$$

以上式（a）、式（b）两式的右边完全相同，因此左边也应相等，故有

$$\boxed{F_{P1}\Delta_{12} = F_{P2}\Delta_{21}} \quad (6-32)$$

或写为

$$\boxed{W_{12} = W_{21}} \quad (6-33)$$

这就是虚功互等定理。它表明：一个弹性结构，第一状态的外力在第二状态的位移上所做的外力虚功（W_{12}），等于第二状态的外力在第一状态的位移上所做的外力虚功（W_{21}）。

注意，这里所指的力和位移是广义力和广义位移。

6.9.2 位移互等定理

现考察虚功互等定理的一个特殊情况。

如果图 6-37 中的 F_{P1} 和 F_{P2} 都是单位力（量纲为 1），相应的

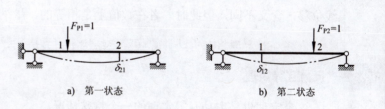

图 6-38 位移互等定理

位移由 Δ 改为 δ 表示（图 6-38），则由式（6-32），有

$$1 \times \delta_{12} = 1 \times \delta_{21}$$

即

$$\boxed{\delta_{12} = \delta_{21}} \quad (6-34)$$

这就是**位移互等定理**。它表明：第二个单位力引起的第一个单位力的作用点沿其方向的位移（δ_{12}），等于第一个单位力引起的第二个单位力的作用点沿其方向的位移（δ_{21}）。

需指出的是，这里的单位力及其相应的位移，可以是广义力和相应的广义位移。即位移互等可以是两个线位移之间的互等、两个角位移之间的互等，也可以是线位移与角位移之间的互等。

现以图 6-39 为例加以说明。在图 6-39 的两个状态中，根据位移互等定理应有 $\theta_{21}=\delta_{12}$。实际上，由材料力学可知

$$\theta_{21} = \frac{F_P l^2}{16EI}, \quad \delta_{12} = \frac{M l^2}{16EI}$$

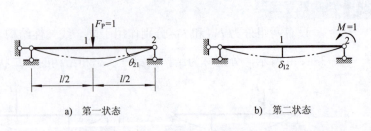

图 6-39 位移互等定理（广义）

现在 $F_P=1$，$M=1$（注意：$F_P=1$，$M=1$ 的量纲为 1），故

$$\theta_{21} = \delta_{12} = \frac{l^2}{16EI}$$

可见，虽然 θ_{21} 代表单位力引起的角位移，δ_{12} 代表单位力偶引起的线位移，含义不同，但此时二者在数值上是相等的，量纲也相同。

位移互等定理将在力法计算超静定结构中得到应用。

6.9.3 支反力互等定理

这个定理也是虚功互等定理的一个特殊情况。

图 6-40a、b 为同一结构的两种状态。第一状态中的约束 1 发生单位位移 $\Delta_1=1$，引起约束 2 处的支反力为 k_{21}；第二状态中的约束 2 发生单位位移 $\Delta_2=1$，引起约束 1 处的支反力为 k_{12}。

根据虚功互等定理，有

$$k_{21} \times \Delta_2 = k_{12} \times \Delta_1$$

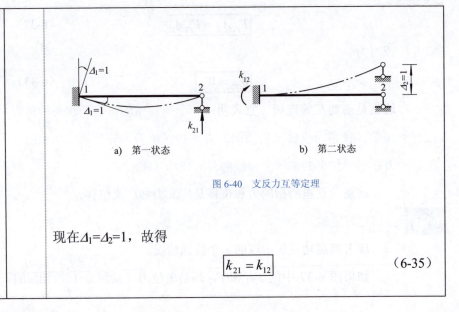

图 6-40 支反力互等定理

现在 $\Delta_1=\Delta_2=1$，故得

$$\boxed{k_{21} = k_{12}} \tag{6-35}$$

这就是**支反力互等定理**。它表明：约束 1 发生单位位移所引起的约束 2 的支反力（k_{21}），等于约束 2 发生单位位移所引起的约束 1 的支反力（k_{12}）。

这个定理对结构上任何两个支座都适用，但需注意支反力与位移在做功的关系上相对应，即力对应线位移，力矩对应角位移。图 6-40 中，k_{21} 为沿竖直方向的反力，k_{12} 为反力矩，虽然含义不同，但此二者在数值上是相等的，量纲也相同。

支反力互等定理将在位移法计算超静定结构中得到应用。

6.9.4 支反力与位移互等定理

这个定理是虚功互等定理的又一特殊情况。

图 6-41a 表示第一状态单位荷载 $F_P=1$ 作用时，支座 2 处的反力矩为 k_{21}，其方向如图所示。图 6-41b 表示第二状态当支座 2 顺 k_{21} 的方向发生单位转角 $\Delta_2=1$ 时，F_P 作用点沿其方向的线位移为 δ_{12}。

对上述两个状态应用虚功互等定理，其中

$$W_{12} = k_{21}\Delta_2 + F_P\delta_{12}$$

而

$$W_{21} = 0$$

这是因为第二状态支座位移将产生支反力，但第一状态没有支座

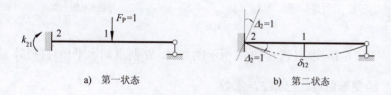

a) 第一状态　　　b) 第二状态

图 6-41　支反力与位移互等定理

位移，该外力虚功必然为零。因此，由虚功互等定理 $W_{12}=W_{21}$，恒有

$$k_{21}\Delta_2 + F_{P1}\delta_{12} = 0$$

现在 $\Delta_2=1$，$F_P=1$，故

$$\boxed{k_{21} = -\delta_{12}} \qquad (6\text{-}36)$$

这就是**支反力与位移互等定理**。它表明：单位力所引起结构某支座的支反力（k_{21}），等于该支座发生单位位移时所引起的单位力的作用点沿其方向的位移（δ_{12}），但符号相反。

支反力与位移互等定理将在混合法计算超静定结构中得到应用。

本章静定结构的位移计算内容，在静定结构与超静定结构之间起着承上启下的作用，既是静定结构的结尾，又是超静定结构的先导。

习 题
分析计算题

6-1 用积分法求习题 6-1 图所示刚架 C 点的水平位移 Δ_{CH}。已知 $EI=$ 常数。

6-2 求习题 6-4 图所示 1/4 圆弧形悬臂梁（$EI=$ 常数）A 端的竖向位移 Δ_{AV}。

6-3 习题 6-3 图所示桁架各杆截面均为 $A=2\times 10^{-3} \text{m}^2$，$E=2.1\times 10^8 \text{kN/m}^2$，$F_P=30\text{kN}$，$d=2\text{m}$。试求：（1）$C$ 点的竖向位移；（2）角 ADC 的改变量。

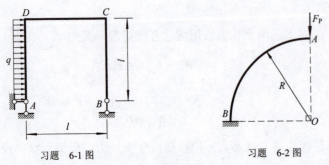

习题 6-1 图   习题 6-2 图

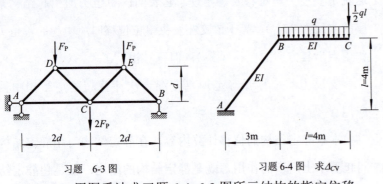

习题 6-3 图   习题 6-4 图   求 Δ_{CV}

6-4~6-9 用图乘法求习题 6-4~6-9 图所示结构的指定位移。

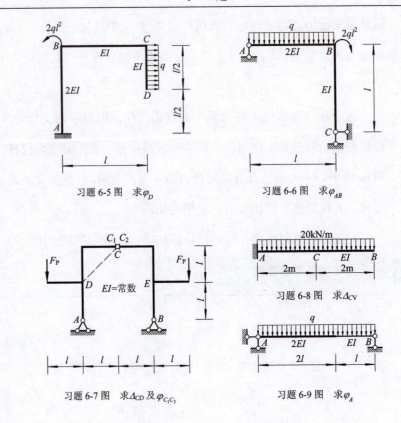

习题 6-5 图   求 φ_D 习题 6-6 图   求 φ_{AB}

习题 6-7 图   求 Δ_{CD} 及 $\varphi_{C_1C_2}$ 习题 6-8 图   求 Δ_{CV}

习题 6-9 图   求 φ_A

6-10 求习题 6-10 图所示刚架 A、B 两点间水平相对位移，并勾绘变形曲线。已知 $EI=$ 常数。

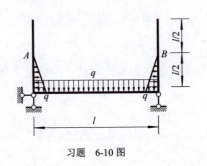

习题 6-10 图

6-11 习题 6-11 图所示梁 EI=常数，在荷载 F_P 作用下，已测得截面 B 的角位移为 0.001rad（顺时针），试求 C 点的竖向位移。

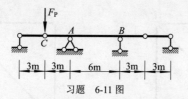

习题 6-11 图

6-12 习题 6-12 图所示结构中，$EA=4\times10^5$kN，$EI=2.4\times10^4$kN·m^2。为使 D 点竖向位移不超过 1cm，所受荷载 q 最大能为多少？

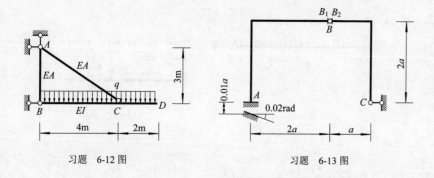

习题 6-12 图   习题 6-13 图

6-13 试计算由于习题 6-13 图所示支座位移所引起 C 点的竖向位移 Δ_{CV} 及铰 B 两侧截面间的相对转角 $\varphi_{B_1B_2}$。

6-14 习题 6-14 图所示刚架各杆为等截面，截面高度 h=0.5m，$\alpha=10^{-5}$，刚架内侧温度升高了 40℃，外侧升高了 10℃。求：

图 a 中 A、B 间的水平相对线位移 Δ_{AB}。

图 b 中的 B 点的水平位移 Δ_{BH}。

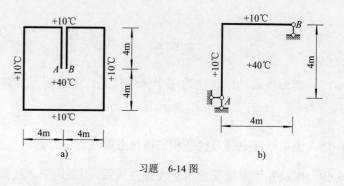

a)   b)

习题 6-14 图

6-15 由于制造误差，习题 6-15 图所示桁架中 HI 杆长了 0.8cm，CG 杆短了 0.6cm，试求装配后中间结点 G 的水平偏离值 Δ_{GH}。

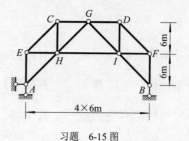

习题 6-15 图

6-16 求习题 6-16 图所示结构中 B 点的水平位移 Δ_{BH}。已知弹性支座的刚度系数 $k_1=EI/l$，$k_2=2EI/l^3$。

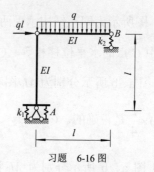

习题 6-16 图

判断题

6-17 变形体虚功原理仅适用于弹性体系，不适用于非弹性体系。（　）

6-18 虚功原理中的力状态和位移状态都是虚设的。（　）

6-19 虚功互等定理仅适用于线弹性体系，不适用于非线弹性体系。（　）

6-20 支反力互等定理仅适用于超静定结构，不适用于静定结构。（　）

6-21 对于静定结构，有变形就一定有内力。（　）

6-22 对于静定结构，有位移就一定有变形。（　）

6-23 对于静定结构，有变形就一定有位移。（　）

6-24 对于静定结构，有内力就一定有变形。（　）

6-25 对于静定结构，有内力就一定有位移。（　）

6-26 对于静定结构，有位移就一定有内力。（　）

6-27 习题 6-27 图所示为同一结构承受两种不同荷载，设其各杆 EA 相同，则两图中 C 点的水平位移相等。（　）

6-28 习题 6-28 图 a、b 所示分别为 M_P 图和 $\bar{M}$ 图，设 EI=常数。则图乘 $\dfrac{1}{EI}(\dfrac{2}{3}\times\dfrac{ql^2}{8}\times l)\times\dfrac{l}{4}$ 是正确的。（　）

6-29 习题 6-29 图 a、b 所示分别为 M_P 图和 $\bar{M}$ 图，梁的两段抗弯刚度均为常数，则图乘 $\dfrac{1}{EI_1}(A_1 y_{01}+A_2 y_{02})+\dfrac{1}{EI_2}A_3 y_{03}$ 是正确的。（　）

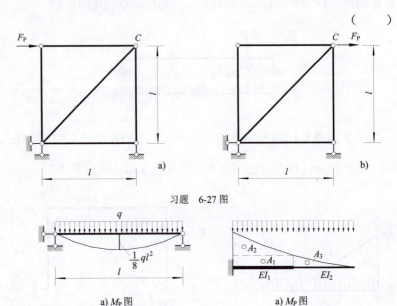

习题 6-27 图

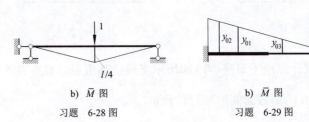

习题 6-28 图　　　习题 6-29 图

6-30 习题 6-30 图所示结构的两个平衡状态中，有一个为温度变化，此时虚功互等定理不成立。（　）

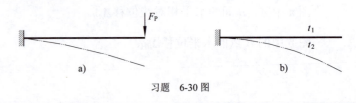

习题 6-30 图

6-31 单位荷载法只适用于静定结构。（　　）

6-32 变形体虚功原理适用于塑性材料结构或刚体体系。（　　）

6-33 实功的计算不能使用叠加原理，虚功的计算也不能使用叠加原理。（　　）

6-34 习题 6-34 图所示等截面斜梁截面 A 的转角为 $\theta_A = \dfrac{ql^3}{24EI}$，转向为顺时针。（　　）

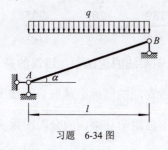

习题　6-34 图

单项选择题

6-35 广义位移是（　　）。

A. 绝对线位移与绝对角位移；　　B. 相对线位移；

C. 相对角位移；　　　　　　　　D. 以上各种位移的总称。

6-36 变形体的虚功原理适用于（　　）。

A. 线性与非线性、弹性与非弹性的任意结构；

B. 线弹性结构；

C. 静定结构；

D. 超静定结构。

6-37 为了求习题 6-37 图所示结构截面 A 和 B 之间的相对线位移，单位荷载应设置为（　　）。

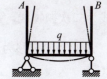

习题　6-37 图

A. 在截面 A 加一水平单位集中力；

B. 在截面 B 加一水平单位集中力；

C. 在截面 A 和 B 各加一水平单位集中力，且方向相反；

D. 在截面 A 和 B 各加一水平单位集中力，且方向相同。

6-38 为了求习题 6-37 图所示结构截面 A 和截面 B 之间的相对转角，单位荷载应设置为（　　）。

A. 在截面 A 加一单位集中力偶；

B. 在截面 B 加一单位集中力偶；

C. 在截面 A 和截面 B 各加一对单位集中力偶，且方向相同；

D. 在截面 A 和截面 B 各加一对单位集中力偶，且方向相反。

6-39 习题 6-39 图所示桁架中各杆的 EA 相同，则 B 点的水平位移 Δ_{BH} 为（　　）。

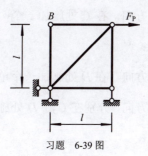

习题　6-39 图

A. $\dfrac{(1+\sqrt{2})F_P l}{EA}$；　B. $\dfrac{(1+2\sqrt{2})F_P l}{EA}$；　C. $\dfrac{F_P l}{EA}$；　D. $\dfrac{2\sqrt{2}F_P l}{EA}$。

6-40 习题 6-40 图所示为荷载作用下的 M_P 图（单位：kN·m），曲线为二次抛物线，各杆 EI（单位：kN·m^2）相同且为常数。则横梁中点 K 的竖向位移为（　　）。

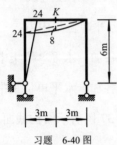

习题 6-40 图

A. $\dfrac{102}{EI}$；B. $\dfrac{84}{EI}$；C. $\dfrac{152}{EI}$；D. $\dfrac{156}{EI}$。

6-41 与相对转角相应的广义力是（　　）。

A. 单个集中力；　　B. 一对大小相等方向相反的集中力；

C. 单个集中力偶；　D. 一对大小相等转向相反的集中力偶。

6-42 要求得习题 6-42 图所示结构中 C、D 两截面的相对线位移，正确的单位荷载施加方法是（　　）。

A. 沿 CD 连线方向，在 C 处施加一个单位集中力；

习题 6-42 图

B. 沿 CD 连线方向，在 D 处施加一个单位集中力；

C. 沿 CD 连线方向，分别在 C 和 D 处施加一对方向相反的单位集中力；

D. 沿 CD 连线方向，分别在 C 和 D 处施加一对方向相同的单位集中力。

6-43 习题 6-43 图所示桁架各杆 EA 相同，为常数。则结点 C 的竖向位移为（　　）。

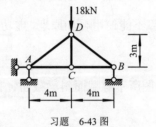

习题 6-43 图

A. $\dfrac{171}{EA}$；B. $\dfrac{189}{EA}$；C. $\dfrac{207}{EA}$；D. $\dfrac{225}{EA}$。

6-44 下列有关图乘法的说法中，错误的是（　　）。

A. 面积形心所对应的竖标必须取自直线图形；

B. 两个折线形弯矩图互乘，应分段图乘再叠加；

C. 取面积的弯矩图较为复杂时，应将其分解为若干简单图形后再图乘；

D. 图乘法可以运用于杆轴线为曲线形式的杆件结构的位移计算。

6-45 设习题 6-45 图所示各图中杆的刚度为常数 EI，曲线均为二次抛物线，图乘结果为 $\dfrac{S}{EI}$。则下列图乘运算中，S 的结果正确的是（　　）。

6-46 习题 6-46 图所示梁截面 C 转角的大小为（　　）。

A. $\dfrac{F_P l^2}{4EI}$；B. $\dfrac{F_P l^2}{8EI}$；C. $\dfrac{F_P l^2}{16EI}$；D. $\dfrac{F_P l^2}{32EI}$。

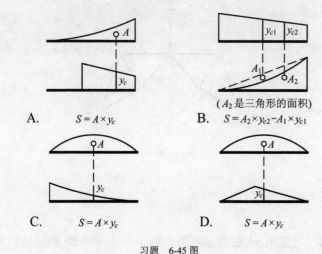

习题 6-45 图

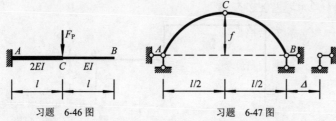

习题 6-46 图   习题 6-47 图

6-47 习题 6-47 图所示三铰拱右支座发生水平支座位移 Δ，则拱顶 C 竖向位移的值为（　　）。

A. $\dfrac{l}{8f}\Delta$； B. $\dfrac{l}{4f}\Delta$； C. $\dfrac{l}{2f}\Delta$； D. $\dfrac{l}{f}\Delta$。

6-48 桁架温度变化如习题 6-48 图所示，材料线膨胀系数为 α，结点 C 的竖向位移为（　　）。

A. $5\alpha t$； B. $10\alpha t$；
C. $3.464\alpha t$； D. 0。

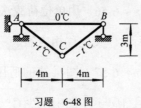

习题 6-48 图

6-49 习题 6-49 图所示为同一连续梁在不同支座发生移动时的两个状态。已知图 a 中支座 A 发生转角 θ 时，会引起支座 C 的反力为 $F_{RC}=\dfrac{1.2EI}{l^2}\theta(\downarrow)$。则图 b 中支座 C 发生竖直向上的支座移动 Δ 时，引起支座 A 处的反力偶 M_A 及其方向分别为（　　）。

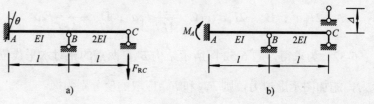

a)   b)

习题 6-49 图

A. $\dfrac{1.2EI}{l^2}\Delta$，顺时针；   B. $\dfrac{3EI}{l^2}\Delta$，顺时针；

C. $\dfrac{1.2EI}{l^2}\Delta$，逆时针；   D. $\dfrac{3EI}{l^2}\Delta$，逆时针。

6-50 习题 6-50 图所示为同一伸臂梁的两种受力状态。设按图 a 受力时，伸臂梁自由端 D 处的转角为 θ。则按图 b 受力时，引起截面 C 的竖向位移及其方向分别为（　　）。

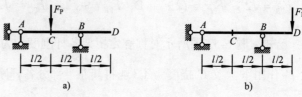

a)   b)

习题 6-50 图

A. θl，竖直向上；   B. $\theta l/2$，竖直向上；
C. θl，竖直向下；   D. $\theta l/2$，竖直向下。

6-51 习题 6-51 图所示结构截面 A 的转角（设顺时针为正）为（　　）。

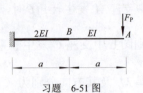

习题 6-51 图

A. $2F_Pa^2$； B. $-2F_Pa^2$； C. $\dfrac{5}{4EI}F_Pa^2$； D. $-\dfrac{5}{4EI}F_Pa^2$。

6-52 为求得习题 6-52 图所示结构 B、C 两点的相对水平线位移 Δ_{BCH}，施加图示虚拟力，则 F_{PB} 和 F_{PC} 应取的值分别为（　　）。

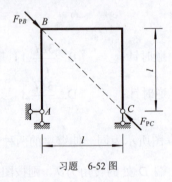

习题 6-52 图

A. $F_{PB}=1$，$F_{PC}=1$； B. $F_{PB}=-1$，$F_{PC}=1$；
C. $F_{PB}=\sqrt{2}$，$F_{PC}=\sqrt{2}$； D. $F_{PB}=-\sqrt{2}$，$F_{PC}=\sqrt{2}$。

6-53 已知习题 6-53 图所示对称静定桁架各杆刚度均为 EA，在图示荷载 F_P 作用下，铰 C 挠度为 Δ。现将其左半部分各杆刚度增大为 $2EA$，而其右半部分各杆刚度维持 EA，则此时铰 C 的挠度为（　　）。

A. $\Delta/3$； B. $\Delta/2$； C. $2\Delta/3$； D. $3\Delta/4$。

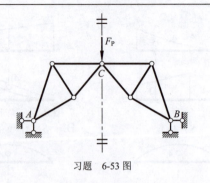

习题 6-53 图

填空题

6-54 习题 6-54 图所示刚架，由于支座 B 下沉 Δ 所引起 D 点的水平位移 $\Delta_{DH}=$_____。

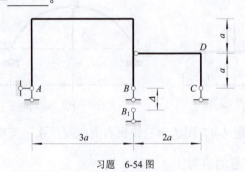

习题 6-54 图

6-55 虚功原理有两种不同的应用形式，即_____原理和_____原理。其中，用于求位移的是_____原理。

6-56 用单位荷载法计算位移时，虚拟状态中所加的荷载应是与所求广义位移相应的_____。

6-57 图乘法的适用条件是：_____且 M_P 与 $\overline{M}$ 图中至少有一个为直线图形。

6-58 已知刚架在荷载作用下的 M_P 图如习题 6-58 图所示，曲线为二次抛物线，横梁的抗弯刚度为 $2EI$，竖杆为 EI，则横梁中点 K 的竖向位移为_____。

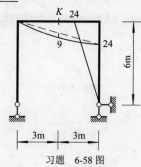

习题 6-58 图

6-59 习题 6-59 图所示拱中拉杆 AB 比原设计长度短了 1.5cm，由此引起 C 点的竖向位移为_____。

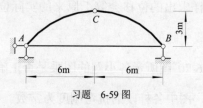

习题 6-59 图

6-60 习题 6-60 图所示结构，当 C 点有 $F_P=1(\downarrow)$ 作用时，D 点竖向位移等于 $\Delta(\uparrow)$，当 E 点有图示荷载作用时，C 点的竖向位移为_____。

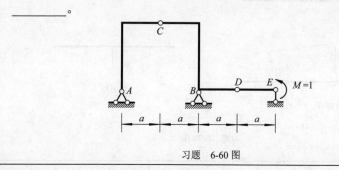

习题 6-60 图

6-61 习题 6-61 图 a 所示连续梁支座 B 的反力为 $F_{RB}=\dfrac{11}{16}(\uparrow)$，则该连续梁在支座 B 下沉 $\Delta_B=1$ 时（如图 b 所示），D 点的竖向位移 $\delta_D=$_____。

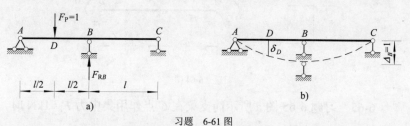

习题 6-61 图

6-62 习题 6-62 图所示刚架 C 点的竖向位移求得为 Δ。若各杆刚度 EI 减小至原来的一半，则 C 点的竖向位移为_____。

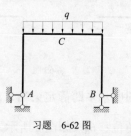

习题 6-62 图

6-63 习题 6-63 图所示结构发生支座位移时，C 点的转角 φ_C 为_____。

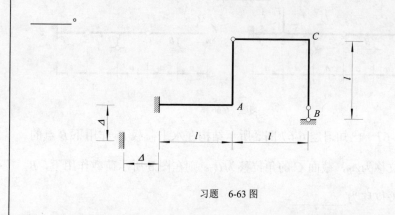

习题 6-63 图

6-64 习题 6-64 图所示矩形截面梁，在力偶和温度变化共同作用下，线膨胀系数为 α，EI 为常数。欲使 $\Delta_{CV}=0$，M_0 应为_____。

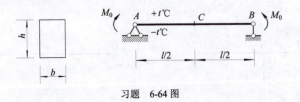

习题 6-64 图

6-65 习题 6-65 图 a 所示简支梁在 C 点作用集中力 $F_P=1\text{kN}$ 时，截面 B 的角位移 φ_B 为 0.005rad，则该梁在截面 B 作用力偶 $M=2\text{ kN·m}$ 时（如图 b 所示），C 点的竖向位移 $\Delta_{CY}=$_____。

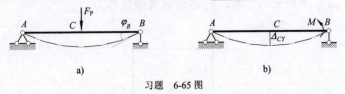

习题 6-65 图

6-66 习题 6-66 图所示多跨静定梁当 E 点有荷载 $F_P=1$ 向下作用时，截面 B 有逆时针角位移 θ_B（如图 a 所示）。当 A 点有图 b 所示荷载作用时，E 点竖向位移为_____。

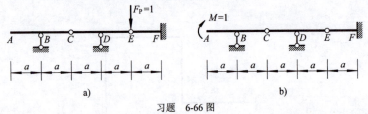

习题 6-66 图

6-67 已知习题 6-67 图 a 所示结构在水平荷载 F_P 作用下 B 点的水平位移为 Δ_B，截面 C 的角位移为 θ_C。则在图 b 所示荷载作用下，B 点水平位移为_____。

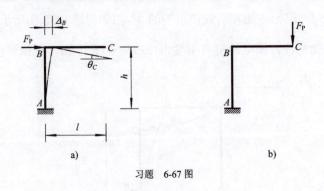

习题 6-67 图

思考题

6-68 何谓实功和虚功？两者的区别是什么？

6-69 结构上本来没有虚拟单位荷载，但在求位移时却加上了虚拟单位荷载，这样求出的位移会等于原来的实际位移吗？它是否包括了虚拟单位荷载引起的位移？

6-70 习题 6-70 图所示各小题的图乘是否正确？请将不正确的加以改正。已知，图中各杆段的抗弯刚度为常数。

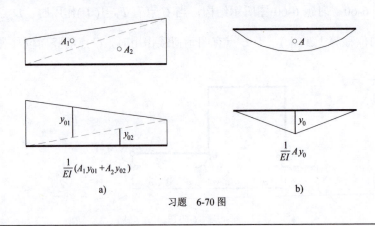

习题 6-70 图

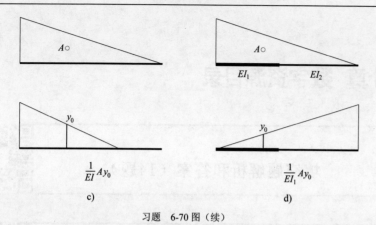

$$\frac{1}{EI}Ay_0 \qquad \frac{1}{EI_1}Ay_0$$

c)   d)

习题 6-70 图（续）

6-71 支反力互等定理是否可用于静定结构？结果如何？

6-72 习题 6-72 图 a 所示超静定梁，当 A 端发生转角 θ 时，引起跨中截面的竖向位移 Δ_{CV} 是多少？

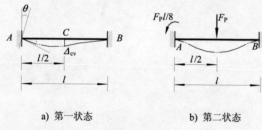

a) 第一状态   b) 第二状态

习题 6-72 图

6-73 没有变形就没有位移，此结论是否成立？

6-74 没有内力就没有位移，此结论是否成立？

6-75 变形虚功 $W_{变}$ 与内力虚功 $W_{内}$ 有什么区别？

6-76 在非弹性情况下，如何计算荷载作用下的位移？

6-77 在荷载、支座移动、温度变化的综合作用下，如何用单位荷载法求线弹性结构位移？

第6章 虚功原理和结构的位移计算 数字资源目录

【本章回顾】
基本内容归纳与解题方法提示

【思辨试题四】
填空题解析和答案（14题）

【思辨试题一】
思考题解析和答案（10题）

【趣味力学】1. 雕塑《腾飞》—艺术创作中的力学
2. 桥梁施工中预拱度设置—反败为胜

【思辨试题二】
判断题解析和答案（18题）

【思辨试题三】
单选题解析和答案（19题）

广州新电视塔

第 7 章 力法

- **本章教学的基本要求**：掌握力法的基本原理，会用力法计算超静定结构在荷载作用下以及支座移动、温度变化时的内力；会计算超静定结构的位移；了解超静定结构的力学特征。

- **本章教学内容的重点**：判定超静定次数、选取力法基本体系、建立力法典型方程；荷载作用下超静定结构的力法计算及内力图绘制与校核。

- **本章教学内容的难点**：根据已知变形条件建立力法典型方程；利用对称性取等效半结构；理解计算超静定结构位移时虚拟状态的设置。

- **本章内容简介**：

> 7.1 超静定结构概述
> 7.2 力法的基本原理
> 7.3 力法的基本体系选择及典型方程
> 7.4 用力法计算超静定结构在荷载作用下的内力
> 7.5 用力法计算超静定结构在支座移动和温度变化时的内力
> 7.6 对称结构的简化计算
> 7.7 用弹性中心法计算对称无铰拱
> 7.8 超静定结构的位移计算
> 7.9 超静定结构内力图的校核
> 7.10 超静定结构的特性

第7章 力法

7.1 超静定结构概述

前面几章讨论了静定结构的内力和位移计算，从本章起开始讨论在工程实际中应用更为广泛的超静定结构的计算。本章主要介绍求解超静定结构的第一个基本方法——力法。

7.1.1 超静定结构

1 超静定结构的两大特征

为了认识超静定结构的特性，现从两个方面把它与静定结构作一个对比：

(1) 在几何组成方面：静定结构是没有多余约束的几何不变体系，而超静定结构则是有多余约束的几何不变体系。

(2) 在静力分析方面：静定结构的支反力和截面内力都可以用静力平衡条件唯一地确定，而超静定结构的支反力和截面内力不能完全由静力平衡条件唯一地加以确定。

例如，如图 7-1a 所示连续梁是有一个外部多余约束的几何不变体系，显然，该连续梁的四个支反力不能用三个静力平衡方程求解出来，因而内力也无法确定；又如，图 7-1b 所示桁架是有两个内部多余约束的几何不变体系，虽然可由静力平衡条件求出全部支反力和一部分桁杆（杆①~④）的内力，但其余桁杆的内力仍不能用平衡条件确定。这两个结构都是超静定的。

总起来说，约束有多余的，内力（或支反力）是超静定的，这就是超静定结构区别于静定结构的两大基本特征。凡符合这两个特征的结构，就称为**超静定结构**。

2 超静定结构的两种约束

(1) 必要约束：对维持体系的几何不变性不可缺少的约束，称为必要约束。

(2) 多余约束：对维持体系的几何不变性不是必需的约束，称为多余

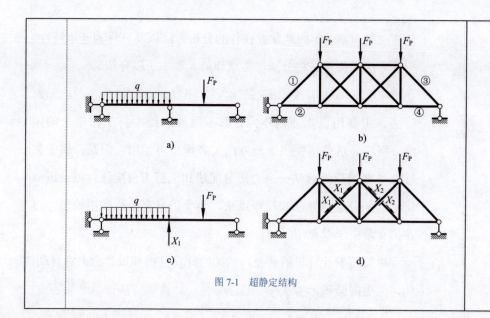

图 7-1 超静定结构

约束。多余约束中的约束力称为**多余约束力**，一般用 $X_i(i=1,2,\cdots,n)$ 表示。多余约束对结构的作用可以用相应的多余约束力代替，如图 7-1a、b 结构可表示为图 7-1c、d。多余约束虽然不改变体系的几何组成性质，但多余约束的存在，将影响结构的内力与变形的大小及分布规律。

3 **超静定结构的五种类型**

1）超静定梁（图 7-1a）。

2）超静定刚架（图 7-2a）。

3）超静定拱（图 7-2b）。

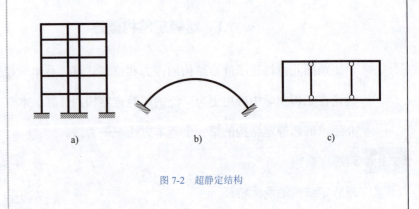

图 7-2 超静定结构

4）超静定桁架（图 7-1b）。

5）超静定组合结构（图 7-2c）。

4 **分析超静定结构的两个基本方法**

力法和位移法是分析超静定结构的两个基本方法。

力法是提出较早、发展最完备的计算方法，同时也是更为基本的方法。力法是把超静定结构拆成静定结构，再由静定结构过渡到超静定结构。静定结构的内力和位移计算是力法计算的基础，因而在学习力法时，要求牢固地掌握静定结构的分析方法。

位移法的提出较力法稍晚些，是在 20 世纪初为了计算复杂刚架而建立起来的。位移法是把结构拆成杆件，再由杆件过渡到结构。杆件的内力与位移的关系是位移法计算的基础，因而在学习位移法时，要求牢固地掌握杆件的分析方法以及杆件的基本特性。

力法和位移法将分别在本章和第 8 章中予以介绍。

在上述两种基本方法的基础上，还曾演变出多种渐近法和近似法，主要用以克服当年因计算手段滞后给手算工作带来的困难。现在，这些演变出来的方法大多很少再使用。但是，属于位移法类型的渐近解法——力矩分配法和无剪力分配法，以及近似解法——分层计算法和反弯点法，至今仍具有工程实用价值，将在第 9 章中予以介绍。

尽管随着计算机的普及，结构的计算分析和设计愈来愈自动化，但更应强调，力法和位移法仍是用计算机方法计算结构的内力和位移的理论基础。

7.1.2 超静定次数的确定

力法是以结构中的多余约束力为基本未知量的，一个结构的基本未知量数目就等于结构的多余约束数目。因此，力法计算首先要找出结构的多余约束。

超静定结构中的多余约束数目，称为**超静定次数**，用 n 表示。确定结构超静定次数最直接的方法是**解除多余约束法**，即将原结构的多余约束移去，使其成为一个（或几个）静定结构，则所解除的多余约束数目就是原结构的超静定次数。

解除超静定结构的多余约束，归纳起来有以下几种方式：

1) 移去一根支杆或切断一根链杆，相当于解除一个约束，如图 7-3a、e 所示。

2) 移去一个不动铰支座或切开一个单铰，相当于解除两个约束，如图 7-3b、f 所示。

3) 移去一个固定支座或切断一根梁式杆，相当于解除三个约束，如图 7-3c、g 所示。

4) 将固定支座改为不动铰支座或将梁式杆中某截面改为铰结，相当于解除一个转动约束，如图 7-3d、h 所示。

在解除多余约束判断结构的超静定次数时，应特别注意：既要移去全部多余约束，又要保留每个必要约束，以保证结构成为没有任何多余约束的几何不变体系，亦即成为静定结构。例如，对于图 7-4a 所示结构，水平支座链杆不可去掉，否则就将变成几何可变体系；如果只去掉一根竖向支座链杆，如图 7-4b 所示，则其中的闭合框格仍然具有三个多余约束（参见第 2 章 2.2 节）。还

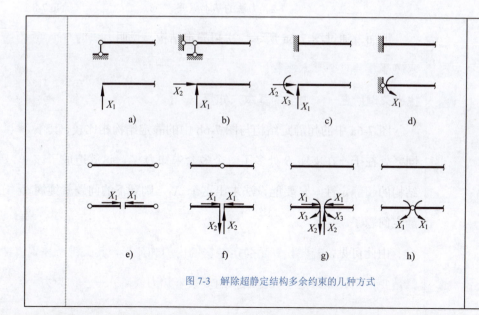

图 7-3 解除超静定结构多余约束的几种方式

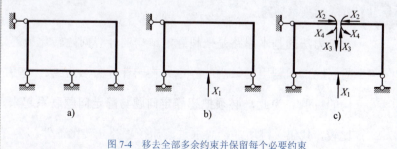

图 7-4 移去全部多余约束并保留每个必要约束

必须把该闭合框格再切开一个截面，如图 7-4c 所示，这时才成为静定结构。因此，原结构总共有四个多余约束，即为四次超静定体系。

又如，图 7-5a 所示结构，在移去单铰，切断链杆和梁式杆后，将可得到图 7-5b 所示静定结构（二悬臂折梁），因此，原结构为六次超静定。对图 7-5a 所示结构，还可以按图 7-5c、d 等方式移去多余约束，而得到相应的静定结构（三铰刚架和简支刚架），但都将表明结构是六次超静定。由此可知，对同一超静定结构，可以采取不同的方式移去多余约束，而得到不同的静定结构，但是多余约束的数目总是相同的，因而所确定的结构超静定次数也是唯一的。

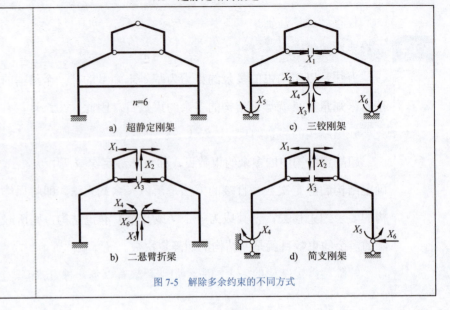

图 7-5　解除多余约束的不同方式

7.2　力法的基本原理

7.2.1 力法的基本思路

力法的基本思路是把超静定结构的计算问题转化为静定结构的问题，即利用已熟悉的静定结构的计算方法达到计算超静定结构的目的。为此，必须把超静定问题与静定问题联系起来，加以比较，找出关键所在，寻求过渡途径，补充转化条件。

下面，通过图 7-6a 所示一次超静定结构，说明力法的三个重要环节及其三个基本概念。

1　找出关键所在——力法的基本未知量

图 7-6a 中的超静定结构与图 7-6b 中的静定结构相比较，其不同之处在于：在支座 B 处多了一个多余未知力 X_1，这就造成了该结构的超静定性。只要能设法求出这个 X_1，则剩下的问题就纯属静定问题了。

由此可见，若要计算超静定结构的内力和变形，其关键所在，就是要首先计算出处于关键地位的多余未知力（X_1）——称为力

第7章 力法

7.2 力法的基本原理

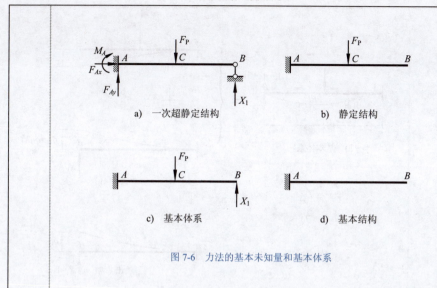

图 7-6 力法的基本未知量和基本体系

法的基本未知量。一个超静定结构的力法基本未知量数目，等于其超静定次数。

2 寻求过渡途径——力法的基本体系

将图 7-6a 所示结构的多余约束移去，而代之以多余未知力 X_1，并保留原荷载所得到的结构，称为**力法的基本体系**（图 7-6c）。与之相应，把图 7-6a 所示结构的多余约束并连同荷载一起移去后所得到的结构，称为**力法的基本结构**（图 7-6d）。

在基本体系中，仍然保留原结构的多余约束力 X_1，只是把它由被动力改成了主动力，因此基本体系的受力状态与原结构完全相同。由此看出，基本体系本身既是静定结构，又可用它代表原来的超静定结构。因此，它是由静定结构过渡到超静定结构的有效途径。

3 补充转化条件——力法的基本方程

怎样才能求出 X_1 的确定值呢？显然不能利用平衡条件求出，而必须补充新的条件。

现将图 7-6a 中的超静定结构与图 7-6c 中的基本体系作一个比较：

前者，X_1 是被动力，是固定值；与 X_1 相应的位移 Δ_1（即 B 点的竖向位移）等于零。

后者，X_1 是主动力，是变量。如果 X_1 过大，则梁的 B 端往上翘；过小，则 B 端往下垂。只有当 B 端的竖向位移正好等于零时，基本体系中的变力 X_1 才与超静定结构中常力 X_1 正好相等，这时基本体系才能真正转化为原来的超静定结构。

由此看出，基本体系转化为原来超静定结构的条件是：基本体系沿多余未知力 X_1 方向的位移 Δ_1 应与原结构位移 Δ_B 相同，即

$$\Delta_1 = \Delta_B = 0 \qquad (a)$$

这个转化条件是一个**变形条件**或称**位移条件**，也就是计算多余未知力时所需要的补充条件。

下面只讨论线弹性变形体系的情形，并应用叠加原理把条件（a）写成显含多余未知力 X_1 的展开形式。

对于图 7-7a 所示基本体系的变形，根据叠加原理，可表示为图 7-7b 和图 7-7c 的总和。因此，变形条件式（a）可表示为

$$\Delta_1=\Delta_{1P}+\Delta_{11}=0 \quad (b)$$

式中，Δ_1 为基本体系在荷载与未知力 X_1 共同作用下沿 X_1 方向的总位移；Δ_{1P} 为基本结构在荷载单独作用下沿 X_1 方向的位移（图 7-7b）；Δ_{11} 为基本结构在未知力 X_1 单独作用下沿 X_1 方向的位移（图 7-7c）。位移 Δ_1、Δ_{1P} 和 Δ_{11} 的符号都以沿假定的 X_1 方向为正。

若以 δ_{11} 表示基本结构在单位力 $X_1=1$ 单独作用下沿 X_1 方向产生的位移（图 7-7d），则有

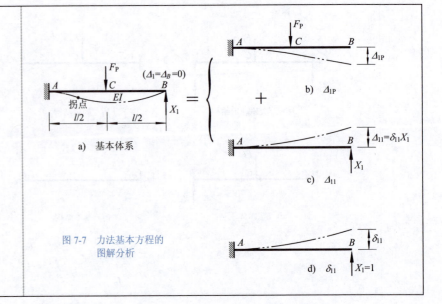

图 7-7 力法基本方程的图解分析

$$\Delta_{11}=\delta_{11}X_1 \quad (c)$$

于是，上述位移条件式（b）可写为

$$\boxed{\delta_{11}X_1+\Delta_{1P}=0} \quad (7\text{-}1)$$

由于系数 δ_{11} 和自由项 Δ_{1P} 都是静定结构在已知力作用下的位移，完全可用第 6 章所述的方法求得，因而多余未知力 X_1 可由此方程解出。此方程称为一次超静定结构的力法的基本方程。

为了计算 δ_{11} 和 Δ_{1P}，可分别绘出基本结构在 $X_1=1$ 和 F_P 作用下的弯矩图 $\overline{M}_1$ 图（称为单位弯矩图）和 M_P 图（称为荷载弯矩图），如图 7-8a、b 所示。然后，用图乘法计算这些位移。

求 δ_{11} 时应以 $\overline{M}_1$ 图乘 $\overline{M}_1$ 图，称为 $\overline{M}_1$ "自乘"，即

$$\delta_{11}=\sum\int\frac{\overline{M}_1\overline{M}_1}{EI}\mathrm{d}s$$
$$=\frac{A_1y_{01}}{EI}=\frac{1}{EI}\left(\frac{1}{2}\times l\times l\right)\left(\frac{2}{3}l\right)$$
$$=\frac{l^3}{3EI}$$

求 Δ_{1P} 则为 $\overline{M}_1$ 图与 M_P 图相乘，即

$$\Delta_{1P}=\sum\int\frac{\overline{M}_1 M_P}{EI}\mathrm{d}s$$
$$=\frac{A_2y_{02}}{EI}=-\frac{1}{EI}\left(\frac{1}{2}\times\frac{l}{2}\times\frac{F_P l}{2}\right)\left(\frac{5}{6}l\right)$$
$$=\frac{-5F_P l^3}{48EI}$$

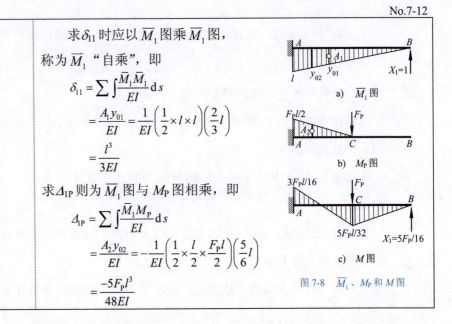

图 7-8 $\overline{M}_1$、M_P 和 M 图

将 δ_{11} 和 Δ_{1P} 代入式（7-1），可求得

$$X_1 = -\frac{\Delta_{1P}}{\delta_{11}} = -\left(\frac{-5F_P l^3}{48EI}\right) \times \frac{3EI}{l^3} = \frac{5}{16}F_P \quad (\uparrow)$$

正号表明 X_1 的实际方向与假定方向相同，即向上。

多余未知力 X_1 求出后，其余所有支反力和内力均可由基本体系按静定问题求解。在绘制最后弯矩图时，可将已求得的 X_1 连同原荷载，加在基本结构上，直接作弯矩图，即为原超静定结构的弯矩图，如图 7-8c 所示；也可利用已经绘出的 $\overline{M}_1$ 图和 M_P 图按叠加法绘制，即

$$M = \overline{M}_1 X_1 + M_P$$

也就是将 $\overline{M}_1$ 图的竖标乘以 X_1 倍，再与 M_P 图的对应竖标代数相加。例如，截面 A 的弯矩

$$M_A = l \times \frac{5}{16}F_P + \left(-\frac{1}{2}F_P l\right) = -\frac{3}{16}F_P l \quad \text{（上侧受拉）}$$

于是，可作出同一弯矩图，如图 7-8c 所示。此弯矩图既是基本体系的弯矩图，同时也是原结构的弯矩图。

7.2.2 力法的计算步骤

用力法计算超静定结构的步骤可归纳如下：

1）确定基本未知量数目。

2）选择力法基本体系。

3）建立力法基本方程。

4）求系数和自由项。

5）解方程，求多余未知力。

6）作内力图。

7）校核。关于超静定结构内力图的校核将在 7.9 节中介绍。

【例 7-1】试计算图 7-9a 所示连续梁，并作内力图。

解： (1) 确定基本未知量数目

此连续梁外部具有一个多余约束，即

$$n = 1$$

(2) 选择力法基本体系

选择两个单跨的简支梁为基本结构，即将支点 B 截面改为铰，以该截面弯矩 X_1 为基本未知量，其基本体系如图 7-9b 所示。

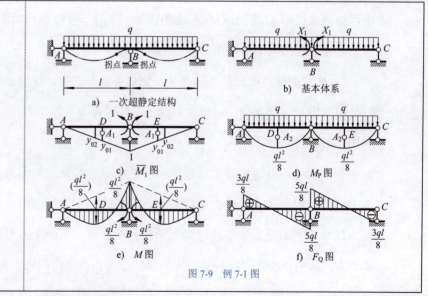

图 7-9 例 7-1 图

(3) 建立力法基本方程

根据原结构 B 截面已知的变形连续条件——相对转角 $\theta_{B_{左}B_{右}}$ 为零，建立力法基本方程

$$\Delta_1 = \delta_{11}X_1 + \Delta_{1P} = 0$$

(4) 求系数 δ_{11} 和自由项 Δ_{1P}

在基本结构（静定的简支梁）上分别作 $\overline{M}_1$ 图和 M_P 图（图 7-9c、d），应用图乘法，得

$$\delta_{11} = \frac{2}{EI}A_1 y_{01} = \frac{2}{EI} \times \left(\frac{1}{2} \times 1 \times l\right) \times \left(\frac{2}{3} \times 1\right) = \frac{2l}{3EI}$$

$$\Delta_{1P} = \frac{2}{EI}A_2 y_{02} = \frac{2}{EI} \times \left(\frac{2}{3} \times \frac{ql^2}{8} \times l\right) \times \left(\frac{1}{2}\right) = \frac{ql^3}{12EI}$$

(5) 解方程，求多余未知力 X_1

$$X_1 = -\frac{\Delta_{1P}}{\delta_{11}} = -\frac{ql^3}{12EI} \times \frac{3EI}{2l} = -\frac{ql^2}{8} \; (\curvearrowleft)(\curvearrowright)$$

(6) 作内力图

1) 作最后弯矩图：可利用叠加公式 $M = \overline{M}_1 X_1 + M_P$ 计算和作 M 图，即

$$\begin{bmatrix} M_A \\ M_D \\ M_B \\ M_E \\ M_C \end{bmatrix} = \begin{bmatrix} 0 \\ 1/2 \\ 1 \\ 1/2 \\ 0 \end{bmatrix}\left[-\frac{ql^2}{8}\right] + \begin{bmatrix} 0 \\ ql^2/8 \\ 0 \\ ql^2/8 \\ 0 \end{bmatrix} = \begin{bmatrix} 0 \\ ql^2/16 \\ -ql^2/8 \\ ql^2/16 \\ 0 \end{bmatrix}$$

$\uparrow \qquad \uparrow \qquad \uparrow \qquad \uparrow$
$(M) \quad (\overline{M}_1) \quad (X_1) \quad (M_P)$

也可将已求得的 X_1 连同原荷载，加在基本结构上，直接作弯矩图，即为原超静定结构的弯矩图，如图 7-9e 所示。

2) 作剪力图：取杆件为隔离体，化作等效简支梁，根据已知的杆端弯矩和跨间荷载，由平衡条件求出杆端剪力，并作 F_Q 图，如图 7-9f 所示。

综上所述，**力法的基本原理**是：以结构中的多余未知力为基本未知量；根据基本体系上解除多余约束处的位移应与原结构的已知位移相等的变形条件，建立力法的基本方程，从而求得多余未知力；最后，在基本结构上，应用叠加原理作原结构的内力图。

7.3 力法的基本体系选择及典型方程

力法计算多次超静定结构的基本原理，与上节力法计算一次超静定结构完全相同，只不过在具体计算时，如何选择力法基本体系、如何建立力法基本方程以及如何计算基本方程中各类系数及自由项要复杂得多而已。

7.3.1 关于基本体系的选择

在选择多次超静定结构的基本体系时，所取静定的基本结构形式可能有多种，但应当满足以下三个条件：

第一，必须满足几何不变的条件。

现以图 7-10a 所示三次超静定刚架为例。若移去任意的三个外部或内部的多余约束，可得图 7-10b、c、d 所示的静定刚架（悬臂刚架、简支刚架、三铰刚架），均可选为力法的基本体系。而图 7-10e、f 虽然也是移去三个外部或内部的多余约束，但由于图 7-10e 所示三根链杆交于一点，如图 7-10f 所示三个铰共在一线，都是几何可变的，故不能选为力法的基本体系。

第二，便于绘制内力图。

如图 7-11a 所示三跨连续梁，若选取图 7-11b 作为基本体系，即一根简支梁上作用三类荷载，所绘 M_P 图比较复杂；若选取图 7-11c 所示三个单跨简支梁作为基本体系，则所绘 M_P 图非常简单。

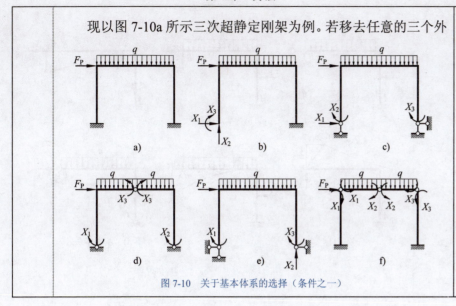

图 7-10 关于基本体系的选择（条件之一）

第三，基本结构只能由原结构减少约束而得到，不能增加新的约束。

如图 7-12a 所示一次超静定结构，可选取图 7-12b 作为基本体系；却不能选择图 7-12c 作为基本体系，因为该图中虽然所选基本

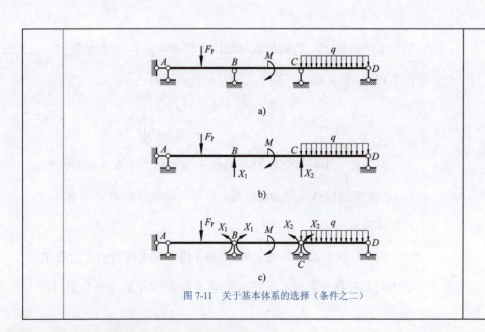

图 7-11 关于基本体系的选择（条件之二）

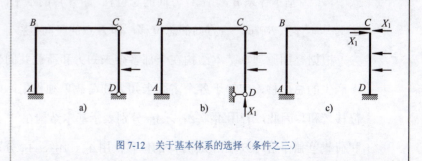

图 7-12 关于基本体系的选择（条件之三）

未知量也只有一个 X_1，而且相应的基本结构也是静定的，但因在 D 处增加了新的抗转约束（将不动铰支座改为固定支座），而在 C 处又少了一个竖向约束，从而改变了原结构的性质（包括原结构的约束、内力和变形）。

7.3.2 关于基本方程的建立

在选定基本未知量并得到相应的基本体系后，求解多余未知力的关键就在于如何建立力法的基本方程。这里，先讨论两次超静定结构。

图 7-13a 所示两次超静定刚架，若以支座 B 为多余约束，将其移去而代之以多余未知力 X_1 和 X_2，则得到如图 7-13b 所示的基本体系。由于原结构的 B 端不能移动，故有变形条件

$$\left.\begin{aligned}\Delta_1 &= 0\\ \Delta_2 &= 0\end{aligned}\right\} \tag{7-2}$$

式中，Δ_1 为基本体系 B 端沿 X_1 方向的总位移，即 B 点的水平位移；Δ_2 为基本体系 B 端沿 X_2 方向的总位移，即 B 点的竖向位移。

根据叠加原理，基本结构在全部多余未知力和荷载共同作用下产生的总位移，应等于各个多余未知力和荷载单独作用产生的位移之和。因此，若用 Δ_{11}、Δ_{12}、Δ_{1P} 分别表示基本结构在 X_1、X_2 和荷载单独作用时 B 端沿 X_1 方向的位移；用 Δ_{21}、Δ_{22}、Δ_{2P} 分别表示基本结构在 X_1、X_2 和荷载单独作用时 B 端沿 X_2 方向的位移，如图 7-13c、d、e 所示，则上述位移条件可写为

$$\left.\begin{aligned}\Delta_1 &= \Delta_{11} + \Delta_{12} + \Delta_{1P} = 0\\ \Delta_2 &= \Delta_{21} + \Delta_{22} + \Delta_{2P} = 0\end{aligned}\right\} \tag{a}$$

若再进一步设多余未知力 $X_1=1$ 单独作用于基本结构引起的沿 X_1、X_2 方向的位移分量为 δ_{11}、δ_{21}，则当多余未知力 X_1 单独作用时，其位移为 $\Delta_{11}=\delta_{11}X_1$，$\Delta_{21}=\delta_{21}X_1$。

同样，设多余未知力 $X_2=1$ 单独作用于基本结构引起的沿 X_1、X_2 方向的位移分量为 δ_{12}、δ_{22}，则当多余未知力 X_2 单独作用时，

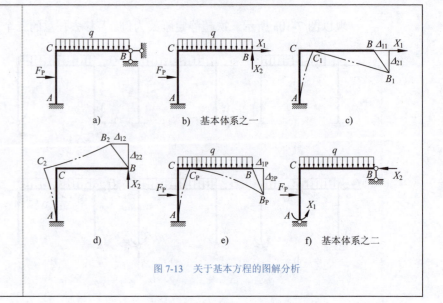

图 7-13 关于基本方程的图解分析

其位移为 $\Delta_{12}=\delta_{12}X_2$，$\Delta_{22}=\delta_{22}X_2$。

这样，式（a）又可表示为

$$\begin{cases}\Delta_1 = \delta_{11}X_1 + \delta_{12}X_2 + \Delta_{1P} = 0 \\ \Delta_2 = \delta_{21}X_1 + \delta_{22}X_2 + \Delta_{2P} = 0\end{cases} \quad (7\text{-}3)$$

这就是根据变形条件建立的求解两次超静定结构的多余未知力 X_1 和 X_2 的力法基本方程。

对于图 7-13a 所示超静定结构，也可以选择其他形式的基本体系，如图 7-13f 所示。这时，变形条件仍可写为

$\Delta_1=0$（表示基本体系在 X_1 处的转角为零）

$\Delta_2=0$（表示基本体系在 X_2 处的水平位移为零）

据此，可按前述推导方法得到在形式上与式（7-3）完全相同的力法基本方程。因此，式（7-3）也称为两次超静定结构的**力法典型方程**。不过要注意，由于不同的基本体系中基本未知量本身的含义不同，因此变形条件及典型方程中的系数和自由项的实际含义也不相同。

对于 n 次超静定结构，则有 n 个多余未知力，而每一个多余未知力都对应着一个多余约束，相应地也就有一个已知变形条件，故可据此建立 n 个方程，从而可解出 n 个多余未知力。当原结构上各多余未知力作用处的位移为零时，这 n 个方程可写为

$$\begin{cases}\delta_{11}X_1 + \delta_{12}X_2 + \cdots + \delta_{1n}X_n + \Delta_{1P} = 0 \\ \delta_{21}X_1 + \delta_{22}X_2 + \cdots + \delta_{2n}X_n + \Delta_{2P} = 0 \\ \vdots \\ \delta_{n1}X_1 + \delta_{n2}X_2 + \cdots + \delta_{nn}X_n + \Delta_{nP} = 0\end{cases} \quad (7\text{-}4)$$

这就是 n 次超静定结构的力法典型方程。方程组中每一等式都代表一个变形条件，即表示基本体系沿某一多余未知力方向的位移应与原结构相应的位移相等。方程中的每一项都表示基本结构在某一多余未知力或荷载单独作用下沿某一多余未知力方向的位移。

7.3.3 关于系数和自由项的计算

在上述力法的典型方程（7-4）中：

1）主斜线（自左上方的 δ_{11} 至右下方的 δ_{nn}）上的系数 δ_{ii} 称为**主系数**或**主位移**，它是单位多余未知力 $X_i=1$ 单独作用时所引起的沿其本身方向上的位移，其值恒为正，且不会等于零。

2）其他的系数 δ_{ij}（$i \neq j$）称为**副系数**或**副位移**，它是单位多余未知力 $X_j=1$ 单独作用时所引起的沿 X_i 方向的位移，其值可能为正、负或零。

3）各式中最后一项 Δ_{iP} 称为**自由项**，它是荷载单独作用时所引

起的沿 X_i 方向的位移，其值可能为正、负或零。

4）根据位移互等定理可知，在主斜线两边处于对称位置的两个副系数 δ_{ij} 与 δ_{ji} 是相等的，即

$$\delta_{ij}=\delta_{ji} \tag{7-5}$$

典型方程中的各系数和自由项，都是基本结构在已知力作用下的位移，完全可以用第 6 章所述方法求得。对于荷载作用下的平面结构，这些位移的计算式可写为

$$\delta_{ii}=\sum\int\frac{\overline{M}_i^2\,\mathrm{d}s}{EI}+\sum\int\frac{\overline{F}_{Ni}^2\,\mathrm{d}s}{EA}+\sum\int\frac{\mu\overline{F}_{Qi}^2\,\mathrm{d}s}{GA} \tag{7-6a}$$

$$\delta_{ij}=\sum\int\frac{\overline{M}_i\overline{M}_j\,\mathrm{d}s}{EI}+\sum\int\frac{\overline{F}_{Ni}\overline{F}_{Nj}\,\mathrm{d}s}{EA}+\sum\int\frac{\mu\overline{F}_{Qi}\overline{F}_{Qj}\,\mathrm{d}s}{GA} \tag{7-6b}$$

$$\Delta_{iP}=\sum\int\frac{\overline{M}_iM_P\,\mathrm{d}s}{EI}+\sum\int\frac{\overline{F}_{Ni}F_{NP}\,\mathrm{d}s}{EA}+\sum\int\frac{\mu\overline{F}_{Qi}F_{QP}\,\mathrm{d}s}{GA} \tag{7-6c}$$

显然，对于各种具体结构，通常只需计算其中的一项或两项。系数和自由项求得后，将它们代入典型方程即可解出多余未知力。然后，由平衡条件，即可求出其余支反力和内力。结构的最后弯矩图可按叠加法作出，即

$$M=\overline{M}_1X_1+\overline{M}_2X_2+\cdots+\overline{M}_nX_n+M_P \tag{7-7}$$

在应用式（7-7）作出原结构的最后弯矩图后，可直接应用平衡条件计算 F_Q 和 F_N，并作出 F_Q 图和 F_N 图。

如上所述，力法典型方程中的每个系数都是基本结构在某单位多余未知力作用下的位移。显然，结构的刚度愈小，这些位移的数值愈大，因此，这些系数又称为**柔度系数**；力法典型方程表示变形条件，故又称为结构的**柔度方程**；力法又称为**柔度法**。

7.4 用力法计算超静定结构在荷载作用下的内力

下面，分别举例说明力法在计算荷载作用下的各类超静定平面结构中的应用。

7.4.1 超静定梁和刚架

【例 7-2】试计算图 7-14a 所示两端固定梁，并作内力图。EA、EI 均为常数。

解：

(1) 确定基本未知量数目

$$n=3$$

(2) 选择力法基本体系

对于固端梁可取简支梁或悬臂梁为基本结构，现选取简支梁为基本结构，其基本体系如图 7-14b 所示。

(3) 建立力法典型方程

$$\left.\begin{array}{l}\delta_{11}X_1+\delta_{12}X_2+\delta_{13}X_3+\Delta_{1P}=0\\ \delta_{21}X_1+\delta_{22}X_2+\delta_{23}X_3+\Delta_{2P}=0\\ \delta_{31}X_1+\delta_{32}X_2+\delta_{33}X_3+\Delta_{3P}=0\end{array}\right\}\begin{array}{l}\text{（原结构}A\text{端不能转动）}\\ \text{（原结构}B\text{端不能转动）}\\ \text{（原结构}B\text{端不能水平移动）}\end{array}$$

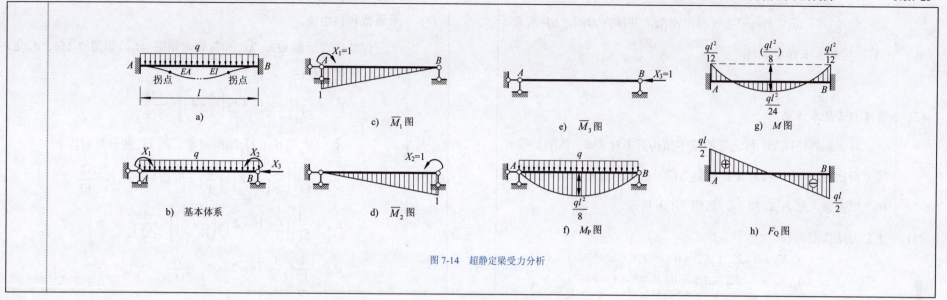

图 7-14 超静定梁受力分析

(4) 求系数和自由项

作基本结构的单位弯矩图 $\overline{M}_1$、$\overline{M}_2$、$\overline{M}_3$ 和荷载弯矩图 M_P，如图 7-14c、d、e、f 所示。由于 $\overline{M}_3 = 0$，由图乘法可知

$$\delta_{13} = \delta_{31} = 0, \quad \delta_{23} = \delta_{32} = 0, \quad \Delta_{3P} = 0$$

于是，力法典型方程中的第三式 $\delta_{33} X_3 = 0$，如果计算 δ_{33} 时考虑轴向变形的影响，则

$$\delta_{33} = \sum \int \frac{\overline{F}_{N3} \overline{F}_{N3} \, ds}{EA} = \frac{l}{EA}$$

据此可得 $X_3 = 0$。这表明，小挠度情况下的超静定梁，在垂直于梁轴的横向荷载作用下，其轴向力等于零。因此，原结构实际上只是一个两次超静定问题，故力法典型方程简化为

$$\left.\begin{array}{l}\delta_{11} X_1 + \delta_{12} X_2 + \Delta_{1P} = 0 \\ \delta_{21} X_1 + \delta_{22} X_2 + \Delta_{2P} = 0\end{array}\right\}$$

应用图乘法，可得

$$\delta_{11} = \frac{l}{3EI}, \quad \delta_{22} = \frac{l}{3EI}, \quad \delta_{12} = \delta_{21} = \frac{l}{6EI}$$

$$\Delta_{1P} = \frac{ql^3}{24EI}, \quad \Delta_{2P} = \frac{ql^3}{24EI}$$

(5) 解方程，求多余未知力

将系数和自由项代入力法典型方程，可求得

$$X_1 = X_2 = -\frac{ql^2}{12}$$

(6) 作最后弯矩图和剪力图，如图 7-14g、h 所示。

【例7-3】试计算图7-15a所示刚架，并作内力图。EI=常数。

解： (1) 确定基本未知量数目

$$n = 2$$

(2) 选择力法基本体系

对于超静定刚架，可选取的基本结构有多种（如三铰刚架等），经分析比较，本例选择能使计算更为简单的基本体系，即移去铰C，代之以多余未知力X_1和X_2，如图7-15b所示。

(3) 建立力法典型方程

$$\left. \begin{array}{l} \delta_{11}X_1 + \delta_{12}X_2 + \Delta_{1P} = 0 \\ \delta_{21}X_1 + \delta_{22}X_2 + \Delta_{2P} = 0 \end{array} \right\} \begin{array}{l} (C\text{处水平方向不离开}) \\ (C\text{处竖直方向不错开}) \end{array}$$

(4) 求系数和自由项

作单位弯矩图$\overline{M}_1$、$\overline{M}_2$和荷载弯矩图M_P，如图7-15c、d、e所示。应用图乘法，可得

$$\delta_{11} = \frac{2}{EI}\left[\left(\frac{1}{2}\times 4\times 4\right)\times\left(\frac{2}{3}\times 4\right)\right] = \frac{128}{3EI}$$

$$\delta_{12} = \delta_{21} = 0 \quad (\overline{M}_1\text{图形对称，而}\overline{M}_2\text{图形反对称})$$

$$\delta_{22} = \frac{2}{EI}\left[\left(\frac{1}{2}\times 2\times 2\right)\times\left(\frac{2}{3}\times 2\right) + (2\times 4)\times 2\right] = \frac{112}{3EI}$$

$$\Delta_{1P} = \frac{-1}{EI}\left[\left(\frac{1}{2}\times 16\times 2\right)\times\left(\frac{5}{6}\times 4\right)\right] = \frac{-160}{3EI}$$

$$\Delta_{2P} = \frac{1}{EI}\left[\left(\frac{1}{2}\times 16\times 2\right)\times 2\right] = \frac{96}{3EI}$$

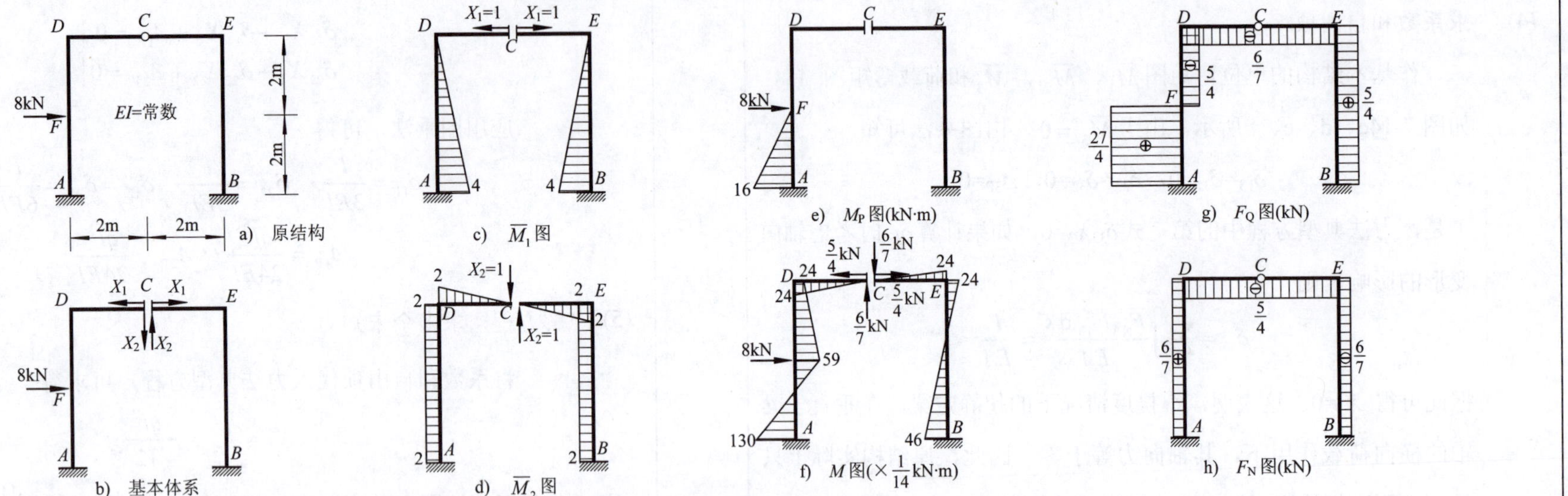

图7-15 超静定刚架受力分析

第7章 力法

(5) 解方程，求多余未知力

将系数和自由项代入力法典型方程，即得

$$\left.\begin{array}{l}\dfrac{128}{3EI}X_1+0-\dfrac{160}{3EI}=0\\ 0+\dfrac{112}{3EI}X_2+\dfrac{96}{3EI}=0\end{array}\right\}$$

由此，可解得

$$X_1=\dfrac{5}{4}\text{kN}(\leftarrow\rightarrow)$$

$$X_2=-\dfrac{6}{7}\text{kN}(\uparrow\downarrow)$$

(6) 作最后内力图

利用叠加公式 $M=\overline{M}_1X_1+\overline{M}_2X_2+M_P$，计算最后弯矩如下

（假设弯矩值以使刚架内侧受拉取正号、外侧受拉取负号）：

$$\begin{bmatrix}M_{AF}\\M_{FA}\\M_{FD}\\M_{DF}\\M_{DE}\\M_{ED}\\M_{EB}\\M_{BE}\end{bmatrix}=\begin{bmatrix}4&-2\\2&-2\\2&-2\\0&-2\\0&-2\\0&2\\0&2\\4&2\end{bmatrix}\begin{bmatrix}\dfrac{5}{4}\\-\dfrac{6}{7}\end{bmatrix}\begin{matrix}X_1\\ \\ \\ \\ \\ \\X_2\end{matrix}+\begin{bmatrix}-16\\0\\0\\0\\0\\0\\0\\0\end{bmatrix}=\begin{bmatrix}-130/14\\59/14\\59/14\\24/14\\24/14\\-24/14\\-24/14\\46/14\end{bmatrix}$$

$$(M)\quad(\overline{M}_1\;\overline{M}_2)\quad\quad(M_P)\quad(M)$$

据此，可作出 M 图。对于本例而言，也可在多余未知力 X_1 和 X_2 求出后，直接由图 7-15b 所示的基本体系作出 M 图以及 F_Q 图、F_N 图，如图 7-15f、g、h 所示。

【例 7-4】试计算图 7-16a 所示具有弹性支座的结构，并作弯矩图。抗转刚度系数 $k_\theta=\dfrac{3EI}{l}$。

解： (1) 确定基本未知量数目

此结构具有抗转弹性约束，A 处约束力数目仍与固定端相同，刚片 I（杆 AD）、刚片 II（杆 DCB）与地基之间，共有七个约束，故该结构为一次超静定结构，即 $n=1$。

(2) 选择力法基本体系

以支点 A 截面的弯矩为基本未知量，即以 $M_A=X_1$ 为基本未知

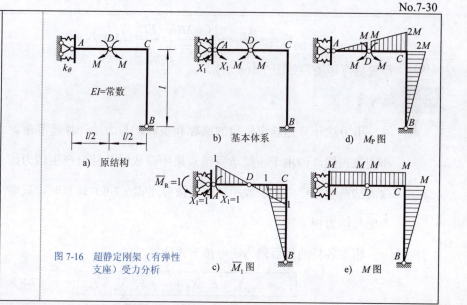

图 7-16 超静定刚架（有弹性支座）受力分析

a) 原结构　b) 基本体系　c) $\overline{M}_1$ 图　d) M_P 图　e) M 图

(3) 建立力法典型方程

基本体系在荷载及多余未知力 X_1 共同作用下，A 处左右截面相对转角应为零，即典型方程为

$$\theta_{A_{左}A_{右}} = \delta_{11}X_1 + \Delta_{1P} = 0$$

(4) 求系数和自由项

作基本结构的 $\overline{M}_1$ 图、M_P 图，如图 7-16c、d 所示。计算位移时，除杆件 AD、DCB 的变形影响外，还应计入弹簧约束的弹性变形，即

$$\delta_{11} = \sum \int \frac{\overline{M}_1 \overline{M}_1}{EI} dx + \overline{M}_R \frac{\overline{M}_R}{k_\theta}$$

$$= \frac{1}{EI}\left[2 \times \left(\frac{1}{2} \times \frac{l}{2} \times 1\right) \times \left(\frac{2}{3} \times 1\right) + \left(\frac{1}{2} \times l \times 1\right) \times \left(\frac{2}{3} \times 1\right)\right] + 1 \times \left(1 \times \frac{l}{3EI}\right)$$

$$= \frac{l}{EI}$$

$$\Delta_{1P} = \sum \int \frac{\overline{M}_1 M_P}{EI} dx$$

$$= -\frac{1}{EI}\left[\left(\frac{1}{2} \times l \times 2M\right) \times \left(\frac{1}{3} \times 1\right)\right] - \frac{1}{EI}\left[\left(\frac{1}{2} \times l \times 2M\right) \times \left(\frac{2}{3} \times 1\right)\right]$$

$$= -Ml/EI$$

(5) 解方程，求多余未知力

将系数和自由项代入力法典型方程，可解得

$$X_1 = -\frac{\Delta_{1P}}{\delta_{11}} = -\left[\left(-\frac{Ml}{EI}\right) \times \frac{EI}{l}\right] = M(\ )(\ )$$

(6) 作最后弯矩图，如图 7-16e 所示。

7.4.2 超静定桁架

用力法计算超静定桁架的原理和步骤，与力法计算超静定梁和刚架相同。但由于桁架承受结点集中荷载时各杆只产生轴力，故力法典型方程中的系数和自由项按前述式（7-6）计算时，只需考虑与轴力相关项。

桁架各杆的最后轴力则可按下式计算

$$\boxed{F_N = \overline{F}_{N1}X_1 + \overline{F}_{N2}X_2 + \cdots + \overline{F}_{Nn}X_n + F_{NP}} \quad (7-8)$$

【例 7-5】试计算图 7-17a 所示桁架的轴力，设各杆 EA 相同。

解： (1) 确定基本未知量数目

此桁架内部具有一个多余约束，即

$$n = 1$$

(2) 选择力法基本体系

对于超静定桁架一般取切断多余杆件为基本结构，现切断杆 DE 的轴向约束，并代之以多余未知力 X_1，得出基本体系如图 7-17b 所示。这里需要说明三点：

第一，切断杆件的多余未知力是内力，是广义力，是由数值相等、方向相反的一对力组成。

第二，完全切断一根杆件，是指在切口处把与轴力、剪力、弯矩相应的三个约束全部切断。这里所指的切断杆件中的轴向约束，即只切断与轴力相应的那一个约束，另外两个约束仍然保留，如图 7-17c 所示；而采用如图 7-17b 所示杆 DE 的切口表示方式，则只是一种简化了的计算简图。

第三，在实际计算中，由于链杆 DE 既无弯矩又无剪力，因此即使完全切断，在轴向未知力 X_1 作用下该杆的轴力即等于 X_1，被切断部分仍能保持平衡，整个结构得到唯一解。

(3) 建立力法基本方程

根据切口处两侧截面沿杆轴向的相对线位移为零的变形条件，

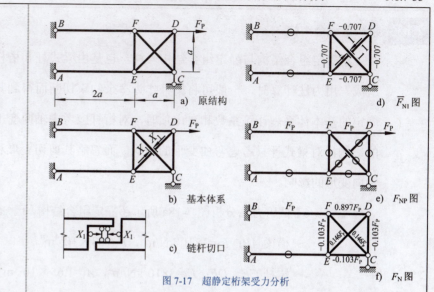

图 7-17 超静定桁架受力分析

建立其典型方程为

$$\delta_{11} X_1 + \Delta_{1P} = 0$$

(4) 求系数和自由项

先求出单位多余力 $X_1=1$ 和荷载 F_P 作用于基本结构时所产生的轴力 $\overline{F}_{N1}$ 和 F_{NP}，如图 7-17d、e 所示。据此，可得

$$\delta_{11} = \sum \frac{\overline{F}_{N1}^2 l}{EA}$$

$$= \frac{1}{EA}\left[(-0.707)^2 \times (a) \times 4 + (1)^2 \times (1.414a) \times 2\right]$$

$$= \frac{4.828a}{EA}$$

$$\Delta_{1P} = \sum \frac{\overline{F}_{N1} F_{NP} l}{EA}$$

$$= \frac{1}{EA}\left[(-0.707) \times F_P \times a\right] = -\frac{0.707 F_P a}{EA}$$

(5) 解方程，求多余未知力

$$X_1 = -\frac{\Delta_{1P}}{\delta_{11}}$$

$$= -\left[\left(-\frac{0.707 F_P a}{EA}\right) \times \frac{EA}{4.828a}\right] = 0.146 F_P$$

(6) 计算原结构各杆轴力

$$F_N = \overline{F}_{N1} X_1 + F_{NP} = 0.146 F_P \times \overline{F}_{N1} + F_{NP}$$

其结果示于图 7-17f。

7.4.3 超静定组合结构

超静定组合结构与静定组合结构一样，也是由梁式杆和桁杆组成。用力法计算时，一般可将桁杆作为多余约束切断而得到其静定的基本体系。计算系数和自由项时，对桁杆应考虑轴向变形的影响；对梁式杆只考虑弯曲变形的影响，而忽略其剪切变形和轴向变形的影响。

【例 7-6】试用力法分析图 7-18a 所示超静定组合结构。已知：

横梁 AB：$E_h=3×10^7 \text{kN/m}^2$，$I=6.63×10^{-4} \text{m}^4$

压杆 CE、DF：$E_h=3×10^7 \text{kN/m}^2$，$A_1=1.65×10^{-2} \text{m}^2$

拉杆 AE、EF、FB：$E_g=2×10^8 \text{kN/m}^2$，$A_2=0.12×10^{-2} \text{m}^2$

解： 为了简化计算，首先求出如下各比值：

压杆：$\dfrac{E_h I}{E_h A_1} = \dfrac{6.63×10^{-4}}{1.65×10^{-2}} \text{m}^2 = 4.018×10^{-2} \text{m}^2$

拉杆：$\dfrac{E_h I}{E_g A_1} = \dfrac{(3×10^7)×(6.63×10^{-4})}{(2×10^8)×(0.12×10^{-2})} \text{m}^2 = 8.288×10^{-2} \text{m}^2$

(1) 确定基本未知量数目

$$n = 1$$

(2) 选择力法基本体系

对组合结构一般宜取切断多余链杆为基本结构，现选取基本体系如图 7-18b 所示。

(3) 建立力法基本方程

根据基本体系在杆 EF 切口处左右二截面沿 X_1 方向的相对线位移应为零的变形条件，建立其力法基本方程为

$$\delta_{11} X_1 + \Delta_{1P} = 0$$

(4) 求系数和自由项

先作基本结构在 $X_1=1$ 和荷载单独作用下梁的弯矩 $\overline{M}_1$、M_P 图及各桁杆的轴力 $\overline{F}_{N1}$、F_{NP} 图，如图 7-18c、d 所示。于是，由公式

$$\delta_{11} = \sum \int \dfrac{\overline{M}_1^2}{EI} \mathrm{d}x + \sum \dfrac{\overline{F}_{N1}^2 l}{EA}$$

（梁式杆） （桁杆）

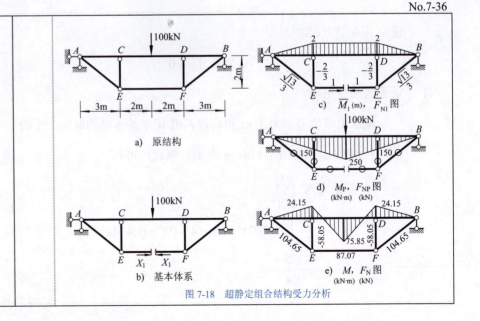

图 7-18 超静定组合结构受力分析

$$\Delta_{1P} = \sum \int \frac{\overline{M}_1 M_P}{EI}dx + \sum \frac{\overline{F}_{N1} F_{NP} l}{EA}$$
$$\underset{\text{（梁式杆）}}{} \quad \underset{\text{（桁杆）}}{}$$

可得

$$\delta_{11} = \frac{1}{E_h I}\left[(\frac{1}{2}\times 3\times 2)\times(\frac{2}{3}\times 2)\times 2 + (4\times 2)\times(2)\right]_{\text{梁}} +$$

$$\frac{1}{E_h A_1}\left[(-\frac{2}{3})^2\times(2)\times 2\right]_{\text{压杆}} + \frac{1}{E_g A_2}\left[(\frac{\sqrt{13}}{3})^2\times(\sqrt{13})\times 2 + (1)^2\times(4)\right]_{\text{拉杆}}$$

$$= \frac{24}{E_h I} + \frac{1.778}{E_h A_1} + \frac{14.416}{E_g A_2}$$

$$= \frac{1}{E_h I}\left[24 + (1.778\times 4.018\times 10^{-2}) + (14.416\times 8.288\times 10^{-2})\right]$$

$$= \frac{2526.624\times 10^{-2}}{E_h I}$$

$$\Delta_{1P} = \frac{1}{E_h I}\left[-\left(\frac{1}{2}\times 3\times 150\right)\times\left(\frac{2}{3}\times 2\right) - \frac{1}{2}\times(150+250)\times 2\times 2\right]\times 2$$

$$= -\frac{2200}{E_h I}$$

(5) 解方程，求多余未知力

$$X_1 = -\frac{\Delta_{1P}}{\delta_{11}} = -\left[\left(-\frac{2200}{E_h I}\right)\times\frac{E_h I}{2526.624\times 10^{-2}}\right]$$

$$= 87.073 \text{kN} \ (\rightarrow \leftarrow)$$

(6) 作最后内力图

利用叠加公式 $M = \overline{M}_1 X_1 + M_P$ 和 $F_N = \overline{F}_{N1} X_1 + F_{NP}$，可作出横梁的 M 图和各桁杆的 F_N 图，如图 7-18e 所示。

7.4.4 铰接排架

单层工业厂房中使用广泛的铰接排架，是由屋架（或屋面大梁）、柱和基础共同组成的一个横向承受荷载的结构单元。通常将柱与基础之间的连接简化为刚性连接，而将屋架与柱顶之间的连接简化为铰结。当屋面受竖向荷载作用时，屋架按两端铰支的桁架计算。当柱子受水平荷载和偏心荷载（如风荷载、地震荷载或吊车荷载）作用时，屋架对柱顶只起联系作用，而且由于屋架本身沿跨度方向的轴向变形很小，故可略去其影响，近似地将屋架看成轴向刚度 EA 为无穷大的一根链杆。图 7-19a、b 为单跨排架

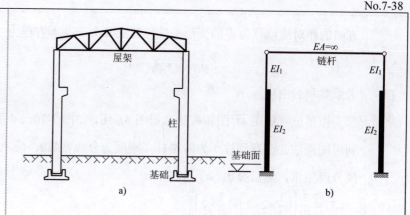

图 7-19 单层厂房排架

及其计算简图。对排架进行内力分析，主要是计算排架柱的内力。由于厂房的柱子要承放吊车梁，因此，常被设计成阶形变截面柱。

第7章 力法

【例 7-7】 试用力法计算图 7-20a 所示排架，并作弯矩图。

解： (1) 确定基本未知量数目

$n = 1$

(2) 选择力法基本体系

对于铰接排架取切断横向链杆为基本体系，如图 7-20b 所示。

(3) 建立力法基本方程

根据链杆 CD 切口两侧截面沿多余未知力 X_1 方向的相对线位移为零的变形条件，建立其力法基本方程为

$$\delta_{11} X_1 + \Delta_{1P} = 0$$

(4) 求系数和自由项

作单位弯矩图 $\overline{M}_1$ 图和荷载弯矩图 M_P 图，如图 7-20c、d 所示。

利用图乘法并注意到柱子为阶形杆（刚度为分段常数），应上、下段分段图乘，然后叠加，于是有

$$\delta_{11} = \frac{2}{EI}\left[\left(\frac{1}{2}\times 2\times 2\right)\times\left(\frac{2}{3}\times 2\right)\right]_{左、右柱上段} +$$

$$\frac{2}{3EI}\left[\left(\frac{1}{2}\times 2\times 6\right)\times\left(\frac{2}{3}\times 2+\frac{1}{3}\times 8\right)+\left(\frac{1}{2}\times 8\times 6\right)\times\left(\frac{2}{3}\times 8+\frac{1}{3}\times 2\right)\right]_{左、右柱下段}$$

$$= \frac{352}{3EI}$$

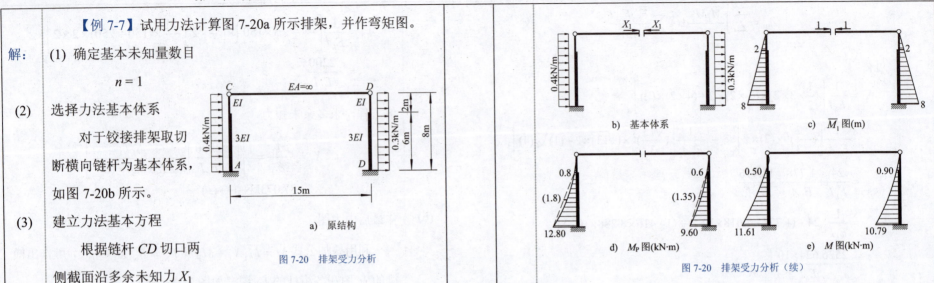

图 7-20 排架受力分析

$$\Delta_{1P} = \frac{1}{EI}\left[\left(\frac{1}{3}\times 0.8\times 2\right)\times\left(\frac{3}{4}\times 2\right)-\left(\frac{1}{3}\times 0.6\times 2\right)\times\left(\frac{3}{4}\times 2\right)\right]_{左、右柱上段} +$$

$$\frac{1}{3EI}\left[\left(\frac{1}{2}\times 0.8\times 6\right)\times\left(\frac{2}{3}\times 2+\frac{1}{3}\times 8\right)+\left(\frac{1}{2}\times 12.8\times 6\right)\times\left(\frac{2}{3}\times 8+\frac{1}{3}\times 2\right)-$$

$$\left(\frac{2}{3}\times 1.8\times 6\right)\times\left(\frac{2+8}{2}\right)\right]_{左柱下段} -$$

$$\frac{1}{3EI}\left[\left(\frac{1}{2}\times 0.6\times 6\right)\times\left(\frac{2}{3}\times 2+\frac{1}{3}\times 8\right)+\left(\frac{1}{2}\times 9.6\times 6\right)\times\left(\frac{2}{3}\times 8+\frac{1}{3}\times 2\right)-$$

$$\left(\frac{2}{3}\times 1.35\times 6\right)\times\left(\frac{2+8}{2}\right)\right]_{右柱下段}$$

$$= \frac{17.43}{EI}$$

(5) 解方程，求多余未知力

$$X_1 = -\frac{\Delta_{1P}}{\delta_{11}} = -\left(\frac{17.43}{EI}\right)\times\left(\frac{3EI}{352}\right) = -0.149\text{kN} \quad (\leftarrow\rightarrow)\ (压)$$

(6) 作最后弯矩图

利用叠加公式 $M = \overline{M}_1 X_1 + M_P$，计算并作出最后弯矩图，如图 7-20e 所示。

7.4.5 两铰拱

两铰拱是土木工程中常用的一种结构形式。两铰拱（图 7-21a）是一次超静定结构。用力法计算时，通常采用简支曲梁为基本结构，以支座的水平推力为多余未知力（图 7-21b）。利用基本体系在 A 支座沿 X_1 方向的线位移为零的变形条件，可建立力法方程

$$\delta_{11} X_1 + \Delta_{1P} = 0$$

拱是曲杆，系数 δ_{11} 和自由项 Δ_{1P} 只能用积分法计算。一般可略去剪力的影响，而轴力的影响仅在扁平拱（拱高 $f<l/5$）的情况下计算 δ_{11} 式中予以考虑，即

$$\left. \begin{array}{l} \delta_{11} = \sum \int \dfrac{\overline{M}_1^2}{EI} ds + \sum \int \dfrac{\overline{F}_{N1}^2}{EA} ds \\ \Delta_{1P} = \sum \int \dfrac{\overline{M}_1 M_P}{EI} ds \end{array} \right\} \quad (a)$$

内力表达式 $\overline{M}_1$、M_P 和 $\overline{F}_{N1}$ 均可在基本结构上列出。

基本结构在 $X_1=1$ 作用下（图 7-21c），竖向反力为零，任意截面的弯矩和轴力（图 7-21d）为

$$\overline{M}_1 = -1 \times y = -y, \quad \overline{F}_{N1} = -1 \times \cos\varphi = -\cos\varphi$$

基本结构在竖向荷载作用下，任意截面的弯矩 M 与同跨度同荷载的相当简支梁的弯矩 M^0 相等，即

$$M_P = M^0$$

将以上 $\overline{M}_1$、$\overline{F}_{N1}$ 和 M_P 表达式代入式（a），可得

$$\delta_{11} = \int \frac{y^2}{EI} ds + \int \frac{\cos^2\varphi}{EA} ds$$

$$\Delta_{1P} = -\int \frac{y M^0}{EI} ds$$

故多余未知力 X_1（即水平推力 F_H）为

$$F_H = X_1 = -\frac{\Delta_{1P}}{\delta_{11}} = \frac{\displaystyle\int \frac{y M^0}{EI} ds}{\displaystyle\int \frac{y^2}{EI} ds + \int \frac{\cos^2\varphi}{EA} ds} \quad (b)$$

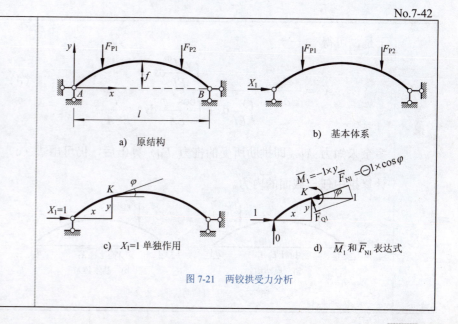

a) 原结构 b) 基本体系 c) $X_1=1$ 单独作用 d) $\overline{M}_1$ 和 $\overline{F}_{N1}$ 表达式

图 7-21 两铰拱受力分析

水平推力求出后，对在竖向荷载作用下的两脚等高的两铰拱的内力计算公式与三铰拱完全相同。两铰拱上任一截面的内力为

$$\left.\begin{array}{l} M = M^0 - F_H y \\ F_Q = F_Q^0 \cos\varphi - F_H \sin\varphi \\ F_N = -F_Q^0 \sin\varphi - F_H \cos\varphi \end{array}\right\} \quad \text{(c)}$$

式中，M^0 和 F_Q^0 分别为相当简支梁的弯矩、剪力；弯矩 M 以拱内侧受拉为正，轴力 F_N 以受拉为正。

由式（c）可见，两铰拱与三铰拱的内力计算公式在形式上完全相同；所不同的仅是两铰拱的水平推力 F_H 由变形条件确定，而三铰拱的水平推力 F_H 由平衡条件确定。

当两铰拱用于屋盖结构时，水平推力势必传给下部支承结构，为改变这种不利情况，通常采用带拉杆的两铰拱，用拉杆来承受水平推力，如图 7-22a 所示。用力法计算时，一般将拉杆切断，取图 7-22b 所示基本体系。将其与图 7-21 对比可知，计算方法与上述基本一致，不同之处仅在于在计算系数 δ_{11} 时多了拉杆 AB 的轴向变形量 $l/(E_g A_g)$，即

$$\delta_{11} = \int \frac{y^2}{EI} ds + \int \frac{\cos^2 \varphi}{EA} ds + \frac{l}{E_g A_g}$$

自由项 Δ_{1P} 计算式相同，仍为

$$\Delta_{1P} = -\int \frac{y M^0}{EI} ds$$

于是，可得

$$X_1 = -\frac{\Delta_{1P}}{\delta_{11}} = \frac{\int \dfrac{y M^0}{EI} ds}{\int \dfrac{y^2}{EI} ds + \int \dfrac{\cos^2 \varphi}{EA} ds + \dfrac{l}{E_g A_g}} \quad \text{(d)}$$

多余未知力 X_1（即拱肋所受的推力 F_H）算出后，仍可由式（c）计算拱中任一截面的内力。

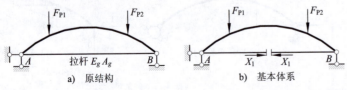

图 7-22 带拉杆的两铰拱受力分析

【例 7-8】试用力法计算图 7-23a 所示两铰拱的水平推力 F_H。设拱的截面尺寸为常数。以左支座为原点，拱轴方程为

$$y = \frac{4f}{l^2} x(l-x)$$

计算时，采用两个简化假设：

第一，忽略轴向变形，只考虑弯曲变形。

第二，当拱比较平时（例如 $f < l/5$），可近似地取 $ds = dx$，$\cos\varphi = 1$。

因此，位移的公式简化为

$$\delta_{11} = \frac{1}{EI} \int_0^l y^2 dx$$

$$\Delta_{1P} = -\frac{1}{EI} \int_0^l y M^0 dx$$

解： 先计算 δ_{11}

$$\delta_{11} = \frac{1}{EI}\int_0^l \left[\frac{4f}{l^2}x(l-x)\right]^2 dx$$

$$= \frac{16f^2}{EIl^4}\int_0^l (l^2x^2 - 2lx^3 + x^4)dx = \frac{8f^2 l}{15EI}$$

计算 Δ_{1P} 时，先求相当简支梁的弯矩图 M^0，如图 7-23b 所示。弯矩方程分两段表示如下：

左半跨 $\qquad M^0 = \frac{3}{8}qlx - \frac{1}{2}qx^2 \qquad \left(0 < x < \frac{l}{2}\right)$

右半跨 $\qquad M^0 = \frac{ql}{8}(l-x) \qquad \left(\frac{l}{2} < x < l\right)$

因此

$$\Delta_{1P} = -\frac{1}{EI}\int_0^{\frac{l}{2}} y\left(\frac{3}{8}qlx - \frac{1}{2}qx^2\right)dx - \frac{1}{EI}\int_{\frac{l}{2}}^l y\frac{ql}{8}(l-x)dx = -\frac{qfl^3}{30EI}$$

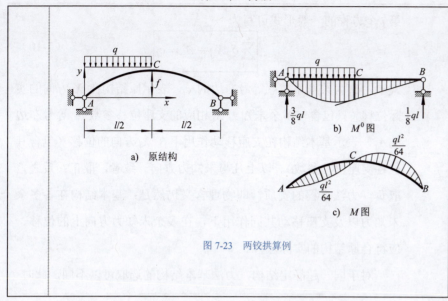

图 7-23 两铰拱算例

由力法方程，求得

$$F_H = X_1 = -\frac{\Delta_{1P}}{\delta_{11}} = \frac{ql^2}{16f}$$

这个结果与三铰拱在半跨均布荷载作用下的结果是一样的。有必要说明，这不是一个普遍性结论。如果在别的荷载作用下，或者在计算位移时不忽略轴向变形的影响，则两铰拱的推力不一定与三铰拱推力相等。但是，在一般荷载作用下，两铰拱的推力与三铰拱的推力是比较接近的。

F_H 求出后，利用公式 $M = M^0 - F_H y$，可作出 M 图如图 7-23c 所示。本例的这个弯矩图与三铰拱的弯矩图相同。

7.5 用力法计算超静定结构在支座移动和温度变化时的内力

对于静定结构，在支座移动、温度变化等非荷载因素作用下，可发生自由变形，但并不引起内力；而对于超静定结构，由于存在多余约束，在非荷载因素作用下，一般会产生内力，这种内力称为自内力。

用力法计算自内力时，其基本原理和分析步骤与荷载作用时相同，只是具体计算时，有以下三个特点：

第一，力法方程中的自由项不同。这里的自由项，不再是荷载引起的 Δ_{iP}，而是由支座移动或温度变化等因素引起基本结构在多余未知力方向上的位移 Δ_{ic} 或 Δ_{it} 等。

第二，对支座移动问题，力法方程右端项不一定为零。当取有移动的支座的支反力为基本未知力时，$\Delta_i \neq 0$，而是 $\Delta_i = c_i$，如下面的式（7-10）。

第三，计算最后内力的叠加公式不完全相同。由于基本结构（是静定结构）在支座移动、温度变化时均不引起内力，因此内力全是由多余未知力引起的。最后弯矩叠加公式为

$$M = \sum \overline{M}_i X_i \quad (7-9)$$

7.5.1 支座移动时的内力计算

在计算支座移动引起 n 次超静定结构的内力时，力法方程中

第 i 个方程的一般形式可写为

$$\sum_{j=1}^{n} \delta_{ij} X_j + \Delta_{ic} = c_i \quad (7\text{-}10)$$

式中，δ_{ij} 为柔度系数；等号右边的 c_i，表示原结构在 X_i 方向的实际位移（只包含与多余未知力 X_i 相应的支座位移参数）；等号左边的 Δ_{ic}，表示基本结构在支座移动作用下在 X_i 方向的位移（包含其他各支座位移参数）。以上凡与未知力方向一致者，取正；反之，取负。力法方程的实质，即物理含义仍然是：基本结构在各多余未知力以及支座移动共同作用下，在多余未知力方向上的位移，应符合原结构的实际位移。

对于同一超静定结构，力法基本结构的选取可以不同，此时力法方程中 Δ_{ic} 和右端 c_i 项的数值一般亦不相同（见例 7-9）。

【例 7-9】 图 7-24a 所示单跨超静定梁 AB，已知 EI 为常数，左端支座转动角度为 θ，右端支座下沉位移为 a，试求在梁中引起的自内力。

解： 此梁为一次超静定，以下分别采用三种基本体系求解，以兹比较。

(1) **第一种解法**（图 7-24b、c、d、k）

取支座 B 的竖向反力为多余未知力 X_1，基本结构为悬臂梁，其基本体系如图 7-24b 所示。其力法方程为

$$\delta_{11} X_1 + \Delta_{1c} = -a \quad (a)$$

上式右边取负号是因为原结构 B 支座实际下沉位移与 X_1 假设方向相反。上式左边的自由项 Δ_{1c} 是当支座 A 产生转角 θ 时在基本结构中产生的沿 X_1 方向的位移。由图 7-24c，可知

$$\Delta_{1c} = -\theta l \quad (b)$$

自由项 Δ_{1c} 也可根据图 7-24b 和图 7-24d，由以下位移公式求得

$$\Delta_{1c} = -\sum \overline{F}_R c = -(l \times \theta) = -\theta l$$

系数 δ_{11} 则可由图 7-24d 中的 $\overline{M}_1$ 图求得

$$\delta_{11} = \frac{1}{EI} \int \overline{M}_1^2 \, dx = \frac{l^3}{3EI} \quad (c)$$

将式（b）和式（c）代入式（a），得

$$\frac{l^3}{3EI} X_1 - \theta l = -a \quad (d)$$

由此求得

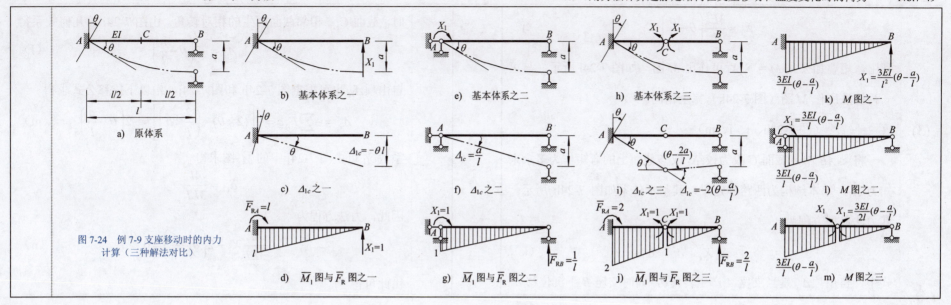

图7-24 例7-9支座移动时的内力计算（三种解法对比）

$$X_1 = \frac{3EI}{l^2}\left(\theta - \frac{a}{l}\right) \quad (e)$$

弯矩叠加公式为

$$M = \overline{M}_1 X_1 \quad (f)$$

最后弯矩图如图7-24k所示。

(2) **第二种解法**（图7-24e、f、g、l）

取支座A的反力矩作为多余未知力X_1，基本结构为简支梁，其基本体系如图7-24e所示。其力法方程为

$$\delta_{11} X_1 + \Delta_{1c} = \theta$$

式中，自由项Δ_{1c}是当基本结构中支座B下沉位移a而在A点产生的转角。由图7-24f可知

$$\Delta_{1c} = \frac{a}{l} \quad (g)$$

自由项Δ_{1c}也可根据图7-24e和图7-24g，由以下位移公式求得

$$\Delta_{1c} = -\sum \overline{F}_R c = -\left(-\frac{1}{l} \times a\right) = \frac{a}{l}$$

系数δ_{11}可由图7-24g中的$\overline{M}_1$图求得

$$\delta_{11} = \frac{l}{3EI} \quad (h)$$

因此，力法方程为

$$\frac{l}{3EI} X_1 + \frac{a}{l} = \theta \quad (i)$$

由此求得

$$X_1 = \frac{3EI}{l}\left(\theta - \frac{a}{l}\right) \tag{j}$$

利用弯矩叠加公式 $M = \delta_{11}X_1$ 可作出 M 图，如图 7-24l 所示，与第一种解法所作 M 图（图 7-24k）完全相同。

(3) **第三种解法**（图 7-24h、i、j、m）

将梁 AB 中点截面 C 改为铰结，取该截面上的弯矩作为多余未知力 X_1，基本结构为两跨静定梁，其基本体系如图 7-24h 所示。其力法典型方程为

$$\delta_{11}X_1 + \Delta_{1c} = 0 \tag{k}$$

式中，自由项 Δ_{1c} 是当支座 A 产生转角 θ，同时支座 B 下沉位移 a 时，截面 C 二相邻截面产生的相对转角。由图 7-24i 的几何关系得

$$\Delta_{1c} = -2\left(\theta - \frac{a}{l}\right) \tag{l}$$

自由项 Δ_{1c} 也可根据图 7-24h 和图 7-24j，由以下位移公式求得

$$\Delta_{1c} = -\sum \overline{F}_R c = -\left[(2\times\theta) - \left(\frac{2}{l}\times a\right)\right] = -2\left(\theta - \frac{a}{l}\right) \tag{m}$$

系数 δ_{11} 可由图 7-24j 中的 $\overline{M}_1$ 图求得

$$\delta_{11} = \frac{4l}{3EI}$$

因此，力法方程为

$$\frac{4l}{3EI}X_1 - 2\left(\theta - \frac{a}{l}\right) = 0 \tag{n}$$

由此可得

$$X_1 = \frac{3EI}{2l}\left(\theta - \frac{a}{l}\right) \tag{o}$$

利用弯矩叠加公式 $M = \overline{M}_1 X_1$ 可作出 M 图，如图 7-24m 所示，与第一、二种解法所作的 M 图（图 7-24k、l）完全相同。

(4) 以上选取三种不同基本结构，得出三个不同的力法方程：

第一种解法　　$\dfrac{l^3}{3EI}X_1 - \theta l = -a$　　(d)

第二种解法　　$\dfrac{l}{3EI}X_1 + \dfrac{a}{l} = \theta$　　(i)

第三种解法　　$\dfrac{4l}{3EI}X_1 - 2\left(\theta - \dfrac{a}{l}\right) = 0$　　(n)

每个方程中都出现两个位移参数 θ 和 a。但在式（d）中，θ 在左边，a 在右边；在式（i）中，θ 在右边，a 在左边；而在式（n）中，θ 和 a 都出现在左边。一般来说，凡是与多余未知力相应的支座位移参数都出现在力法典型方程的右边项中，而其他的支座位移参数都出现在左边的自由项中。

(5) 特例

1）若 $a = 0$，则原体系如图 7-25a 所示，相应的 M 图如图 7-25b 所示。A 点的 $M_{AB} = \dfrac{3EI}{l}\theta$，若引入符号

$$i = \frac{EI}{l}$$

称为**杆件的线刚度**，则 $M_{AB} = 3i\theta$。

2）若 $\theta = 0$，并令 $\Delta_{AB} = a$，则原体系如图 7-26a 所示，相应的

M 图如图 7-26b 所示。A 点的 $M_{AB} = \dfrac{3EI}{l} \times \dfrac{\Delta_{AB}}{l}$，若再引入符号

$$\beta = \frac{\Delta_{AB}}{l}$$

称为杆 AB 的**弦转角**，则 $M_{AB} = 3i \dfrac{\Delta_{AB}}{l} = 3i\beta$。

这里所得到的两个 M 图（图 7-25b 和图 7-26b）的数值，将被列入第 8 章位移法的表 8-1 中，并常常被加以应用。

对于两端固定的等截面单跨超静定梁 AB，当 A 端发生转角 θ，或 B 端下沉位移 Δ_{AB} 时，读者可按上述同样方法进行分析，并将计算结果与表 8-1 所列相应数值相对照，自行验证。

(6) 上述计算结果表明：在支座位移时，超静定结构将产生内力和反

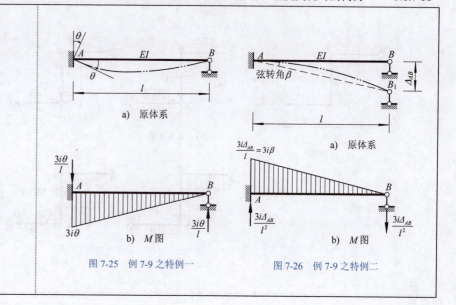

图 7-25 例 7-9 之特例一　　图 7-26 例 7-9 之特例二

力，其内力和支反力与各杆件刚度的绝对值成正比。这与荷载作用下，结构的内力和支反力仅与各杆刚度的相对比值有关而与刚度的绝对值无关的情况是不同的。

7.5.2 温度变化时的内力计算

在温度变化时，n 次超静定结构的力法方程中，第 i 个方程的一般形式为

$$\boxed{\sum_{j=1}^{n} \delta_{ij} X_j + \Delta_{it} = \Delta_i} \qquad (7\text{-}11)$$

式中，Δ_{it} 表示基本结构在温度变化作用下沿 X_i 方向的位移；Δ_i 表示原结构沿 X_i 方向的位移（在温度变化问题中，一般 $\Delta_i=0$）。力法方程仍反映了基本结构的位移应与原结构位移相符的变形协调条件。静定的基本结构在温度变化下的位移计算方法已在 6.7 节中介绍。

【**例 7-10**】试作图 7-27a 所示刚架在温度改变时所产生的 M 图。各杆截面为矩形，高度 $h=l/10$，线膨胀系数为 α。设 $EI=$ 常数。

解：此结构为一次超静定刚架，取基本体系如图 7-27b 所示。力法方程为

$$\delta_{11} X_1 + \Delta_{1t} = 0$$

分别作 $\overline{M}_1$ 图和 $\overline{F}_{N1}$ 图，如图 7-27c、d 所示。系数 δ_{11} 的求法与荷载作用时相同，即

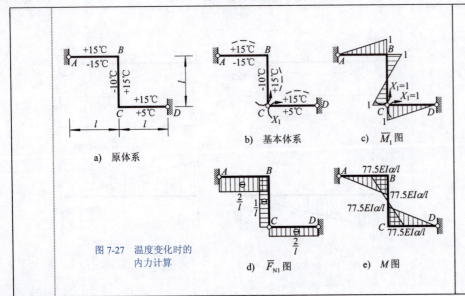

图7-27 温度变化时的内力计算

$$\delta_{11} = \frac{2}{EI}\left[\left(\frac{1}{2}\times 1\times l\right)\times\left(\frac{2}{3}\times 1\right) + \left(\frac{1}{2}\times 1\times \frac{l}{2}\right)\times\left(\frac{2}{3}\times 1\right)\right] = \frac{l}{EI}$$

自由项 Δ_{1t} 按式（6-25b）计算，即

$$\Delta_{1t} = \sum \alpha \frac{\Delta t}{h} A_{\overline{M}} + \sum \alpha t_0 A_{\overline{F}_N}$$

式中，轴线平均温度变化 $t_0 = \dfrac{t_1+t_2}{2}$，各杆段分别为

AB段 $t_0=0℃$

BC段 $t_0=2.5℃$

CD段 $t_0=10℃$

内外温差 $\Delta t = |t_2 - t_1|$，各杆段分别为

AB段 $\Delta t = 30℃$

BC段 $\Delta t = 25℃$

CD段 $\Delta t = 10℃$

将各已知值代入 Δ_{1t} 计算式，得

$$\Delta_{1t} = \alpha \times \frac{10}{l}\left[30\times\left(\frac{1}{2}\times 1\times l\right) - 10\times\left(\frac{1}{2}\times 1\times l\right)\right] + \alpha\left[-2.5\times\left(\frac{1}{l}\times l\right) - 10\times\left(\frac{2}{l}\times l\right)\right]$$

$$= 100\alpha - 22.5\alpha = 77.5\alpha$$

代入典型方程，可得

$$X_1 = -\frac{\Delta_{1t}}{\delta_{11}} = -\frac{77.5EI\alpha}{l}\ (\ )(\ )$$

最后弯矩图 $M = \overline{M}_1 X_1$，如图7-27e所示。

由计算结果可知，在温度变化时，超静定结构的内力和支反力与各杆件刚度的绝对值成正比。因此，加大截面尺寸并不是改善自内力状态的有效途径。另外，对于钢筋混凝土梁，要特别注意因降温可能出现裂缝的情况（对超静定梁而言，其低温一侧受拉而高温一侧受压）。

还有必要指出，杆件的制作误差、材料的收缩和徐变所引起超静定结构自内力的计算，其基本原理与上述温度变化时相同。

只是在计算自由项时，需注意将基本结构中因轴线平均温度变化 t_0 而引起的杆长变化量 $\alpha t_0 l$，代之以杆件制作长度的误差或材料的收缩量 Δl，亦即将温度变化时的自由项计算公式

$$\Delta_{it} = \sum \alpha t_0 A_{\overline{F}_N} = \sum \overline{F}_N \alpha t_0 l$$

代之以杆件制作误差（或材料收缩与徐变）时的自由项计算公式

$$\boxed{\Delta_{iZ} = \sum \overline{F}_N \Delta l} \qquad (7\text{-}12)$$

就可以用与温度变化时同样的力法方程求出上述因素作用下结构的自内力。因此也可看出，周边的约束刚度对上述非荷载因素所引起的结构的自内力有很大的影响。

7.6 对称结构的简化计算

在土木工程中，很多结构都是对称的，利用其对称性可以使结构的受力分析得到简化。

7.6.1 简化的前提条件

结构必须具有对称性。所谓结构的对称性，是指结构的几何形状、内部联结、支承条件以及杆件刚度均对于某一轴线是对称的。例如，图 7-28a、b 所示刚架均为对称结构，其中，图 7-28a 是单轴对称的，图 7-28b 是双轴对称的。

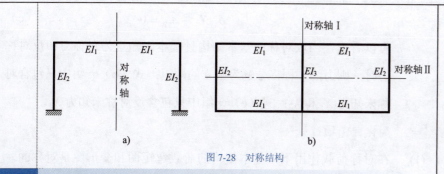

图 7-28 对称结构

7.6.2 简化的主要目标

用力法分析超静定结构时，其主要工作量在于需要计算大量的系数、自由项并解算其典型方程。因此，若要使力法计算得到简化，就必须从简化典型方程入手。由于主系数恒为正且不为零，因此力法简化的主要目标是：使典型方程中尽可能多的副系数以及自由项等于零，从而使典型方程成为独立方程或少元联立方程。能达到这一目的的途径很多，其关键都在于选择合理的基本结构，以及设置适当的基本未知量。下面，介绍两种利用结构的对称性简化力法计算的方法。

7.6.3 简化的方法之一——选择对称的基本结构

在图 7-29a 所示对称的三次超静定刚架中，沿对称轴上梁的中间截面切开，所得基本结构是对称的（图 7-29b）。此时，所取基本体系（图 7-29c）上的多余未知力包含三对力：一对弯矩 X_1、一

对轴力 X_2 和一对剪力 X_3。如果对称轴两边的多余未知力大小相等，绕对称轴对折后若作用点和作用线均重合且指向相同，则称为**正对称（或简称对称）的力**；而仅作用点和作用线均重合但指向相反，则称为**反对称的力**。由此可知，在上述多余未知力中，X_1 和 X_2 是正对称的，而 X_3 是反对称的。

1 简化副系数计算

基本结构在荷载及 X_1、X_2、X_3 作用下，切口两侧截面的相对转角、相对水平位移和相对竖向位移应等于零。力法典型方程为

$$\left.\begin{aligned}\delta_{11}X_1+\delta_{12}X_2+\delta_{13}X_3+\Delta_{1P}=0\\ \delta_{21}X_1+\delta_{22}X_2+\delta_{23}X_3+\Delta_{2P}=0\\ \delta_{31}X_1+\delta_{32}X_2+\delta_{33}X_3+\Delta_{3P}=0\end{aligned}\right\} \quad (a)$$

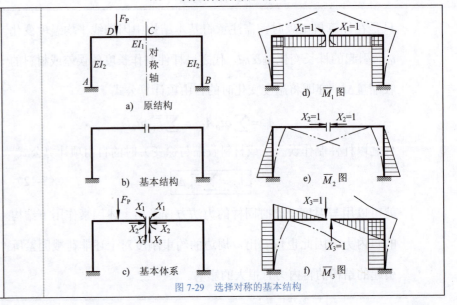

图 7-29 选择对称的基本结构

图 7-29d、e、f 分别为各单位多余未知力作用时的单位弯矩图和变形图。显见，对称未知力 X_1 和 X_2 所产生的弯矩图 $\overline{M}_1$ 和 $\overline{M}_2$ 及变形图是对称的；反对称未知力 X_3 所产生的弯矩图 $\overline{M}_3$ 和变形图是反对称的。因此，典型方程的系数

$$\delta_{13}=\delta_{31}=\sum\int\frac{\overline{M}_1\overline{M}_3}{EI}\mathrm{d}s=0$$
$$\delta_{23}=\delta_{32}=\sum\int\frac{\overline{M}_2\overline{M}_3}{EI}\mathrm{d}s=0$$

这样，典型方程（a）就简化为

$$\left.\begin{aligned}\delta_{11}X_1+\delta_{12}X_2+\Delta_{1P}=0\\ \delta_{21}X_1+\delta_{22}X_2+\Delta_{2P}=0\end{aligned}\right\} \quad (b)$$

$$\delta_{33}X_3+\Delta_{3P}=0 \quad (c)$$

可以看出，当取对称的基本结构且基本未知量为对称力和反对称力时，则力法方程将分解为独立的两组：式（b）一组中只包含对称未知力 X_1 和 X_2；式（c）一组中只包含反对称未知力 X_3。

2 简化自由项计算

(1) 在对称荷载作用下，基本结构的荷载弯矩图和变形图是对称的。如图 7-30a 所示对称荷载作用下的弯矩图 M_P 是对称的，而 $\overline{M}_3$ 图（图 7-29f）是反对称的，因此

$$\Delta_{3P}=\sum\int\frac{\overline{M}_3M_P}{EI}\mathrm{d}s=0$$

由式（c）可知，反对称未知力 $X_3=0$，只需用式（b）计算对

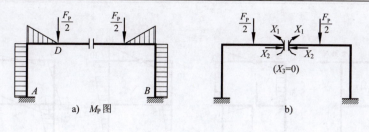

a) M_P 图　　　　b)

图 7-30　对称荷载作用下

称未知力 X_1 和 X_2（图 7-30b）。

(2) 在反对称荷载作用下，基本结构的荷载弯矩图和变形图是反对称的。如图 7-31a 所示反对称荷载作用下的弯矩图 M_P 是反对称的，而 $\overline{M}_1$ 和 $\overline{M}_2$ 图（图 7-29d、e）是对称的，因此

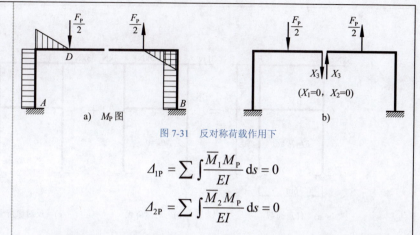

a) M_P 图　　　　b)

图 7-31　反对称荷载作用下

$$\Delta_{1P} = \sum \int \frac{\overline{M}_1 M_P}{EI} ds = 0$$

$$\Delta_{2P} = \sum \int \frac{\overline{M}_2 M_P}{EI} ds = 0$$

由式（b）可知，对称未知力 $X_1=0$，$X_2=0$，只需用式（c）计算反对称未知力 X_3（图 7-31b）。

由以上分析可得出如下结论：

1）对称荷载在对称结构中只引起对称的支反力、内力和变形。因此，反对称的未知力必等于零，而只有对称未知力。

2）反对称荷载在对称结构中只引起反对称的支反力、内力和变形。因此，对称的未知力必等于零，而只有反对称未知力。

当对称结构上作用任意荷载（图 7-29a）时，一种做法是，可以根据求解的需要把荷载分解为对称荷载和反对称荷载两部分（图 7-30a 和图 7-31a），按两种荷载分别计算后再叠加；另一种做法是，不进行分解，直接按该任意荷载进行计算。这两种做法各有利弊，可根据情况选用。

【例 7-11】试利用对称性分析图 7-32a 所示刚架，并作最后弯矩图。假设 EI 为常数。

解：这是一个四次超静定的对称结构，受到非对称荷载作用。

先将荷载分解为对称荷载和反对称荷载（图 7-32b、c）。由于图 7-32b 所示刚架在一组对称的、沿杆轴向的、平衡的结点荷载作用下，弯矩 $M_{对}=0$，故只需计算图 7-32c 所示受反对称荷载作用的刚架的弯矩 $M_{反}$，该 $M_{反}$ 即为原体系的最后弯矩 M。

选取对称的基本结构，其对应的基本体系如图 7-32d 所示。由于荷载是反对称的，故可知正对称的多余未知力皆为零，而只有

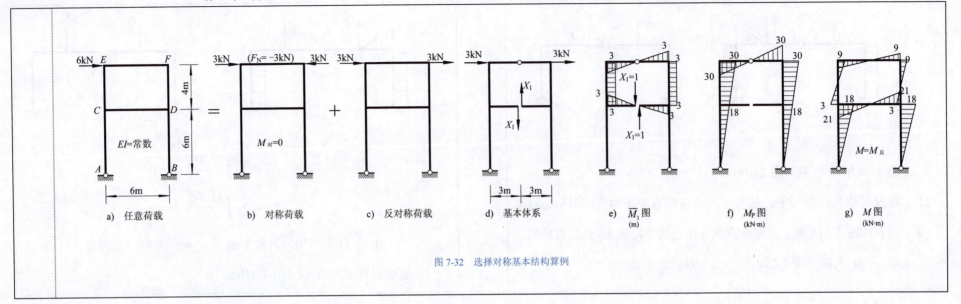

图 7-32 选择对称基本结构算例

反对称的多余未知力 X_1，从而使力法方程大为简化，仅相当于求解一次超静定的问题。

分别作出 $\overline{M}_1$、M_P 图，如图 7-32e、f 所示。由图乘法可得

$$\delta_{11} = \frac{1}{EI}\left[2\times(3\times4)\times(3)\right] + \frac{1}{EI}\left[4\times\left(\frac{1}{2}\times3\times3\right)\times\left(\frac{2}{3}\times3\right)\right]$$

$$= \frac{108}{EI}$$

$$\Delta_{1P} = \frac{2}{EI}\left[(3\times4)\times\left(\frac{30+18}{2}\right) + \left(\frac{1}{2}\times3\times3\right)\times\left(\frac{2}{3}\times30\right)\right] = \frac{756}{EI}$$

代入典型方程

$$\frac{108}{EI}X_1 + \frac{756}{EI} = 0$$

可解得

$$X_1 = -\frac{\Delta_{1P}}{\delta_{11}} = -\frac{756}{108}\text{kN} = -7\text{kN} \quad (\uparrow\downarrow)$$

最后弯矩图 $M = \overline{M}_1 X_1 + M_P$，如图 7-32g 所示。

7.6.4 简化方法之二——选取等效的半结构

利用对称结构在正对称荷载或反对称荷载作用下的受力和变形特性，可以只截取结构的一半即<u>等效半结构</u>进行计算。下面具体说明截取等效半结构的方法。

1 奇数跨对称结构

图 7-33a 所示单跨对称刚架在正对称荷载作用下，其内力和变

形都是对称的。因此，在对称轴截面 C 处，只存在对称内力即弯矩和轴力，而剪力为零；只发生对称位移即竖向位移，而转角和水平位移为零。这样，C 截面的受力和位移情况相当于定向支座，故截取半结构时，应在对称轴截面 C 处代之以定向支座，如图 7-33b 所示。

图 7-33c 所示单跨对称刚架在反对称荷载作用下，其内力和变形都是反对称的。因此，在对称轴截面 C 处，只存在反对称内力即剪力，而弯矩和轴力为零；只发生反对称位移即转角和水平位移，而竖向位移为零。这样，C 截面的受力与位移情况相当于一竖向支杆，故截取半结构时，应在对称轴截面 C 处代之以竖向支杆，

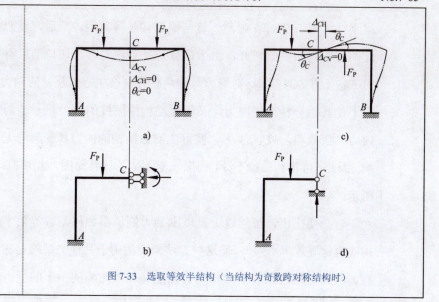

图 7-33 选取等效半结构（当结构为奇数跨对称结构时）

如图 7-33d 所示。

② **偶数跨对称结构**

图 7-34a 所示两跨对称刚架在对称荷载作用下，由于内力是对称的，所以 CD 杆没有弯矩和剪力，只有轴力。由于变形是对称的，所以若忽略杆件的轴向变形，则在对称轴上的刚结点 C 将不可能产生任何位移。这样，C 处实际上相当于固定支座，故截取半结构时，应在该处用固定支座代替原约束，如图 7-34b 所示。

图 7-34c 所示两跨对称刚架在反对称荷载作用下，可先设想中间柱由两根刚度为 $EI/2$ 的竖柱组成，它们分别在对称轴两侧与横

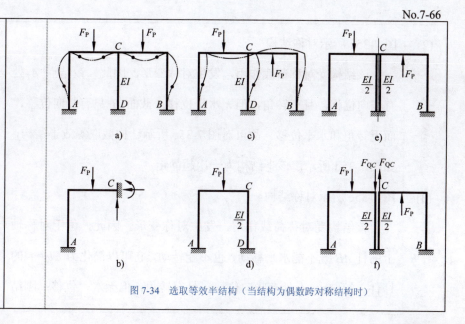

图 7-34 选取等效半结构（当结构为偶数跨对称结构时）

梁刚结（图 7-34e），显然，这与原结构是等效的。然后，设想将此两柱中间的横梁切开，由于荷载是反对称的，故切口上只有剪力 F_{QC}（图 7-34f）。这对剪力只使两柱分别产生等值反号的轴力，而不使其他杆件产生内力。又因原结构中间柱的内力等于该两柱内力之代数和，故剪力 F_{QC} 实际上对原结构的内力和变形均无影响。因此，可将其去掉不计，而取一半刚架的计算简图，如图 7-34d 所示。

有必要指出，虽然以上是以刚架为例说明如何截取等效半结构（也称等效半刚架），但这些方法同样适用于其他类型的对称结构。利用对称性截取半结构时必须使其与原结构的一半的受力和变形状态相同。而要做到这一点，其关键在于：在所截开的对称轴截面加设的支承，应与原结构该处的位移条件和静力条件一致。

【例 7-12】图 7-35a、c、e 所示三个对称结构分别受到反对称荷载或正对称荷载作用。试利用对称性，分别截取其等效半结构。

解：(1) 图 7-35a 所示对称结构

该结构受反对称荷载作用，发生反对称变形。因此，上部三铰刚架对称轴上的 A 铰处有水平位移，且有转角，但无竖向位移；下部为两跨对称刚架。故可对图 7-35a 所示结构截取等效半结构，如图 7-35b 所示，该半结构为一次超静定。

(2) 图 7-35c 所示对称结构

该结构受对称荷载作用，发生对称变形。因此，铰结点 A 处有竖向位移，且有转角，但无水平位移；截面 B 只有竖向位移，而无转角和水平位移。故可对图 7-35c 所示结构截取等效半结构，如图 7-35d 所示，该半结构为一次超静定。

(3) 图 7-35e 所示对称结构

该结构受对称荷载作用，发生对称变形。因此，位于对称轴上的杆 AB 既不能水平移动，也不能转动，它可以简化为 $EI_0=\infty$ 的杆件。铰结点 A 处有竖向位移，且有转角，但无水平位移；刚结

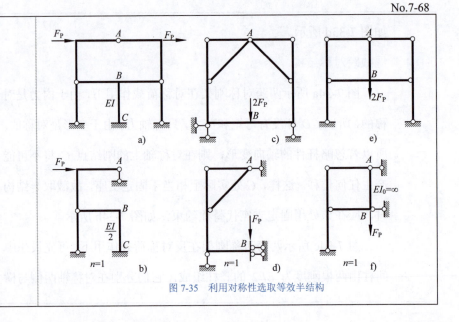

图 7-35 利用对称性选取等效半结构

点 B 处只有竖向位移,而无转角和水平位移。故可对图 7-35e 所示结构截取等效半结构,如图 7-35f 所示,该半结构为一次超静定。

【例 7-13】 试作图 7-36a 所示对称结构的弯矩图。

解: 图 7-36a 所示结构为三次超静定对称结构,但荷载不对称。为此,将图 7-36a 所示荷载分成两组(图 7-36b):对称组无弯矩;反对称组可取图 7-36c 简图进行分析。

图 7-36c 简图仍是对称结构承受任意荷载情况,可再次如图 7-36d 将荷载分解,从而得到图 7-36e 所示 1/4 结构计算简图。这是一个静定刚架,可得图 7-36f 所示的弯矩图。据此,如图 7-36g 和图 7-36h 即可作出原结构的最后弯矩图。应注意,弯矩图叠加时,中柱的弯矩是边柱的两倍。

对称结构的半结构分析法,不仅在力法中采用,在位移法和力矩分配法等其他方法中也会用到。

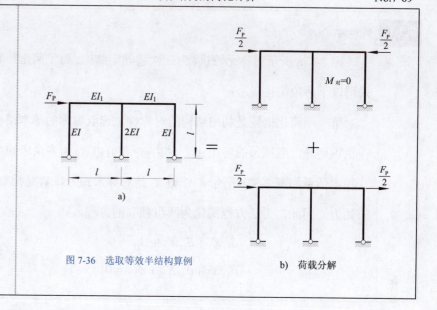

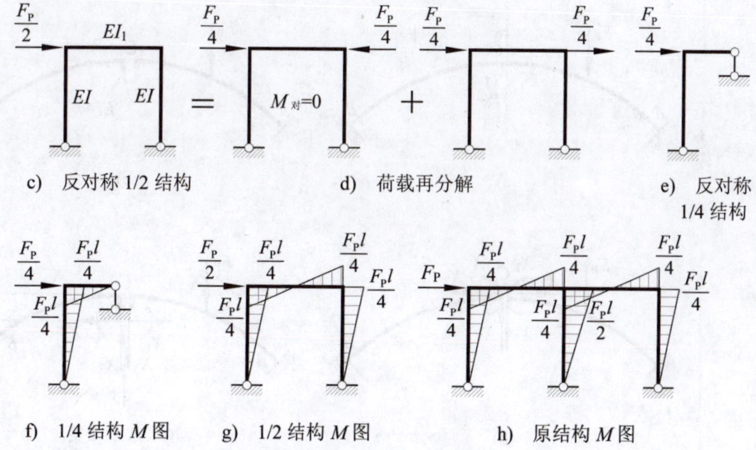

图 7-36 选取等效半结构算例

c) 反对称 1/2 结构   d) 荷载再分解   e) 反对称 1/4 结构

f) 1/4 结构 M 图   g) 1/2 结构 M 图   h) 原结构 M 图

图 7-36 选取等效半结构算例(续)

7.7 用弹性中心法计算对称无铰拱

在土木工程中,常采用具有闭合周界的三次超静定结构,如无铰拱,矩形框架,马蹄形、圆形及上圆下方等截面形式的隧道和输水涵管等都是这类结构的实例。这类结构通常是对称的,一般具有一根或两根对称轴。本节以对称的无铰拱为例,介绍一种解算这类结构常用的简便方法,即**弹性中心法**。

7.7.1 弹性中心

图 7-37a 所示对称无铰拱,为三次超静定结构。为了简化计算,采用以下两项简化措施:

第一项简化措施是利用结构的对称性。选取对称的基本结构,在拱顶切开,取拱顶的弯矩 X_1、轴力 X_2 和剪力 X_3 为多余未知力,其基本体系如图 7-37b 所示。X_1 和 X_2 是对称未知力,X_3 是反对称未知力。因此,力法方程简化为两组独立的方程,即

$$\left.\begin{array}{l}\delta_{11}X_1+\delta_{12}X_2+\varDelta_{1P}=0\\ \delta_{21}X_1+\delta_{22}X_2+\varDelta_{2P}=0\end{array}\right\} \qquad (a)$$

$$\delta_{33}X_3+\varDelta_{3P}=0 \qquad (b)$$

第二项简化措施是利用刚臂进一步使余下的一对副系数 δ_{12} 和 δ_{21} 也等于零,从而使力法方程进一步简化为三个独立的一元一次方程

$$\left.\begin{array}{l}\delta_{11}X_1+\varDelta_{1P}=0\\ \delta_{22}X_2+\varDelta_{2P}=0\\ \delta_{33}X_3+\varDelta_{3P}=0\end{array}\right\} \qquad (7\text{-}13)$$

下面,说明如何利用刚臂来达到上述简化目的。

第一步,把原来的无铰拱换成图 7-37c 所示的拱。即先在拱顶把无铰拱切开,在切口处沿竖向对称轴安上两根刚性为无穷大的**刚臂**,并将两刚臂下端重新刚性地连接起来。由于刚臂本身不变形,因此与刚臂相连的切口 C 处的左右二截面之间也不会产生任何相对位移。由此看出,这个带刚臂的无铰拱与原来的无铰拱是等效的,可以相互代替。

第二步,选取基本体系。将带刚臂的无铰拱在刚臂下端 O 处切开,在切口处加上三对多余未知力 X_1、X_2 和 X_3,得到如图 7-37d 所示的基本体系。显然,这时力法方程(a)和(b)仍然适用。

第三步,确定刚臂的长度,也就是确定刚臂端点 O 的位置。

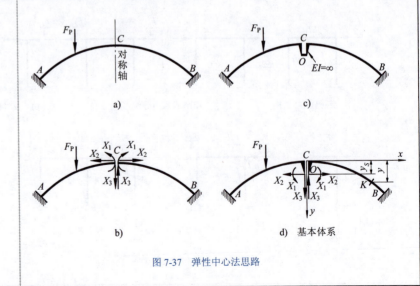

图 7-37 弹性中心法思路

我们的目的是要使副系数 $\delta_{12}=\delta_{21}=0$。因此，可根据这个条件来推算 O 点的位置。为此，首先写出副系数 δ_{12} 的算式为

$$\delta_{12}=\sum\int\frac{\overline{M}_1\overline{M}_2}{EI}\mathrm{d}s+\sum\int\frac{\overline{F}_{N1}\overline{F}_{N2}}{EA}\mathrm{d}s+\sum\int\frac{\mu\overline{F}_{Q1}\overline{F}_{Q2}}{GA}\mathrm{d}s \quad (c)$$

这个积分的范围只包括拱轴的全长，而不包括刚臂部分，因为刚臂为绝对刚性，其积分值等于零。

其次，列写在单位未知力作用下的内力表达式。取以拱顶 C 为坐标原点，x、y 轴的方向如图 7-37d 所示。内力正负号规定与三铰拱相同，即弯矩以使拱内侧受拉为正，剪力以绕隔离体顺时针旋转为正，轴力以拉力为正。则当 $\overline{X}_1=1$、$\overline{X}_2=1$、$\overline{X}_3=1$ 分别作用时（图 7-38a、b、c）所引起任一截面 K 的内力为

$$\left.\begin{array}{l}\overline{M}_1=1,\ \overline{F}_{N1}=0,\ \overline{F}_{Q1}=0\\[4pt]\overline{M}_2=y-y_S,\ \overline{F}_{N2}=-\cos\varphi,\ \overline{F}_{Q2}=\sin\varphi\\[4pt]\overline{M}_3=x,\ \overline{F}_{N3}=\sin\varphi,\ \overline{F}_{Q3}=\cos\varphi\end{array}\right\} \quad (d)$$

式中，y_S 为刚臂长度；φ 为截面处拱轴切线与水平线之间的夹角，在右半拱取正，左半拱取负。

将式（d）代入式（c），得

$$\delta_{12}=\delta_{21}=\int\frac{(1)\times(y-y_S)}{EI}\mathrm{d}s+0+0$$

$$=\int\frac{y}{EI}\mathrm{d}s-y_S\int\frac{1}{EI}\mathrm{d}s$$

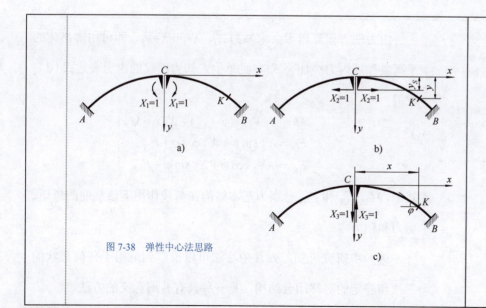

图 7-38 弹性中心法思路

令 $\delta_{12}=\delta_{21}=0$，便可得到刚臂长度 y_S 为

$$y_S=\frac{\displaystyle\int\frac{y}{EI}\mathrm{d}s}{\displaystyle\int\frac{1}{EI}\mathrm{d}s} \quad (7\text{-}14)$$

为了形象地理解式（7-14）的几何意义，设想沿拱轴线作宽度等于 $1/EI$ 的图形（图 7-39），则 $\mathrm{d}s/EI$ 代表此图中的微面积，而式

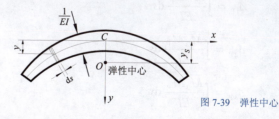

图 7-39 弹性中心

（7-14）就是计算这个图形面积的形心计算公式。由于此图形的面积与结构的弹性性质 EI 有关，故称它为**弹性面积图**，它的形心则称为**弹性中心**。

根据上面的分析可知，如果先按式（7-14）求出 y_S，即确定弹性中心的位置，并将刚臂端点引至弹性中心，然后取形如图 7-37d 所示带刚臂的基本体系，则力法方程中的全部副系数都等于零。这一方法就称为**弹性中心法**。

将以上讨论归纳如下：先由式（7-14）求出 y_S 值，刚臂端点的位置就确定了；再按图 7-37d 取基本体系，力法方程就简化为式（7-13）的三个独立的一元一次方程。这样，计算工作就大为简化。

7.7.2 荷载作用下的计算

如上所述，用弹性中心法分析如图 7-37a 所示受荷载作用的对称无铰拱时，其基本体系如图 7-37d 所示，其力法方程简化为式（7-13），即

$$\left.\begin{array}{l}\delta_{11}X_1+\Delta_{1P}=0\\ \delta_{22}X_2+\Delta_{2P}=0\\ \delta_{33}X_3+\Delta_{3P}=0\end{array}\right\}$$

当计算系数和自由项时，可忽略轴向变形和剪切变形的影响，只考虑弯曲变形一项。但当拱轴线接近合理拱轴时，或拱高 $f<l/5$ 时，或拱高 $f>l/5$ 且拱顶截面高度 $h_c>l/10$ 时，还需考虑轴力对 δ_{22} 的影响，即

$$\left.\begin{array}{l}\delta_{11}=\int\dfrac{\overline{M}_1^2}{EI}\mathrm{d}s=\int\dfrac{1}{EI}\mathrm{d}s\\[2mm] \delta_{22}=\int\dfrac{\overline{M}_2^2}{EI}\mathrm{d}s+\int\dfrac{\overline{F}_{N2}^2}{EA}\mathrm{d}s=\int\dfrac{(y-y_S)^2}{EI}\mathrm{d}s+\int\dfrac{\cos^2\varphi}{EA}\mathrm{d}s\\[2mm] \delta_{33}=\int\dfrac{\overline{M}_3^2}{EI}\mathrm{d}s=\int\dfrac{x^2}{EI}\mathrm{d}s\\[2mm] \Delta_{1P}=\int\dfrac{\overline{M}_1 M_P}{EI}\mathrm{d}s\\[2mm] \Delta_{2P}=\int\dfrac{\overline{M}_2 M_P}{EI}\mathrm{d}s\\[2mm] \Delta_{3P}=\int\dfrac{\overline{M}_3 M_P}{EI}\mathrm{d}s\end{array}\right\} \quad (7\text{-}15)$$

由力法方程算出多余未知力 X_1、X_2 和 X_3 后，即可用隔离体的平衡条件或内力叠加公式[参见单位未知力引起的内力表达式（d）]求得

$$\left.\begin{array}{l}M=X_1+X_2(y-y_S)+X_3 x+M_P\\ F_Q=X_2\sin\varphi+X_3\cos\varphi+F_{QP}\\ F_N=-X_2\cos\varphi+X_3\sin\varphi+F_{NP}\end{array}\right\} \quad (\text{e})$$

式中，M_P、F_{QP} 和 F_{NP} 分别为基本结构在荷载作用下该截面的弯矩、剪力和轴力。

进一步研究可知，弹性中心法可以推广到适用于任何形状的三次超静定的对称闭合结构，是一种具有普遍意义的方法。

无铰拱内力图的绘制方法与三铰拱类似，先将拱等分为若干段，并求出这些等分点所在截面的内力和荷载不连续截面的内力，然后描点连线即可。

当拱轴方程及截面变化规律比较复杂时，按式（7-15）计算系数和自由项将很困难，甚至是不可能的。因此，工程中常采用数值积分法，即<u>总和法</u>来进行近似计算。

【例 7-14】试用弹性中心法计算图 7-40a 所示圆拱直墙刚架的弯矩 M_A 和 M_C。设 $EI=$ 常数。

解：此刚架为三次超静定结构，圆拱部分承受径向荷载。因为

$$(q\mathrm{d}s)\cos\theta = q\mathrm{d}x$$

$$(q\mathrm{d}s)\sin\theta = q\mathrm{d}y$$

所以，可将径向荷载分解为沿水平方向和沿竖直方向作用的均布荷载 q（图 7-40b）。由荷载对称，故反对称力 $X_3=0$。

(1) 求弹性中心位置

取基本体系及坐标如图 7-40b 所示。

由式（7-14），可求得

$$y_S = \frac{\int \dfrac{y}{EI}\mathrm{d}s}{\int \dfrac{1}{EI}\mathrm{d}s} = \frac{\dfrac{2}{EI}\int_0^{\frac{\pi}{2}} R(1-\cos\theta)R\,\mathrm{d}\theta + \dfrac{2}{EI}\int_R^{2R} y\,\mathrm{d}y}{\dfrac{2}{EI}\int_0^{\frac{\pi}{2}} R\,\mathrm{d}\theta + \dfrac{2}{EI}\int_R^{2R} \mathrm{d}y} = 0.81R$$

(2) 计算系数和自由项

由隔离体的平衡条件建立弯矩方程如下：

1) 在 $X_1=1$ 作用下

  直、曲杆段　　$\overline{M}_1 = 1$

2) 在 $X_2=1$ 作用下（图 7-40c）

  曲杆段　　$\overline{M}_2 = y - y_S$

  　　　　　$\overline{M}_2 = R(1-\cos\theta) - 0.81R = R(0.19-\cos\theta)$

  直杆段　　$\overline{M}_2 = y - y_S = y - 0.81R$

3) 在荷载作用下（图 7-40d、e）

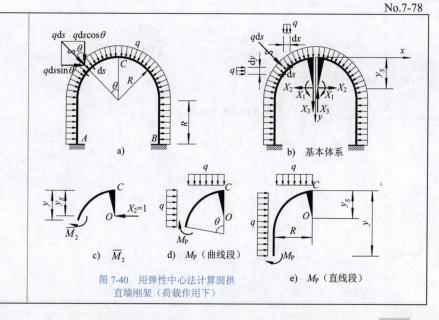

图 7-40　用弹性中心法计算圆拱直墙刚架（荷载作用下）

曲杆段 $\quad M_P = -\dfrac{q}{2}(R\sin\theta)^2 - \dfrac{qR^2}{2}(1-\cos\theta)^2$

$\qquad\qquad\quad = -qR^2(1-\cos\theta)$

直杆段 $\quad M_P = -\dfrac{qR^2}{2} - \dfrac{qy^2}{2}$

据此，可求得系数和自由项为

$$\delta_{11} = \int \dfrac{\overline{M}_1^2}{EI}\mathrm{d}s = \dfrac{2}{EI}\int_0^{\frac{\pi}{2}} 1\times R\,\mathrm{d}\theta + \dfrac{2}{EI}\int_R^{2R} 1\times\mathrm{d}y = \dfrac{5.14R}{EI}$$

$$\delta_{22} = \int \dfrac{\overline{M}_2^2}{EI}\mathrm{d}s = \dfrac{2}{EI}\int_0^{\frac{\pi}{2}} R^2(0.19-\cos\theta)^2 R\,\mathrm{d}\theta + \dfrac{2}{EI}\int_R^{2R}(y-0.81R)^2\mathrm{d}y$$

$$= \dfrac{2.04R^3}{EI}$$

$$\Delta_{1P} = \int \dfrac{\overline{M}_1 M_P}{EI}\mathrm{d}s = \dfrac{2}{EI}\int_0^{\frac{\pi}{2}} -1\times qR^2(1-\cos\theta)R\,\mathrm{d}\theta +$$

$$\dfrac{2}{EI}\int_R^{2R} -1\times\left(\dfrac{qR^2}{2} + \dfrac{qy^2}{2}\right)\mathrm{d}y = \dfrac{4.47qR^3}{EI}$$

$$\Delta_{2P} = \int \dfrac{\overline{M}_2 M_P}{EI}\mathrm{d}s = \dfrac{2}{EI}\int_0^{\frac{\pi}{2}} -R(0.19-\cos\theta)\times qR^2(1-\cos\theta)R\,\mathrm{d}\theta +$$

$$\dfrac{2}{EI}\int_R^{2R} -(y-0.81R)\times\left(\dfrac{qR^2}{2} + \dfrac{qy^2}{2}\right)\mathrm{d}y$$

$$= -\dfrac{2.43qR^4}{EI}$$

(3) 求多余未知力 X_1 和 X_2

$$X_1 = -\dfrac{\Delta_{1P}}{\delta_{11}} = \dfrac{4.47qR^3}{EI}\times\dfrac{EI}{5.14R} = 0.87qR^2$$

$$X_2 = -\dfrac{\Delta_{2P}}{\delta_{22}} = \dfrac{2.43qR^4}{EI}\times\dfrac{EI}{2.04R^3} = 1.14qR$$

(4) 根据叠加公式，求得

$$M_A = X_1 + X_2(y - y_S) + M_P$$

$$= 0.87qR^2 + 1.14qR(2R - 0.81R) + \left[-\dfrac{qR^2}{2} - \dfrac{q(2R)^2}{2}\right]$$

$$= -0.27qR^2 \quad（外侧受拉）$$

$$M_C = X_1 - X_2 y_S$$

$$= 0.87qR^2 - 1.14qR\times 0.81R$$

$$= -0.05qR^2 \quad（外侧受拉）$$

7.7.3 温度变化时的计算

无铰拱在温度变化时，将会产生明显的内力。设图 7-41a 所示对称无铰拱的外侧温度升高 t_1℃，内侧温度升高 t_2℃。力法计算时仍采用弹性中心法，其基本体系如图 7-41b 所示。由于温度变化对称于 y 轴，因此有 $X_3=0$，力法方程简化为

$$\left.\begin{aligned}\delta_{11}X_1 + \Delta_{1t} &= 0\\ \delta_{22}X_2 + \Delta_{2t} &= 0\end{aligned}\right\} \qquad (7\text{-}16)$$

式中，主系数计算同式（7-15），自由项为

$$\Delta_{it} = \sum \alpha\Delta t\int \dfrac{\overline{M}_i}{h}\mathrm{d}s + \sum \alpha t_0 \int \overline{F}_{Ni}\mathrm{d}s \qquad (f)$$

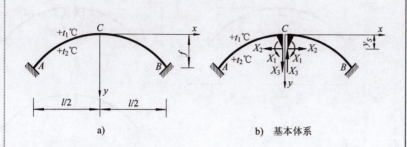

图 7-41 用弹性中心法计算对称无铰拱（温度变化时）

分别把 $\overline{M}_1=1$、$\overline{F}_{N1}=0$ 和 $\overline{M}_2=y-y_S$、$\overline{F}_{N2}=-\cos\varphi$ 代入式（f），得

$$\Delta_{1t}=\alpha\Delta t\int\frac{\mathrm{d}s}{h}$$

$$\Delta_{2t}=\alpha\Delta t\int(y-y_S)\frac{\mathrm{d}s}{h}-\alpha t_0\int\cos\varphi\mathrm{d}s$$

$$=\alpha\Delta t\int(y-y_S)\frac{\mathrm{d}s}{h}-\alpha t_0 l$$

于是，可解得

$$\left.\begin{aligned}X_1&=-\frac{\Delta_{1t}}{\delta_{11}}=-\frac{\alpha\Delta t\int\dfrac{\mathrm{d}s}{h}}{\int\dfrac{\mathrm{d}s}{EI}}\\[2mm]X_2&=-\frac{\Delta_{2t}}{\delta_{22}}=-\frac{\alpha\Delta t\int\dfrac{(y-y_S)}{h}\mathrm{d}s-\alpha t_0 l}{\int\dfrac{(y-y_S)^2}{EI}\mathrm{d}s+\int\dfrac{\cos^2\varphi}{EA}\mathrm{d}s}\end{aligned}\right\} \quad (7\text{-}17)$$

当 $t_1=t_2$ 时，即拱的内外侧温度变化相同时，有

$$\Delta t=t_2-t_1=0,\quad t_0=t_1=t_2$$

于是有

$$X_1=0,\quad X_2=\frac{\alpha t_0 l}{\int\dfrac{(y-y_S)^2}{EI}\mathrm{d}s+\int\dfrac{\cos^2\varphi}{EA}\mathrm{d}s}$$

这表明，当全拱内外侧温度均匀改变时，在弹性中心处只有水平多余力 X_2。同时，从上式可看出，当温度升高时，X_2 为正方向，使拱截面内产生压力；温度降低时，X_2 为反方向，使拱截面内产生拉力。对于混凝土拱，应注意避免由于降温引起的拉力使拱产生裂缝。

当多余未知力确定以后，拱上任意截面的内力均可按式（e）（令荷载项为零）求出。

混凝土的收缩对超静定结构的影响与温度均匀下降的情况相似，故可用温度均匀变化的计算方式来处理。混凝土的温度线膨胀系数为 $\alpha=0.00001$，而一般混凝土的收缩率 α_t 约为 0.025%，相当于温度均匀下降 25℃。若拱体的混凝土是分段分期浇筑的，则其收缩的影响通常相当于温度下降 10~15℃。

7.7.4 支座移动时的计算

支座移动也将使无铰拱产生内力。设图 7-42a 所示对称无铰拱发生了图示支座位移。现仍采用弹性中心法计算，其基本体系如

图 7-42b 所示。力法方程为

$$\left.\begin{array}{l}\delta_{11}X_1 + \Delta_{1c} = 0 \\ \delta_{22}X_2 + \Delta_{2c} = 0 \\ \delta_{33}X_3 + \Delta_{3c} = 0\end{array}\right\} \quad (7\text{-}18)$$

式中，主系数计算同式（7-15），自由项为

$$\Delta_{ic} = -\sum \overline{F}_{Ri} c \quad \text{(g)}$$

求出各单位多余力作用于基本结构时与支座位移相应的支反力（图 7-42c、d、e），代入式（g），得

$$\Delta_{1c} = -(-1 \times \theta) = \theta$$

$$\Delta_{2c} = -[-(f-y_S) \times \theta - 1 \times a] = (f-y_S)\theta + a$$

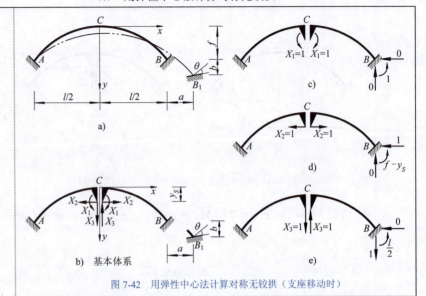

图 7-42　用弹性中心法计算对称无铰拱（支座移动时）

$$\Delta_{3c} = -\left(-\frac{l}{2} \times \theta + 1 \times b\right) = \frac{\theta l}{2} - b$$

于是有

$$\left.\begin{array}{l}X_1 = -\dfrac{\Delta_{1c}}{\delta_{11}} = -\dfrac{\theta}{\displaystyle\int \dfrac{\mathrm{d}s}{EI}} \\[2ex] X_2 = -\dfrac{\Delta_{2c}}{\delta_{22}} = -\dfrac{(f-y_S)\theta + a}{\displaystyle\int \dfrac{(y-y_S)^2}{EI}\mathrm{d}s + \int \dfrac{\cos^2\varphi}{EA}\mathrm{d}s} \\[2ex] X_3 = -\dfrac{\Delta_{3c}}{\delta_{33}} = -\dfrac{\dfrac{\theta l}{2} - b}{\displaystyle\int \dfrac{x^2}{EI}\mathrm{d}s}\end{array}\right\} \quad (7\text{-}19)$$

当多余未知力确定以后，拱上任意截面的内力均可按式（e）（令荷载项为零）求出。

与其他超静定结构一样，无铰拱由于温度变化和支座移动引起的内力也与拱的绝对刚度有关，且成正比，拱的刚度愈大，由于温度变化或支座移动所引起的自内力也愈大。

7.8　超静定结构的位移计算

第 6 章中所介绍的计算位移的单位荷载法，不仅可以用于求解静定结构的位移，也同样适用于求解超静定结构的位移，区别仅在于内力需按计算超静定结构方法求出。

本节就荷载作用、支座移动和温度变化等引起超静定结构的

位移计算分述如下。

7.8.1 荷载作用下超静定结构的位移计算

图 7-43a 所示在均布荷载作用下的两端固定梁，如欲求跨中 C 点的竖向位移 Δ_{CV}，采用单位荷载法求解，应按力法计算作出实际位移状态的荷载弯矩图，亦即最后弯矩图 M 图（图 7-43b）和虚拟单位力状态的弯矩图 $\bar{M}$ 图（图 7-43c），再运用图乘法，即可求得

$$\Delta_{CV} = \int \frac{\bar{M}M}{EI} \mathrm{d}s = \sum \frac{Ay_0}{EI} = \frac{2}{EI}[A_1 y_{01} + A_2 y_{02}]$$

$$= 0 + \frac{2}{EI}\left[\left(\frac{2}{3} \times \frac{l}{2} \times \frac{ql^2}{8}\right) \times \frac{l}{32}\right] = \frac{ql^4}{384EI} \ (\downarrow)$$

但是，像以上那样，为了作 $\bar{M}$ 图，将虚拟力状态建立在原结构上（图 7-43c），就需要另行解算一个两次超静定问题，显然比较繁琐，有必要寻求更为简捷的方法。

力法的基本思路是取静定结构作为基本结构，利用基本体系来求原结构的内力。例如，求解上述两端固定梁，无论取图 7-43d 中悬臂梁还是取图 7-43f 中简支梁作为基本结构，均可得出同一弯矩图，如图 7-43b 所示。现在要计算超静定结构的位移，也完全可采用同一思路：利用静定的基本结构来求原结构的位移。

基本结构与原结构的唯一区别是把多余未知力由原来的被动

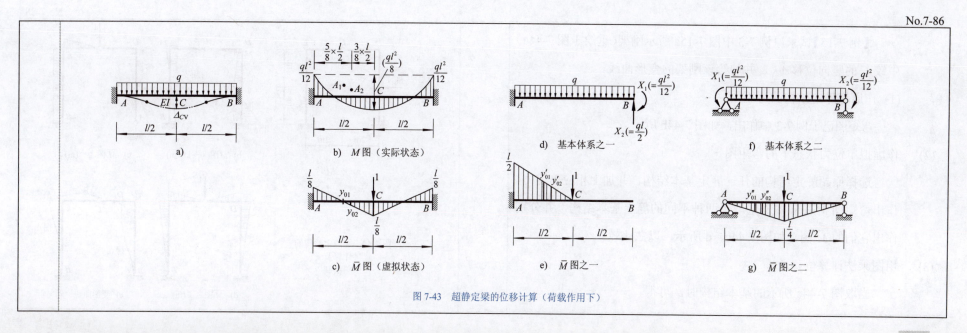

图 7-43 超静定梁的位移计算（荷载作用下）

力换成主动力。因此,只要多余未知力满足力法方程(变形条件),则基本体系的受力与变形状态就与原结构完全相同。因而,求图7-43a 所示原结构位移的问题,就可转化为求基本体系这样的静定结构的位移问题。或者说,可以将问题转化为计算图 7-43d 的悬臂梁或图 7-43f 的简支梁上 C 点的竖向位移。

按照上述思路,**只需在任意选取的静定基本结构上建立虚拟单位力状态,并求出单位荷载作用下的弯矩图 $\overline{M}$ 图(如图 7-43e 或图 7-43g),即可利用位移计算公式或图乘法计算出 C 点的竖向位移。**

如取图 7-43e 作为虚拟力状态,则有

$$\Delta_{CV} = \int \frac{\overline{M}M}{EI}ds = \sum \frac{Ay_0}{EI} = \frac{1}{EI}[A_1 y'_{01} - A_2 y'_{02}]$$

$$= \frac{1}{EI}\left[\left(\frac{l}{2}\times\frac{ql^2}{12}\right)\times\left(\frac{1}{2}\times\frac{l}{2}\right) - \left(\frac{2}{3}\times\frac{l}{2}\times\frac{ql^2}{8}\right)\times\left(\frac{l}{2}\times\frac{3}{8}\right)\right] = \frac{ql^4}{384EI} \quad (\downarrow)$$

如取图 7-43g 作为虚拟力状态,则有

$$\Delta_{CV} = \int \frac{\overline{M}M}{EI}ds = \sum \frac{Ay_0}{EI} = \frac{2}{EI}[-A_1 y''_{01} + A_2 y''_{02}]$$

$$= \frac{2}{EI}\left[-\left(\frac{l}{2}\times\frac{ql^2}{12}\right)\times\left(\frac{1}{2}\times\frac{l}{4}\right) + \left(\frac{2}{3}\times\frac{l}{2}\times\frac{ql^2}{8}\right)\times\left(\frac{5}{8}\times\frac{l}{4}\right)\right] = \frac{ql^4}{384EI} \quad (\downarrow)$$

均与开始所取图 7-43c 作为虚拟力状态计算结果相同。由于基本结构是静定的,在单位荷载作用下的内力易求出,因而位移计算就更为简捷。以下结合例题介绍荷载作用下位移计算的步骤。

【例 7-15】试求原例 7-3 中图 7-15a 所示刚架(重绘于图 7-44a)中铰 C 的竖向位移 Δ_{CV},并勾绘该刚架的变形曲线。

解:(1) 作原超静定结构的弯矩图

弯矩图已于例 7-3 中作出,如图 7-44b 所示。

(2) 作虚拟单位力状态下的弯矩图

选择原超静定结构的任一静定基本结构,并加上相应单位力,作出弯矩图 $\overline{M}$ 图。本例选取了两种不同的静定基本结构,并分别作出它们的 $\overline{M}$ 图,如图 7-44c、d 所示,以兹比较。

(3) 用图乘法计算位移

当取图 7-44c 所示的基本结构时,可得

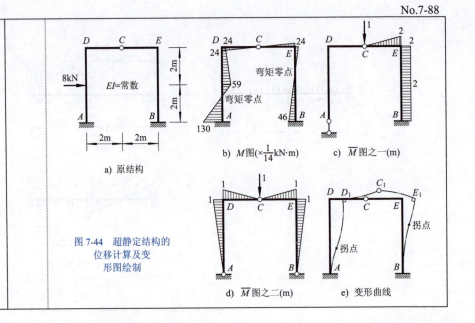

图 7-44 超静定结构的位移计算及变形图绘制

$$\Delta_{CV} = \sum \int \frac{\overline{M}M}{EI} ds = \sum \frac{Ay_0}{EI}$$
$$= \frac{1}{EI}\left[\frac{1}{2} \times 2 \times 2 \times \frac{2}{3} \times 24 + 2 \times 4 \times \frac{24-46}{2}\right] \times \frac{1}{14} \quad (a)$$
$$= -\frac{4}{EI} \;(\uparrow)$$

当取图 7-44d 所示的基本结构时，可得
$$\Delta_{CV} = \frac{1}{EI}\left[\frac{1}{2} \times 1 \times 4 \times \left(\frac{2}{3} \times 24 - \frac{1}{3} \times 46\right) \times \frac{1}{14}\right]_{BE\text{杆}} +$$
$$\frac{1}{EI}\left[\frac{1}{2} \times 1 \times 4 \times \left(\frac{1}{3} \times 130 - \frac{2}{3} \times 24\right) \times \frac{1}{14} - \frac{1}{2} \times 4 \times 112 \times \frac{1}{14} \times \frac{1}{2}\right]_{AD\text{杆}}$$
$$= -\frac{4}{EI} \;(\uparrow) \quad (b)$$

由以上计算结果可见，选取的基本结构虽然不同，但其计算结果是相同的。而且式（a）计算比式（b）计算要更简便些。

(4) 勾绘变形曲线

由单位荷载法可知，铰 C 有向上并向右的线位移，结点 D 的转角为逆时针方向，结点 E 的转角为顺时针方向。变形曲线如图 7-44e 所示。

7.8.2 支座移动时超静定结构的位移计算

超静定结构在支座移动时的位移计算，同样可以在其任一相应的静定基本结构上建立虚拟力状态，从而将问题转化为静定基本结构由于多余未知力和支座移动共同作用产生的位移计算。其位移计算公式为

$$\Delta_c = \sum \int \frac{\overline{M}M}{EI} ds - \sum \overline{F}_R c \quad (7\text{-}20)$$

式中，M 为超静定结构的最后弯矩图；$\overline{M}$ 和 $\overline{F}_R$ 分别为原结构的任一基本结构由于虚拟单位荷载作用产生的弯矩和支反力。

【例 7-16】试计算图 7-45a 所示超静定梁在支座移动时 B 点的转角 θ_B。

解：(1) 作原超静定梁的最后弯矩图

计算过程详见例 7-9，最后弯矩图如图 7-45b 所示。

(2) 作虚拟力状态下的单位弯矩图

选取悬臂梁作为基本结构，在 B 点加相应单位力偶，作单位弯矩图，如图 7-45c 所示。

(3) 用图乘法求位移

按式（7-20），有

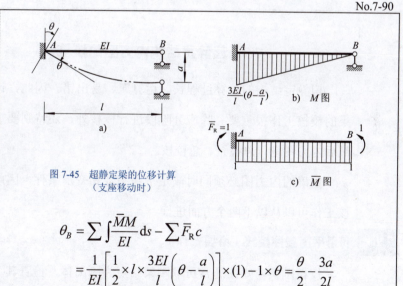

图 7-45 超静定梁的位移计算（支座移动时）

$$\theta_B = \sum \int \frac{\overline{M}M}{EI} ds - \sum \overline{F}_R c$$
$$= \frac{1}{EI}\left[\frac{1}{2} \times l \times \frac{3EI}{l}\left(\theta - \frac{a}{l}\right)\right] \times (1) - 1 \times \theta = \frac{\theta}{2} - \frac{3a}{2l}$$

7.8.3 温度变化时超静定结构的位移计算

超静定结构在温度变化时的位移计算,同样可以在其任一相应的静定基本结构上建立虚拟力状态,从而将问题转化为静定基本结构由于多余未知力和温度变化共同作用产生的位移计算。其位移公式为

$$\Delta_t = \sum \int \frac{\overline{M}M}{EI} \mathrm{d}s + \sum \alpha \frac{\Delta t}{h} \int \overline{M}\mathrm{d}s + \sum \alpha t_0 \int \overline{F}_N \mathrm{d}s \quad (7\text{-}21)$$

式中,M 为超静定结构的最后弯矩图;$\overline{M}$ 和 $\overline{F}_N$ 为原结构的任一基本结构由于虚拟单位荷载作用产生的弯矩和轴力。

7.8.4 综合因素影响下的位移计算

在荷载及非荷载等因素综合影响下,其位移计算公式为

$$\begin{aligned}\Delta =& \sum \int \frac{\overline{M}M_{\text{总}}}{EI} \mathrm{d}s + \sum \int \frac{\overline{F}_N F_{N\text{总}}}{EA} \mathrm{d}s + \sum \int \frac{\mu \overline{F}_Q F_{Q\text{总}}}{GA} \mathrm{d}s + \\ & \sum \alpha \frac{\Delta t}{h} \int \overline{M} \mathrm{d}s + \sum \alpha t_0 \int \overline{F}_N \mathrm{d}s - \sum \overline{F}_R c \end{aligned} \quad (7\text{-}22)$$

式中,$M_{\text{总}}$、$F_{N\text{总}}$ 和 $F_{Q\text{总}}$ 分别为超静定结构在全部因素影响下的最后弯矩、轴力和剪力;$\overline{M}$、$\overline{F}_N$、$\overline{F}_Q$ 和 $\overline{F}_R$ 分别为原结构的任一基本结构由于虚拟单位荷载作用产生的弯矩、轴力、剪力和支反力。

7.9 超静定结构内力图的校核

超静定结构的计算过程长、运算繁、易出错。因此,计算结果的校核工作很重要。除应分阶段进行校核外,还特别要重视对最后内力图进行总检查、总校核。

正确的内力图必须同时满足平衡条件和变形条件,因此,校核工作可以从以下两个方面进行。

7.9.1 利用平衡条件校核(必要条件)

校核刚架弯矩图通常可取刚架结点为隔离体,检查其上作用的内、外力矩是否满足 $\sum M = 0$ 的平衡条件;校核刚架的剪力图和轴力图,可取结点、杆件或结构的一部分为隔离体,检查是否满足 $\sum F_x = 0$ 和 $\sum F_y = 0$ 的投影平衡条件。对于桁架,则可用结点法和截面法进行检查。同时,对于刚架,也可用 q-F_Q-M 之间的微分关系判断内力图是否正确。

有必要指出,多余未知力的求得是根据变形条件,而不是根据力的平衡条件,即使多余未知力求错了,而据此绘出的内力图也可以是平衡的。因此,平衡条件的校核仅仅是必要条件。

7.9.2 根据已知变形条件校核(充分条件)

在超静定结构符合平衡条件的各种解答中,唯一正确的解答

必须满足原结构的变形条件。只有通过变形条件的校核，超静定结构内力解答的正确性才是充分的。这是校核的重点所在。

实用上，常采用以下方法进行变形条件校核：根据已求得的最后弯矩图，计算原结构某一截面的位移，校核它是否与实际的已知的变形情况相符（一般常选取广义位移为零或为已知值处）。若相符，表明满足变形条件；若不相符，则表明多余未知力计算有误。

【例 7-17】已知图 7-46b、c、d 为图 7-46a 所示刚架的最后内力图。试对内力图进行校核。

解：(1) 平衡条件校核

由图 7-46b、c、d 中取出 AB 杆和 BC 杆为隔离体，绘出受力图，如图 7-46e、f 所示。现校核该两杆是否满足平衡条件。

1) AB 杆（图 7-46e）

$$\sum F_x = -\frac{2}{45}qa + \frac{2}{45}qa = 0$$

$$\sum F_y = +\frac{4}{5}qa - \frac{4}{5}qa = 0$$

$$\sum M_B = +\frac{qa^2}{15} - \frac{2}{45}qa \times \frac{3}{2}a = 0$$

2) BC 杆（图 7-46f）

$$\sum F_x = +\frac{2}{45}qa - \frac{2}{45}qa = 0$$

$$\sum F_y = +\frac{4}{5}qa - 2qa + \frac{6}{5}qa = 0$$

$$\sum M_C = \frac{4}{5}qa \times 2a - \frac{qa^2}{15} - 2qa \times a + \frac{7}{15}qa^2 = 0$$

以上都满足平衡条件。

(2) 变形条件校核

现计算和校核 C 支座的角位移是否为零。选取图 7-46g 所示基本结构，并作虚拟力状态下的单位弯矩图。将结构的最后弯矩

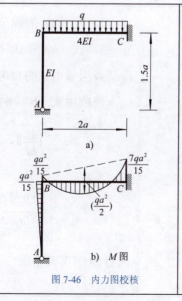

a)

b) M 图

图 7-46 内力图校核

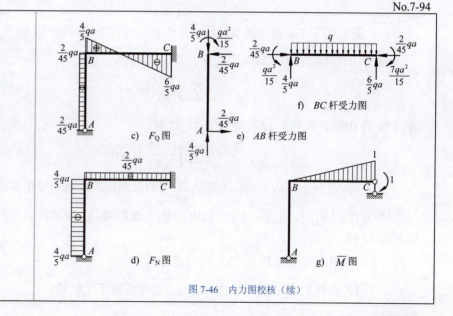

c) F_Q 图 e) AB 杆受力图 f) BC 杆受力图

d) F_N 图 g) $\overline{M}$ 图

图 7-46 内力图校核（续）

图（图7-46b）与单位弯矩图（图7-46g）相乘，可得

$$\theta_C = \frac{1}{4EI}\left[\left(\frac{1}{2}\times\frac{7}{15}qa^2\times 2a\right)\times\left(\frac{2}{3}\right)+\left(\frac{1}{2}\times\frac{qa^2}{15}\times 2a\right)\times\left(\frac{1}{3}\right)-\left(\frac{2}{3}\times 2a\times\frac{qa^2}{2}\right)\times\left(\frac{1}{2}\right)\right]=0$$

满足变形条件，故最后弯矩图正确无误。

【例 7-18】试校核如图 7-47a 所示封闭刚架的最后弯矩图的正确性。EI 为常数。

解： 对于这类具有封闭周界刚架的特例，最好利用封闭周界上某一截面（如该图中 C 截面）的相对转角等于零的已知变形条件进行校核。

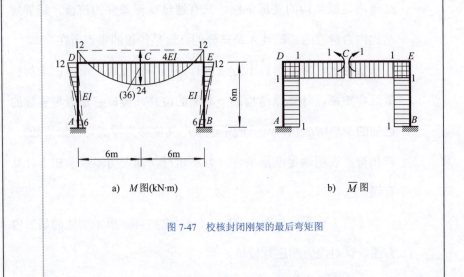

a) M 图(kN·m)   b) $\overline{M}$ 图

图 7-47　校核封闭刚架的最后弯矩图

选取图 7-47b 所示基本结构，并作虚拟力状态的弯矩图。则 C 截面切口两侧的相对转角应为

$$\Delta = \sum\int\frac{\overline{M}M}{EI}ds = 0 \quad (a)$$

因 $\overline{M}$ 图中，各杆的 $\overline{M}$ 值均等于1，故有

$$\Delta = \sum\int\frac{1\times M}{EI}ds = 0 \quad (b)$$

这表明：沿任一无铰的封闭刚架，$\frac{M}{EI}$ 图的总面积的代数和等于零。若各杆 EI 相同，则进一步有"框内 M 图的面积=框外 M 图的面积"的结论。

在应用式（a）和式（b）时，要注意三点：

1) 选择的虚拟力状态的单位内力是否覆盖了全结构。

2) 式（b）的积分必须限定在无铰的闭合环路中进行。

3) 式（a）和式（b）只适用于荷载作用的情况，而不适用于非荷载因素引起的自内力。

现应用式（b）对图 7-47a 所示最后弯矩图校核如下：

$$\sum\int\frac{M}{EI}ds = \left[\frac{\frac{1}{2}\times 6\times 6}{EI}+\frac{\frac{1}{2}\times 6\times 6}{EI}+\frac{\frac{2}{3}\times 36\times 12}{4EI}\right]_{框内} -$$

$$\left[\frac{\frac{1}{2}\times 6\times 12}{EI}+\frac{\frac{1}{2}\times 6\times 12}{EI}+\frac{12\times 12}{4EI}\right]_{框外} = 0$$

证明 M 图正确无误。

7.10 超静定结构的特性

超静定结构与静定结构相比较,其本质的区别在于,构造上有多余约束存在,从而导致在受力和变形两方面具有下列一些重要特性。

7.10.1 超静定结构满足平衡条件和变形条件的内力解答才是唯一真实的解

超静定结构由于存在多余约束,仅用静力平衡条件不能确定其全部支反力和内力,而必须综合应用超静定结构的平衡条件和数量与多余约束数相等的变形条件后,才能求得唯一的内力解答。

7.10.2 超静定结构可产生自内力

在静定结构中,因几何不变且无多余约束,除荷载以外的其他因素,如温度变化、支座移动、制造误差、材料收缩等,都不致引起内力。但在超静定结构中,由于这些因素引起的变形在其发展过程中,会受到多余约束的限制,因而都可能产生内力(称自内力)。

自内力状态的存在,有不利的一面,也有有利的一面。地基不均匀沉降和温度变化等因素产生的自内力会引起结构裂缝,这是工程中应注意防止的一个问题;而采用预应力结构,则是主动利用自内力来调节结构截面应力的典型例子。

7.10.3 超静定结构的内力与截面刚度有关

静定结构的内力只按静力平衡条件即可确定,其值与各杆截面的刚度(弯曲刚度 EI、轴向刚度 EA、剪切刚度 GA)无关。但超静定结构的内力必须综合应用平衡条件和变形条件后才能确定,故与各杆的刚度有关。在本章前几节的讨论中已经知道:在荷载作用下,超静定结构的内力只与各杆刚度的相对比值有关,而与绝对值无关;在非荷载因素影响下产生的自内力,则与各杆刚度的绝对值有关,而且一般是与各杆的刚度值成正比。

7.10.4 超静定结构有较强的防护能力

超静定结构在某些多余约束被破坏后,仍能维持几何不变性;而静定结构在任一约束被破坏后,即变成可变体系而失去承载能力。因此,在抗震防灾、国防建设等方面,超静定结构比静定结构具有较强的防护能力。

7.10.5 超静定结构的内力和变形分布比较均匀

超静定结构由于存在多余约束,较之相应静定结构,其刚度要大些,而内力和位移的峰值则小些,且分布趋于均匀。此外,在局部荷载作用下,前者较之后者其内力分布范围更大些。

习 题
分析计算题

7-1 试确定习题 7-1 图所示结构的超静定次数。

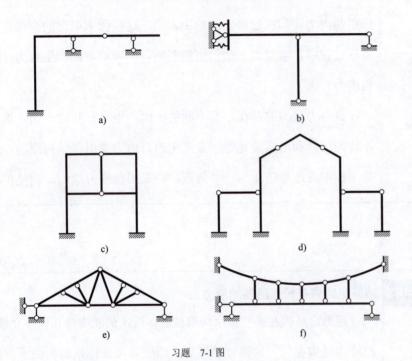

习题 7-1 图

7-2 用力法计算习题 7-2 图所示超静定梁,并作出弯矩图和剪力图。

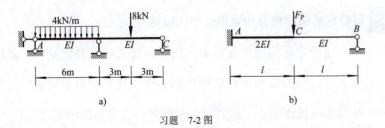

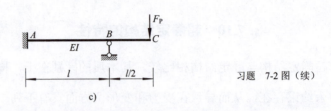

习题 7-2 图（续）

7-3 用力法计算习题 7-3 图所示超静定刚架,并作出内力图。

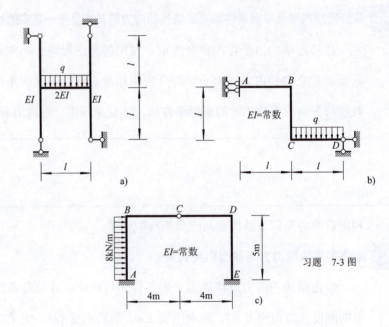

习题 7-3 图

7-4 用力法计算习题 7-4 图所示结构,并作出弯矩图。

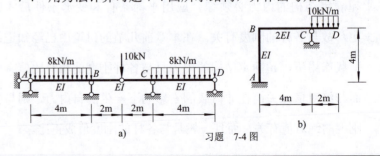

习题 7-4 图

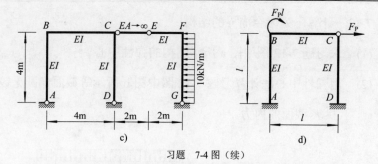
习题 7-4 图（续）

7-5 用力法计算习题 7-5 图 a、b 所示桁架各杆的轴力，已知各杆 EA 相同且为常数。

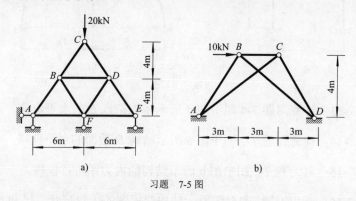
习题 7-5 图

7-6 用力法计算习题 7-6 图所示超静定组合结构，绘出弯矩图，并求链杆轴力。

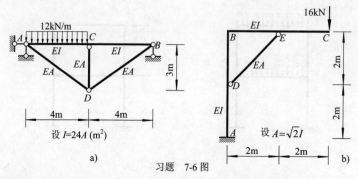
习题 7-6 图

7-7 用力法计算习题 7-7 图 a、b 所示排架，并绘出弯矩图。

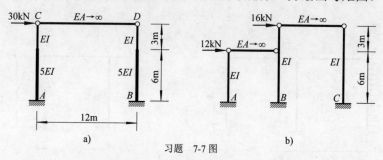
习题 7-7 图

7-8 用力法计算习题 7-8 图所示结构由于支座移动引起的内力，并绘弯矩图。

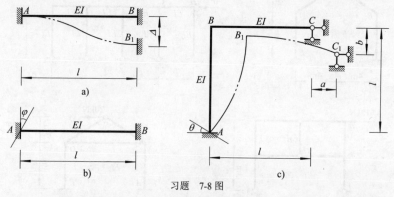
习题 7-8 图

7-9 用力法计算习题 7-9 图所示结构由于温度变化引起的内力，并绘弯矩图。（设杆件为矩形截面，截面高为 h，线膨胀系数为 α。）

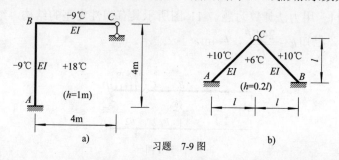
习题 7-9 图

7-10 利用对称性，计算习题 7-10 图所示结构的内力，并绘弯矩图。

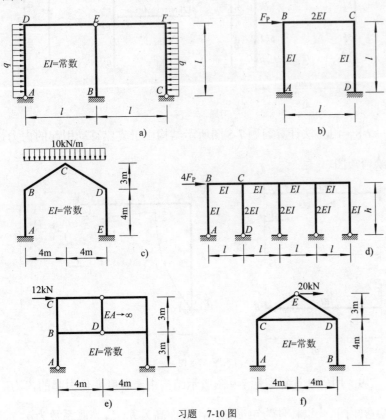

习题 7-10 图

7-11 用力法计算习题 7-11 图所示具有弹性支座的结构，绘出弯矩图。已知 $k=\dfrac{24EI}{l^3}$，l=4m。

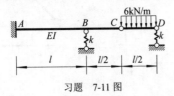

习题 7-11 图

7-12 计算下列闭合周界的结构：

(1) 求习题 7-12 图中图 a 所示结构的弹性中心。

(2) 用弹性中心法计算习题 7-12 图中图 b 所示等截面半圆无铰拱 K 截面的内力。

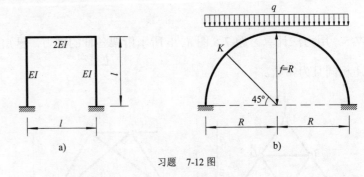

习题 7-12 图

7-13 计算习题 7-4 图中图 d 所示结构结点 B 的水平位移。

7-14 计算习题 7-7 图中图 a 所示结构 D 截面的水平位移。

7-15 对习题 7-3 图中图 b 所示结构的内力图进行校核。

7-16 画出习题 7-16 图所示结构弯矩图的大致形状。已知各杆 EI=常数。

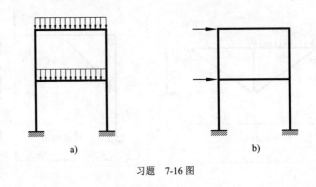

习题 7-16 图

第7章 力法

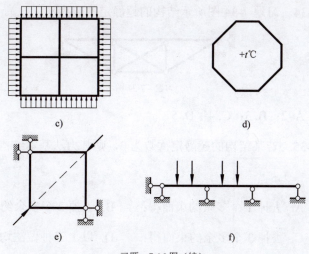

习题 7-16 图（续）

7-17 勾绘习题 7-3 图所示各超静定刚架的变形曲线。

判断题

7-18 习题 7-18 图所示结构，当支座 A 发生转动时，各杆均产生内力。（　　）

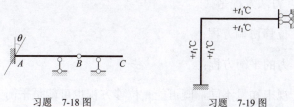

习题 7-18 图　　　习题 7-19 图

7-19 习题 7-19 图所示结构，当内外侧均升高 t_1℃ 时，两杆均只产生轴力。（　　）

7-20 习题 7-20 图 a、b 所示两结构的内力相同。（　　）

习题 7-20 图

7-21 习题 7-20 图 a、b 所示两结构的变形相同。（　　）

7-22 超静定结构不能作为力法基本结构。（　　）

7-23 将习题 7-23 图 a 所示超静定结构的结点 B 改为铰结点，如图 b 所示，即成为静定结构，因此图 a 所示结构为一次超静定结构。（　　）

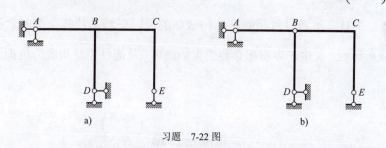

习题 7-22 图

7-24 力法的基本未知量都不能仅用静力平衡条件求得。（　　）

7-25 力法基本方程中的系数和自由项都是基本结构上的位移。（　　）

7-26 力法基本方程中，主系数在任何情况下都恒大于零。（　　）

7-27 做超静定结构在荷载作用下的内力分析时，仅需知道各杆的相对刚度。（　　）

7-28 改变超静定结构中部分构件的材料或截面尺寸，不会使该结构的内力状态改变。（　　）

7-29 习题 7-29 图 a、b 所示组合结构，除杆 AB 内力不一样，其他部分内力相同。（ ）

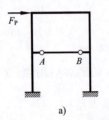
a)

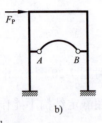
b)

习题 7-29 图

7-30 超静定结构相对静定结构必要约束更多，因此具有较强的防护性能。（ ）

7-31 地震导致超静定结构破坏的原因必然是使其全部多余约束破坏后，又进一步引起必要约束的破坏，从而使原结构成为机构倒塌。（ ）

单项选择题

7-32 习题 7-32 图所示结构的超静定次数为（ ）。

A. 1； B. 2； C. 3； D. 4。

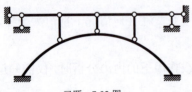

习题 7-32 图

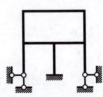

习题 7-33 图

7-33 习题 7-33 图所示结构的超静定次数为（ ）。

A. 5； B. 6； C. 7； D. 8。

7-34 习题 7-34 图所示结构的超静定次数为（ ）。

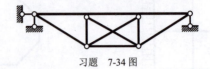

习题 7-34 图

A. 2； B. 3； C. 4； D. 5。

7-35 若某结构的超静定次数为 3，则其力法基本结构可由该结构（ ）。

A. 去掉 1 个多余约束而得； B. 去掉 2 个多余约束而得；

C. 去掉 3 个多余约束而得； D. 以上三种做法均可。

7-36 与原超静定结构相比，力法基本体系中（ ）。

A. 多余约束处的约束力与原结构相同；

B. 内力与原结构相同；

C. 变形及位移与原结构相同；

D. 以上三方面均与原结构相同。

7-37 力法方程是（ ）。

A. 位移协调方程；

B. 力的平衡方程；

C. 视未知量不同，既可能是位移方程也可能是平衡方程；

D. 虚功方程。

7-38 习题 7-38 图 a 所示结构的力法基本体系如图 b 所示。力法方程 $\delta_{11}X_1 + \Delta_{1P} = 0$ 中的自由项 Δ_{1P} 为（ ）

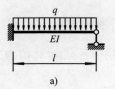 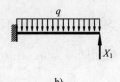

习题 7-38 图

A. $\dfrac{ql^4}{8EI}$; B. $-\dfrac{ql^4}{8EI}$; C. $\dfrac{ql^4}{8}$; D. $-\dfrac{ql^4}{8}$。

7-39 习题 7-39 图 a 所示桁架（各杆 EA 相同）的力法基本体系如图 b 所示，则力法方程为（　　）。

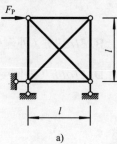 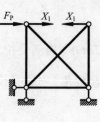

习题 7-39 图

A. $\delta_{11}X_1 + \Delta_{1P} = 0$；　　B. $\delta_{11}X_1 + \Delta_{1P} = \dfrac{X_1 l}{EA}$；

C. $\delta_{11}X_1 + \Delta_{1P} = -\dfrac{X_1 l}{EA}$；　　D. $\delta_{11}X_1 = -\dfrac{X_1 l}{EA}$。

7-40 习题 7-40 图 a 所示超静定梁承受支座移动的作用，其力法基本体系如图 b 所示，则力法方程为（　　）。

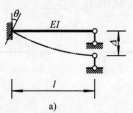 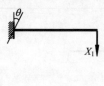

习题 7-40 图

A. $\delta_{11}X_1 + \Delta_{1c} = 0$；　　B. $\delta_{11}X_1 + \Delta_{1c} = -\Delta$；

C. $\delta_{11}X_1 = \Delta$；　　D. $\delta_{11}X_1 + \Delta_{1c} = \Delta$。

7-41 习题 7-41 图所示结构的超静定次数为（　　）。

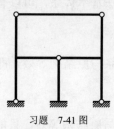

习题 7-41 图

A. 2；B. 3；C. 4；D. 5。

7-42 习题 7-42 图 a 所示结构如果选取图 b 所示的力法基本体系，则下列对其基本方程 $\delta_{11}X_1 + \Delta_{1P} = 0$ 的含义描述正确的是（　　）。

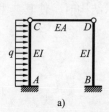 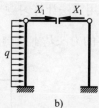

习题 7-42 图

A. 该方程代表链杆 CD 不会被压短或拉长，即 C、D 两点水平线位移相同；

B. 该方程代表 C、D 两点会发生大小不等的水平线位移；

C. 该方程代表链杆 CD 被截断后，截口左右截面不会沿轴向发生相对线位移；

D. 该方程代表链杆 CD 被截断后，截口左右截面的轴力不会引起轴向线位移。

7-43 下列对力法基本体系的描述中，正确的是（　　）。

A. 对同一超静定结构，其力法的基本体系仅有一种选取方法；

B. 选择合理的力法基本体系，可以有效地降低系数和自由项的计算工作量；

C. 将力法基本体系与原结构等效，即可建立出平衡方程来解出基本未知力；

D. 力法基本体系与原结构等效，只能确保基本未知力方向上的位移与原结构等效，而不能确保其他截面的位移与原结构等效。

7-44 用力法计算习题 7-44 图所示结构时，使其典型方程中副系数全为零的力法基本结构是（　　）。

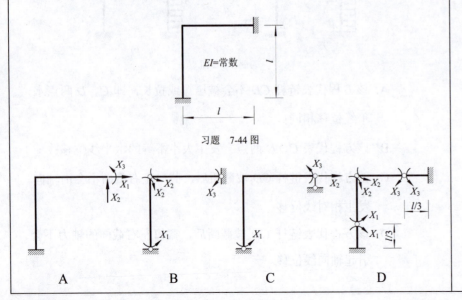

习题　7-44 图

7-45 习题 7-45 图所示烟囱的圆形横截面，EI 为常数，线膨胀系数为 α，截面壁厚为 h，在所示温度场中各截面 M 值为（　　）。

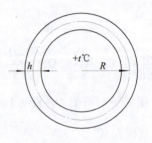

习题　7-45 图

A. $EI\alpha t/h$（内侧受拉）； B. $EI\alpha tR/h$（外侧受拉）；

C. $EI\alpha t/hR$（内侧受拉）； D. $EI\alpha t/h$（外侧受拉）。

填空题

7-46 习题 7-46 图 a 所示超静定梁的支座 A 发生转角 θ，若选图 b 所示力法基本结构，则力法方程为＿＿＿＿＿＿，代表的位移条件是＿＿＿＿＿＿＿＿＿＿，其中 $\Delta_{1c} =$＿＿＿＿；若选图 c 所示力法基本结构时，力法方程为＿＿＿＿＿＿，代表的位移条件是＿＿＿＿＿＿＿＿＿＿，其中 $\Delta_{1c} =$＿＿＿＿。

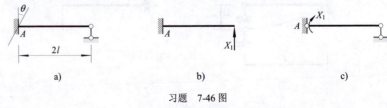

习题　7-46 图

7-47 习题 7-47 图 a 所示超静定结构，当基本体系为图 b 时，力法方程为_____，Δ_{1P}=_____；当基本体系为图 c 时，力法方程为_____，Δ_{1P}=_____。

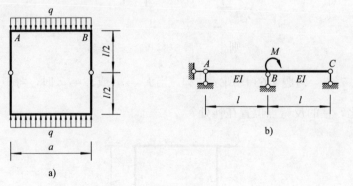

习题 7-47 图

7-48 习题 7-48 图 a 所示结构各杆刚度相同且为常数，AB 杆中点弯矩为_____，____侧受拉；图 b 所示结构 M_{BC}=_____，____侧受拉。

习题 7-48 图

7-49 连续梁受荷载作用时，其弯矩图如习题 7-49 图所示，则 D 点的挠度为_____，位移方向为____。

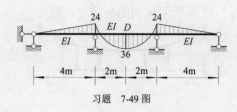

习题 7-49 图

7-50 习题 7-50 图所示结构的超静定次数为____。

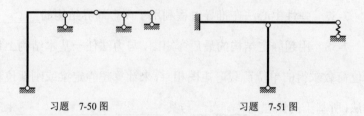

习题 7-50 图　　　　　　习题 7-51 图

7-51 习题 7-51 图所示结构的超静定次数为____。

7-52 习题 7-52 图所示结构的超静定次数为____。

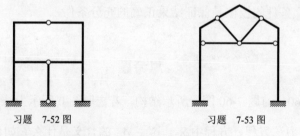

习题 7-52 图　　　　　　习题 7-53 图

7-53 习题 7-53 图所示结构的超静定次数为____。

7-54 习题 7-54 图所示结构的超静定次数为____。

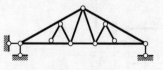

习题 7-54 图

7-55　习题 7-55 图所示结构的超静定次数为____。

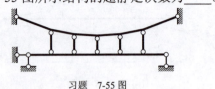

习题　7-55 图

7-56　力法的基本结构必须取为_____。

7-57　弹性中心法在推导过程利用了闭合周界结构的_____性。

7-58　用超静定结构的最后弯矩图,与力法任一基本结构上作用单位荷载求得的单位荷载弯矩图相乘,来计算超静定梁或刚架位移的方法,所基于的原理是_____与其_____在_____上完全等效。

7-59　力法计算结果应进行平衡和几何两方面条件的校核,其中_____条件的校核是保证结果正确的充分条件。

思考题

7-60　习题 7-60 图 a 所示结构,若选取图 b 所示力法基本体系,试写出力法方程。方程中 δ_{12}、δ_{22}、Δ_{1P} 的含义是什么?如何计算?

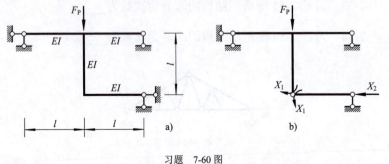

习题　7-60 图

7-61　试指出利用对称性计算习题 7-61 图 a、b 所示对称结构的思路,并画出相应的半结构。

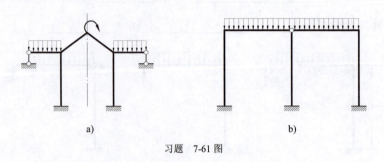

习题　7-61 图

7-62　习题 7-62 图所示结构,当 $I_2 \to \infty$ 或 $I_1 \to \infty$ 时,弯矩怎样变化?

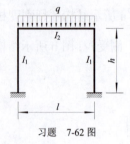

习题　7-62 图

7-63　习题 7-63 图所示结构,当 $I_2 \to \infty$ 或 $I_1 \to \infty$ 时,弯矩怎样变化?柱的反弯点位置在何处?

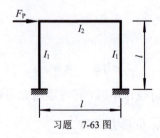

习题　7-63 图

7-64 习题 7-64 图 a、b 所示的超静定结构均有支座移动发生。问：此时结构是否会产生内力，为什么？由此可得出什么结论？

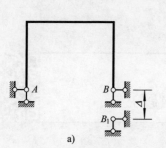
a)

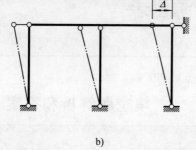
b)

习题 7-64 图

7-65 如何确定超静定次数？

7-66 力法求解超静定结构的思路是什么？

7-67 什么是力法基本未知量？力法的基本结构与基本体系之间有什么不同？基本体系与原结构之间有什么不同？在选取力法基本结构时应掌握哪些原则？

7-68 为什么静定结构的内力与杆件的刚度无关而超静定结构与之有关？在什么情况下，超静定结构的内力只与各杆刚度的相对值有关？在什么情况下，超静定结构的内力与各杆刚度的实际值有关？

7-69 试画出习题 7-69 图所示每一超静定结构的两种力法基本结构。

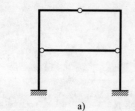
a)

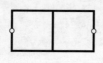
b)

习题 7-69 图

第7章 力法 数字资源目录

【本章回顾】
基本内容归纳与解题方法提示

【思辨试题一】
思考题解析和答案（10题）

【思辨试题二】
判断题解析和答案（14题）

【思辨试题三】
单选题解析和答案（14题）

【思辨试题四】
填空题解析和答案（14题）

【难题解析】1. 超静定桁架的两种基本体系
2. 荷载作用下杆件相对刚度变化对内力的影响

【趣味力学】
埃菲尔铁塔——力与美的结合

哈尔滨大剧院

第 8 章 位移法

● **本章教学的基本要求**：掌握位移法的基本原理和方法；熟练掌握用典型方程法计算超静定刚架在荷载作用下的内力；会用典型方程法计算超静定结构在支座移动和温度变化时的内力；掌握用直接平衡法计算超静定刚架的内力。

● **本章教学内容的重点**：位移法的基本未知量；杆件的转角位移方程；用典型方程法和直接平衡法建立位移法方程；用典型方程法计算超静定结构在荷载作用下的内力。

● **本章教学内容的难点**：对位移法方程的物理意义以及方程中系数和自由项的物理意义的正确理解和确定。

● **本章内容简介**：

> 8.1 位移法的基本概念
> 8.2 等截面直杆的转角位移方程
> 8.3 位移法的基本未知量
> 8.4 位移法的基本结构及位移法方程
> 8.5 用典型方程法计算超静定结构在荷载作用下的内力
> *8.6 用典型方程法计算超静定结构在支座移动和温度变化时的内力
> 8.7 用直接平衡法计算超静定结构的内力
> *8.8 混合法

第 8 章 位移法

8.1 位移法的基本概念

本章介绍计算超静定结构的第二个基本方法——**位移法**。位移法尤其适用于高次超静定刚架的计算,而且是常用的渐近法(如第 9 章将介绍的力矩分配法、无剪力分配法)和第 11 章将介绍的适用于计算机计算的矩阵位移法的基础。

众所周知,对于线弹性结构,其内力与位移之间存在着一一对应的关系,确定的内力只与确定的位移相对应。因此,在分析超静定结构时,既可以先设法求出内力,然后再计算相应的位移,这便是力法;也可以反过来,先确定某些结点位移,再据此推求内力,这便是位移法。

两种方法的基本区别之一,在于基本未知量的选取不同:力法是以多余未知力(支反力或内力)为基本未知量,而位移法则是以结点的独立位移(角位移或线位移)为基本未知量。

为了说明位移法的概念,我们来分析图 8-1a 所示刚架的位移。该刚架在均布荷载 q 作用下发生如双点画线所示变形。由于结点 A 为刚结点,杆件 AB、AC、AD 在结点 A 处有相同的转角 θ_A。若略去受弯直杆的轴向变形,并不计由于弯曲而引起杆段两端的接近,则可认为三杆长度不变,因而结点 A 没有线位移。如何据此来确定各杆的内力呢?可将刚架按杆件拆开来分析。对于 AB 杆,可以看作是一根两端固定的梁,对于 AC 杆,可以看作是一端固定另一端定向支承的梁,它们均在固定端 A 处发生了转角 θ_A,如图 8-1b、c 所示,其内力可以用力法算出。对于 AD 杆,则可以看作是一端固定一端铰支的梁,除了受到均布荷载 q 作用外,固定端 A 处还发生了转角 θ_A,如图 8-1d 所示,其内力同样可用力法算出。可见,在计算刚架时,若以结点 A 的转角为基本未知量,只要设法首先求出 θ_A,则各杆的内力随之均可确定。因此,对整个结构来说,求解的关键就是如何确定基本未知量 θ_A 的值。

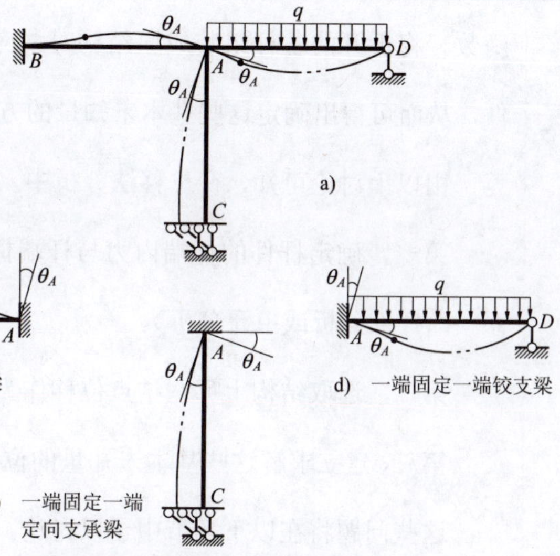

a)
b) 两端固定梁
c) 一端固定一端定向支承梁
d) 一端固定一端铰支梁

图 8-1 将刚架按杆件拆开来分析

通过上例还可看出，力法与位移法的基本区别之二，在于计算单元的选取不同：力法是把超静定结构拆成静定结构（即基本结构），作为其计算单元；而位移法则是把结构拆成杆件（即如图 8-1b、c、d 所示的三种基本的单跨超静定梁），作为其计算单元。

下面，再分析一个如图 8-2a 所示的既有转角又有线位移的刚架。设该刚架在水平荷载作用下，结点 A 有转角 θ_A 和水平位移 Δ_A，结点 B 有转角 θ_B 和水平位移 Δ_B。若从刚架中取出杆件 AB，其内力和变形图如图 8-2b 所示，杆端产生杆端弯矩 M_{AB} 及 M_{BA}、杆端剪力 F_{QAB} 及 F_{QBA}、轴力 F_{NAB} 及 F_{NBA}，以及杆端转角 θ_A 及 θ_B 和相对线位移 Δ_{AB}（当 AB 杆平移 Δ_A 到达 A_1B_1 位置过程中不产生内力）。显然，这一内力和变形图又可完全等效地转化为如图 8-2c 所示的两端固定的单跨梁 A_1B_1 在荷载及转角 θ_A、θ_B 和相对线位移作用下的受力和变形图。如果 θ_A、θ_B 和 Δ_{AB} 已知，则杆件 AB 的内力也可用力法求得。

上述两例说明：只要将结构中某些结点的角位移和线位移（即各杆端的转角和线位移）先行求出，则各杆的内力就可以完全确定。如以结点的独立位移作为基本未知量，则上述各单杆杆端的约束力（亦即各单杆的杆端内力）就应是基本未知量及荷载的

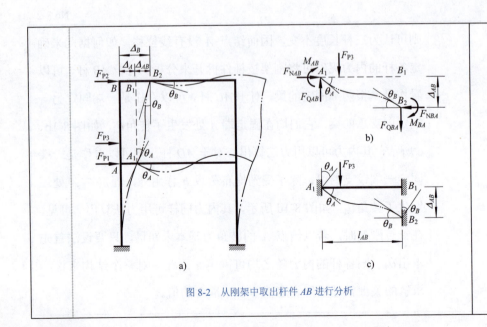

图 8-2 从刚架中取出杆件 AB 进行分析

函数。将拆开的各杆组装成原结构时，应满足结点或截面平衡条件，从而可得出确定这些基本未知量的方程式。

由以上讨论可知，在位移法分析中，需要解决三个问题：

第一，确定杆件的杆端内力与杆端位移及荷载之间的函数关系（即杆件分析或单元分析）。

第二，选取结构上哪些结点位移作为基本未知量。

第三，建立求解这些基本未知量的位移法方程（即整体分析）。

这些问题将在以下各节中予以讨论。

8.2 等截面直杆的转角位移方程

如上所述，应用位移法需要解决的第一个问题就是，要确定杆件的杆端内力与杆端位移及荷载之间的函数关系，习称为杆件的转角位移方程。这是学习位移法的准备知识和重要基础。

本节利用力法的计算结果，由叠加原理导出三种常用等截面直杆的转角位移方程。

8.2.1 杆端内力及杆端位移的正负号规定

1 杆端内力的正负号规定

如图 8-3a 所示，AB 杆 A 端的杆端弯矩用 M_{AB} 表示，B 端的杆端弯矩用 M_{BA} 表示。

杆端弯矩对杆端而言，以顺时针方向为正，反之为负（注意：作用在结点上的外力偶，其正负号规定与此相同）；对结点或支座而言，则以逆时针方向为正，反之为负。例如，图 8-3a 中，M_{AB} 为负，M_{BA} 为正。杆中弯矩可由平衡条件求得，弯矩图仍画在杆件受拉纤维一侧。杆端剪力和杆端轴力的正负号规定，仍与材料力学相同。

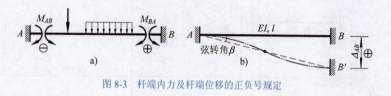

图 8-3　杆端内力及杆端位移的正负号规定

2 杆端位移的正负号规定

角位移以顺时针为正，反之为负。

线位移以杆的一端相对于另一端产生顺时针方向转动的线位移为正，反之为负。例如，图 8-3b 中，Δ_{AB} 为正。

8.2.2 单跨超静定梁的形常数和载常数

位移法中，常用到图 8-4 所示三种基本的等截面单跨超静定梁，它们在荷载、支座移动或温度变化作用下的内力可通过力法求得。

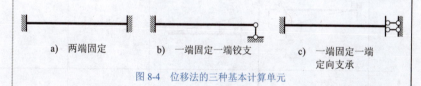

图 8-4　位移法的三种基本计算单元

由杆端单位位移引起的杆端内力称为形常数，列入表 8-1 中。表中引入记号 $i=EI/l$，称为杆件的线刚度。

由荷载或温度变化引起的杆端内力称为载常数。其中的杆端弯矩也常称为固端弯矩，用 M_{AB}^F 和 M_{BA}^F 表示；杆端剪力也常称为固端剪力，用 F_{QAB}^F 和 F_{QBA}^F 表示。常见荷载和温度作用下的载常数列入表 8-2 中。

表 8-1 等截面杆件的形常数

序号	计算简图及挠度图	杆端弯矩及弯矩图	杆端剪力 F_{QAB}	F_{QBA}
1	$\theta=1$, A-B, 长 l	$4i$, $2i$	$-\dfrac{6i}{l}$	$-\dfrac{6i}{l}$
2	A-B 相对位移	$6i/l \ominus$, $6i/l \ominus$	$\dfrac{12i}{l^2}$	$\dfrac{12i}{l^2}$
3	$\theta=1$, A固-B铰	$3i$	$-\dfrac{3i}{l}$	$-\dfrac{3i}{l}$
4	A固-B铰 位移	$3i/l \ominus$	$\dfrac{3i}{l^2}$	$\dfrac{3i}{l^2}$
5	$\theta=1$, A-B滑动	i, $i \ominus$	0	0
6	A-B滑动, $\theta=1$	$i \ominus$, i	0	0

表 8-2 等截面杆件的载常数（固端内力）

序号	计算简图及挠度图	杆端弯矩及弯矩图	杆端剪力 F_{QAB}^{F}	F_{QBA}^{F}
1	F_P 作用于跨中 $l/2$	$F_P l/8 \ominus$, $F_P l/8$	$\dfrac{F_P}{2}$	$-\dfrac{F_P}{2}$
2	F_P 作用于 a,b	$\dfrac{F_P ab^2}{l^2}\ominus$, $\dfrac{F_P ba^2}{l^2}$	$\dfrac{F_P b^2(l+2a)}{l^3}$	$-\dfrac{F_P a^2(l+2b)}{l^3}$
3	F_P 斜杆 α, 跨中	$F_P l/8 \ominus$, $F_P l/8$	$\dfrac{F_P}{2}\cos\alpha$	$-\dfrac{F_P}{2}\cos\alpha$
4	q 均布	$ql^2/12 \ominus$, $ql^2/12$	$\dfrac{ql}{2}$	$-\dfrac{ql}{2}$
5	q 均布 斜杆 α	$ql^2/12 \ominus$, $ql^2/12$	$\dfrac{ql}{2}\cos\alpha$	$-\dfrac{ql}{2}\cos\alpha$
6	q 三角形荷载	$ql^2/30 \ominus$, $ql^2/20$	$\dfrac{3}{20}ql$	$-\dfrac{7}{20}ql$

8.2 等截面直杆的转角位移方程

No.8-8

（续）

序号	计算简图及挠度图	杆端弯矩及弯矩图	杆端剪力 F_{QAB}^F	杆端剪力 F_{QBA}^F
7	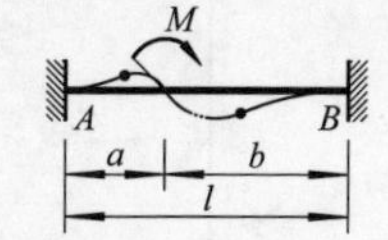 图示 M 作用于 a、b 段	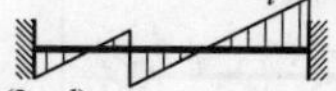 $\frac{a(3b-l)}{l^2}M$; $\frac{b(3a-l)}{l^2}M$	$-M\frac{6ab}{l^3}$	$-M\frac{6ab}{l^3}$
8	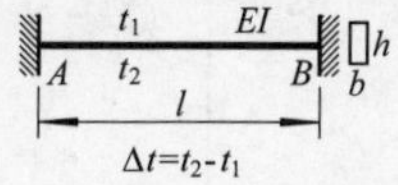 温差 $\Delta t = t_2 - t_1$	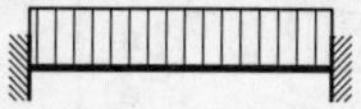 $\frac{EI\alpha\Delta t}{h}$; $\frac{EI\alpha\Delta t}{h}$	0	0
9	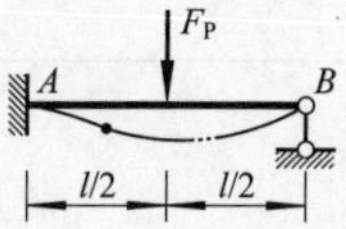 F_P 作用于跨中 $l/2$	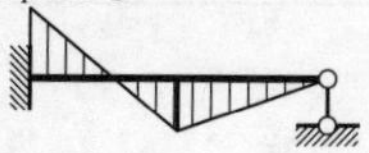 $3F_Pl/16 \ominus$	$\frac{11}{16}F_P$	$-\frac{5}{16}F_P$
10	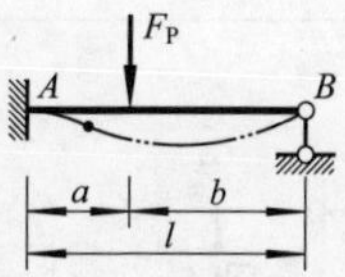 F_P 作用于 a、b 段	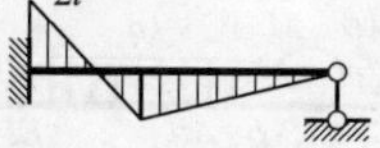 $\frac{F_Pab(l+b)}{2l^2}\ominus$	$\frac{F_Pb(3l^2-b^2)}{2l^3}$	$-\frac{F_Pa^2(2l+b)}{2l^3}$
11	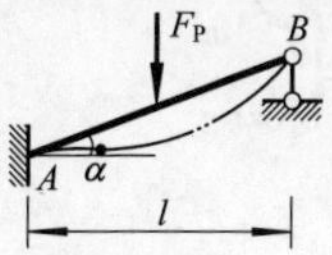 F_P 斜杆 α	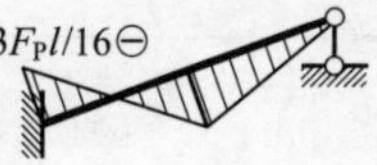 $3F_Pl/16\ominus$	$\frac{11}{16}F_P\cos\alpha$	$-\frac{5}{16}F_P\cos\alpha$
12	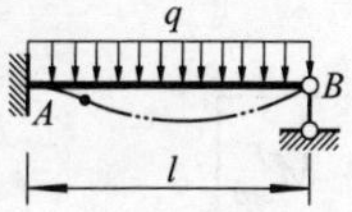 均布荷载 q	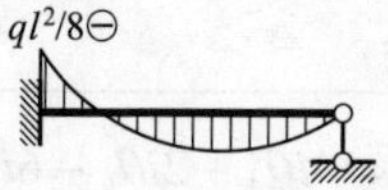 $ql^2/8\ominus$	$\frac{5}{8}ql$	$-\frac{3}{8}ql$

（续）

序号	计算简图及挠度图	杆端弯矩及弯矩图	杆端剪力 F_{QAB}^F	杆端剪力 F_{QBA}^F
13	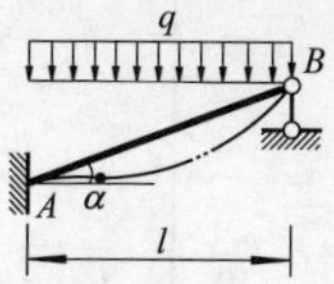 均布荷载 q 斜杆 α	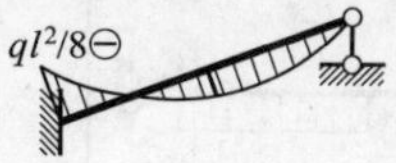 $ql^2/8\ominus$	$\frac{5}{8}ql\cos\alpha$	$-\frac{3}{8}ql\cos\alpha$
14	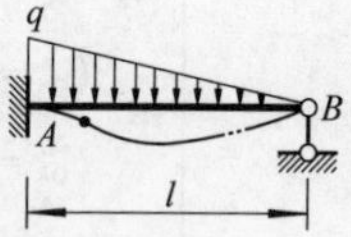 三角形荷载	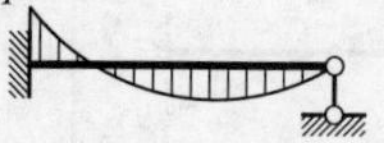 $ql^2/15\ominus$	$\frac{2}{5}ql$	$-\frac{1}{10}ql$
15	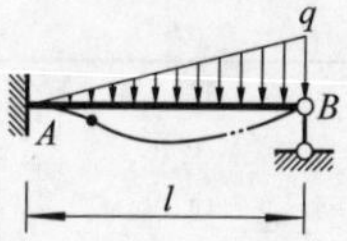 三角形荷载	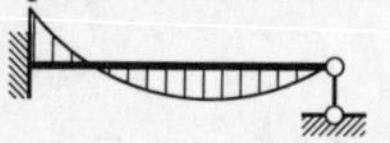 $7ql^2/120\ominus$	$\frac{9}{40}ql$	$-\frac{11}{40}ql$
16	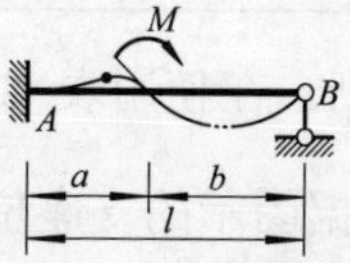 M 作用于 a、b 段	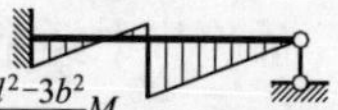 $\frac{l^2-3b^2}{2l^2}M$	$-M\frac{3(l^2-b^2)}{2l^3}$	$-M\frac{3(l^2-b^2)}{2l^3}$
17	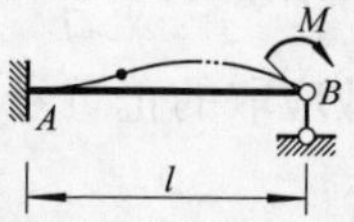 M 作用于 B 端，$M/2$		$-\frac{3}{2l}M$	$-\frac{3}{2l}M$
18	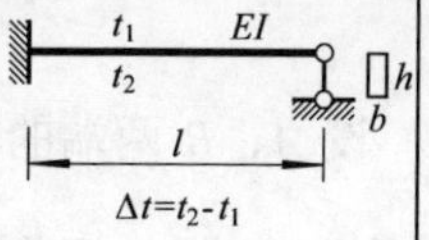 温差 $\Delta t = t_2 - t_1$	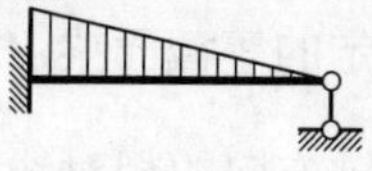 $\frac{3EI\alpha\Delta t}{2h}\ominus$	$\frac{3EI\alpha\Delta t}{2hl}$	$\frac{3EI\alpha\Delta t}{2hl}$

(续)

序号	计算简图及挠度图	杆端弯矩及弯矩图	杆端剪力 F_{QAB}^F	F_{QBA}^F
19		$F_Pa(l+b)/2l\ominus$; $F_Pa^2/2l\ominus$	F_P	0
20		$F_Pl/2\ominus$; $F_Pl/2\ominus$	F_P	$F_{QB}^{左}=F_P$; $F_{QB}^{右}=0$
21		$ql^2/3\ominus$; $ql^2/6\ominus$	ql	0
22		$\dfrac{EI\alpha\Delta t}{h}\ominus$; $\dfrac{EI\alpha\Delta t}{h}$	0	0

形常数和载常数在后面章节中经常用到。在使用表 8-1 和表 8-2 时应注意，表中的形常数和载常数是根据图示的支座位移和荷载的方向求得的。当计算某一结构时，应根据其杆件两端实际的位移方向和荷载方向，判断形常数和载常数应取的正负号。

8.2.3 转角位移方程

1 两端固定梁

图 8-5 所示两端固定的等截面梁 AB，设 A、B 两端的转角分别为 θ_A 和 θ_B，垂直于杆轴方向的相对线位移为 Δ，梁上还作用有外荷载。梁 AB 在上述四种因素共同作用下的杆端弯矩，应等于 θ_A、

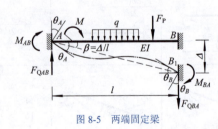

图 8-5 两端固定梁

θ_B、Δ 和荷载单独作用下的杆端弯矩的叠加。利用表 8-1 和表 8-2，可得

$$\begin{cases} M_{AB}=4i\theta_A+2i\theta_B-6i\dfrac{\Delta}{l}+M_{AB}^F \\ M_{BA}=2i\theta_A+4i\theta_B-6i\dfrac{\Delta}{l}+M_{BA}^F \end{cases} \quad (8\text{-}1)$$

式中，线刚度 $i=EI/l$，其量纲为 kN·m；Δ/l 称为杆件的**弦转角**，记为 β；M_{AB}^F 和 M_{BA}^F 为固端弯矩。**式（8-1）就是两端固定梁的转角位移方程**。实质上，它就是用形常数和载常数来表达的杆端弯矩计算公式，反映了杆端弯矩与杆端位移及荷载之间的函数关系。

2 **一端固定另一端铰支梁**

图 8-6 所示一端固定另一端铰支的等截面梁 AB，设 A 端转角为 θ_A，两端相对线位移为 Δ，梁上还作用有外荷载。根据叠加原理，利用表 8-1 和表 8-2，可得

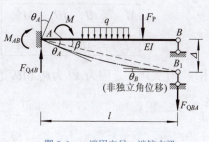

图 8-6 一端固定另一端铰支梁

$$\boxed{\begin{aligned} M_{AB} &= 3i\theta_A - 3i\frac{\Delta}{l} + M_{AB}^F \\ M_{BA} &= 0 \end{aligned}} \qquad (8\text{-}2)$$

式（8-2）是一端固定另一端铰支梁的转角位移方程，其中，M_{AB} 的计算式也可由式（8-1）导出。因 B 端为铰支，故知 $M_{BA}=0$，根据式（8-1）的第二式，应有

$$M_{BA} = 2i\theta_A + 4i\theta_B - 6i\frac{\Delta}{l} + M_{BA}^{FI} = 0$$

式中，上标 I 代表 M_{BA}^{FI} 为两端固定梁的固端弯矩（后同）。故得

$$\theta_B = -\frac{1}{2}\theta_A + \frac{3}{2}\frac{\Delta}{l} - \frac{M_{BA}^{FI}}{4i} \qquad (a)$$

可见，θ_B 为 θ_A 和 Δ 的函数，它不是独立的，在位移法计算中，不取作基本未知量。将式（a）代入式（8-1）的第一式，即可得

$$M_{BA} = 3i\theta_A - 3i\frac{\Delta}{l} + \left(M_{AB}^{FI} - \frac{M_{BA}^{FI}}{2}\right) = 3i\theta_A - 3i\frac{\Delta}{l} + M_{AB}^F$$

该式即式（8-2）的第一式。

3 **一端固定另一端定向支承梁**

图 8-7 所示一端固定另一端定向支承梁，设 A 端转角为 θ_A，B 端转角为 θ_B，梁上还作用有外荷载。根据叠加原理，利用表 8-1 和表 8-2，可得**其转角位移方程为**

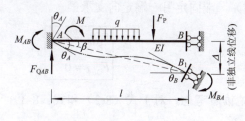

图 8-7 一端固定另一端定向支承梁

$$M_{AB} = i\theta_A - i\theta_B + M_{AB}^F \quad (8-3)$$
$$M_{BA} = -i\theta_A + i\theta_B + M_{BA}^F$$

式中不出现Δ有关项，是因为Δ/l为θ_A和θ_B的函数，它不是独立的。

应用以上三组转角位移方程，即可求出三种基本的单跨超静定梁的杆端弯矩。至于杆端剪力，则可根据平衡条件导出为

$$F_{QAB} = -\left(\frac{M_{AB}+M_{BA}}{l}\right) + F_{QAB}^0 \quad (8-4)$$
$$F_{QBA} = -\left(\frac{M_{AB}+M_{BA}}{l}\right) + F_{QBA}^0$$

式中，F_{QAB}^0和F_{QBA}^0分别表示相当简支梁在荷载作用下的杆端剪力。

分别将式（8-1）、式（8-2）和式（8-3）代入式（8-4），即可得到相应单跨超静定梁杆端剪力与杆端位移及荷载间的关系式。

当然，对上述图 8-5、图 8-6 和图 8-7 三种基本的单跨超静定梁的杆端剪力表达式，也可根据叠加原理，直接利用表 8-1 和表 8-2，写出如下：

1）两端固定梁

$$F_{QAB} = -\frac{6i\theta_A}{l} - \frac{6i\theta_B}{l} + \frac{12i\Delta}{l^2} + F_{QAB}^F \quad (8-5)$$
$$F_{QBA} = -\frac{6i\theta_A}{l} - \frac{6i\theta_B}{l} + \frac{12i\Delta}{l^2} + F_{QBA}^F$$

2）一端固定另一端铰支梁

$$F_{QAB} = -\frac{3i\theta_A}{l} + \frac{3i\Delta}{l^2} + F_{QAB}^F \quad (8-6)$$
$$F_{QBA} = -\frac{3i\theta_A}{l} + \frac{3i\Delta}{l^2} + F_{QBA}^F$$

3）一端固定另一端定向支承梁

$$F_{QAB} = F_{QAB}^F \quad (8-7)$$
$$F_{QBA} = 0$$

请读者考虑，对于式（8-2）和式（8-3），能否不用叠加法，而利用对称性，从两端固定梁的转角位移方程来得到。

8.3 位移法的基本未知量

针对应用位移法需要解决的第二个问题，本节主要讨论位移法的基本未知量及其数目的确定。

8.3.1 位移法的基本未知量

位移法选取结点的独立位移，包括结点的独立角位移和独立线位移作为其基本未知量，并用广义位移符号 Z_i 表示。

8.3.2 确定位移法的基本未知量的数目

1 位移法基本未知量的总数目

位移法基本未知量的总数目（记作 n）等于结点的独立角位移

数（记作 n_y）与独立线位移数（记作 n_l）之和，即

$$n = n_y + n_l \qquad (8\text{-}8)$$

2 结点独立角位移数

结点独立角位移数（n_y）一般等于刚结点数加上组合结点（半铰结点）数，但需注意，当有阶形杆截面改变处的转角或抗转动弹性支座的转角时，应一并计入在内。至于结构固定支座处，因其转角等于零或为已知的支座位移值；铰结点或铰支座处，因其转角不是独立的，所以都不作为位移法的基本未知量。

例如，图 8-8a 所示结构，组合结点 B、刚结点 C、阶形杆截面改变处 D（可视为上段 AD 与下段 DE 的刚性结点）和抗转动弹性支座 G 处各有一个独立转角，分别用 Z_1、Z_2、Z_3 和 Z_4 标记，而铰 A 和固定支座 F、E 处均不予考虑，故该结构 $n_y = 4$，如图 8-8b（用"⌒"表示转角）所示。

3 结点独立线位移数

(1) 简化条件

为了减少结点独立线位移数（n_l），引入两点假设，即不考虑由于轴向变形引起的杆件的伸缩（同力法），也不考虑由于弯曲变形而引起的杆件两端的接近。因此，可认为这样的**受弯直杆**两端之间的距离在变形后仍保持不变，且结点线位移的弧线可用垂直于杆件的切线来代替。

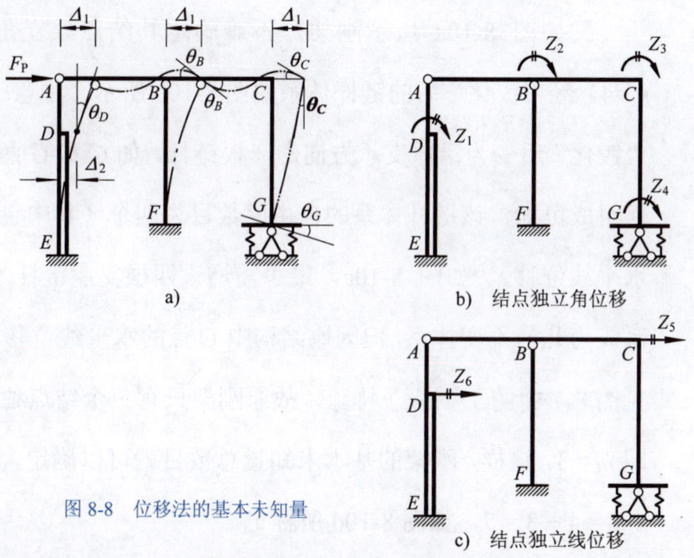

例如，图 8-8a 所示结构变形后，除产生上述四个独立转角外，结点 A、B、C 还将产生同一水平线位移 Δ_1（用 Z_5 标记），分别垂直于杆件 AE、BF 和 CG。另外，在结点 D 处也还有一个水平线位移 Δ_2（用 Z_6 标记），如图 8-8c（用"⇥→"表示线位移）所示。

(2) 确定方法——<u>铰化结点，增设链杆</u>

在采用以上关于受弯直杆两端距离保持不变的假设后，结构中每一受弯直杆对其所连结点都可能产生减少结点线位移数量

图 8-8 位移法的基本未知量
a)
b) 结点独立角位移
c) 结点独立线位移

的约束效果,这与平面铰结体系中刚性链杆的约束效果相同。因此,在实用上,可以采用"铰化结点,增设链杆"的方法,来确定平面刚架的结点独立线位移数,即将结构中所有 EA 无穷大的杆件（含梁式杆）两端改作铰,使原刚架变成刚性链杆体系；然后,再在该链杆体系上增加适当数量的链杆（通常采用水平和竖向支座链杆),使其成为几何不变体系,则所需增加的最少支座链杆数目（亦即经铰化后的链杆体系的自由度数目）,即为原刚架的结点线位移数（含不独立的结点线位移）。

仍以图 8-8a 所示刚架为例。经过"铰化"后的链杆体系如图 8-9a 所示；由几何组成分析可知,该链杆体系的自由度数目为两个,即最少需设两根支座链杆才能使该链杆体系成为几何不变体系（图 8-9b）,故原刚架有两个结点独立线位移,即 $n_l=2$,如同前面图 8-8c 所标记。这样,图 8-8a 所示刚架的基本未知量总数目也就可以确定,即为

$$n = n_y + n_l$$
$$= 4 + 2 = 6$$

将图 8-8b 所示刚架的结点独立角位移和图 8-8c 所示刚架的结点独立线位移加以汇总,即得图 8-9c 所示刚架的全部基本未知量。

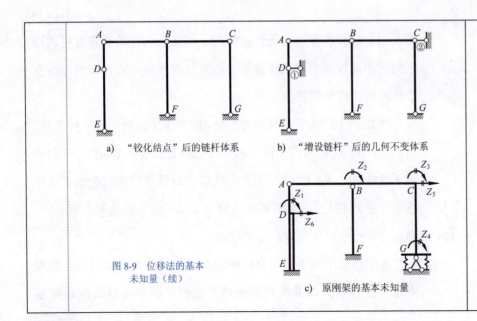

图 8-9 位移法的基本未知量（续）
a) "铰化结点"后的链杆体系
b) "增设链杆"后的几何不变体系
c) 原刚架的基本未知量

又如图 8-10a 所示刚架,不难确定其结点独立角位移数目 $n_y=4$。经"铰化"后的链杆体系如图 8-10b 所示（注意：定向支座"铰化"后变为沿原支承方向的一根链杆,如 C 和 G 两处）；由几何组成可知,该链杆体系的自由度数目为四个（其中包括 C 点的水平线位移）。如图 8-10c,最少需增设四根支座链杆才能使该体系成为几何不变体系,但因原结构中 C 点的水平线位移不独立（参见图 8-7 中的 Δ）,应予排除,故原刚架只有三个结点独立线位移,即 $n_l=3$。这样,刚架的基本未知量总数目就可以确定,即为 $n = n_y + n_l = 4 + 3 = 7$,如图 8-10d 所标记。

8.3 位移法的基本未知量

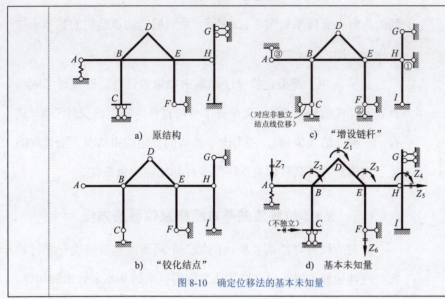

a) 原结构
b) "铰化结点"
c) "增设链杆"（对应非独立结点线位移）
d) 基本未知量

图 8-10 确定位移法的基本未知量

4 两点说明

(1) **当刚架中有需要考虑轴向变形（$EA \neq \infty$）的二力杆时**

上述用"铰化结点，增设链杆"确定结点独立线位移数目的方法，是以受弯直杆变形后两端距离不变的假设为前提的，对于需要考虑轴向变形的二力杆，其两端距离就不能再看作不变。例如，图 8-11a 所示刚架中，杆件 CD 和 EH 的轴向刚度 EA 为常量，需要考虑轴向变形。因而，结点 E 既有水平位移 Z_1，又有竖向位移 Z_2，且结点 C 的水平位移不再等于结点 D 的 Z_1，而是一个新的位移 Z_3。另外，结点 B 还有水平位移 Z_4，故原刚架一共具有四个结点独立线位移，如图 8-11b 所示。如将结点 C 和 D 两处的结点独立转角 Z_5、Z_6 一并标出，则原刚架的基本未知量如图 8-11c 所示。

(2) **当刚架中有 $EI = \infty$ 的刚性杆时**（柱全部为竖直柱，与基础相连的刚性柱为固定支座）

1）刚性杆两端的刚结点转角，一般可不作为基本未知量。因为，如果该杆两端的线位移确定了，则杆端的转角也就随之确定了。

2）刚性杆两端的线位移，仍取决于整个刚架的结点线位移。

3）刚性杆与基础固结处以及与其他刚性杆刚结处，在"铰化结点"时均不改为铰结，以反映刚片无任何变形的特点。

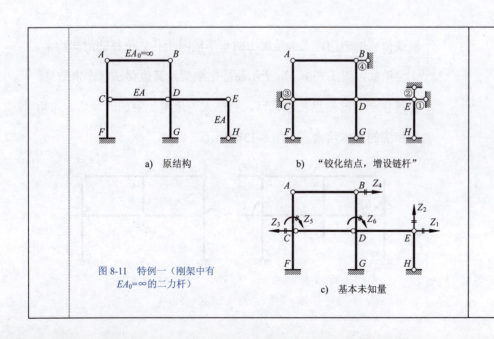

a) 原结构
b) "铰化结点，增设链杆"
c) 基本未知量

图 8-11 特例一（刚架中有 $EA_0 = \infty$ 的二力杆）

综上所述，对于有刚性杆的刚架，n_y 等于全为弹性杆汇交的刚结点数与组合结点数之和；n_l 等于使仅将弹性杆端改为铰结的体系成为几何不变所需增设的最少链杆数。

例如，图 8-12a 所示刚架，经"铰化结点，增设链杆"后所得到的几何不变体系如图 8-12b 所示。最后确定的原结构的基本未知量标示于图 8-12a 中。

显然，在上述确定位移法基本未知量数目时，既保证了刚结点处各杆杆端转角相等，又保证了受弯直杆两端距离保持不变（只有一个独立的线位移），还考虑了结构的支座约束情况，所以就满足了结构的几何条件即变形连续条件和支座约束条件。

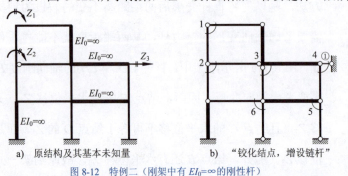

图 8-12 特例二（刚架中有 $EI_0=\infty$ 的刚性杆）

8.4 位移法的基本结构及位移法方程

针对应用位移法需要解决的第三个问题，本节将进一步讨论按照两种途径，如何建立位移法方程用以求解基本未知量的问题。

8.4.1 位移法的基本结构

用位移法计算结构时，须将其每根杆件均暂时变为如图 8-4 所示的基本单跨超静定梁。位移法的**基本结构**就是通过增加附加约束（包括附加刚臂和附加支座链杆）后，得到的三种基本超静定杆的综合体。

所谓**附加刚臂**，就是在每个可能发生独立角位移的刚结点和组合结点上，人为地加上的一个能阻止其角位移(但并不阻止其线位移)的附加约束，用黑三角符号"▲"表示。

所谓**附加支座链杆**，就是在每个可能发生独立线位移的结点上沿线位移的方向，人为地加上的一个能阻止其线位移的附加约束。

例如，对于图 8-13a 所示超静定刚架及其位移法基本未知量，为锁住全部的结点独立位移，通过人为地增加附加约束后，可得到相应的基本结构，如图 8-13b 所示。

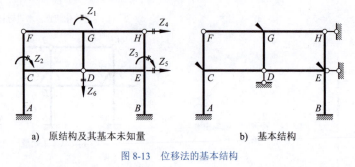

图 8-13 位移法的基本结构

8.4.2 位移法的基本体系

图 8-14 所示刚架的基本未知量为结点 A 的转角 Z_1。在结点 A 加一附加刚臂，就得到位移法的基本结构（图 8-14b）。同力法一样，受荷载和基本未知量共同作用的基本结构，称为**基本体系**（图 8-14c）。将原结构与基本体系加以比较，便可得出建立位移法方程的条件。

位移法基本体系可看作是：先在原结构有独立转角的结点 A 处，人为加上一个附加刚臂（锁住结点），此时在原荷载作用下结点 A 无转角；然后再消除此刚臂，即令刚臂转动与原结构 A 处相同的转角 Z_1（放松结点），从而使基本体系的变形与原结构相同。

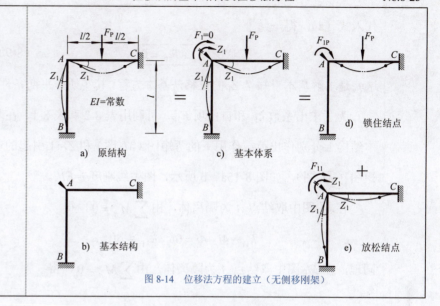

图 8-14 位移法方程的建立（无侧移刚架）

显然，从变形方面看，这样先"锁住"后"放松"的基本体系的位移与原结构完全一致。因此，图 8-14c 所示基本体系的变形又可看作是图 8-14d 和图 8-14e 两种变形的叠加；而附加刚臂的作用，则是阻止或促使汇交于刚结点的各杆端发生转角。

8.4.3 位移法方程

再从受力方面看，附加刚臂的作用，则相当于作用在结点上的一个广义的**附加约束力**，这里具体表现为**附加反力矩**（简称**反力矩**，以顺时针方向为正）。

值得注意的是，原结构中并没有附加刚臂，当然也就不存在该反力矩。现在基本体系的位移既然与原结构完全一致，其受力也应完全相同。因此，基本结构在结点位移 Z_1 和荷载共同作用下，刚臂上的反力矩 F_1 必定为零（图 8-14c）。设由 Z_1 和荷载所引起的刚臂上的反力矩分别为 F_{11} 和 F_{1P}（图 8-14e 和图 8-14d），根据叠加原理，上述条件可写为

$$F_1 = F_{11} + F_{1P} = 0 \qquad (a)$$

式中，F_{ij} 表示附加约束中的反力矩，其中第一个下标表示该反力矩所属的附加约束，第二个下标表示引起反力矩的原因。设 k_{11} 表示由单位位移 $Z_1=1$ 所引起的附加刚臂上的反力矩，则有 $F_{11}=k_{11}Z_1$，

代入式（a），得

$$k_{11}Z_1 + F_{1P} = 0 \qquad (8-9)$$

这就是求解基本未知量 Z_1 的**位移法基本方程**，其实质是平衡条件。

为了求出系数 k_{11} 和自由项 F_{1P}，可利用表 8-2 和表 8-1，在基本结构上分别作出荷载作用下的弯矩图（M_P 图）和 $Z_1=1$ 引起的弯矩图（$\overline{M}_1$ 图），如图 8-15a、b 所示，图中线刚度 $i=EI/l$。

在 $\overline{M}_1$ 图中取结点 A 为隔离体，由 $\sum M_A = 0$，得

$$k_{11} - 4i - 4i = 0, \quad k_{11} = 8i$$

同理，在 M_P 图中取结点 A 为隔离体，由 $\sum M_A = 0$，得

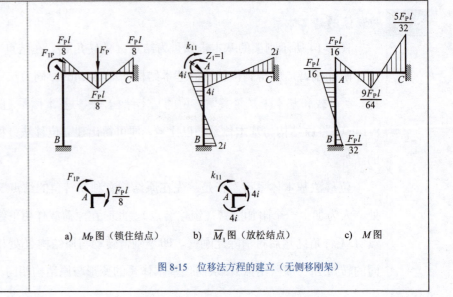

a) M_P 图（锁住结点）　　b) $\overline{M}_1$ 图（放松结点）　　c) M 图

图 8-15　位移法方程的建立（无侧移刚架）

$$F_{1P} + \frac{1}{8}F_P l = 0, \quad F_{1P} = -\frac{1}{8}F_P l$$

有必要说明，在以后的计算中，为简便计，可以不逐个画出各有关结点的隔离体受力图，而只需按照"刚臂内之反力矩（即作用在刚性结点上的外力矩）= 汇交于该结点的各杆端弯矩的代数和"的计算方法，即可求得。只是要注意：刚臂内之反力矩以顺时针为正，而杆端弯矩（形常数和载常数）的正负号与表 8-1 和表 8-2 的表示一致。

将 k_{11} 和 F_{1P} 的值代入式（8-9），解得

$$Z_1 = -\frac{F_{1P}}{k_{11}} = \frac{F_P l}{64i}$$

结果为正，表示 Z_1 的方向与所设相同。**结构的最后弯矩可由叠加公式计算**，即

$$M = \overline{M}_1 Z_1 + M_P \qquad (8-10)$$

注意到上式就是本例各杆的转角位移方程。具体计算为

$$\begin{bmatrix} M_{BA} \\ M_{AB} \\ M_{AC} \\ M_{CA} \end{bmatrix} = \begin{bmatrix} 2i \\ 4i \\ 4i \\ 2i \end{bmatrix} \underbrace{\left[\frac{F_P l}{64i}\right]}_{Z_1} + \underbrace{\begin{bmatrix} 0 \\ 0 \\ -F_P l/8 \\ F_P l/8 \end{bmatrix}}_{M_P} = \begin{bmatrix} F_P l/32 \\ F_P l/16 \\ -F_P l/16 \\ 5F_P l/32 \end{bmatrix}$$
$\quad\quad\quad\quad\quad\underbrace{}_{\overline{M}_1}$

最后弯矩图如图 8-15c 所示。

上面以图8-14a所示仅有角位移（即无线位移）的刚架为例，讨论了位移法方程的建立，其基本原理和方法同样适用于有线位移的刚架情况。

例如，图8-16a所示刚架的基本未知量为结点C、D的水平线位移Z_1。在结点D加一附加支座链杆，就得到基本结构（图8-16b）。其相应的基本体系如图8-16c所示，它的变形和受力情况与原结构完全相同。

从变形方面看，附加支座链杆的作用是用来阻止或促使结构发生线位移；从受力方面看，则相当于作用在结点上的一个广义的附加约束力，这里具体表现为附加反力（简称反力）。

值得注意的是，原结构中并没有附加支座链杆，当然也就不存在该反力。因此，基本体系上结点D的反力F_1必定为零。设由Z_1和荷载引起的反力分别为F_{11}和F_{1P}（由$Z_1=1$引起的反力为k_{11}，因此$F_{11}=k_{11}Z_1$）。根据叠加原理，上述$F_1=0$的条件可写为

$$k_{11}Z_1 + F_{1P} = 0$$

这与无侧移刚架的位移法方程式（8-9）在形式上完全相同。

为了求出系数k_{11}和自由项F_{1P}，同样可利用表8-2和表8-1，

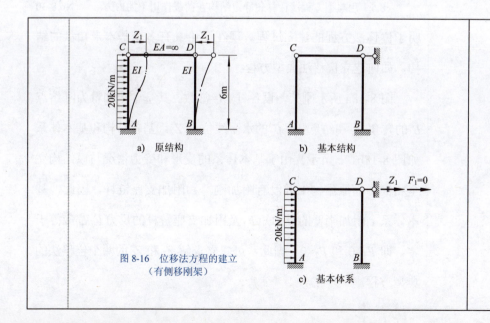

图8-16 位移法方程的建立（有侧移刚架）

在基本结构上分别作出锁住结点时荷载弯矩图（M_P图）和放松结点时的单位位移引起的弯矩图（$\overline{M}_1$图），如图8-17a、b所示。

分别在M_P图和$\overline{M}_1$图中，截取两柱顶端以上部分为隔离体，如图8-17a、b所示。由剪力平衡条件$\sum F_x = 0$，得

$$F_{1P} = F_{QCA}^F + F_{QDB}^F = -45\text{kN} + 0 = -45 \text{ kN}$$

$$k_{11} = \frac{EI}{72} + \frac{EI}{72} = \frac{EI}{36}$$

将k_{11}和F_{1P}的值代入位移法方程式（8-9），解得

$$Z_1 = \frac{1620}{EI}$$

结构的最后弯矩图可由叠加公式 $M = \overline{M}_1 Z_1 + M_P$ 计算后绘制，如图 8-17c 所示。

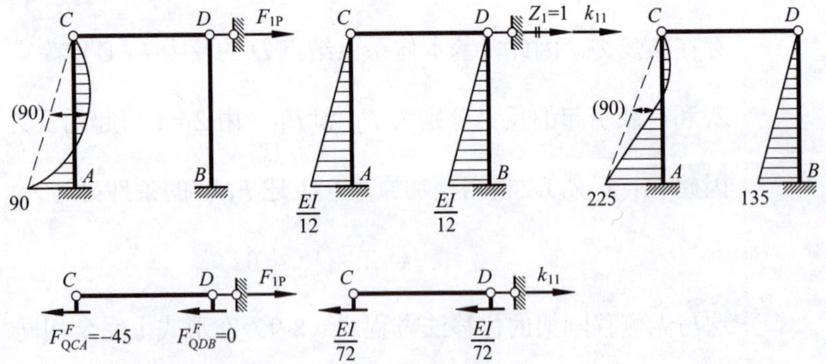

图 8-17 位移法方程的建立（有侧移刚架）
a) M_P 图(kN·m)　　b) $\overline{M}_1$ 图　　c) M 图(kN·m)

8.4.4 典型方程法和直接平衡法

这里有必要说明，关于如何建立位移法方程以求解基本未知量的问题，有两种途径可循。

一种途径，已如上所述，是通过选择基本结构，并将原结构与基本体系比较，得出建立位移法方程的平衡条件（即 $F_i=0$）。这种方法能以统一的、典型的形式给出位移法方程。因此，称为**典型方程法**。

另一种途径，则是将待分析结构先"拆散"为许多杆件单元进行单元分析——根据转角位移方程，逐杆写出杆端内力式子；再"组装"进行整体分析——直接利用结点平衡或截面平衡条件建立位移法方程。因此，称为**直接平衡法**。

关于典型方程法，将在下面第 8.5 节和 8.6 节进一步讨论；而直接平衡法，则将在第 8.7 节中予以介绍。

8.5 用典型方程法计算超静定结构在荷载作用下的内力

8.5.1 典型方程的一般形式

上节以具有一个基本未知量（$n_y=1$ 或 $n_l=1$）的结构为例，说明了位移法方程的建立过程。现在讨论具有多个基本未知量的结构，如何建立位移法典型方程。

图 8-18a 所示刚架，设各杆 $EI=$ 常数。其基本未知量为刚结点 B 的转角 Z_1 和结点 B、C 的水平线位移 Z_2。基本结构和基本体系如图 8-18b、c 所示。由于基本体系的变形和受力情况与原结构完全相同，而原结构上并没有附加刚臂和附加支座链杆，因此，基本体系上附加刚臂的反力矩 F_1 及附加支座链杆的反力 F_2 都应等于零，即 $F_1=0$ 和 $F_2=0$。据此，可建立求解 Z_1 和 Z_2 的两个位移法的典型方程。

设基本结构由于荷载及 Z_1、Z_2 单独作用，引起相应于 Z_1 的附加刚臂的反力矩分别为 F_{1P} 及 F_{11}、F_{12}，引起相应于 Z_2 的附加支座链杆的反力分别为 F_{2P} 及 F_{21}、F_{22}（图 8-18d、e、f）。根据叠加原理，可得

$$\left.\begin{array}{l} F_1 = F_{11} + F_{12} + F_{1P} = 0 \\ F_2 = F_{21} + F_{22} + F_{2P} = 0 \end{array}\right\} \quad (a)$$

式中，F_{ij} 的第一个下标表示该反力矩（或反力）所属的附加约束，第二个下标表示引起该反力矩（或反力）的原因。

又设单位位移 $Z_1=1$ 及 $Z_2=1$ 单独作用时，在基本结构附加刚臂

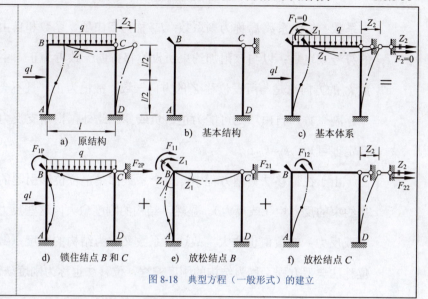

图 8-18 典型方程（一般形式）的建立

上产生的反力矩分别为 k_{11} 及 k_{12}，在附加支座链杆中产生的反力分别为 k_{21} 及 k_{22}，则有

$$\left.\begin{array}{l} F_{11} = k_{11}Z_1, \quad F_{12} = k_{12}Z_2 \\ F_{21} = k_{21}Z_1, \quad F_{22} = k_{22}Z_2 \end{array}\right\} \quad (b)$$

将式（b）代入式（a），得

$$\left.\begin{array}{l} k_{11}Z_1 + k_{12}Z_2 + F_{1P} = 0 \\ k_{21}Z_1 + k_{22}Z_2 + F_{2P} = 0 \end{array}\right\} \quad (c)$$

上式称为**位移法典型方程**。其物理意义是：基本体系每个附加约束中的反力矩和反力都应等于零。因此，它实质上反映了原结构的静力平衡条件。

对于具有 n 个独立结点位移的结构，相应地在基本结构中需加入 n 个附加约束，根据每个附加约束的反力矩或反力都应为零的平衡条件，同样可建立 n 个方程如下

$$\left.\begin{array}{l} k_{11}Z_1 + k_{12}Z_2 + \cdots + k_{1n}Z_n + F_{1P} = 0 \\ k_{21}Z_1 + k_{22}Z_2 + \cdots + k_{2n}Z_n + F_{2P} = 0 \\ \vdots \\ k_{n1}Z_1 + k_{n2}Z_2 + \cdots + k_{nn}Z_n + F_{nP} = 0 \end{array}\right\} \quad (8\text{-}11)$$

上式即为**典型方程的一般形式**。式中，主斜线上的系数 k_{ii} 称为

主系数；其他系数 k_{ij} 称为**副系数**；F_{iP} 称为**自由项**。系数和自由项的符号规定是：以与该附加约束所设位移方向一致者为正。主系数 k_{ii} 的方向总是与所设位移 Z_i 的方向一致，故恒为正，且不会为零。副系数和自由项则可能为正、负或零。此外，根据支反力互等定理可知，$k_{ij}=k_{ji}$。

由于在位移法典型方程中，每个系数都是单位位移引起的附加约束的反力矩（或反力）。显然，结构的刚度愈大，这些反力矩（或反力）的数值也愈大，故这些系数又称为结构的**刚度系数**，位移法典型方程又称为结构的**刚度方程**，位移法也称为**刚度法**。

8.5.2 系数和自由项的计算方法

为了求出典型方程中的系数和自由项，可借助于表 8-2 和表 8-1 绘出基本结构在荷载及 $Z_1=1$、$Z_2=1$ 单独作用下的荷载弯矩图 M_P 图和单位位移引起的弯矩图 $\overline{M}_1$、$\overline{M}_2$ 图（令 $i=EI/l$），如图 8-19a、b、c 所示。然后，即可由平衡条件求出各系数和自由项。

系数和自由项可分为两类：

一类是附加刚臂上的反力矩 F_{1P} 和 k_{11}、k_{12}，可分别在图 8-19a、b、c 中取结点 B 为隔离体，由力矩平衡方程求得。也可直接按照 8.4 节中所述"刚臂内之反力矩 = 汇交于该结点的各杆端弯矩的代数和"的计算方法，不需绘出结点隔离体受力图，而极为方便地求出

$$k_{11} = 4i+3i = 7i, \quad k_{12} = -\frac{6i}{l}, \quad F_{1P} = \frac{ql^2}{8} - \frac{ql^2}{8} = 0$$

另一类是附加支座链杆中的反力 F_{2P} 和 k_{21}、k_{22}，可分别在图 8-19a、b、c 中取两柱顶端以上横梁部分为隔离体，并根据第 3 章已知杆段弯矩图及其横向荷载求杆端剪力的方法，求出竖柱 BA、DC 的杆端剪力，再由投影方程 $\sum F_x = 0$，求得

$$k_{21} = -\frac{6i}{l}, \quad k_{22} = \frac{12i}{l^2} + \frac{3i}{l^2} = \frac{15i}{l^2}, \quad F_{2P} = -\frac{ql}{2}$$

将系数和自由项代入典型方程，可得

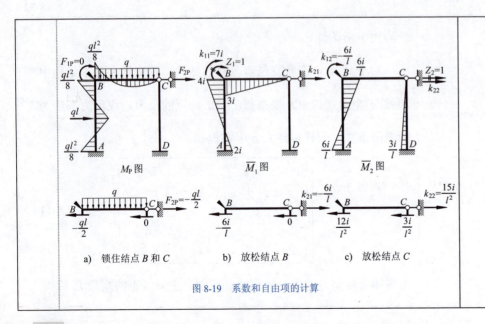

a) 锁住结点 B 和 C 　　b) 放松结点 B 　　c) 放松结点 C

图 8-19　系数和自由项的计算

$$\left.\begin{array}{r} 7iZ_1 - \dfrac{6i}{l}Z_2 + 0 = 0 \\ -\dfrac{6i}{l}Z_1 + \dfrac{15i}{l^2}Z_2 - \dfrac{ql}{2} = 0 \end{array}\right\}$$

联解以上两个方程求出 Z_1 和 Z_2 后，即可按叠加原理作出弯矩图。

8.5.3 典型方程法的计算步骤

1) 确定基本未知量数目：$n=n_y+n_l$。

2) 确定基本体系。加附加约束，锁住相关结点，使之不发生转动或移动，而得到一个由若干基本的单跨超静定梁组成的组合体作为基本结构（可不单独画出）；使基本结构承受原来的荷载，并令附加约束发生与原结构相同的位移，即可得到位移法的基本体系。

3) 建立位移法的典型方程。根据附加约束上反力矩或反力等于零的平衡条件建立典型方程。

4) 求系数和自由项。在基本结构上分别作出各附加约束发生单位位移时的单位位移引起的弯矩图 $\overline{M}_i$ 图和荷载作用下的荷载弯矩图 M_P 图，由结点平衡和截面平衡即可求得。

5) 解方程，求基本未知量（Z_i）。

6) 作最后内力图。按照 $M = \overline{M}_1 Z_1 + \overline{M}_2 Z_2 + \cdots + \overline{M}_n Z_n + M_P$ 叠加得出最后弯矩图；根据弯矩图作出剪力图；利用剪力图根据结点平衡条件作出轴力图。

7) 校核。由于位移法在确定基本未知量时已满足了变形协调条件，而位移法典型方程是静力平衡条件，故通常只需按平衡条件进行校核。

可以看出，位移法（典型方程法）与力法在计算步骤上是极其相似的，但二者的未知量却有所不同。读者可自行一一对比，分析二者的区别及联系，以加深理解。

【例 8-1】试用典型方程法计算图 8-20a 所示结构，并作出弯矩图。设 $EI=$ 常数。

解：(1) 确定基本未知量数目

本题初看起来用典型方程法比较复杂，但实际上非常简单。注意到杆件 AB 及 CEF 的弯矩是静定的，可用平衡条件先行求出。原结构可简化为图 8-20b 所示的受力图，其基本未知量只有结点 C 的转角 Z_1。

(2) 确定基本体系，如图 8-20c 所示。

(3) 建立典型方程

根据结点 C 附加刚臂上反力矩为零的平衡条件，有

$$k_{11}Z_1 + F_{1P} = 0$$

(4) 求系数和自由项

设 $i = \dfrac{EI}{4} = 1$，作 $\overline{M}_1$ 图和 M_P 图，如图 8-20d、e 所示。取结点 C 为隔离体，应用力矩平衡条件 $\sum M_C = 0$，求得

$$k_{11} = 7 \quad \text{(a)}$$

$$F_{1P} + 30 = -12 \quad \text{(b)}$$

即

$$F_{1P} = -42$$

式（b）表示"刚臂内之反力矩 + 结点上作用的外力矩 = 汇交于该结点的各杆端弯矩的代数和"。

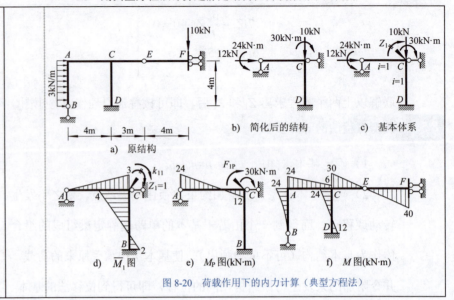

图 8-20 荷载作用下的内力计算（典型方程法）

(5) 解方程，求基本未知量

将式（a）和式（b）代入典型方程，解得

$$Z_1 = 6$$

(6) 作最后弯矩图

按叠加公式 $M = \overline{M}_1 Z_1 + M_P$ 作原结构的弯矩图，如图 8-20f 所示。

(7) 校核

从理论上来说，有多少个基本未知量，就需要进行多少个平衡条件的校核。对于本例，满足 $\sum M_C = 0$。

【例 8-2】试用典型方程法计算图 8-21a 所示结构，并作弯矩图。设 $EI=$ 常数。

解：(1) 确定基本未知量数目

由于结构和荷载都具有两个对称轴，因此，可以利用对称性取结构的 1/4 部分（图 8-21b）进行计算，其基本未知量只有结点 A 的转角 Z_1。

(2) 确定基本体系，如图 8-21c 所示。

(3) 建立典型方程

根据结点 A 附加刚臂上反力矩为零的平衡条件，有

$$k_{11}Z_1 + F_{1P} = 0$$

(4) 求系数和自由项

设 $i=EI/l$，则各杆的线刚度为：$i_{AB}=i$，$i_{AG}=2i$（杆长减少一半，相应的线刚度增大为两倍）。

作 $\overline{M}_1$ 图和 M_P 图，如图 8-21d、e 所示，分别从 $\overline{M}_1$、M_P 图中截取结点 A 为隔离体，应用力矩平衡条件 $\sum M_A = 0$，可分别求得

$$k_{11} = 4i + 2i = 6i, \quad F_{1P} = -\frac{1}{12}ql^2$$

(5) 解方程，求基本未知量

将 k_{11} 和 F_{1P} 之值代入典型方程，解得

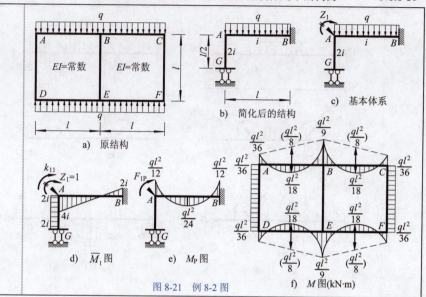

图 8-21 例 8-2 图

$$Z_1 = \frac{ql^2}{72i}$$

(6) 作最后弯矩图

按叠加公式 $M = \overline{M}_1 Z_1 + M_P$ 求得各杆端弯矩，利用对称性即可作出原刚架的弯矩图，如图 8-21f 所示。

(7) 校核

在图 8-21f 中，取结点 B 为隔离体，满足 $\sum M_B = 0$。

【例 8-3】试用典型方程法计算图 8-22a 所示连续梁，并作弯矩图。

解：(1) 确定基本未知量数目

此连续梁的杆件 DE 为静定的悬臂梁，其 D 端的弯矩和剪力可由静力平衡条件求得，将它们反向作用于杆件 CD 的 D 端，即得到如图 8-22b 所示连续梁。该连续梁的基本未知量为结点 B 的转角 Z_1 和结点 C 的转角 Z_2。

(2) 确定基本体系，如图 8-22b 所示。

(3) 建立典型方程

根据结点 B 和结点 C 附加刚臂上反力矩均为零的平衡条件，有

$$\left.\begin{array}{r}k_{11}Z_1 + k_{12}Z_2 + F_{1P} = 0\\ k_{21}Z_1 + k_{22}Z_2 + F_{2P} = 0\end{array}\right\}$$

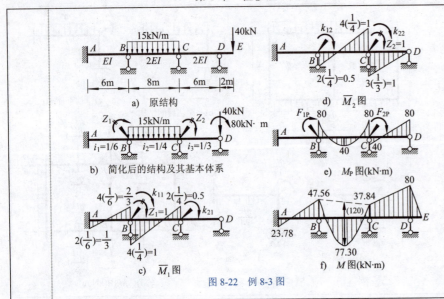

图 8-22 例 8-3 图

(4) 求系数和自由项

令 $EI=1$。作 $\overline{M}_1$、$\overline{M}_2$ 图和 M_P 图，如图 8-22c、d、e 所示。分别从 $\overline{M}_1$、$\overline{M}_2$ 图和 M_P 图中截取结点 B 为隔离体，由 $\sum M_B = 0$，可求得

$$k_{11} = \frac{2}{3}+1 = \frac{5}{3},\quad k_{12}=0.5,\quad F_{1P}=-80$$

再分别从 $\overline{M}_1$、$\overline{M}_2$ 图和 M_P 图中截取结点 C 为隔离体，由 $\sum M_C = 0$，可求得

$$k_{21}=0.5,\quad k_{22}=1+1=2,\quad F_{2P}=80+40=120$$

(5) 解方程，求基本未知量 Z_1 和 Z_2

将以上各系数及自由项之值代入典型方程，解得

$$Z_1 = 71.35,\quad Z_2 = -77.84$$

(6) 作最后弯矩图

按叠加原理 $M = \overline{M}_1 Z_1 + \overline{M}_2 Z_2 + M_P$ 作原结构的弯矩图，如图 8-22f 所示。

(7) 校核

在图 8-22f 中，显见，满足 $\sum M_B = 0$ 和 $\sum M_C = 0$。

【例 8-4】试用典型方程法求图 8-23a 所示结构，并作弯矩图。

解：(1) 确定基本未知量数目

此结构的基本未知量为结点 D 的转角 Z_1 和横梁 BD 的水平位移 Z_2。

(2) 确定基本体系，如图 8-23b 所示。

(3) 建立典型方程

根据结点 D 附加刚臂上的反力矩为零及结点 B 附加支座链杆中的反力为零的两个平衡条件，有

$$\left.\begin{array}{r}k_{11}Z_1+k_{12}Z_2+F_{1P}=0\\ k_{21}Z_1+k_{22}Z_2+F_{2P}=0\end{array}\right\}$$

(4) 求系数和自由项

令 $i=EI/6$。作 $\overline{M}_1$、$\overline{M}_2$ 图和 M_P 图，如图 8-23c、d、e 所示。分别从 $\overline{M}_1$、$\overline{M}_2$ 图和 M_P 图中取结点 D 为隔离体，由 $\sum M_D = 0$，可求得

$$k_{11}=i+4i+9i=14i,\quad k_{12}=-i,\quad F_{1P}=-30+18=-12$$

第8章 位移法

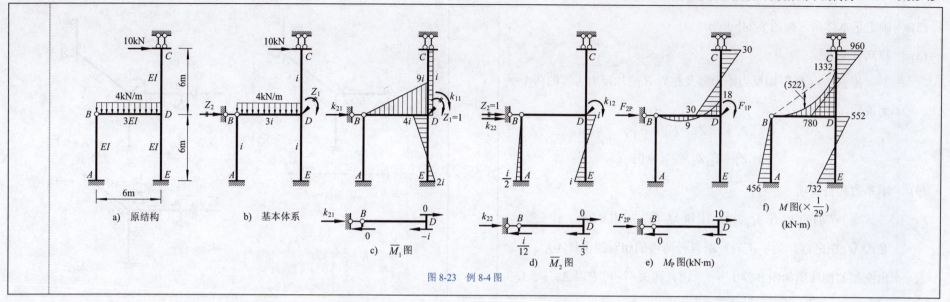

图 8-23 例 8-4 图

再分别从 $\overline{M}_1$、$\overline{M}_2$ 图和 M_P 图中取横梁 BD 为隔离体，由 $\sum F_x = 0$，可求得

$$k_{21} = -i, \quad k_{22} = \frac{i}{12} + \frac{i}{3} = \frac{5}{12}i, \quad F_{2P} = -10$$

(5) 解方程，求基本未知量 Z_1 和 Z_2

将以上各系数及自由项之值代入典型方程，解得

$$Z_1 = \frac{90}{29i}, \quad Z_2 = \frac{912}{29i}$$

(6) 作最后弯矩图

按叠加原理 $M = \overline{M}_1 Z_1 + \overline{M}_2 Z_2 + M_P$ 作原结构的弯矩图，如图 8-23f 所示。

(7) 校核

在图 8-23f 所示最后弯矩图中，取结点 D 为隔离体，满足 $\sum M_D = 0$；取横梁 BD 为隔离体，满足 $\sum F_x = 0$。

【例 8-5】试用典型方程法求作图 8-24a 所示结构的弯矩图，并勾绘变形曲线。

解：本题为具有斜杆的有侧移刚架。应注意两个问题：

第一，结点发生线位移时斜杆两端相对线位移的确定。

第二，附加支座链杆中反力 k_{22} 和 F_{2P} 的计算。

(1) 确定基本未知量数目

此结构的基本未知量为结点 D 的转角 Z_1 和横梁 BD 的水平位移 Z_2。

(2) 确定基本体系,如图 8-24b 所示。

(3) 建立典型方程

根据结点 D 附加反力矩为零及结点 B 附加反力为零的两个平衡条件,有

$$\left.\begin{array}{l}k_{11}Z_1 + k_{12}Z_2 + F_{1P} = 0 \\ k_{21}Z_1 + k_{22}Z_2 + F_{2P} = 0\end{array}\right\}$$

(4) 求系数和自由项

令 $i=EI/1=EI$。作 $\overline{M}_1$、$\overline{M}_2$ 图和 M_P 图,如图 8-24c、e、f 所示。在绘 $\overline{M}_2$ 图之前,为了正确判断斜杆两端的相对线位移 Δ_{CD},先绘出刚架的侧移图如图 8-24d 所示。由几何关系,可求得 $\Delta_{CD} = 5\Delta/3$

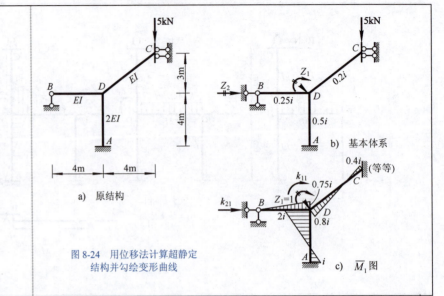

图 8-24 用位移法计算超静定结构并勾绘变形曲线

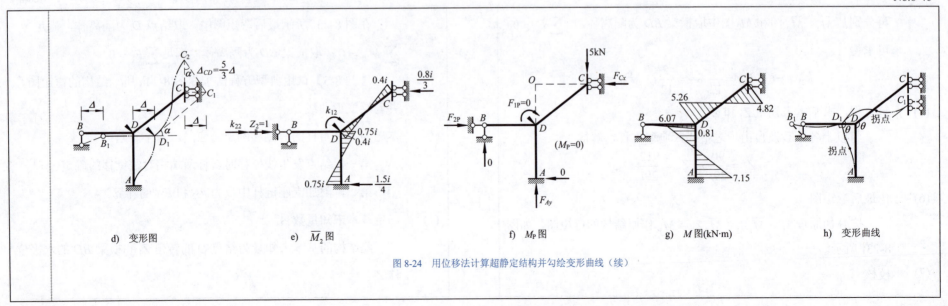

d) 变形图　　e) $\overline{M}_2$ 图　　f) M_P 图　　g) M 图(kN·m)　　h) 变形曲线

图 8-24 用位移法计算超静定结构并勾绘变形曲线(续)

（绕他端反时针转动）。据此，可求出 $\overline{M}_2$ 图中斜杆 CD 两端的杆端弯矩为

$$M_{CD} = M_{DC} = +6i_{CD} \times \frac{1}{l_{CD}} \times \left(\frac{5}{3} \times \Delta\right)$$

$$= 6 \times 0.2i \times \frac{1}{5} \times \left(\frac{5}{3} \times 1\right)$$

$$= 0.4i$$

还需注意的是，在绘 $\overline{M}_1$ 和 M_P 图时，由于 C 支座的两平行支杆与杆件 CD 不平行，而且，由于结点 B 加有附加支座链杆，使结点 C 无线位移，故实际上 CD 杆的 C 端不可能竖向滑动，该处的定向支座相当于固定端，因而，斜杆 CD 相当于两端固定的杆件。在图示荷载作用下，M_P 图为零。

由结点 D 的力矩平衡条件 $\sum M_D = 0$，可求得

$$k_{11} = 0.75i + 2i + 0.8i = 3.55i$$

$$k_{12} = 0.4i - 0.75i = -0.35i$$

$$F_{1P} = 0$$

由图 8-24e 的整体平衡条件 $\sum F_x = 0$，可求得

$$k_{22} = \frac{1.5i}{4} + \frac{0.8i}{3} = 0.64i$$

由图 8-24f 的整体平衡条件 $\sum M_O = 0$，可求得

$$F_{2P} = \frac{20}{3} \text{kN} = 6.67 \text{ kN}$$

(5) 解方程，求基本未知量 Z_1 和 Z_2

将以上各系数及自由项之值代入典型方程，解得

$$Z_1 = -\frac{1.083}{i}, \quad Z_2 = -\frac{10.98}{i}$$

(6) 作最后弯矩图

按叠加公式 $M = \overline{M}_1 Z_1 + \overline{M}_2 Z_2 + M_P$ 作出最后弯矩图，如图 8-24g 所示。

(7) 校核

满足结点平衡条件 $\sum M_D = 6.07 - 0.81 - 5.26 = 0$。

(8) 勾绘变形曲线，如图 8-24h 所示。

结点 D 转角和线位移的方向，可由 Z_1、Z_2 的正负号直接判定。

【例 8-6】试用典型方程法计算图 8-25a 所示等高排架。

解： (1) 确定基本未知量数目

此等高排架（泛指各竖柱柱顶位于同一高度或同一斜线上的排架）只有一个独立的结点线位移未知量，即 A、C、E 的水平位移 Z_1。

(2) 确定基本体系，如图 8-25b 所示。

(3) 建立典型方程

根据结点 E 附加支座链杆中反力为零的平衡条件，有

$$k_{11} Z_1 + F_{1P} = 0$$

(4) 求系数和自由项

作单位位移引起的弯矩图 $\overline{M}_1$ 和荷载弯矩图 M_P 图,如图 8-25c、d 所示。由截面平衡条件 $\sum F_x = 0$,可求得

$$k_{11} = \frac{3EI_1}{h_1^3} + \frac{3EI_2}{h_2^3} + \frac{3EI_3}{h_3^3}$$

$$= \sum_{i=1}^{3} \frac{3EI_i}{h_i^3}$$

以及

$$F_{1P} = -F_P$$

(5) 解方程,求基本未知量 Z_1

将以上 k_{11} 和 F_{1P} 之值代入典型方程,解得

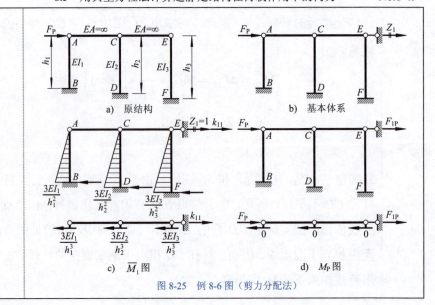

图 8-25 例 8-6 图(剪力分配法)

$$Z_1 = -\frac{F_{1P}}{k_{11}} = \frac{F_P}{\sum_{i=1}^{3} \frac{3EI_i}{h_i^3}}$$

(6) 按叠加原理即可作出弯矩图。

【讨论】若令

$$\gamma_i = \frac{3EI_i}{h_i^3} \qquad (8\text{-}12)$$

式中,γ_i 为当排架柱顶发生单位侧移时,各柱柱顶产生的剪力,它反映了各柱抵抗水平位移的能力,称为排架柱的**侧移刚度系数**。

于是,各柱顶的剪力为

$$F_{Qi} = \gamma_i Z_1 = \frac{\gamma_i}{\sum \gamma_i} F_P$$

再令

$$\eta_i = \frac{\gamma_i}{\sum \gamma_i} \qquad (8\text{-}13)$$

称为第 i 根柱的**剪力分配系数**,则各柱所分配的柱顶剪力为

$$F_{Qi} = \eta_i F_P \quad (i = 1, 2, 3) \qquad (8\text{-}14)$$

以上分析表明,当等高排架仅在柱顶受水平集中力作用时,可首先由式(8-13)求出各柱的剪力分配系数;然后由式(8-14)算出各柱顶剪力 F_{Qi};最后把每根柱视为悬臂柱绘出其弯矩图。这样就可不必建立典型方程而直接得到解答。**这一方法称为剪力分**

配法，是计算等高排架很有效的方法。

必须注意，当任意荷载作用于排架时，则不能直接应用上述剪力分配法。例如，对于图 8-26a 所示荷载情况，可首先在柱顶加水平附加支座链杆，并求出该附加反力（图 8-26b）为

$$F_R = F_P + \frac{3}{8}qh_1 \quad (\leftarrow)$$

为了消除此附加反力，应在柱顶施加一个反向力 F_R（图 8-26c）。显然，原结构的弯矩图应为图 8-26b 的弯矩图（可直接利用表 8-2 载常数绘出）与图 8-26c 的弯矩图（可直接利用剪力分配法绘出）两者的叠加，如图 8-26d 所示。

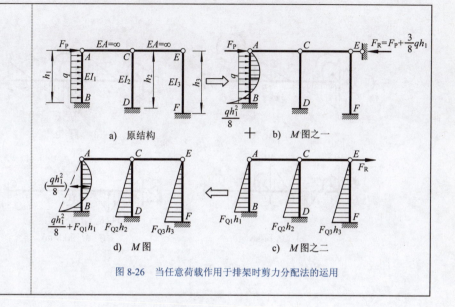

图 8-26 当任意荷载作用于排架时剪力分配法的运用

【例 8-7】弹性支座连续梁如图 8-27a 所示，支座 A 的抗转动弹簧刚度系数 $k_弹 = i = 1$。试作梁的弯矩图。

解：(1) 确定基本未知量

此结构的基本未知量为抗转动弹簧支座 A 的转角 Z_1 和结点 B 的转角 Z_2。

(2) 确定基本体系，如图 8-27b 所示。

(3) 建立典型方程

$$\left. \begin{array}{l} k_{11}Z_1 + k_{12}Z_2 + F_{1P} = 0 \\ k_{21}Z_1 + k_{22}Z_2 + F_{2P} = 0 \end{array} \right\}$$

(4) 求系数和自由项

作 $\overline{M}_1$、$\overline{M}_2$ 图和 M_P 图，如图 8-27c、d、e 所示。

由图 8-27c $\overline{M}_1$ 图中结点 A 的力矩平衡 $\sum M_A = 0$，得

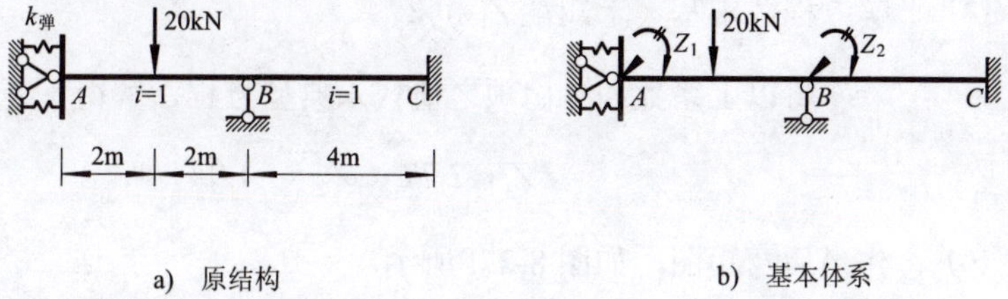

图 8-27 例 8-7 图（具有弹性支座的连续梁）

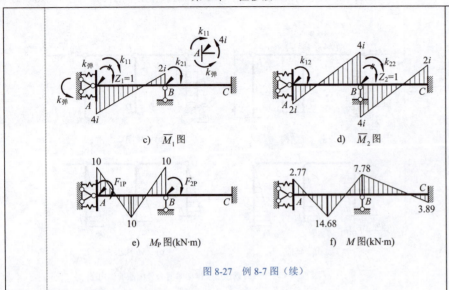

图 8-27 例 8-7 图（续）

$$k_{11} = 4i + k_弹 = (4\times1)+1 = 5$$

上式表明，当计算沿弹性支座位移方向的主系数 k_{ii} 时，应计入弹性支座相应的弹簧刚度系数 $k_弹$ 一项。这是因为，k_{ii} 是弹性支座转动单位转角（或移动单位线位移）所需的力矩（或力），它既应包括促使杆件结点转动（或移动）所需的一部分，还应包括克服弹簧的约束 $k_弹$ 所需的另一部分，因此，应是两者之和。

再由 $\overline{M}_1$ 图中结点 B 的平衡，得

$$k_{21} = 2i = 2$$

由 $\overline{M}_2$ 图中结点 B 的平衡，得

$$k_{22} = 4i + 4i = 8i = 8$$

由 M_P 图中结点 A 和结点 B 的平衡，分别得

$$F_{1P} = -\frac{20\times4}{8} = -10,\quad F_{2P} = \frac{20\times4}{8} = 10$$

(5) 解方程，求基本未知量 Z_1 和 Z_2

将以上系数和自由项之值代入典型方程，解得

$$Z_1 = 2.77,\quad Z_2 = -1.94$$

(6) 作最后弯矩图，如图 8-27f 所示。

(7) 校核：结点 A 和结点 B 均满足力矩平衡条件。

【讨论】对于支座 A 的弹性支承，也可以理解为在支座 A 的左侧存在一个想象的"虚跨"，该虚跨在 A 端抗转动刚度正好等于弹簧刚度系数 $k_弹$。这样，就把一个弹性支座上的梁化为全是刚性支座来处理，不同之处只是延长了一跨。

*8.6 用典型方程法计算超静定结构在支座移动和温度变化时的内力

8.6.1 支座移动时的内力计算

用典型方程法计算超静结构在支座移动时的内力，其基本原

理和分析步骤与荷载作用时是相同的,只是具体计算时,有以下两个特点。

第一,典型方程中的自由项不同。这里的自由项,不再是荷载引起的附加约束中的 F_{iP},而是基本结构由于支座移动产生的附加约束中的反力矩或反力 F_{ic},它可先利用形常数作出基本结构由于支座移动产生的弯矩图 M_c 图,然后由平衡条件求得。

第二,计算最后内力的叠加公式不完全相同。其最后一项应以 M_c 替代荷载作用时的 M_P,即 $M = \overline{M}_1 Z_1 + \overline{M}_2 Z_2 + \cdots + M_c$。

【例 8-8】试用典型方程法作如图 8-28a 所示结构在支座移动时的弯矩图。已知 $EI = 3 \times 10^4 \text{kN} \cdot \text{m}^2$,$\theta_A = 0.01\text{rad}$,$\Delta_C = 0.01\text{m}$。

解: (1) 确定基本未知量数目

此结构只有结点 B 的转角 Z_1 一个基本未知量。

(2) 确定基本体系,如图 8-28b 所示。

(3) 建立典型方程

$$k_{11} Z_1 + F_{1c} = 0$$

(4) 求系数和自由项

取 $i = EI/l$。作 $\overline{M}_1$ 图和 M_c 图,如图 8-28c、d 所示。

由 $\overline{M}_1$ 图和 M_P 图结点 B 的力矩平衡条件 $\sum M_B = 0$,求得

$$k_{11} = 4i + 3i = 7i = \frac{7EI}{l}$$

$$F_{1c} = 2i\theta_A - i\Delta_C = 2i(0.01) - i(0.01) = i \times 0.01 = 0.01 \times \frac{EI}{3}$$

必须注意,计算支座移动引起的杆端弯矩时,不能用各杆 EI 的相对值,而必须用实际值。

(5) 解方程,求基本未知量

将系数和自由项之值代入典型方程,解得

$$Z_1 = -\frac{1}{7} \times 10^{-2}$$

(6) 由 $M = \overline{M}_1 Z_1 + M_c$ 作最后弯矩图,如图 8-28e 所示。

(7) 校核:由 M 图显见,满足 $\sum M_B = 0$ 的平衡条件。

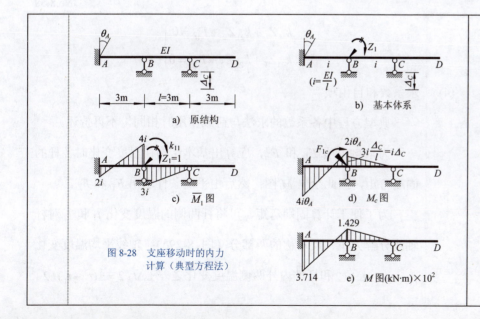

图 8-28 支座移动时的内力计算(典型方程法)

8.6.2 温度变化时的内力计算

用典型方程法计算超静定结构在温度变化时的内力，其基本原理和分析步骤与荷载作用时也是相同的，但在具体计算时，要注意以下三个特点：

第一，典型方程中的自由项不同。这里的自由项不再是荷载引起的附加约束中的 F_{iP}，而是基本结构由于温度变化产生的附加约束中的反力矩或反力 F_{it}，它可先利用载常数作出基本结构由于温度变化产生的弯矩图 M_t 图，然后由平衡条件求得。

第二，计算最后内力的叠加公式不完全相同。其最后一项应以 M_t 替代荷载作用时的 M_P，即 $M = \bar{M}_1 Z_1 + \bar{M}_2 Z_2 + \cdots + M_t$。

第三，要特别强调的是，在温度变化时，不能再忽略杆件的轴向变形，因而前述受弯直杆两端距离不变的假设这里不再适用。这是因为，不仅杆件两侧内外温差（Δt）会使杆件弯曲，而产生一部分固端弯矩，而且，轴线平均温度变化（t_0）使杆件产生的轴向变形，会使结点产生已知位移，从而使杆两端产生相对横向位移，于是又产生出另一部分固端弯矩。

同支座移动时的内力计算一样，在计算温度变化引起的杆端弯矩时，必须用各杆 EI 的实际值。

【例 8-9】 图 8-29a 所示刚架，各杆的内侧温度升高 10℃，外侧温度升高 30℃。试建立位移法典型方程，并计算自由项。设各杆的 EI 值相同，截面为矩形，其高度 $h=0.5$m，材料的线膨胀系数为 α。

解： (1) 确定基本未知量数目

此结构的基本未知量为结点 A 的转角 Z_1 和结点 B 的线位移 Z_2。

(2) 确定基本体系，如图 8-29b 所示。

(3) 建立典型方程

根据结点 A 处附加反力矩和结点 B 处附加反力都应为零的平衡条件，可建立两个方程为

$$\left. \begin{array}{l} k_{11}Z_1 + k_{21}Z_2 + F_{1t} = 0 \\ k_{21}Z_1 + k_{22}Z_2 + F_{2t} = 0 \end{array} \right\}$$

(4) 求系数和自由项

典型方程中各系数的求法与荷载作用时相同，不再赘述。

为求自由项 F_{1t} 和 F_{2t}，应算出基本结构在温度变化时各杆的固端弯矩，据此绘出 M_t 图；然后由平衡条件求出 F_{1t} 和 F_{2t}。

为了便于计算固端弯矩，可将杆两侧的温度变化 t_1 和 t_2 对轴线分解为正、反对称的两部分（图 8-29c）：轴线平均温度变化 $t_0 = (t_1 + t_2)/2$ 和杆件内外两侧温度变化之差 $\pm \Delta t/2 = \pm(t_2 - t_1)/2$。

前者使杆件发生轴向变形而不弯曲，后者使杆件发生弯曲变形而不伸长和缩短。由于温度变化时杆件的轴向变形不能忽略，而这种轴向变形会使基本结构的结点产生移动，从而使杆两端产生横向相对位移。可见，除温度变化Δt外，平均温度变化t_0也使基本结构中的杆件产生固端弯矩。

1）图8-29d表示平均温度变化t_0的作用。各杆轴向伸长为

$$\lambda_{AB} = \alpha t_0 l_{AB} = \alpha \times 20 \times 5 = 100\alpha$$
$$\lambda_{AC} = \alpha t_0 l_{AC} = \alpha \times 20 \times 4 = 80\alpha$$
$$\lambda_{BD} = \alpha t_0 l_{BD} = \alpha \times 20 \times 5 = 100\alpha$$

根据以上各伸长值，可求得各杆两端横向相对位移为

横梁AB：$\Delta_{AB} = -(\lambda_{BD} - \lambda_{AC}) = -(100\alpha - 80)\alpha = -20\alpha$

左柱AC：$\Delta_{AC} = -(\lambda_{AB}) = -100\alpha$

右柱DB：$\Delta_{DB} = 0$

式中，负号表示横向相对位移Δ绕他端反时针转动。利用表8-1形常数可求得由此引起的杆端弯矩$M_t^{①}$（图8-29f）为

$$\left. \begin{aligned} M_{AB}^{①} &= -3 \times \frac{EI}{5^2}(-20\alpha) = 2.4\alpha EI \\ M_{AC}^{①} &= M_{CA}^{①} = -6 \times \frac{EI}{4^2}(-100\alpha) = 37.5\alpha EI \\ M_{DB}^{①} &= 0 \end{aligned} \right\} \quad (a)$$

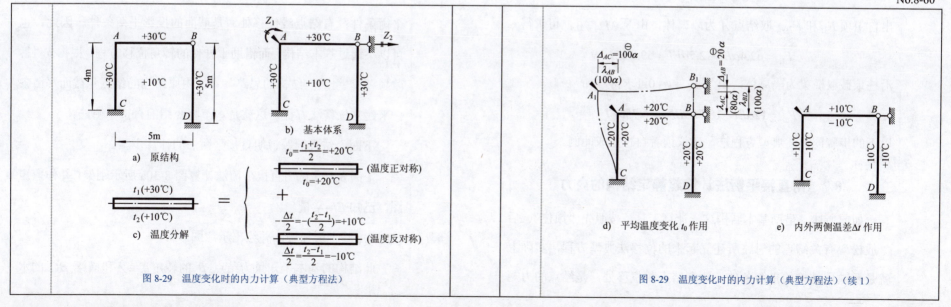

图8-29 温度变化时的内力计算（典型方程法）

图8-29 温度变化时的内力计算（典型方程法）（续1）

2) 查表 8-2 载常数，可求得杆件两侧温差 Δt（图 8-29e）使杆端产生的杆端弯矩 $M_t^{②}$（图 8-29g）为

$$\left.\begin{array}{l}M_{AB}^{②}=60\alpha EI\\ M_{AC}^{②}=-M_{CA}^{②}=-40\alpha EI\\ M_{DB}^{②}=-60\alpha EI\end{array}\right\} \quad (b)$$

3) 总的固端弯矩为式（a）与式（b）的叠加，即 $M_t = M_t^{①} + M_t^{②}$，于是可得

$$M_{AB}^{F}=2.4\alpha EI+60\alpha EI=62.4\alpha EI$$

$$M_{AC}^{F}=37.5\alpha EI-40\alpha EI=-2.5\alpha EI$$

$$M_{CA}^{F}=37.5\alpha EI+40\alpha EI=77.5\alpha EI$$

$$M_{DB}^{F}=-60\alpha EI$$

据此，可绘出 M_t 图，如图 8-29h 所示。再由有关平衡条件即可求

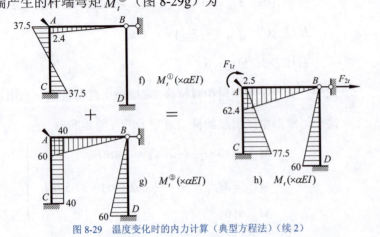

图 8-29 温度变化时的内力计算（典型方程法）（续 2）

出自由项 F_{1t} 和 F_{2t}。取结点 A 为隔离体，由 $\sum M_A=0$，可求得

$$F_{1t}=62.4\alpha EI-2.5\alpha EI=59.9\alpha EI$$

沿柱顶截取横梁为隔离体，由 $\sum F_x=0$，可求得

$$F_{2t}=12\alpha EI-18.75\alpha EI=-6.75\alpha EI$$

以下的步骤同前述典型方程法，建议读者自行完成此例。

8.7 用直接平衡法计算超静定结构的内力

如前所述，借助基本结构这一计算工具，按照先"锁住"、后"放松"有关结点的思路所建立起来的位移法典型方程，实际上就是反映原结构的平衡条件，即有结点角位移处，是结点的力矩平衡条件；有结点线位移处，是截面的投影平衡条件。因此，也可以不通过基本结构，而借助于杆件的转角位移方程，根据先"拆散"、后"组装"结构的思路，直接由原结构的结点和截面平衡条件来建立位移法方程，这就是本节将介绍的直接平衡法。

下面，结合例题说明直接平衡法的计算步骤。

【例 8-10】试用直接平衡法计算图 8-30a 所示刚架，并作弯矩图。已知 EI=常量。

解：(1) 确定基本未知量，并绘出示意图：

此结构的基本未知量为结点 B 的转角 $\theta_B=Z_1$ 和横梁 BC 的水

平位移 $\Delta = Z_2$，如图 8-30b 所示。

(2) "拆散"，进行杆件分析，即根据转角位移方程，逐杆写出杆端内力：

1) 对于左柱 BA（视为两端固定梁）

$$\theta_A = 0, \quad \theta_B = Z_1, \quad \Delta = Z_2$$

$$M_{AB}^F = -\frac{ql^2}{8}, \quad M_{BA}^F = \frac{ql^2}{8}, \quad F_{QBA}^F = -\frac{ql}{2}$$

由式（8-1）和式（8-5），并令 $i = EI/l$，有

$$M_{AB} = 2iZ_1 - 6i\frac{Z_2}{l} - \frac{ql^2}{8}$$

$$M_{BA} = 4iZ_1 - 6i\frac{Z_2}{l} + \frac{ql^2}{8}$$

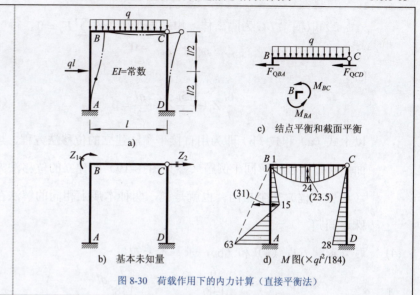

图 8-30 荷载作用下的内力计算（直接平衡法）

$$F_{QBA} = -\frac{6iZ_1}{l} + \frac{12iZ_2}{l^2} - \frac{ql}{2}$$

2) 对于横梁 BC（视为 B 端固定，C 端铰支）

$$\theta_B = Z_1, \quad M_{BC}^F = -\frac{ql^2}{8}$$

由式（8-2），有

$$M_{BC} = 3iZ_1 - \frac{ql^2}{8}$$

$$M_{CB} = 0$$

3) 对于右柱 CD（视为 D 端固定，C 端铰支）

$$\Delta = Z_2$$

由式（8-2）和式（8-5），有

$$M_{CD} = 0$$

$$M_{DC} = -3i\frac{Z_2}{l}$$

$$F_{QCD} = 3i\frac{Z_2}{l^2}$$

(3) "组装"，进行整体分析，即根据结点平衡条件和截面平衡条件建立位移法方程：

1) 取结点 B 为隔离体（图 8-30c），由力矩平衡条件 $\sum M_B = 0$，得

$$M_{BC} + M_{BA} = 0$$

即

$$7iZ_1 - \frac{6i}{l}Z_2 = 0 \tag{a}$$

2) 取横梁 BC 为隔离体，由截面平衡条件 $\sum F_x = 0$，得
$$F_{QBA} + F_{QCD} = 0$$
即
$$-\frac{6i}{l}Z_1 + \frac{15i}{l^2}Z_2 - \frac{ql}{2} = 0 \qquad (b)$$

以上式（a）和式（b）即为用直接平衡法建立的位移法方程，与前面用典型方程法解同一例题（参见图 8-19）所建立的位移法方程（典型方程）完全相同。也就是说，两种本质上相同的解法在此殊途同归。

(4) 联立求解方程（a）和（b），求基本未知量
$$Z_1 = \frac{6}{138i}ql^2, \quad Z_2 = \frac{7}{138i}ql^3$$

(5) 计算杆端内力：

将 Z_1 和 Z_2 代回第（2）步所列出的各杆的杆端弯矩表达式，即可求得
$$M_{AB} = -\frac{63}{184}ql^2, \quad M_{BA} = -\frac{1}{184}ql^2$$
$$M_{BC} = \frac{1}{184}ql^2$$
$$M_{DC} = -\frac{28}{184}ql^2$$

(6) 作最后弯矩图，如图 8-30d 所示。

(7) 校核：满足结点平衡条件和截面平衡条件。

【例 8-11】 试用直接平衡法作图 8-31a 所示单跨梁的弯矩图。

$k_弹 = EI/l = i$。

解： (1) 确定基本未知量，并绘出示意图

此结构的基本未知量为抗转动弹性支座 A 处的转角 Z_1，如图 8-31b 所示。

(2) 根据转角位移方程式（8-2），写出 AB 梁杆端弯矩为
$$M_{AB} = 3iZ_1 + M_{AB}^F = 3iZ_1 - \frac{ql^2}{8} \qquad (a)$$

(3) 根据弹性支座 A 处 $\sum M_A = 0$ 的平衡条件（图 8-31c），有
$$M_{AB} + k_弹 Z_1 = 0 \qquad (b)$$

将式（a）的关系式代入式（b），可建立位移法方程为

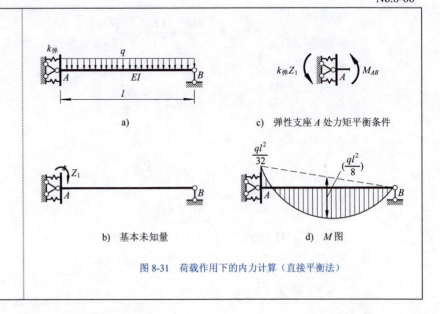

图 8-31 荷载作用下的内力计算（直接平衡法）

a)

b) 基本未知量

c) 弹性支座 A 处力矩平衡条件

d) M 图

$$(3i+k_{弹})Z_1 - \frac{ql^2}{8} = 0$$

即

$$4iZ_1 - \frac{ql^2}{8} = 0$$

(4) 解方程，得

$$Z_1 = \frac{ql^2}{32i}$$

(5) 计算杆端弯矩

将 Z_1 值代回式（a），得

$$M_{AB} = 3i\left(\frac{ql^2}{32}\right) - \frac{ql^2}{8} = -\frac{ql^2}{32}$$

(6) 作弯矩图，如图 8-31d 所示。

*8.8 混合法

力法和位移法是计算超静定结构的两种基本方法。一般说来，对于超静定次数少而结点位移个数多的结构，用力法计算比较方便；对于超静定次数多而结点位移个数少的结构，则用位移法计算比较方便。但有时也可以把位移法和力法混合运用于同一结构，从而有效地减少其基本未知量的总数。这种计算方法，称为**混合法**。

例如，对于图 8-32a 所示刚架，若单用位移法计算，其基本未知量多达七个；单用力法计算，其基本未知量也有四个。但若将该刚架分解为左、右两部分（图 8-32b 和 c），亦即将刚架看作是这左、右两部分的组合体，则分别用力法计算其左部，用位移法计算其右部，其基本未知量均只有一个，即 A 支座的多余约束力 X_1 和结点 E 的转角 Z_2。由此可见，在该结构上可以同时发挥力法和位移法的长处，使计算得以简化。

现仍以图 8-32a 所示刚架为例，当杆 EF 受到均布荷载作用时（图 8-33a），试用混合法计算内力并作弯矩图。

第一，确定基本未知量为 X_1 和 Z_2。

第二，选择基本体系，如图 8-33b 所示。

第三，建立混合法的基本方程

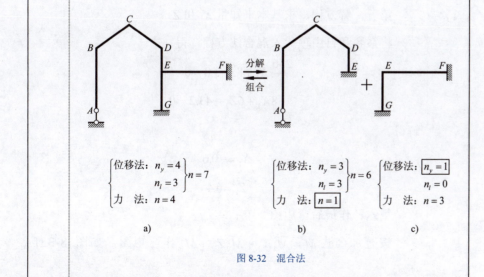

图 8-32 混合法

$$\left.\begin{array}{r}\Delta_{AV}=0\\F_2=0\end{array}\right\}$$

即

$$\left.\begin{array}{r}\delta_{11}X_1+\delta_{12}Z_2+\Delta_{1P}=0\\k_{21}X_1+k_{22}Z_2+F_{2P}=0\end{array}\right\}$$

第四，计算系数和自由项

设 $EI=4$，其右部分的相对刚度值标注于杆 EG 和杆 EF 旁。分别绘出 $\overline{M}_1$、$\overline{M}_2$ 图和 M_P 图，如图 8-33c、d、e 所示。

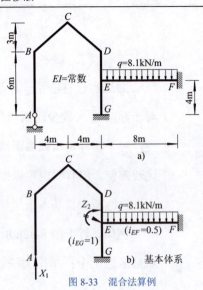

图 8-33 混合法算例

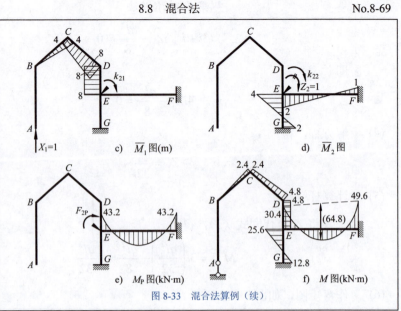

图 8-33 混合法算例（续）

1) 用力法，由图乘法求得

$$\delta_{11}=\frac{1}{4}\left[\left(\frac{1}{2}\times5\times4\right)\times\left(\frac{2}{3}\times4\right)+\left(\frac{1}{2}\times4\times5\right)\times\left(\frac{2}{3}\times4+\frac{1}{3}\times8\right)+\right.$$
$$\left.\left(\frac{1}{2}\times8\times5\right)\times\left(\frac{1}{3}\times4+\frac{2}{3}\times8\right)+(8\times2)\times8\right]$$
$$=\frac{256}{3}$$

$\Delta_{1P}=0$

2) 用位移法，由图 8-33c、d、e 结点 E 的力矩平衡条件，求得

$$k_{21}=-\delta_{12}=-8,\quad k_{22}=4+2=6,\quad F_{2P}=-43.2$$

第五，解方程，求基本未知量 X_1 和 Z_2

将系数和自由项代入混合法方程，得

$$\left.\begin{array}{r}\dfrac{256}{3}X_1+8Z_2+0=0\\-8X_1+6Z_2-43.2=0\end{array}\right\}$$

解得

$$X_1=-0.6$$
$$Z_1=6.4$$

第六，作最后弯矩图

按叠加公式 $M=\overline{M}_1X_1+\overline{M}_2Z_2+M_P$ 作弯矩图，如图 8-33f 所示。

习 题
分析计算题

8-1 确定用位移法计算习题 8-1 图所示结构的基本未知量数目，并绘出基本结构。（除注明者外，其余杆的 EI 为常数。）

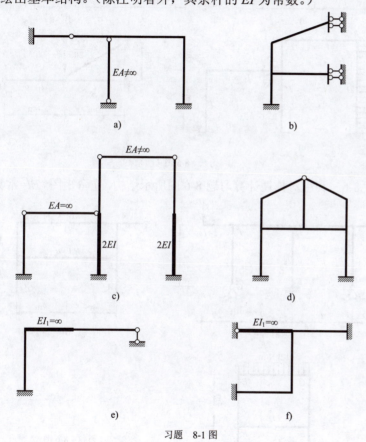

习题 8-1 图

8-2 用位移法计算习题 8-2 图所示连续梁，作弯矩图和剪力图。EI=常数。

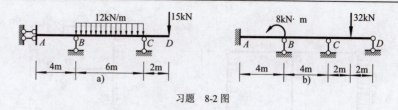

习题 8-2 图

8-3 用位移法计算习题 8-3 图所示结构，作内力图。

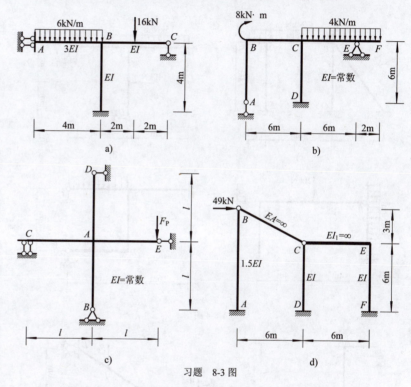

习题 8-3 图

8-4 用位移法计算习题 8-4 图所示结构，作弯矩图，并勾绘变形曲线。EI=常数。

8-5 列出习题 8-5 图所示结构的位移法典型方程，并求出方程中的系数和自由项。EI=常数。

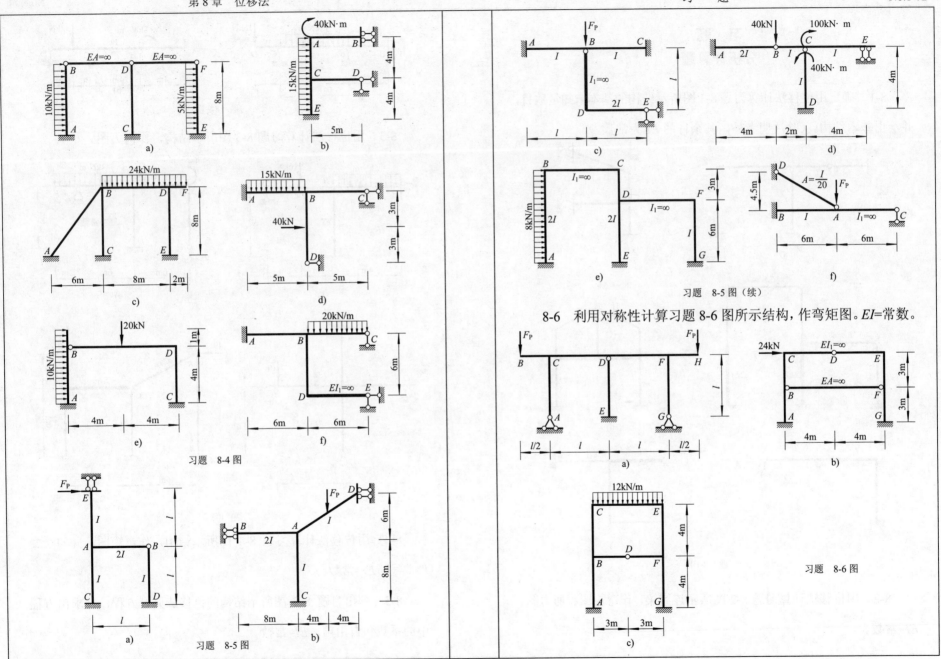

习题 8-4 图

习题 8-5 图

习题 8-5 图（续）

8-6 利用对称性计算习题 8-6 图所示结构，作弯矩图。EI=常数。

习题 8-6 图

8-7 习题 8-7 图所示等截面连续梁，$EI=1.2×10^5 \text{kN}·\text{m}^2$，已知支座 C 下沉 1.6cm，用位移法求作弯矩图。

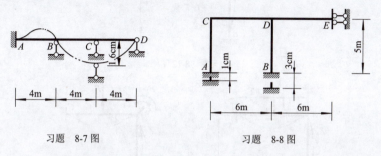

习题 8-7 图　　　　习题 8-8 图

8-8 习题 8-8 图所示刚架支座 A 下沉 1cm，支座 B 下沉 3cm，求结点 D 的转角。已知各杆 $EI=1.8×10^5 \text{kN}·\text{m}^2$。

8-9 在习题 8-9 图所示刚架 AB 杆的 A 端作用力偶 m，使 A 端截面产生顺时针转角 $\varphi=0.01\text{rad}$。求力偶 m 的大小及 D 点的竖向位移 Δ_{DV}。已知各杆 $EI=8.0×10^4 \text{kN}·\text{m}^2$。

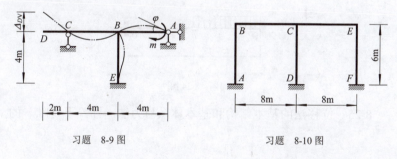

习题 8-9 图　　　　习题 8-10 图

8-10 习题 8-10 图所示刚架，浇注混凝土时温度为 20℃，冬季混凝土外皮温度为 -20℃，室内为 8℃，求作此温度变化在刚架中引起的弯矩图。设 $E=2.0×10^7 \text{kPa}$，线膨胀系数 $\alpha=1.0×10^{-5}/℃$，各杆截面尺寸均为 $b×h=40\text{cm}×60\text{cm}$。

判断题

8-11 习题 8-11 图所示结构的位移法基本未知量是两个刚结点的转角，数目为 $n=2$。（　　）

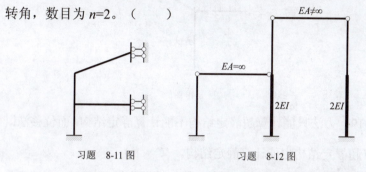

习题 8-11 图　　　习题 8-12 图

8-12 习题 8-12 图所示结构，独立结点线位移数目 $n_l=4$。（　　）

8-13 位移法基本未知量个数与结构的超静定次数无关。（　　）

8-14 位移法可用于求解静定结构的内力。（　　）

8-15 用位移法计算结构温度变化引起的内力时，采用与荷载作用时相同的基本结构。（　　）

8-16 习题 8-16 图所示结构中，结点 B 的转角为零。（　　）

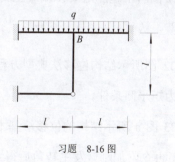

习题 8-16 图

8-17 对于规则刚架，一般每层有一个线位移。（　　）

8-18 习题 8-18 图所示结构用位移法求解，其典型方程中的系数 $k_{11}=12$。（　　）

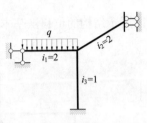

习题 8-18 图

8-19 力法只能计算超静定结构不能计算静定结构，而位移法既能计算超静定结构也能计算静定结构。（　　）

8-20 习题 8-20 图所示超静定梁 A 端发生转角 θ_A 时，B 端产生的转角大小为 $\theta_B = \frac{1}{2}\theta_A$。（　　）

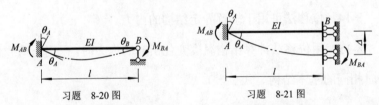

习题 8-20 图　　　　习题 8-21 图

8-21 习题 8-21 图所示超静定梁 A 端发生转角 θ_A 时，引起定向支承端滑动 $\Delta = \frac{1}{2}l\theta_A$。（　　）

8-22 习题 8-22 图所示结构位移法典型方程 $k_{11}Z_1 + F_{1P} = 0$ 的物理意义是刚结点的力矩平衡条件。（　　）

8-23 习题 8-23 图 a 所示结构的位移法基本体系，是先在刚结点上增加附加刚臂，再令附加刚臂发生转角后得到的。此时附加刚臂已无约束作用，其上反力矩必为零（$F_1 = 0$）。（　　）

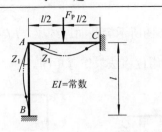

习题 8-22 图

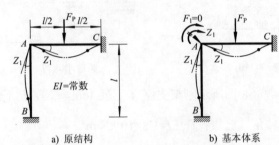

a) 原结构　　　　b) 基本体系

习题 8-23 图

8-24 习题 8-24 图所示结构（各杆 EI 为常数）结点 B 的竖向位移为 $\Delta_{BV} = \dfrac{ql^4}{16EI}$。（　　）

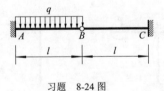

习题 8-24 图

8-25 位移法的基本结构和基本体系与力法一样，不是唯一的。（　　）

单项选择题

8-26 习题 8-26 图所示结构的位移法未知量数目为（　　）。

A. 3； B. 4； C. 5； D. 6。

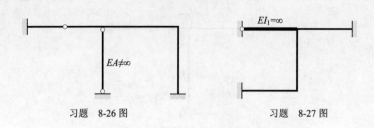

习题 8-26 图　　　习题 8-27 图

8-27　习题 8-27 图所示结构的位移法未知量数目为（　　）。

A. 1； B. 2； C. 3； D. 4。

8-28　习题 8-28 图所示结构的位移法未知量数目为（　　）。

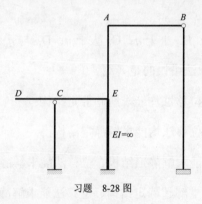

习题 8-28 图

A. 1； B. 2； C. 3； D. 4。

8-29　对于位移法基本结构，以下说法正确的是（　　）。

A. 是静定结构；　　　　B. 其选取不是唯一的，有多种可能；

C. 是多层多跨结构；　　D. 是单跨超静定梁的集合体。

8-30　位移法（　　）。

A. 只能计算超静定结构；　　　　B. 只能计算静定结构；

C. 能计算静定及超静定的所有结构； D. 不能计算桁架结构。

8-31　习题 8-31 图所示结构（设各杆线刚度 i 相同）的位移法方程 $k_{11}Z_1 + F_{1P} = 0$ 中，系数和自由项分别为（　　）。

A. $8i$, $-\frac{1}{8}ql^2$； B. $-8i$, $\frac{1}{8}ql^2$； C. $7i$, $-\frac{1}{8}ql^2$； D. $-7i$, $\frac{1}{8}ql^2$。

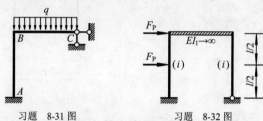

习题 8-31 图　　　习题 8-32 图

8-32　习题 8-32 图所示结构结构（柱线刚度 i 相同）的位移法方程 $k_{11}Z_1 + F_{1P} = 0$ 中，系数和自由项分别为（　　）。

A. $\dfrac{24i}{l^2}$, $-\dfrac{3}{2}F_P$；　　　　B. $\dfrac{15i}{l^2}$, $-\dfrac{3}{2}F_P$；

C. $\dfrac{15i}{l^2}$, $-F_P$；　　　　D. $\dfrac{15i}{l^2}$, $-\dfrac{1}{2}F_P$。

8-33　习题 8-33 图 a 所示结构的位移法基本体系如图 b 所示，则典型方程中第一个方程代表的物理意义是（　　）。

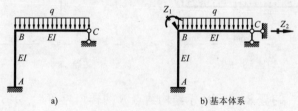

a)　　　　b) 基本体系

习题 8-33 图

A. 结点 B 处附加刚臂上无反力偶；

B. 结点 C 应与原结构有相同水平线位移；

C. 结点 B 应与原结构有相同转角；

D. 结点 C 处附加的水平支杆上无支反力。

8-34 习题 8-34 图所示结构结点 B 和结点 C 向右发生水平位移 $\Delta = \dfrac{F_P l^3}{6EI}$，则 BC 杆 B 端弯矩值及受拉侧分别为（　　）。

A. $\dfrac{F_P l}{2}$，上侧；

B. $\dfrac{F_P l}{2}$，下侧；

C. $F_P l$，上侧；

D. $F_P l$，下侧。

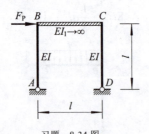

习题 8-34 图

8-35 习题 8-35 图所示连续梁各杆 EI 为常数，结点 B 的转角为 $\theta_B = \dfrac{52}{EI}$，则 BC 杆 B 端弯矩值及受拉侧分别为（　　）。

A. 13kN·m，上侧；　　B. 13kN·m，下侧；

C. 26kN·m，上侧；　　D. 26kN·m，下侧。

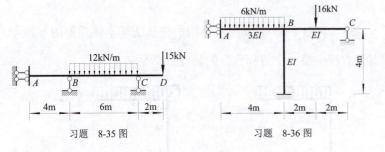

习题 8-35 图　　习题 8-36 图

8-36 习题 8-36 图所示结构结点 B 的转角为（　　）。

A. $\dfrac{EI}{8}$，顺时针；　　B. $\dfrac{EI}{8}$，逆时针；

C. $\dfrac{8}{EI}$，顺时针；　　D. $\dfrac{8}{EI}$，逆时针。

8-37 习题 8-37 图所示结构结点 B 的转角为（　　）。

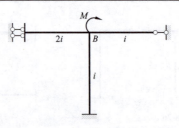

习题 8-37 图

A. $\dfrac{M}{9i}$；B. $\dfrac{M}{6i}$；C. $\dfrac{M}{8i}$；D. $\dfrac{M}{7i}$。

8-38 若结构的超静定次数为 n，则位移法基本未知量的个数与 n 的关系为（　　）。

A. 等于 n；B. 小于 n；C. 大于 n；D. 与 n 无关。

8-39 下列说法错误的是（　　）。

A. 力法和位移法均能求解超静定结构；

B. 力法和位移法均能求解静定结构；

C. 力法不能求解静定结构、位移法能求解静定结构；

D. 力法能求解超静定结构、位移法能求解静定结构。

8-40 求解位移法典型方程后，内力图的绘制顺序是（　　）。

A. 轴力图、剪力图、弯矩图；B. 剪力图、轴力图、弯矩图；

C. 弯矩图、轴力图、剪力图；D. 弯矩图、剪力图、轴力图。

填空题

8-41 习题 8-41 图所示结构各杆 EI=常数，则结点 A 的转角 φ_A 为____。

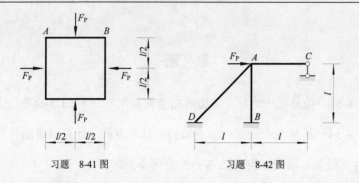

习题 8-41 图　　　　习题 8-42 图

8-42　习题 8-42 图所示结构各杆 $EI=$ 常数，则杆端弯矩 M_{AB} 为_____，轴力 F_{NAB} 为_____。

8-43　习题 8-43 图所示结构为位移法基本体系，其典型方程中的系数 k_{11} 和自由项 F_{2P} 分别为_____、_____。

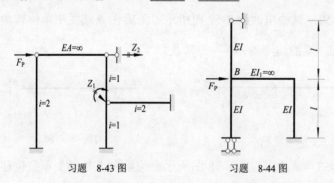

习题 8-43 图　　　　习题 8-44 图

8-44　欲使习题 8-44 图所示结构结点 B 向右产生单位位移，应施加的力 F_P 为_____。

8-45　已知刚架的弯矩图如习题 8-45 图所示，各杆 $EI=$ 常数，杆长 $l=4$m，则结点 B 的转角 φ_B 大小及其方向分别为_____、_____。

8-46　习题 8-46 图所示，各杆长为 l，链杆的 $EA=EI/l^2$，用位移法求解时典型方程的系数 k_{11} 为_____。

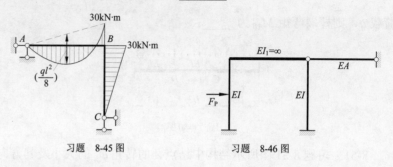

习题 8-45 图　　　　习题 8-46 图

8-47　习题 8-47 图所示结构各杆 EI 为常数，用位移法求解时典型方程的系数 k_{11} 和自由项 F_{1P} 分别为_____、_____。

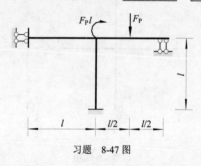

习题 8-47 图

8-48　习题 8-48 图所示梁（线刚度为 i）B 端发生单位转角 $\varphi_B=1$ 时，两端的弯矩 M_{AB} 和 M_{BA} 分别为_____、_____。

习题 8-48 图　　　　习题 8-49 图

8-49　习题 8-49 图所示梁（杆长为 l、线刚度为 i）B 端发生单位位移 $\Delta_B=1$ 时，两端的弯矩 M_{AB} 和 M_{BA} 分别为_____、_____。

8-50 习题 8-50 图所示结构，EI = 常数，$EI_1 = \infty$，全杆受均布荷载 q，则杆端弯矩 M_{AB} 为 _____。

习题 8-50 图

8-51 习题 8-51 图所示结构中结点 A 的转角 φ_A 的大小及其方向分别为 _____、_____。

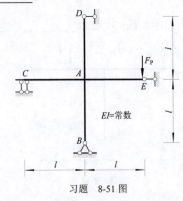

习题 8-51 图

8-52 习题 8-52 图 a 所示结构的 M 图如图 b 所示，则 AB 杆 B 端剪力 F_{QBA} 为 _____。

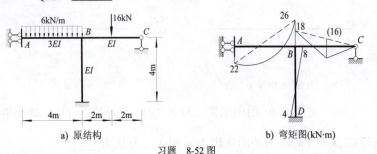

a) 原结构　　b) 弯矩图(kN·m)

习题 8-52 图

思考题

8-53 位移法中，人为施加附加刚臂和附加链杆的目的是什么？

8-54 从基本未知量、基本结构、基本方程、计算结果的校核和适用范围等方面比较位移法与力法有何不同？

8-55 一端固支另一端铰支杆件的转角位移方程中为什么没有包含铰支端的转角？

8-56 一端固支另一端定向支承杆件的转角位移方程中，为什么没有包含定向支承端的线位移？

8-57 试绘出习题 8-57 图所示单跨梁在 B 端发生单位转角时的弯矩图。梁的线刚度 $i = \dfrac{EI}{l}$ 为常数。

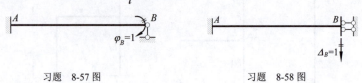

习题 8-57 图　　习题 8-58 图

8-58 试绘出习题 8-58 图所示单跨梁在 B 端发生单位位移时的弯矩图。梁的线刚度 $i = \dfrac{EI}{l}$ 为常数。

8-59 在确定超静定刚架的位移法基本未知量时，刚架中的静定部分应如何处理？

8-60 位移法中求得的基本未知量 Z_i 的数值是结点位移的真实数值吗？为什么？

8-61 用力法计算习题 8-61 图 a 所示超静定结构,若取图 b 所示超静定的基本体系,是否可行?

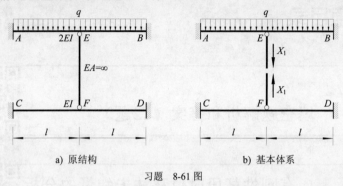

习题 8-61 图

8-62 "结点无线位移的刚架只承受结点集中荷载时,其各杆无弯矩和剪力。"这种说法正确吗?试用位移法的典型方程加以说明。

8-63 "因为位移法的典型方程是平衡方程,所以在位移法中只用平衡条件就可求解超静定结构的内力,而没有考虑结构的变形条件。"这种说法正确吗?

8-64 习题 8-64 图 a、b 所示两结构各杆的 EI 相同,试分别写出其位移法方程,并求出方程中的系数和自由项。

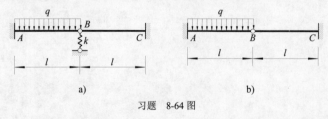

习题 8-64 图

8-65 "结构力学教材中一般未举用位移法计算桁架的例题,说明位移法不能计算桁架。"该说法是否正确?为什么?

8-66 习题 8-66 图所示梁的杆端弯矩和杆端剪力分别是多少?

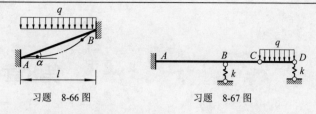

习题 8-66 图　　　习题 8-67 图

8-67 用位移法计算图示结构时,未知量有哪些?

8-68 位移法中直接平衡法与典型方程法的分析思路与基本方程有何异同?

8-69 习题 8-69 图所示排架,考虑链杆的轴向变形($EA\neq\infty$)和不考虑链杆的轴向变形($EA=\infty$),柱的内力有什么不同?

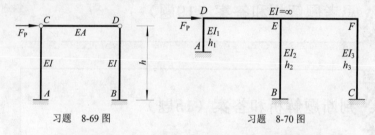

习题 8-69 图　　　习题 8-70 图

8-70 试确定习题 8-70 图所示刚架各柱的侧移刚度系数(柱两端发生单位相对侧移时产生的柱端剪力值),用剪力分配法求出各柱柱高中点处的剪力并作出弯矩图。

8-71 习题 8-71 图 a、b、c 所示三结构各杆长均为 l,柱的 EI 为常数。试分析它们的内力及柱顶侧移有何不同。

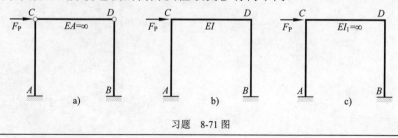

习题 8-71 图

第8章 位移法 数字资源目录

【本章回顾】
基本内容归纳与解题方法提示

【思辨试题一】
思考题解析和答案（19题）

【思辨试题二】
判断题解析和答案（15题）

【思辨试题三】
单选题解析和答案（15题）

【思辨试题四】
填空题解析和答案（12题）

【难题解析】1. 有刚性杆段时位移法未知量的分析
2. 用位移法计算具有刚性杆的结构的内力

【趣味力学】
上海中心大厦——中国的新高度

天津高银大厦

第 9 章　渐近法和近似法

● **本章教学的基本要求**：理解力矩分配法的基本概念；会用力矩分配法计算连续梁和无侧移刚架在荷载及支座移动作用下的内力；了解无剪力分配法的概念、应用范围和计算方法；了解多层多跨刚架的近似计算法（分层计算法和反弯点法）。

● **本章教学内容的重点**：应用力矩分配法计算连续梁和无侧移刚架在荷载作用下的内力。

● **本章教学内容的难点**：无剪力分配法的概念。

● **本章内容简介**：

> 9.1　概述
> 9.2　力矩分配法的基本概念
> 9.3　用力矩分配法计算连续梁和无侧移刚架
> 9.4　无剪力分配法
> *9.5　多层多跨刚架的近似计算法

9.1 概述

前面两章介绍了分析超静定结构的两个基本方法——力法和位移法。本章将在此基础上，着重讨论工程上实用的渐近解法，也将简略地介绍一些常用的近似解法。

9.1.1 基本方法

如前所述，力法和位移法是分析超静定结构的两个经典的基本方法。由于它们具有基础性、普适性和精确性等鲜明的特征，因此，在结构力学中占有十分重要的地位。但是，这两种方法一般都需要建立和直接求解联立方程，当基本未知量较多时，计算工作量较大；且不能直接求出杆端内力，必须先求出基本未知量，然后再利用杆端弯矩叠加公式才能求得杆端弯矩。而工程设计却要求能迅速地、直接地求出各杆端内力。

9.1.2 渐近解法

当方程的个数较多时，渐进解法常显出一些优点。在结构力学中通常采用的渐进解法，是不建立方程组，而直接考虑结构的受力和变形状态，先得出近似解，然后通过逐次修正或逐步逼近，最后收敛于精确解（或达到指定的精度要求），从而直接求得各杆端内力。

力法和位移法都可以采用渐近解法，但以位移法的收敛性能更好而被广泛采用。近八十多年以来，为了避免建立和直接求解联立方程，曾提出过许多实用的计算方法，其中流传较广、使用至今的主要有力矩分配法、力矩迭代法和无剪力分配法等（都属于位移法类型的渐近法）。

20 世纪 30 年代提出的力矩分配法，是直接从实际结构的受力和变形状态出发，根据位移法基本原理，从开始建立的近似状态，通过"弯矩增量逐次叠加"的方式，最后收敛于真实状态，适用于计算连续梁和无侧移刚架。

20 世纪 50 年代提出的力矩迭代法，将位移法的平衡方程用杆端弯矩的形式表示，从杆端弯矩的近似值开始，通过"弯矩数值逐次逼近"的方式，最后收敛于杆端弯矩的真实解，适用于多层多跨有侧移刚架的计算。

20 世纪 50 年代由我国著名力学家钱令希院士（1916—2009）提出的无剪力分配法，则能很方便地计算工程中常见的符合某些特定条件的有侧移刚架。

渐近法具有计算简便、步骤规范、易于掌握且精度可控（由运算次数的多少自行控制计算精度）等优点，因而成为工程设计的适用方法。

本章将讨论力矩分配法（9.2 节和 9.3 节）和无剪力分配法（9.4 节）；力矩迭代法的内容可参阅其他文献。

9.1.3 近似解法

在结构设计的初步阶段，有时为了进行方案比较、初估截面尺寸等，也可以忽略一些次要因素而采用各种近似解法。本章 9.5 节将介绍以下两个常用的近似解法。

分层计算法：适用于计算在竖向荷载作用下的多层多跨刚架。

反弯点法：适用于计算受水平结点荷载作用的多层多跨刚架。

9.2 力矩分配法的基本概念

9.2.1 力矩分配法的正负号规定

力矩分配法的理论基础是位移法，故力矩分配法中对杆端转角、杆端弯矩、固端弯矩的正负号规定与位移法相同，即都假设对杆端顺时针方向旋转为正号。作用于结点的外力偶荷载、作用于附加刚臂的约束力矩，也假定为对结点或附加刚臂顺时针方向旋转为正号。

9.2.2 力矩分配法的基本思路

图 9-1a 所示为一连续梁的实际变形和受力情况，其中各杆杆端弯矩 $M_总$ 是力矩分配法的主攻目标，要求不经过解算基本方程而直接求得杆端最后弯矩。但如何求出这些杆端弯矩呢？

第一，利用梁变形的连续条件。即弹性曲线在支座 B 处左边与右边的转角相等，均为 θ_B（图 9-1a）。

第二，利用叠加原理。与位移法思路相同，即可将图 9-1a（梁的实际变形和内力）分解为图 9-1b（锁住 B，荷载作用）和图 9-1c（放松 B，转动 θ_B）两个图形，先分别计算，然后进行叠加（图 9-1d），即可求出各杆杆端弯矩。

现结合图 9-1a 所示连续梁，具体说明如下：

1 **"锁住"结点 B，求固端弯矩**

如图 9-1b 所示，先在刚结点 B 加上附加刚臂，把连续梁分解为具有固定端的单跨梁，利用表 8-2，绘出荷载作用下的弯矩图 M_P 图。这时，附加刚臂内将产生约束力矩（亦即位移法中的 F_{1P}），力矩分配法中则称为**结点不平衡力矩**，用 M_B 表示（下标 B 为该结点号），**其大小等于汇交于该结点的各杆端固端弯矩的代数和**，即 $M_B = \sum M_{Bj}^F$（第二个下标为杆远端结点号）。因此，有

$$M_B = M_{BA}^F + M_{BC}^F = 10\text{kN}\cdot\text{m} + 0 = 10\text{kN}\cdot\text{m}$$

2 **"放松"结点 B，求分配弯矩和传递弯矩**

第9章 渐近法和近似法

9.2 力矩分配法的基本概念

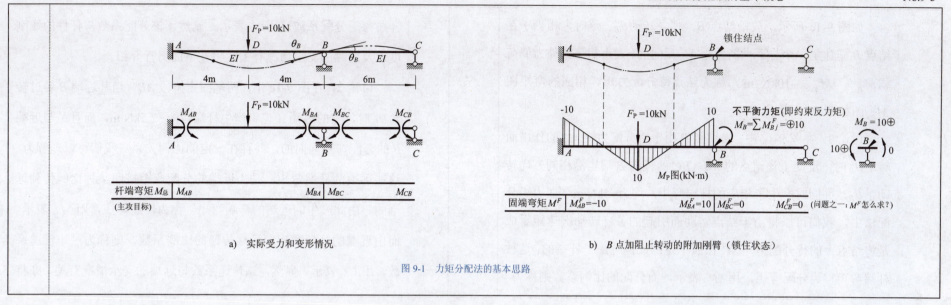

a) 实际受力和变形情况

b) B 点加阻止转动的附加刚臂（锁住状态）

图 9-1 力矩分配法的基本思路

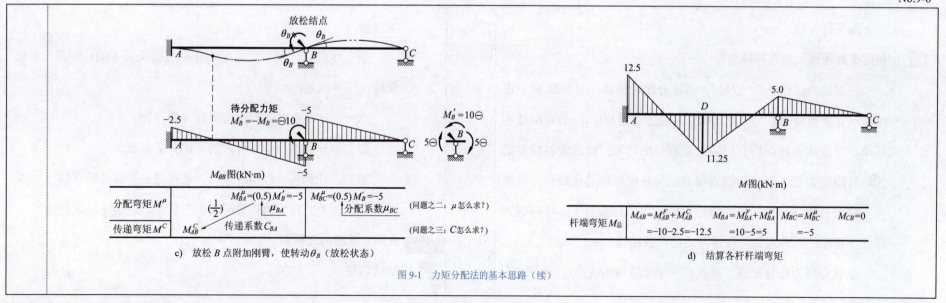

c) 放松 B 点附加刚臂，使转动 θ_B（放松状态）

d) 结算各杆杆端弯矩

图 9-1 力矩分配法的基本思路（续）

如图 9-1c 所示，放松结点 B，使之转动 θ_B。这时，相当于在结点 B 施加了一个与不平衡力矩 M_B 反向的、大小相等的外力偶荷载 $M_B' = -M_B = -10 \mathrm{kN \cdot m}$，称为结点 待分配力矩。相应的弯矩图 $M_{\theta B}$ 图如图 9-1c 所示。

讨论 1：在图 9-1c 中，当结点 B 由于待分配力矩 M_B' 的作用而转动 θ_B 时，汇交于该结点的 AB、BC 两杆的 B 端也沿相同方向转动了 θ_B，并同时产生了相应的杆端弯矩，均为 $-5\mathrm{kN \cdot m}$。在力矩分配法中，我们可以将由于结点转动而引起的各杆转动端弯矩看成是将结点上的待分配力矩 M_B' 按照一定的比例分配于杆端的，这种杆端弯矩称为 分配弯矩，用 M_{Bj}^μ 表示，而分配的比例系数则称为 杆端弯矩分配系数，用 μ_{Bj} 表示。显然，该分配系数与杆件的线刚度以及两端的支承情况有关，将在下面另行介绍。

讨论 2：在图 9-1c 中，两端固定梁段 AB，当其近端 B 转过转角 θ_B 时，它的远端 A 也将产生杆端弯矩 $-2.5\mathrm{kN \cdot m}$，而且是与近端 B 的分配弯矩同向的，并存在一定的比例关系。我们可以理解为，这些远端的杆端弯矩，是由近端的分配弯矩按照某种比例传到远端的。由此产生的远端的杆端弯矩，称为 传递弯矩，用 M_{jB}^C 表示，而由近端的分配弯矩向远端传递的比例系数，则称为 弯矩传递系数，用 C_{Bj} 表示。显然，该传递系数与远端的支承情况有关，亦将在下面另行介绍。

[3] **利用叠加原理，汇总杆端弯矩**

经过结点"锁住""放松"，弯矩分配、传递，图 9-1a 所示连续梁已完全恢复了原有的真实状态。在上述过程中，结点 B 处各杆端，即近端各杆端均有固端弯矩和分配弯矩，故近端各杆端的实际杆端弯矩等于该杆端的固端弯矩与分配弯矩的代数和；远端各杆端则有固端弯矩和传递弯矩，故远端各杆端的实际杆端弯矩等于该杆端的固端弯矩与传递弯矩的代数和。

这就是用力矩分配法计算仅有一个单结点的两跨连续梁的运算过程。

由上述可知，用力矩分配法计算连续梁和无侧移刚架，需要先解决三个问题：

第一，计算单跨超静定梁的 固端弯矩。

第二，计算结点处各杆端的 弯矩分配系数。

第三，计算各杆件由近端向远端传递的 弯矩传递系数。

这也就是常称的 力矩分配法的三要素，现进一步讨论如下。

9.2.3 力矩分配法的三要素

 固端弯矩

常用的三种基本的单跨超静定梁，在支座移动和几种常见的荷载作用下的杆端弯矩，可由表 8-1 和表 8-2 查得。

2 弯矩分配系数和分配弯矩

(1) **转动刚度**

待分配力矩在结点处分配于各杆的近端，是依杆件杆端抵抗转动的能力而进行分配的。

杆件杆端抵抗转动的能力，称为杆件的**转动刚度**。AB 杆 A 端的转动刚度用 S_{AB} 表示，它在数值上等于使 AB 杆 A 端产生单位转角时所需施加的力矩。在 S_{AB} 中，A 端是施加力矩而发生转动的杆端，简称**近端**；B 端是杆件的另一端，简称**远端**。

求转动刚度 S_{AB} 时，通常取近端为固定端（或铰支端），然后使其发生单位支座转动，用力法求出 S_{AB} 值（图 9-2）。对于等截面直杆，转动刚度的数值实际上就是位移法中杆端转动单位角时的弯矩形常数。

从表 8-1 中，可查得转动刚度（即弯矩形常数）如下：

远端固定，$S_{AB}=4i$；远端铰支，$S_{AB}=3i$

远端滑动，$S_{AB}=i$；远端自由，$S_{AB}=0$

可见，杆端转动刚度不仅与杆件的线刚度 i 有关，而且与远端的支承情况有关。

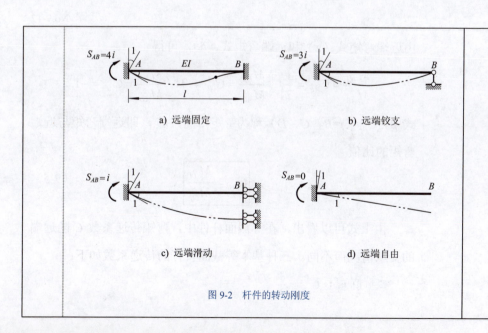

图 9-2 杆件的转动刚度

(2) **弯矩分配系数和分配弯矩**

图 9-3a 所示刚架，其各杆均为等截面直杆，在结点 A 作用有待分配力矩 M'_A，使结点 A 产生转角 Z_1。可用位移法求出结点 A 的各杆端弯矩。

由转角位移方程和转动刚度的定义，得近端弯矩为

$$\left.\begin{array}{l}M_{AB}=4i_{AB}Z_1=S_{AB}Z_1\\M_{AC}=3i_{AC}Z_1=S_{AC}Z_1\\M_{AD}=i_{AD}Z_1=S_{AD}Z_1\end{array}\right\}\quad(a)$$

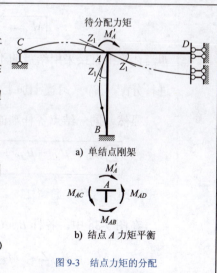

图 9-3 结点力矩的分配

利用结点 A 的力矩平衡条件 $\sum M_A = 0$ （图 9-3b），有

$$M_{AB} + M_{AC} + M_{AD} = M'_A$$

将式（a）代入上式，解得

$$Z_1 = \frac{M'_A}{S_{AB} + S_{AC} + S_{AD}} = \frac{M'_A}{\sum_{(A)} S} \quad (b)$$

式中，$\sum_{(A)} S$ 为汇交于结点 A 的各杆 A 端的转动刚度之和，亦称**结点转动刚度**（S_A）。

将式（b）代入式（a），得

$$M_{AB} = \frac{S_{AB}}{\sum_{(A)} S} M'_A, \quad M_{AC} = \frac{S_{AC}}{\sum_{(A)} S} M'_A, \quad M_{AD} = \frac{S_{AD}}{\sum_{(A)} S} M'_A \quad (c)$$

式（c）表明，作用于结点 A 的待分配力矩 M'_A 将按汇交于结点 A 各杆的转动刚度的比例分配给各杆的 A 端，转动刚度愈大，则所承担的弯矩也愈大。因此，引入**弯矩分配系数**

$$\boxed{\mu_{Aj} = \frac{S_{Aj}}{\sum_{(A)} S}} \quad (j=B、C、D) \quad (9\text{-}1)$$

式（c）则可统一表示为

$$\boxed{M_{Aj} = \mu_{Aj} M'_A} \quad (j=B、C、D) \quad (9\text{-}2)$$

由于待分配力矩 M'_A 与不平衡力矩 M_A 等值反号，即 $M'_A = -M_A$，故式（9-2）也可表示为

$$\boxed{M_{Aj} = -\mu_{Aj} M_A} \quad (j=B、C、D) \quad (9\text{-}3)$$

即当计算中直接采用结点的不平衡力矩 M_A 时，应将 M_A 反号后再进行分配。M_{Aj}（习惯上加上标 μ，即用 M^{μ}_{Aj} 表示）称为**分配弯矩**。

显然，同一结点各杆端的分配系数之和应等于 1，即

$$\boxed{\sum_{(A)} \mu_{Aj} = \mu_{AB} + \mu_{AC} + \mu_{AD} = 1} \quad (j=B、C、D) \quad (9\text{-}4)$$

3 **弯矩传递系数和传递弯矩**

在图 9-3a 中，各杆 B、C、D 端的弯矩（或称**远端弯矩**）为

$$M_{BA} = 2i_{AB} Z_1, \quad M_{CA} = 0, \quad M_{DA} = -i_{AD} Z_1 \quad (d)$$

由近端弯矩式（a）和远端弯矩式（d），可得

$$\frac{M_{BA}}{M_{AB}} = C_{AB} = \frac{1}{2}; \quad \frac{M_{CA}}{M_{AC}} = C_{AC} = 0; \quad \frac{M_{DA}}{M_{AD}} = C_{AD} = -1$$

式中，C_{Aj}（$j=B、C、D$）称为**弯矩传递系数**，即远端弯矩与近端弯矩的比值

$$\boxed{C_{Aj} = \frac{M_{jA}}{M_{Aj}}} \quad (9\text{-}5)$$

由上式可以看出，在等截面杆件中，弯矩传递系数 C 随远端的支承情况而不同。三种基本等截面直杆的传递系数如下：

远端固定：$C_{Aj} = \dfrac{1}{2}$

第9章 渐近法和近似法

远端铰支：$C_{Aj} = 0$

远端滑动：$C_{Aj} = -1$

利用传递系数的概念，图9-3a中各杆的远端弯矩可按下式计算：

$$\boxed{M_{jA} = C_{Aj} M_{Aj}} \quad (j=B、C、D) \tag{9-6}$$

式中，M_{jA}（习惯上加上标C，即用 M_{jA}^C 表示）称为传递弯矩。

9.2.4 用力矩分配法计算单刚结点结构

下面，举例说明用力矩分配法计算单刚结点的连续梁及无线位移刚架的计算步骤。

【例9-1】 试用力矩分配法作图9-4a所示连续梁的弯矩图。

9.2 力矩分配法的基本概念

解： (1) 计算弯矩分配系数

杆	转动刚度 S	μ
BA	$4(\dfrac{EI}{4}) = EI$	2/3
BC	$3(\dfrac{EI}{6}) = \dfrac{EI}{2}$	1/3
Σ	$\dfrac{3EI}{2}$	1

结点 Ⓑ

(2) "锁住"结点B，求各杆的固端弯矩 M^F，并计算结点B的不平衡弯矩 M_B

$$M_{BA}^F = -M_{AB}^F = \dfrac{1}{12} \times 6 \times 4^2 \text{kN} \cdot \text{m} = 8 \text{kN} \cdot \text{m}$$

$$M_{BC}^F = -\dfrac{3}{16} \times 20 \times 6 \text{kN} \cdot \text{m} = -22.5 \text{kN} \cdot \text{m}$$

$$M_B = \sum M_{Bj}^F = M_{BA}^F + M_{BC}^F = (8 - 22.5)\text{kN} \cdot \text{m} = -14.5 \text{kN} \cdot \text{m}$$

(3) "放松"结点B，将不平衡力矩 M_B 反号后进行分配和传递，即可得各杆的分配弯矩 M^μ 和传递弯矩 M^C（演算格式如图9-4b所示）。

(4) 结算各杆端弯矩 $M_总$，并作弯矩图，如图9-5所示。

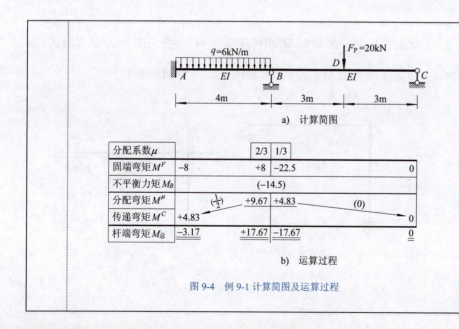

图9-4 例9-1 计算简图及运算过程

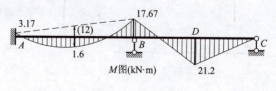

图9-5 例9-1 内力图

第 9 章 渐近法和近似法

9.2 力矩分配法的基本概念

【例 9-2】试用力矩分配法作图 9-6a 所示刚架的弯矩图。

解： 将图 9-6a 所示刚架的静定杆段 BC 和 DF 先行截去，并将杆上的荷载等效地化到结点 C 和 D 上，如图 9-6b 所示。

(1) 计算弯矩分配系数 μ

杆	转动刚度 S	μ
结点 Ⓒ CA	$4(\dfrac{EI}{4}) = EI$	0.5
CD	$3(\dfrac{2EI}{6}) = EI$	0.5
Σ	$2EI$	1

(2) "锁住"结点 C，求 M^F，并计算 M_C

$$M_{CD}^F = -\dfrac{3}{16} \times 40 \times 6 \text{kN·m} + \dfrac{10}{2} \text{kN·m} = -40 \text{kN·m}；\quad M_{DC}^F = 10 \text{kN·m}$$

有必要注意，本例中结点 C 处假想附加刚臂中的不平衡力矩 M_C 应包括两个部分：一部分用以平衡汇交于该结点的各杆端固端弯矩；另一部分用以承受作用在结点上的外力偶（该外力偶以绕结点顺时针方向旋转为正）。因此，可用下式直接计算：

结点不平衡力矩=汇交于该结点的各杆固端弯矩的代数和-直接作用在该结点上的外力偶

即结点 C 的不平衡力矩为

$$M_C = \sum M_{Cj}^F - M_{C外} = M_{CD}^F - M_{C外}$$
$$= (-40)\text{kN·m} - (-30)\text{kN·m} = -10\text{kN·m}$$

(3) 这可由图 9-6b 中结点 C 的力矩平衡条件 $\sum M_C = 0$ 加以验证。

"放松"结点 C，将不平衡力矩 M_C 反号后进行分配和传递，即可

(4) 求出各杆的分配弯矩 M^μ 和传递弯矩 M^C（参见图 9-6c 演算格式）。

结算杆端弯矩 $M_总$，并作弯矩图，如图 9-6d 所示。

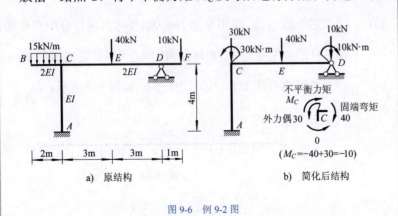

a) 原结构　　b) 简化后结构

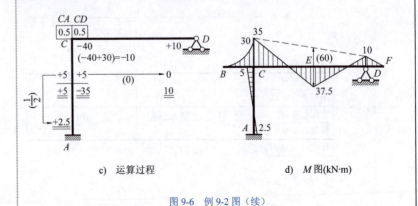

c) 运算过程　　d) M图(kN·m)

图 9-6 例 9-2 图

9.3 用力矩分配法计算连续梁和无侧移刚架

上节结合只有一个结点角位移的结构，介绍了力矩分配法的基本原理和计算步骤。对于具有多个结点角位移但无结点线位移（简称无侧移）的结构，只需依次反复对各结点使用上节的单刚结点运算，就可逐次渐近地求出各杆的杆端弯矩。具体做法是：首先，将所有结点固定，计算各杆固端弯矩；然后，将各结点轮流地放松，即每次只放松一个结点（其他结点仍暂时固定），这样把各结点的不平衡力矩轮流地进行反号分配、传递，直到传递弯矩小到可略去不计时为止；最后，将以上步骤所得的杆端弯矩（固端弯矩、分配弯矩和传递弯矩）叠加，即得所求的杆端弯矩（总弯矩）。一般只需对各结点进行两到三个循环的运算，就能达到较好的精度。

现通过以下例题，说明力矩分配法运算多结点结构的步骤和演算格式。

【例 9-3】试用力矩分配法作图 9-7 所示连续梁的弯矩图，并勾绘变形曲线。EI 为常数。

解：(1) 计算各结点的弯矩分配系数

各结点的弯矩分配系数按式（9-1）计算，即 $\mu_{Aj} = S_{Aj} / \sum_{(A)} S$。可列表计算如下：

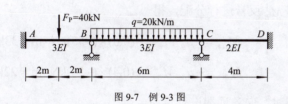

图 9-7 例 9-3 图

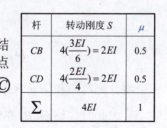

将分配系数填入图 9-8a 演算格式的弯矩分配系数 μ 一栏中。

(2) 锁住结点 B、C，求各杆的固端弯矩

AB 杆：$M_{AB}^F = -M_{BA}^F = -F_P l_{AB}/8 = (-40 \times 4/8)\,\text{kN·m} = -20\,\text{kN·m}$

BC 杆：$M_{BC}^F = -M_{CB}^F = -q l_{BC}^2/12 = (-20 \times 6^2/12)\,\text{kN·m} = -60\,\text{kN·m}$

将上述各值填入图 9-8a 的固端弯矩一栏中。此时，结点 B、C 各有不平衡力矩为

$$M_B = (+20 - 60)\,\text{kN·m} = -40\,\text{kN·m}$$

$$M_C = (+60 + 0)\,\text{kN·m} = +60\,\text{kN·m}$$

(3) 轮流"放松"结点 C、B，进行力矩分配和传递

1) 第Ⅰ轮渐近计算：

①首先，放松结点 C（此时结点 B 仍锁住），按上节单刚结点问题将不平衡力矩 M_C^I 反号进行分配，其 CB 杆和 CD 杆的分配弯矩为

$$M_{CB}^\mu = -\mu_{CB} M_C^I = -(0.5) \times (+60)\text{kN}\cdot\text{m} = -30\text{kN}\cdot\text{m}$$

$$M_{CD}^\mu = -\mu_{CD} M_C^I = -(0.5) \times (+60)\text{kN}\cdot\text{m} = -30\text{kN}\cdot\text{m}$$

同时，分配弯矩应向各自远端进行传递，其传递弯矩为

$$M_{BC}^C = \frac{1}{2} \times (-30)\text{kN}\cdot\text{m} = -15\text{kN}\cdot\text{m}$$

$$M_{DC}^C = \frac{1}{2} \times (-30)\text{kN}\cdot\text{m} = -15\text{kN}\cdot\text{m}$$

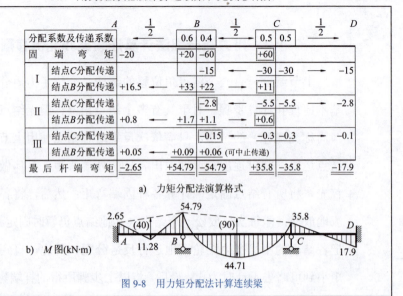

a) 力矩分配法演算格式

b) M 图(kN·m)

图 9-8 用力矩分配法计算连续梁

将以上分配弯矩和传递弯矩分别填入图 9-8a 中各杆端相应位置。经过分配和传递，结点 C 暂时处于平衡，可在分配弯矩的数字下画一横线，表示横线以上结点力矩总和已等于零。同时，用箭头将分配弯矩分别送到相应各杆的远端。

②重新锁住结点 C，并放松结点 B。

结点 B 上原来就有不平衡力矩 $M_B = (+20-60)\text{kN}\cdot\text{m} = -40\text{kN}\cdot\text{m}$，现在又从结点 C 传来传递弯矩 $M_{BC}^C = -15\text{kN}\cdot\text{m}$，故结点 B 共有不平衡力矩

$$M_B^I = M_B + M_{BC}^C = [(-40) + (-15)]\text{kN}\cdot\text{m} = -55\text{kN}\cdot\text{m}$$

将 M_B^I 反号进行分配，得

$$M_{BA}^\mu = -\mu_{BA} M_B^I = -(0.6) \times (-55)\text{kN}\cdot\text{m} = 33\text{kN}\cdot\text{m}$$

$$M_{BC}^\mu = -\mu_{BC} M_B^I = -(0.4) \times (-55)\text{kN}\cdot\text{m} = 22\text{kN}\cdot\text{m}$$

同时，向各远端进行传递，得

$$M_{AB}^C = \frac{1}{2} \times 33\text{kN}\cdot\text{m} = 16.5\text{kN}\cdot\text{m}$$

$$M_{CB}^C = \frac{1}{2} \times 22\text{kN}\cdot\text{m} = 11\text{kN}\cdot\text{m}$$

将分配弯矩和传递弯矩按同样的方法填入各杆杆端。

此时，结点 B 亦暂告平衡，但结点 C 又有新的不平衡力矩 $M_C^{II} = M_{CB}^C = +11\text{kN}\cdot\text{m}$。以上完成了力矩分配法的第Ⅰ轮循环。

2）第Ⅱ轮渐近计算：

第二次轮流放松结点 C 和 B。相应的不平衡力矩（参见演算格式）分别为

$$M_C^{\mathrm{II}} = +11 \text{kN} \cdot \text{m}, \quad M_B^{\mathrm{II}} = -2.8 \text{kN} \cdot \text{m}$$

3）第Ⅲ轮渐近计算：

第三次轮流放松结点 C 和 B。相应的不平衡力矩分别为

$$M_C^{\mathrm{III}} = +0.6 \text{kN} \cdot \text{m}, \quad M_B^{\mathrm{III}} = -0.15 \text{kN} \cdot \text{m}$$

由此可以看出，结点不平衡力矩的衰减过程是很快的。进行三轮循环后，不平衡力矩（实际上就是第三轮最后的传递弯矩）已经很小，结构已接近恢复到实际状态，计算即可就此停止。

顺便指出，为了加快计算的收敛速度，第一轮中的第一次力矩分配，一般宜从不平衡力矩绝对数值较大的结点开始。本例中，$|M_C| = |60| = 60 \text{kN} \cdot \text{m}$，而 $|M_B| = |-40| = 40 \text{kN} \cdot \text{m}$，因此，选择先放松结点 C（当 $|M_C|$ 与 $|M_B|$ 相差较大时，效果会更明显）。

(4) 结算各杆杆端弯矩，并作最后弯矩图

由上述讨论可知，连续梁的实际状态应等于锁住状态与历次放松状态相叠加。因此，将各杆杆端固端弯矩与其历次得到的分配弯矩、传递弯矩相叠加，即可得最后杆端弯矩（填入图 9-8a 的最后杆端弯矩一栏中）。作最后弯矩图，如图 9-8b 所示。

(5) 勾绘变形曲线

对于无结点线位移的结构，其结点转角位移除可用单位荷载法（$\overline{M}$ 图绘于力法基本结构上）计算外，还可用约束力矩计算。即将任一结点在各轮渐进计算时的约束力矩累加起来，再反号后除以该结点所连各杆端转动刚度之和，即得该结点的转角。

由此可知，绘变形曲线时，只需将各结点累加起来的约束力矩反号，就可直接判断结点转角的方向。本例中，结点 B 和 C 的转角分别为顺时针和逆时针方向，变形曲线如图 9-9 所示。

图 9-9　连续梁的变形曲线

【例 9-4】试用力矩分配法作图 9-10 所示无结点线位移刚架的弯矩图。

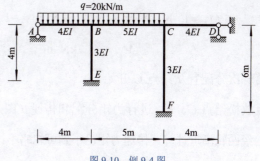

图 9-10　例 9-4 图

解： (1) 计算各结点的弯矩分配系数

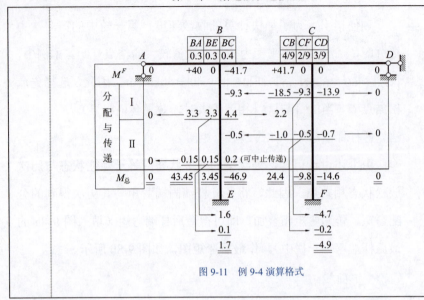

图 9-11 例 9-4 演算格式

杆	转动刚度 S	μ
BA	$3(\frac{4EI}{4}) = 3EI$	0.3
BE	$4(\frac{3EI}{4}) = 3EI$	0.3
BC	$4(\frac{5EI}{5}) = 4EI$	0.4
Σ	$10EI$	1

结点 Ⓑ

杆	转动刚度 S	μ
CB	$4(\frac{5EI}{5}) = 4EI$	4/9
CF	$4(\frac{3EI}{6}) = 2EI$	2/9
CD	$3(\frac{4EI}{4}) = 3EI$	3/9
Σ	$9EI$	1

结点 Ⓒ

将 μ 值填入计算格式中。对于刚架，力矩分配法的计算格式可以列表进行，也可以在刚架的轮廓上进行，本例取后者（图 9-11）。

(2) 锁住结点 B、C，求各杆的固端弯矩

AB 杆：$M_{BA}^F = ql_{AB}^2 / 8 = (20 \times 4^2 / 8)\text{kN} \cdot \text{m} = 40\text{kN} \cdot \text{m}$

BC 杆：$M_{BC}^F = -M_{CB}^F = -ql_{BC}^2/12 = -41.7\text{kN} \cdot \text{m}$

此时，结点 B、C 的不平衡力矩分别为

$M_B = (+40)\text{kN} \cdot \text{m} + (-41.7)\text{kN} \cdot \text{m} = -1.7\text{kN} \cdot \text{m}$

$M_C = 41.7\text{kN} \cdot \text{m}$

故第一次分配宜从结点 C 开始。

(3) 轮流放松结点 C、B，进行力矩分配和传递（图 9-11）

经两轮渐近计算，传递力矩已小到可忽略不计，计算就此停止。

(4) 结算各杆端弯矩，并作最后弯矩图

最后弯矩图如图 9-12 所示。

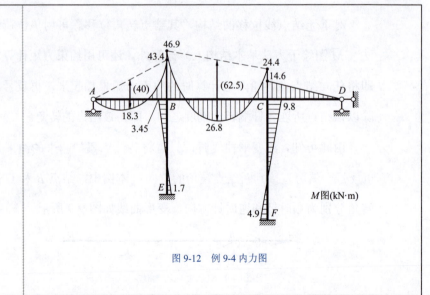

图 9-12 例 9-4 内力图

【例 9-5】 试用力矩分配法作图 9-13a 所示刚架的弯矩图。

解： 取等效半刚架，如图 9-13b 所示。各杆的 i_1、i_2 值为相对线刚度。

(1) 计算各结点的弯矩分配系数

结点 Ⓐ

杆	转动刚度 S	μ
AF	1（6）=6	0.6
AB	4（1）=4	0.4
∑	10	1

结点 Ⓑ

杆	转动刚度 S	μ
BA	4（1）=4	0.4
BG	1（6）=6	0.6
∑	10	1

(2) 锁住结点 A、B，求各杆的固端弯矩

AF 杆：$M_{AF}^F = -\dfrac{15 \times 4^2}{3}\text{kN}\cdot\text{m} = -80\text{kN}\cdot\text{m}$

$M_{FA}^F = -\dfrac{15 \times 4^2}{6}\text{kN}\cdot\text{m} = -40\text{kN}\cdot\text{m}$

BG 杆：$M_{BG}^F = M_{GB}^F = -\dfrac{20 \times 4}{2}\text{kN}\cdot\text{m} = -40\text{kN}\cdot\text{m}$

此时，结点 A、B 的不平衡力矩分别为

$M_A = -80\text{kN}\cdot\text{m}，M_B = -40\text{kN}\cdot\text{m}$

故第一次分配宜从结点 A 开始。

(3) 轮流放松结点 A、B，进行力矩分配和传递（图 9-14）

经两轮渐近计算，传递弯矩已小到可忽略不计，计算就此停止。

(4) 结算各杆端弯矩，并作最后弯矩图

最后弯矩图如图 9-13c 所示。

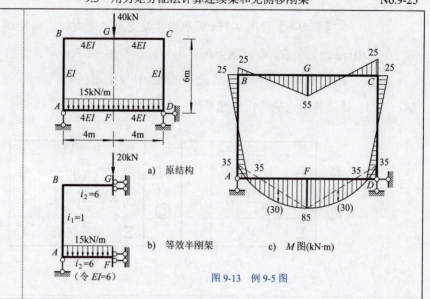

图 9-13 例 9-5 图

a) 原结构 b) 等效半刚架 c) M 图（kN·m）

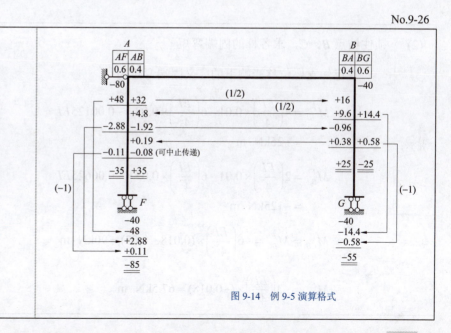

图 9-14 例 9-5 演算格式

【例 9-6】 设图 9-15a 所示连续梁支座 A 顺时针方向转动了 0.01rad，支座 B、C 分别下沉了 $\Delta_B=3$cm 和 $\Delta_C=1.8$cm，试作出 M 图，并求 D 端的角位移 θ_D。已知 $EI=2\times10^4$kN·m^2。

解： (1) 计算各结点的弯矩分配系数

结点 B：

杆	转动刚度 S	μ
BA	$4\left(\dfrac{EI}{4}\right)=EI$	1/2
BC	$4\left(\dfrac{EI}{4}\right)=EI$	1/2
Σ	$2EI$	1

结点 C：

杆	转动刚度 S	μ
CB	$4\left(\dfrac{EI}{4}\right)=EI$	4/7
CD	$3\left(\dfrac{EI}{4}\right)=\dfrac{3}{4}EI$	3/7
Σ	$\dfrac{7}{4}EI$	1

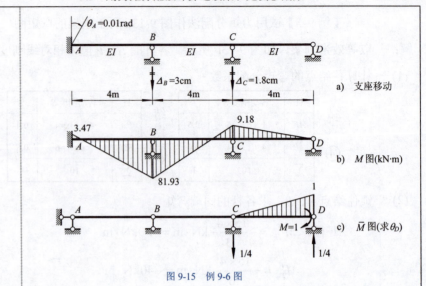

a) 支座移动

b) M 图(kN·m)

c) $\overline{M}$ 图(求 θ_D)

图 9-15 例 9-6 图

(2) 锁住结点 B、C，求各杆的固端弯矩

在已知支座位移影响下的广义固端弯矩为

$$M_{AB}^F = 4\left(\dfrac{EI}{4}\right)\times 0.01 - 6\left(\dfrac{EI}{4^2}\right)\times 0.03 = -0.00125EI$$
$$= -25\text{kN·m}$$

$$M_{BA}^F = 2\left(\dfrac{EI}{4}\right)\times 0.01 - 6\left(\dfrac{EI}{4^2}\right)\times 0.03 = -0.00625EI$$
$$= -125\text{kN·m}$$

$$M_{CB}^F = M_{BC}^F = -6\left(\dfrac{EI}{4^2}\right)\times(0.018-0.03) = 90\text{kN·m}$$

$$M_{CD}^F = -3\left(\dfrac{EI}{4^2}\right)\times(-0.018) = 67.5\text{kN·m}$$

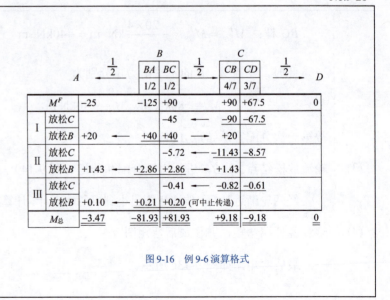

图 9-16 例 9-6 演算格式

(3) 轮流放松结点 C、B，进行力矩分配和传递（图 9-16）。

(4) 结算各杆端弯矩（图 9-16），并作弯矩图（图 9-15b）。

(5) 求 D 端的角位移 θ_D

为了求出 θ_D，可在图 9-15c 所示的静定基本结构上取虚拟力状态，作 $\overline{M}$ 图。将此 $\overline{M}$ 图与图 9-15b 所示的最后弯矩图相乘，同时考虑支座 C 的位移对该静定结构的影响，得

$$\theta_D = \frac{Ay_0}{EI} - \sum \overline{F}_R c = \frac{1}{EI} \times \left(\frac{1}{2} \times 4 \times 9.18\right) \times \left(\frac{1}{3}\right) - \left(\frac{1}{4} \times 0.018\right)$$

$$= \frac{2 \times 9.18}{3EI} - 0.0045 = -0.00419 \text{rad} \ (↷)$$

9.4 无剪力分配法

9.4.1 无剪力分配法的提出

力矩分配法是分析超静定结构的一个有效的渐近方法。但其在问世之初，也曾被夸大为是万能的解法。事实上，力矩分配法通常只适用于计算无侧移结构，例如，计算连续梁和无侧移刚架。

对于有侧移的一般刚架，力矩分配法并不能单独解算，而必须与位移法联合求解。由于这样做并不简便，因此已很少采用。

但是，对于工程中常见的符合某些特定条件的有侧移刚架，我国学者已于 20 世纪 50 年代，根据力矩分配法的基本原理，提出了一个非常适用的手算方法，即本节将介绍的**无剪力分配法**，它可以看作是力矩分配法的一种特殊情况。该方法可极为简便地应用于计算在水平荷载作用下的单跨多层对称刚架。

单跨对称刚架在工程中被广泛采用，例如，化工厂房的骨架、渡槽支架、管道支架、刚架式桥墩和隧洞的进水塔等都是单跨对称刚架的实例。对于某些规整的多跨多层刚架，在水平荷载作用下，也可简化为单跨多层刚架进行简化计算。

9.4.2 无剪力分配法的应用条件

图 9-17b 所示刚架，是利用对称条件，从图 9-17a 所示单跨对称刚架中分解出来的一个在反对称荷载作用下的等效半刚架（另一个在对称荷载作用下的等效半刚架这里略去，它可直接运用力矩分配法计算）。图 9-17b 所示半刚架的变形和受力有如下特点：

1) 各梁两端无垂直杆轴的相对线位移，称为**无侧移杆**。

2) 各柱柱端均有侧移，但各柱的剪力是静定的（切断柱截面，由 $\sum F_x = 0$ 的平衡条件可求出），是特殊的**剪力静定杆**。

因此，可将图 9-17b 表示成图 9-17c 所示等代半刚架。

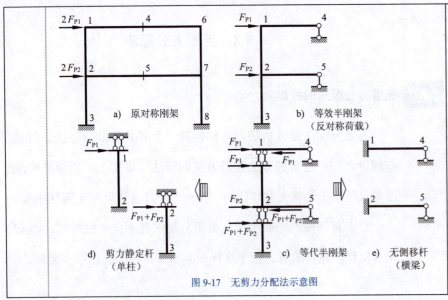

图 9-17 无剪力分配法示意图

对于立柱,将柱下端仍与结点刚结;柱上端改为滑动支座(有水平方向的位移),将与剪力相应的约束去掉,代之以已知的剪力。这样,图 9-17c 中的立柱都是下端刚结(固定)、上端滑动的杆。为了清楚起见,取出重绘于图 9-17d 中(杆 $\overline{12}$ 和 $\overline{23}$)。

对于横梁,因其水平移动并不使两端产生相对线位移,不影响本身内力,故仍视为一端固定、一端铰支的单跨梁,取出重绘于图 9-17e 中(杆 $\overline{14}$ 和 $\overline{25}$)。

对于这样的刚架,用无剪力分配法计算时,只需取结点角位移为基本未知量,采取只控制转动而任其侧移的特殊措施。因此,使得计算与普通力矩分配法一样简便。

由以上讨论可知,**无剪力分配法的应用条件是:刚架中只包含无侧移杆(横梁)和剪力静定杆(单柱)这两类杆件。**

9.4.3 无剪力分配法的计算过程

无剪力分配法的计算过程与力矩分配法完全相同。这里主要说明两点:

1 **剪力静定杆的固端弯矩**

当锁住结点 1 和结点 2 时,图 9-17d 中剪力静定杆的固端弯矩可查载常数表 8-2。但应注意,这时除了直接作用在柱上的荷载外,还有上端滑动支承处的已知剪力的作用,如图 9-17d 所示。即上柱 $\overline{12}$ 柱顶端的实际水平荷载为 F_{P1},而下柱 $\overline{23}$ 顶端为 $F_{P1}+F_{P2}$。

2 **零剪力杆件的转动刚度和弯矩传递系数**

当放松结点 1 和结点 2 时,由形常数表 8-1 可知,图 9-17d 中的剪力静定杆,无论哪端转动单位转角,两端的转动刚度都相等,且均为 i,即

$$S_{12} = S_{21} = i_{12} \tag{9-7}$$

弯矩传递系数也相等,其值为 –1,即

$$C_{12} = C_{21} = -1 \tag{9-8}$$

值得注意的是，当上端（或下端）发生转动时，剪力静定杆两端将发生水平相对线位移。不过，这种水平移动将依赖于结点转角的大小，不是独立未知量。同时还可看出，无论下端或上端发生转动，都不会在立柱中引起新的剪力（因为放松结点时，弯矩传递系数为-1，弯矩沿立柱 $\overline{12}$ 和 $\overline{21}$ 全长均为常数，故剪力为零），因此，将放松结点时的立柱称为**零剪力杆**，将这种情况下使用的力矩分配法称为**无剪力分配法**。

【例 9-7】试作图 9-18a 所示刚架的弯矩图。各杆的 EI 为常数。

解： 此刚架为仅由无侧移杆 DE、BC 和剪力静定杆 AB、BD 组成的有

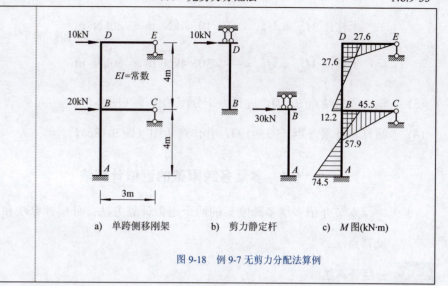

a) 单跨侧移刚架　　b) 剪力静定杆　　c) M 图(kN·m)

图 9-18　例 9-7 无剪力分配法算例

侧移刚架，故可用无剪力分配法计算。

(1) 计算各结点的弯矩分配系数

结点 Ⓑ

杆	转动刚度 S	μ
BD	$1(\dfrac{EI}{4}) = \dfrac{EI}{4}$	0.167
BA	$1(\dfrac{EI}{4}) = \dfrac{EI}{4}$	0.167
BC	$3(\dfrac{EI}{3}) = EI$	0.666
Σ	$\dfrac{6EI}{4}$	1

结点 Ⓓ

杆	转动刚度 S	μ
DE	$3(\dfrac{EI}{3}) = EI$	0.8
DB	$1(\dfrac{EI}{4}) = \dfrac{EI}{4}$	0.2
Σ	$\dfrac{5EI}{4}$	1

(2) 锁住结点 B、D，求各杆固端弯矩

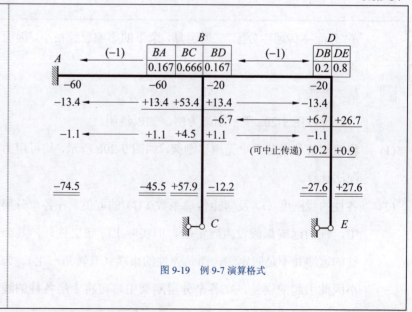

图 9-19　例 9-7 演算格式

上柱：$M_{BD}^F = M_{DB}^F = -\dfrac{1}{2} \times 10 \times 4\,\text{kN}\cdot\text{m} = -20\,\text{kN}\cdot\text{m}$

下柱：$M_{AB}^F = M_{BA}^F = -\dfrac{1}{2} \times 30 \times 4\,\text{kN}\cdot\text{m} = -60\,\text{kN}\cdot\text{m}$

(3) 轮流放松结点 B、D，进行力矩分配和传递（图 9-19）。

(4) 结算各杆端弯矩（图 9-19），并作弯矩图（图 9-18c）。

*9.5 多层多跨刚架的近似计算法

本节介绍多层多跨刚架的两个近似计算方法：分层计算法和反弯点法。

9.5.1 分层计算法

分层计算法适用于多层多跨刚架承受竖向荷载作用时的情况。

1 两个近似假设

第一，忽略侧移的影响。对于在任意竖向荷载作用下有侧移的多层多跨刚架，由力法或位移法计算可知，其侧移很小，因而对内力的影响也较小，可忽略不计。

第二，忽略每层梁上的竖向荷载对其他各层的影响。在不考虑侧移的情况下，从力矩分配法的过程可以看出，荷载在本层结点产生不平衡力矩，经过分配和传递，才影响到本层柱的远端；然后，在柱的远端再经过分配，才影响到相邻的层。这里经历了"分配—传递—分配"三道运算，余下的影响已经很小，因而可以忽略。

2 基本做法

现以图 9-20a 所示刚架为例，加以说明。

(1) 将该刚架分成若干个无侧移刚架，如图 9-20b 所示，均可用力矩分配法计算。

(2) 各柱的线刚度（i）及弯矩传递系数（C）的取值。在各个分层刚架中，柱的远端都假设为固定端。但实际上除底层柱外，其余各层柱的远端并不是固定端，而是弹性约束端（有转角产生）。为了减小因此引起的误差，在各个分层刚架中，可将上层各柱的线刚度

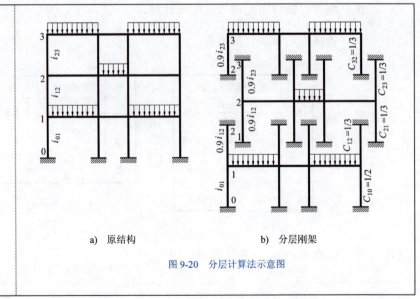

a) 原结构　　　b) 分层刚架

图 9-20　分层计算法示意图

乘以折减系数 0.9，并将弯矩传递系数由 1/2 改为 1/3（参见图 9-20b）。

(3) 最终梁弯矩：与分层计算的梁弯矩相同。

(4) 最终柱弯矩：需将上、下两个分层刚架中同一柱子的弯矩相叠加。

(5) 分层计算的结果，在刚结点上弯矩是不平衡的，但一般误差不会很大。如有需要，可对结点的不平衡力矩再进行一次分配。

9.5.2 反弯点法

反弯点法是多层多跨刚架在水平结点荷载作用下最常用的近似方法，对于强梁弱柱的情况最为适用。

现以图 9-21a 所示刚架为例，加以说明。

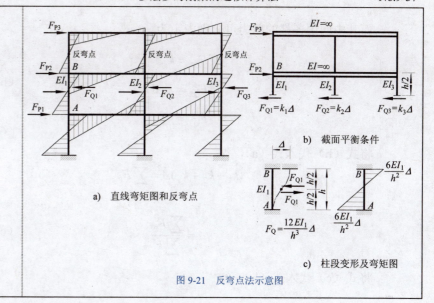

图 9-21 反弯点法示意图

1 变形和受力特征

(1) 各杆的弯矩图都是直线（图 9-21a），每杆均有一个反弯点。如能确定各柱反弯点的位置和反弯点处的剪力，则各柱端弯矩即可求出，进而可算出梁端弯矩。

(2) 结点侧移是主要位移，结点转角对刚架的弯矩影响很小（强梁弱柱尤其如此）。

2 一个近似假设

忽略结点转角，将刚架中的横梁化为刚性梁（$EI=\infty$）。这样，结点转角为零，只有侧移，各柱的反弯点必在柱高中点。

3 基本做法

(1) **计算柱的侧移刚度系数 k**

柱上、下两端均视为固端，故有

$$k = \frac{12EI}{h^3}$$

同一层各柱侧移刚度之和 $\sum k$ 称为**层间侧移刚度**（或**层间剪切刚度**）。

(2) **求剪力分配系数 η_i 和同层各柱剪力 F_{Qi}**

取同层（如第 2 层）各柱反弯点以上部分为隔离体（图 9-21b），由 $\sum F_x = 0$，得

$$F_{Q1} + F_{Q2} + F_{Q3} = \sum F_P \quad \text{(a)}$$

而其中同层各柱的剪力可分别表示为

$$\left.\begin{aligned} F_{Q1} &= k_1 \varDelta \\ F_{Q2} &= k_2 \varDelta \\ F_{Q3} &= k_3 \varDelta \end{aligned}\right\} \tag{b}$$

将式（b）代入式（a），得

$$(k_1 + k_2 + k_3)\varDelta = \sum F_P$$

故

$$\varDelta = \frac{\sum F_P}{\sum k} \tag{c}$$

将式（c）代入式（b），得

$$F_{Qi} = \frac{k_i}{\sum k} \sum F_P \quad (i=1, 2, 3) \tag{d}$$

令

$$\boxed{\eta_i = \frac{k_i}{\sum k}} \tag{9-9}$$

称为**剪力分配系数**，则式（d）可写成

$$\boxed{F_{Qi} = \eta_i \sum F_P} \tag{9-10}$$

如果同层各柱等高，则

$$F_{Qi} = \frac{EI_i}{\sum EI} \sum F_P$$

亦即

$$\boxed{F_{Qi} = \frac{i_i}{\sum i} \sum F_P} \tag{9-11}$$

式中，$i_i = EI_i/h$，为该层各柱线刚度。

(3)　各柱上、下两端弯矩

$$\boxed{M_i = -F_{Qi} \times \frac{h_i}{2}} \tag{9-12}$$

(4)　梁端弯矩

可由结点的力矩平衡条件求得（参见图 9-22）。

1）对于边柱，梁端弯矩为

$$\boxed{M = -(M_上 + M_下)} \tag{9-13}$$

其方向与柱端弯矩相反。

2）对于中柱，设梁远端约束条件相同，则按梁的线刚度（i）比例来分配柱端弯矩，即

$$\boxed{M_左 = -\frac{i_左}{i_左 + i_右}(M_上 + M_下)} \tag{9-14}$$

$$\boxed{M_右 = -\frac{i_右}{i_左 + i_右}(M_上 + M_下)} \tag{9-15}$$

a）边柱梁端弯矩　　b）中柱梁端弯矩

图　9-22

(5) **绘弯矩图**，其示意图如图 9-21a 所示。

4 注意事项

(1) 本方法适用范围：$i_{梁}/i_{柱} \geq 3$。

(2) 对于多层（例如五层以上）刚架，底层柱反弯点常设在柱的 2/3 高度处。

【例 9-8】 试用反弯点法计算图 9-23a 所示刚架，并作弯矩图。

解：此刚架受水平结点荷载作用，且 $i_{梁}/i_{柱} > 3$，可用反弯点法进行近似分析。

(1) 求各柱剪力

1) 顶层：由于两柱的线刚度相同，所以剪力分配系数均为 1/2，由式 (9-11)，得

$$F_{Q13} = F_{Q24} = 0.5 \times 10\text{kN} = 5\text{kN}$$

2) 底层：由式 (9-11)，得

$$F_{Q36} = \frac{1.5}{1.5+2.0+1.5} \times (10+20)\text{kN} = \frac{1.5}{5} \times 30\text{kN} = 9\text{kN}$$

$$F_{Q47} = \frac{2.0}{5} \times 30\text{kN} = 12\text{kN}$$

$$F_{Q58} = \frac{1.5}{5} \times 30\text{kN} = 9\text{kN}$$

(2) 计算柱端弯矩

1) 顶层：$M_{13} = M_{31} = M_{24} = M_{42} = -F_{Q13} \times \dfrac{h_2}{2} = -9\text{kN} \cdot \text{m}$

2) 底层：$M_{36} = M_{63} = M_{58} = M_{85} = -F_{Q36} \times \dfrac{h_1}{2} = -18\text{kN} \cdot \text{m}$

$$M_{47} = M_{74} = -F_{Q47} \times \frac{h_1}{2} = -24\text{kN} \cdot \text{m}$$

(3) 计算梁端弯矩

$$M_{12} = M_{21} = 9\text{kN} \cdot \text{m}$$

$$M_{34} = (9+18)\text{kN} \cdot \text{m} = 27\text{kN} \cdot \text{m}$$

$$M_{43} = M_{45} = \frac{6}{6+6} \times (9+24)\text{kN} \cdot \text{m} = 16.5\text{kN} \cdot \text{m}$$

$$M_{58} = 18\text{kN} \cdot \text{m}$$

(4) 作弯矩图

根据求得的各杆端弯矩作弯矩图，如图 9-23b 所示。

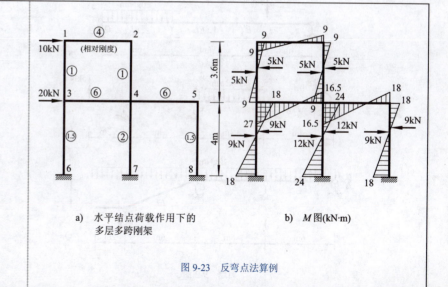

a) 水平结点荷载作用下的多层多跨刚架
b) M 图 (kN·m)

图 9-23 反弯点法算例

习 题
分析计算题

9-1 用力矩分配法计算习题 9-1 图所示连续梁，作弯矩图和剪力图，求支座 B 的支反力，并勾绘变形曲线。

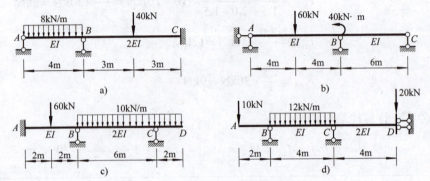

习题 9-1 图

9-2 用力矩分配法计算习题 9-2 图所示连续梁，作弯矩图。

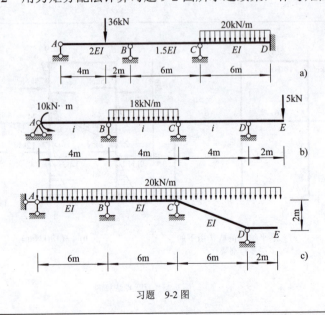

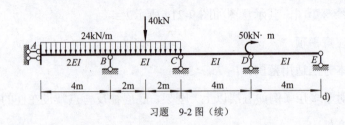

习题 9-2 图（续）

习题 9-2 图

9-3 用力矩分配法计算习题 9-3 图所示刚架，作弯矩图，并勾绘变形曲线。

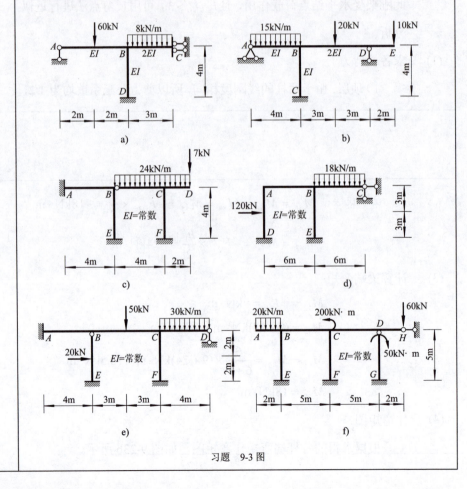

习题 9-3 图

9-4 习题 9-4 图所示等截面连续梁 $EI=4.0×10^4 kN·m^2$，在图示荷载作用下，支座 B、C 都下沉了 2cm，试求作其弯矩图。

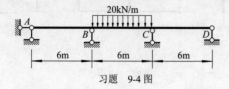

习题 9-4 图

9-5 习题 9-5 图所示等截面连续梁 $EI=2.5×10^4 kN·m^2$，在杆端 A 施加力矩 M_A，使 A 端产生转角 $\varphi_A = 0.004$ rad。用力矩分配法求 M_A 的大小。

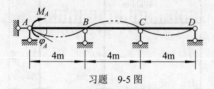

习题 9-5 图

9-6 习题 9-6 图所示刚架各杆 $EI=4.8×10^4 kN·m^2$，支座 A 下沉了 2cm，支座 B 顺时针转动 0.005rad。用力矩分配法求作刚架的弯矩图。

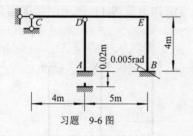

习题 9-6 图

9-7 用无剪力分配法计算习题 9-7 图所示结构，并作弯矩图。已知 EI=常数。

9-8 利用对称性计算习题 9-8 图所示结构，并作弯矩图。已知 EI=常数。

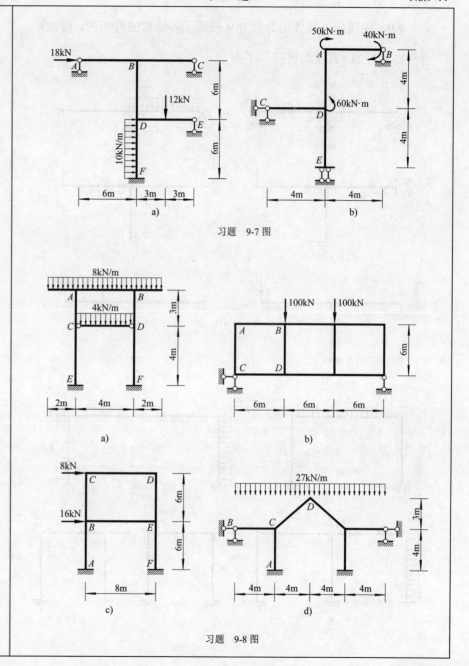

习题 9-7 图

习题 9-8 图

9-9 用简捷方法作出习题 9-9 图所示各结构的弯矩图。除注明者外，各杆的 EI、l 均相同。

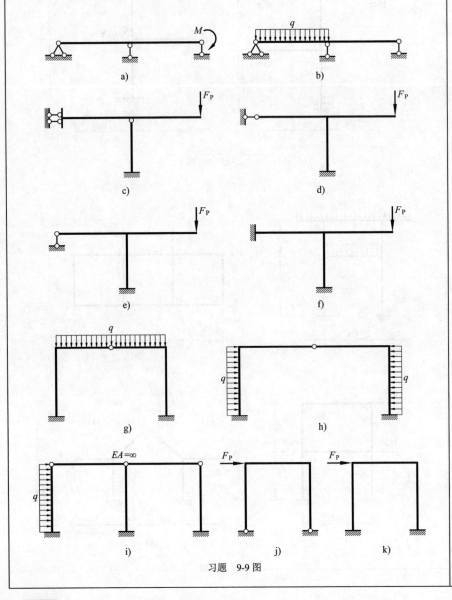

习题 9-9 图

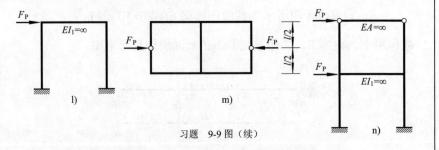

习题 9-9 图（续）

9-10 用分层计算法作习题 9-10 图示刚架的弯矩图。

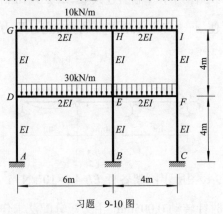

习题 9-10 图

9-11 用反弯点法作习题 9-11 图示刚架的弯矩图。杆旁数值为 EI 相对值。

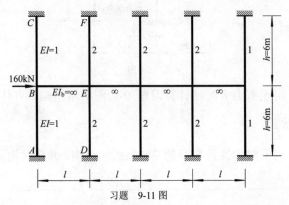

习题 9-11 图

判断题

9-12 力矩分配法可以计算任何超静定刚架的内力。（　）

9-13 习题 9-13 图所示连续梁的弯曲刚度为 EI，杆长为 l，杆端弯矩 $M_{BC}<0.5M$。（　）

9-14 习题 9-14 图所示连续梁的线刚度为 i，欲使 A 端发生顺时针单位转角，需施加的力矩 $M_A>3i$。（　）

习题 9-13 图　　　习题 9-14 图

9-15 习题 9-15 图所示结构各杆线刚度为 i，用力矩分配法计算时分配系数 $\mu_{AB}=0.5$。（　）

9-16 习题 9-16 图所示结构不能用力矩分配法计算，但可以用无剪力分配法计算。（　）

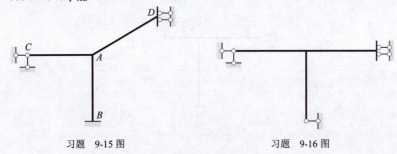

习题 9-15 图　　　习题 9-16 图

9-17 习题 9-17 图所示两杆 AB 与 CD 的 EI、l 相等，但 A 端的转动刚度 S_{AB} 大于 C 端的转动刚度 S_{CD}。（　）

9-18 习题 9-18 图所示结构用力矩分配法求解时，其结点不平衡力矩 M_K^F 为 M。（　）

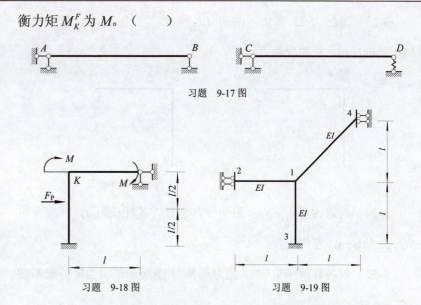

习题 9-17 图

习题 9-18 图　　　习题 9-19 图

9-19 习题 9-19 图所示结构中 12 杆的分配系数 μ_{12} 为 1/6。（　）

9-20 习题 9-20 图所示结构，各杆线刚度 i 相同，用力矩分配法计算时，分配系数 μ_{AD} 等于 3/11。（　）

9-21 杆件杆端转动刚度的大小取决于杆件的抗弯刚度 EI 和远端的支承情况。（　）

9-22 习题 9-22 图所示结构的各杆线刚度为 i，用力矩分配法计算时分配系数 $\mu_{AD}=0.2$。（　）

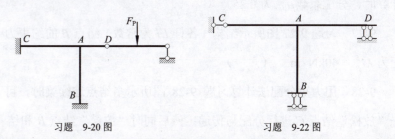

习题 9-20 图　　　习题 9-22 图

9-23 习题 9-23 图所示刚架 EI=常数，各杆长为 l，杆端弯矩 M_{BA} 为 8kN·m，左侧受拉。（   ）

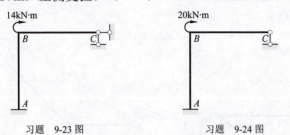

习题 9-23 图　　　习题 9-24 图

9-24 习题 9-24 图所示刚架 EI=常数，各杆长为 l，杆端弯矩 M_{BA} 为 5kN·m，左侧受拉。（   ）

9-25 设各杆线刚度为 i，则习题 9-25 图所示结构力矩分配系数 $\mu_{BC}=0.8$。（   ）

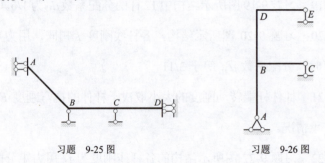

习题 9-25 图　　　习题 9-26 图

9-26 习题 9-26 图所示刚架各杆的线刚度为 i，用无剪力分配法计算时，分配系数 μ_{BD} 为 0.25。（   ）

9-27 习题 9-27 图所示结构（各杆 EI 为常数）结点 B 的约束力矩为 $M_B^F=40\text{kN}\cdot\text{m}$。（   ）

9-28 用力矩分配法计算习题 9-28 图所示多结点连续梁时，可先"放松"结点 C 进行分配与传递；然后同时"放松"结点 B 和结点 D，并分别在其上进行分配与传递。如此循环达到计算精度要求即可。（   ）

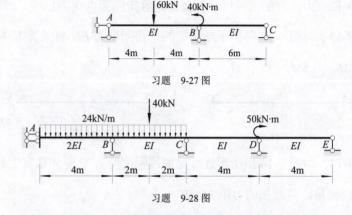

习题 9-27 图

习题 9-28 图

9-29 用力矩分配法计算习题 9-29 图所示结构（各杆 EI 为常数）时，可得 $M_{AB}=15\text{kN}\cdot\text{m}$。（   ）

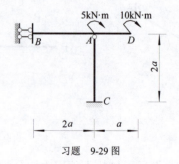

习题 9-29 图

单项选择题

9-30 习题 9-30 图所示结构不能选用的计算方法为（   ）。
A. 力法；B. 位移法；C. 力矩分配法；D. 叠加法。

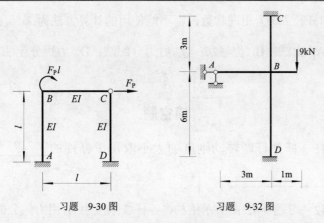

习题 9-30 图　　　　习题 9-32 图

9-31 多结点结构的力矩分配法计算结果为（　　）。

A. 精确解；B. 渐近解；C. 近似解；D. 渐近解或近似解。

9-32 习题 9-32 图所示结构各杆 EI 相同，截面 C、D 两处的弯矩值 M_C、M_D 分别为（　　）。

A. 2.0，1.0；　　　　　B. -2.0，1.0；

C. 2.0，-1.0；　　　　D. -2.0，-1.0。

9-33 习题 9-33 图所示结构支座 D 发生向右水平位移 Δ，用力矩分配法计算时的分配系数 μ_{CA} 为（　　）。

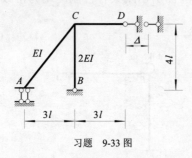

习题 9-33 图

A. 8/23；B. 15/23；C. 2/17；D. 8/33。

9-34 习题 9-34 图所示结构宜选用的计算方法为（　　）。

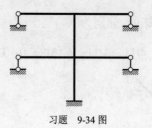

习题 9-34 图

A. 无剪力分配法；　　　B. 位移法；

C. 力法；　　　　　　　D. 力矩分配法。

9-35 当按照两个结点的力矩分配法计算习题 9-35 图所示结构时，分配系数 μ_{BA} 和 μ_{CB} 分别为（　　）。

习题 9-35 图

A. 3/7、1；B. 1/2、1；C. 1/2、0；D. 3/7、0。

9-36 习题 9-36 图所示结构结构中 AB 杆的内力为（　　）。

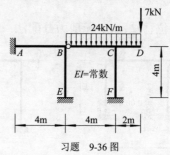

习题 9-36 图

A. 弯矩为零，轴力受压；　B. 弯矩为零，轴力受拉；

C. 弯矩不为零，轴力受压；D. 弯矩不为零，轴力受拉。

9-37 习题 9-37 图所示结构各杆线刚度相同，则 AB 杆和 AD 杆的力矩分配系数 μ_{AB} 和 μ_{AD} 分别为（　　）。

A. 4/11、0； B. 4/11、3/11； C. 3/8、0； D. 1/11、3/11。

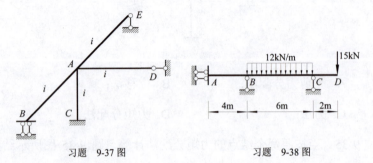

习题 9-37 图　　　习题 9-38 图

9-38 习题 9-38 图所示连续梁各杆 EI 为常数，则 AB 杆 A 端弯矩值及受拉侧分别为（　　）。

A. 13kN·m，上侧；　　　B. 13kN·m，下侧；

C. 18kN·m，上侧；　　　D. 18kN·m，下侧。

9-39 计算习题 9-39 图所示结构在支座移动作用下的内力时，不能使用的计算方法为（　　）。

A. 力法； B. 位移法； C. 无剪力分配法； D. 力矩分配法。

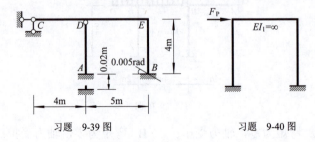

习题 9-39 图　　　习题 9-40 图

9-40 习题 9-40 图所示结构除无限刚杆（$EI_1=\infty$）外，其余各杆 EI 和杆长 l 均为相同常数，则不能使用的计算方法为（　　）。

A. 力法； B. 位移法； C. 剪力分配法； D. 力矩分配法。

填空题

9-41 杆件杆端转动刚度的大小取决于杆件的_____和_____。

9-42 习题 9-42 图所示结构，各杆线刚度为 i，用力矩分配法计算时分配系数 $\mu_{AB}=$_____，传递系数 $C_{AD}=$_____。

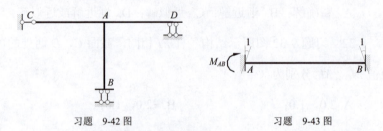

习题 9-42 图　　　习题 9-43 图

9-43 习题 9-43 图所示单跨梁的线刚度为 i，当 A、B 两端对称发生单位转角时，杆端弯矩 $M_{AB}=$_____。

9-44 习题 9-44 图所示刚架各杆刚度均为常数 EI，杆长均为 l，则杆端弯矩 $M_{AB}=$_____。

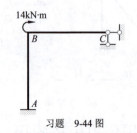

习题 9-44 图

9-45 用力矩分配法计算习题 9-45 图所示结构（EI=常数）时，传递系数 C_{BA}=_____，C_{BC}=_____。

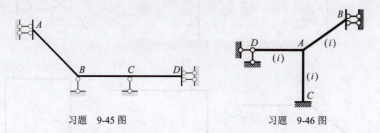

习题 9-45 图　　习题 9-46 图

9-46 习题 9-46 图所示结构（各杆线刚度 i 相同）中，AB 杆 A 端的转动刚度 S_{AB} 等于_____。

9-47 力矩分配法的适用条件为_____。

9-48 某杆端力矩分配系数 μ 的取值范围是_____。

9-49 某一刚结点所连各杆端的力矩分配系数之和等于_____。

9-50 习题 9-50 图所示超静定梁 A 端的转动刚度 S_{AB} 的取值范围是_____。

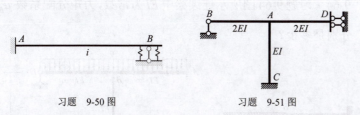

习题 9-50 图　　习题 9-51 图

9-51 习题 9-51 图所示结构（各杆长均为 l）中，杆端的力矩分配系数 μ_{AD} 为_____。

9-52 习题 9-52 图所示结构 DC 杆 D 端的力矩分配系数 μ_{DC} 为_____。

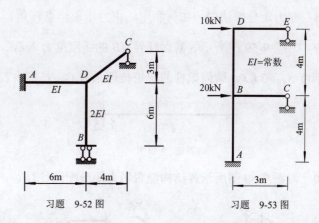

习题 9-52 图　　习题 9-53 图

9-53 用无剪力分配法计算习题 9-53 图所示结构时，分配系数 μ_{BD} 为_____。

思考题

9-54 为什么说单结点结构的力矩分配法计算结果是精确解？

9-55 习题 9-55 图所示梁 A、B 两端的转动刚度 S_{AB} 与 S_{BA} 是否相同？

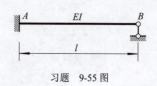

习题 9-55 图

9-56 在力矩分配法中，为什么原结构的杆端弯矩是固端弯矩、分配弯矩（或传递弯矩）的代数和？

9-57 在力矩分配法中，如何利用分配弯矩求结点转角？

9-58 在力矩分配法中，如何利用约束力矩求结点转角？

9-59 习题 9-59 图所示等截面杆件 AB 的线刚度为 $i=EI/l$，A 端的转动刚度 $S_{AB}=3.6i$。请问该杆的弯矩传递系数 C_{AB} 是多少？

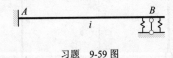

习题 9-59 图

9-60 习题 9-60 图所示各结构能否用力矩分配法计算？

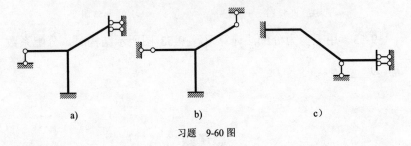

习题 9-60 图

9-61 习题 9-61 图所示梁的 AC 为刚性杆段，CB 杆段 EI 为常数，该杆的传递系数 C_{AB} 及 A 端的转动刚度 S_{AB} 各是多少？

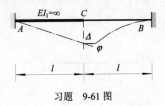

习题 9-61 图

9-62 在多结点结构的力矩分配过程中，为什么每次只放松一个结点？在什么条件下可同时放松多个结点？

9-63 试分析习题 9-63 图所示各结构，哪些可用力矩分配法计算？哪些可用无剪力分配法计算？

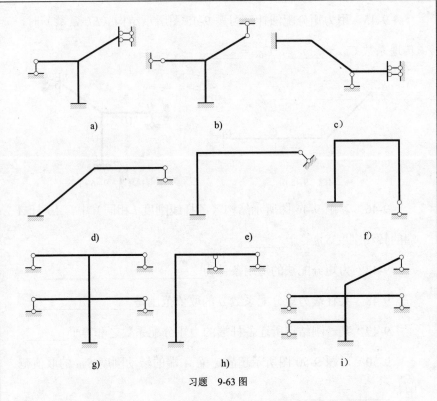

习题 9-63 图

9-64 习题 9-64 图所示连续梁中 EI 为常数，力矩分配系数 μ_{BA} 和 μ_{BC} 分别是多少？

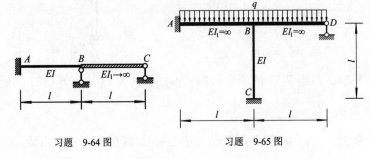

习题 9-64 图　　习题 9-65 图

9-65 习题 9-65 图所示结构 AB 杆 B 端的弯矩 M_{BA} 是多少？

9-66 已知习题 9-66 图所示连续梁结点 B 的力矩分配系数如框内分数所示，且其上的不平衡力矩为 15kN·m。则杆端 A 的传递弯矩 M_{AB}^C 为多少？

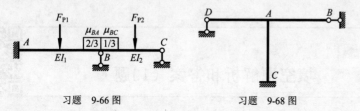

习题 9-66 图　　习题 9-68 图

9-67 用力矩分配法计算多结点连续梁时，为何要从不平衡力矩绝对值较大的结点开始进行分配与传递？可否从不平衡力矩绝对值较小的结点开始进行分配与传递？

9-68 习题 9-68 图所示结构各杆的线刚度均为 i，力矩分配系数 μ_{AB}、μ_{AC} 和 μ_{AD} 分别是多少？

9-69 习题 9-69 图所示结构各杆线刚度均为 i，杆端 D 的弯矩大小是多少？哪侧受拉？

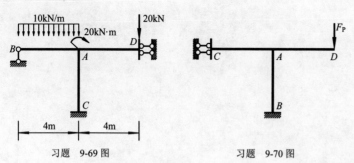

习题 9-69 图　　习题 9-70 图

9-70 习题 9-70 图所示结构各杆长度均为 l，抗弯刚度为 EI。AC 杆 C 端弯矩 M_{CA} 的大小是多少？哪侧受拉？

第9章 渐近法和近似法 数字资源目录

【本章回顾】
基本内容归纳与解题方法提示

【思辨试题四】
填空题解析和答案（13题）

【思辨试题一】
思考题解析和答案（17题）

【专家论坛】
工程建造过程中的力学问题

【思辨试题二】
判断题解析和答案（18题）

【趣味力学】
公路连续梁—"公路造型师"

【思辨试题三】
单选题解析和答案（11题）

重庆黄桷湾立交桥

第 10 章 影响线及其应用

● **本章教学的基本要求**：理解影响线的概念，掌握作静定梁和桁架内力影响线的静力法，会用机动法作静定梁的影响线；会利用影响线求固定荷载作用下结构的内力和移动荷载作用下结构的最大内力；了解绘制简支梁的包络图和简支梁绝对最大弯矩的方法；了解利用机动法作连续梁内力的影响线；了解连续梁的包络图。

● **本章教学内容的重点**：影响线的概念，静力法和机动法绘制影响线，利用影响线求移动荷载作用下的最大内力。

● **本章教学内容的难点**：用静力法作静定桁架的影响线；临界荷载的判别方法；包络图的绘制。

● **本章内容简介**：

> 10.1 移动荷载及影响线概念
> 10.2 用静力法作静定梁的影响线
> 10.3 用静力法作间接荷载作用下梁的影响线
> 10.4 用静力法作静定桁架的影响线
> 10.5 用机动法作静定梁的影响线
> 10.6 利用影响线计算影响量值
> 10.7 利用影响线确定移动荷载最不利位置
> 10.8 铁路公路的标准荷载制
> 10.9 换算荷载
> 10.10 简支梁的内力包络图和绝对最大弯矩
> 10.11 用机动法作连续梁的影响线
> 10.12 连续梁的内力包络图

第10章 影响线及其应用

本章以影响线为基本工具，讨论结构在移动荷载作用下的内力分析问题。

10.1 移动荷载及影响线概念

10.1.1 问题的提出

1 固定荷载和移动荷载

在本章之前，我们讨论了静定和超静定结构在固定荷载（也称恒载）作用下的内力分析和位移计算。由于荷载的位置是固定不变的，所以，只要知道荷载的实际数值，就可以给出结构的内力图（弯矩、剪力和轴力图），即可以一目了然地看清结构内力的分布情况，并据此确定结构中产生最大应力的截面位置和数值。

实际工程中的荷载并不都是恒载，还有一类其荷载大小和作用方向都保持不变，但作用位置却不断变化的移动荷载。最常见的实例是，移动于工业厂房吊车梁上的起重机（也称吊车）荷载，行驶于公路或铁路桥梁上的车辆荷载等。

图 10-1a 所示工业厂房桥式起重机，由大车桥架和起重小车组成。大车桥架通过每端的两个轮子将荷载传递给支承在柱座（牛腿）上的吊车梁，如图 10-1b 所示。当起重小车负荷、起重机运行时，两个间距为 K 的集中竖向荷载 F_P，就成为沿吊车梁（每跨均简化为简支梁）上的移动荷载，如图 10-1c 所示。图 10-2a 所示在桥梁上行驶的汽车荷载，也是一种间距不变的成组的竖向移动荷载，如图 10-2b 所示。

显然，在移动荷载作用下，即使不考虑结构的振动，结构的支反力、各截面的内力和位移（常通称为量值 Z）也将随着荷载位移 x 而变化。因此，我们有必要专门来讨论移动荷载作用的效应问题。

2 讨论移动荷载作用所关注的问题

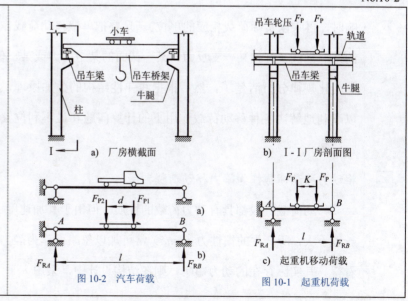

图 10-2 汽车荷载

图 10-1 起重机荷载

在进行结构设计时，我们必须求出结构在移动荷载作用下各种量值 Z（支反力、内力、位移）可能产生的最大值及其所在位置。为此，需要具体解决以下三个问题：

第一，找出各量值 Z 随荷载位置 x 变化的规律。若用函数表示，即为**影响线方程** $Z = Z(x)$；若用图形表示，即为下面将讨论的**影响线**。

第二，从以上各量值的变化规律中，找出使某一量值达到最大值时的荷载位置，称为**荷载的最不利位置**，并求出相应的最不利值。

第三，确定结构各截面上内力变化的范围，即内力变化的上限和下限。

10.1.2 基本假定

1 采用单位移动荷载（$F_P=1$）

工程实际中的移动荷载类型很多，通常是由多个间距不变的竖向荷载组成的移动荷载组。为了使研究所得的结果具有普遍意义且计算方便，可以从各种移动荷载中抽象出一个最简单、最基本、最典型的移动荷载，那就是不带任何单位的、数值为 1、量纲也为 1 的**单位移动荷载** $F_P=1$（以后利用影响线研究实际荷载的影响时，再乘以实际荷载相应的单位）。只要把单位移动荷载作用下的某一量值（例如某一支反力、某一截面的某一内力或某一位移）的变化规律分析清楚了，然后根据线弹性结构的叠加原理，就可以顺利地解决各种移动荷载作用下的计算问题和最不利位置的确定问题。

2 将动力移动荷载作为静力移动荷载看待

移动荷载一般都具有动力荷载的性质，但由于其加速度（a）一般不大，所产生的惯性力（$-ma$）常可加以忽略而作为静力荷载看待。其实际存在的动力影响，则在结构设计中，采用大于 1 的有关放大系数加以考虑。例如，吊车荷载实际上是动力荷载。实测分析表明，吊车荷载在构件中引起的位移和内力，要比相应的静力荷载引起的约大 10%~30%。这样的动力影响，就通过采用相应的**动力系数** μ 加以考虑。

以上关于移动荷载所作的两个假定，实际上解决了如何着手研究移动荷载效应的方法问题。

10.1.3 影响线的定义

图 10-3a 所示简支梁，当竖向单位移动荷载 $F_P=1$ 分别移动到 B、E、D、C、A 五个点上时，支反力 F_{RA} 的数值分别为 0、1/4、

1/2、3/4、1。若以水平线为基线，将以上各数值用竖标绘出，并将各竖标顶点连起来，则所得图形（图10-3b）就表示了单位移动荷载 $F_P=1$ 在梁上移动时支反力 F_{RA} 的变化规律。这一图形就称为**支反力 F_{RA} 的影响线**。

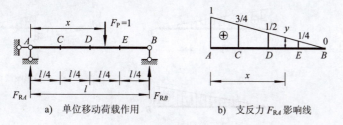

图10-3 简支梁及其 F_{RA} 影响线

a) 单位移动荷载作用　　b) 支反力 F_{RA} 影响线

一般地说，当一个指向不变的单位集中荷载（通常是竖直向下的）沿结构移动时，表示某一指定量值（支反力、内力或位移）变化规律的图形，称为该量值的**影响线**。影响线上任一点的横坐标 x 表示荷载的位置参数，竖坐标 y 表示 $F_P=1$ 作用于此点时该量值的数值。

影响线是研究移动荷载作用效应的基本工具。下面，将首先介绍绘制平面杆件结构影响线的两种方法；然后，利用影响线计算影响量值以及确定移动荷载最不利位置；最后，讨论结构设计中常用到的简支梁及连续梁的内力包络图。

10.2　用静力法作静定梁的影响线

绘制影响线的基本方法有两种：静力法和机动法。

所谓**静力法**，就是应用静力平衡条件，求出某量值与荷载 $F_P=1$ 位置 x 之间的函数关系式（即影响线方程），再据此绘出其影响线的方法。一般规定，量值为正值时，影响线竖标绘在基线上方，负值时绘在基线下方。

下面，以静定梁为例，介绍按静力法绘制其支反力、弯矩和剪力影响线的方法。

10.2.1　简支梁的影响线

图 10-4a 所示简支梁 AB，为按静力法绘制其支反力、弯矩和剪力影响线，取以杆端 A 为坐标原点，以 x 表示荷载 $F_P=1$ 作用点的横坐标。

1　支反力影响线

(1) 竖向反力 F_{RA} 的影响线

由梁整体平衡条件 $\sum M_B = 0$，有

$$F_{RA}l - F_P(l-x) = 0$$

于是，可得

$$F_{RA} = F_P \times \frac{l-x}{l} = 1 - \frac{x}{l} \quad (0 \leq x \leq l) \qquad (10\text{-}1)$$

这就是 F_{RA} 的影响线方程，是 x 的一次方程。因此，F_{RA} 影响线是一条直线，由两个竖标可以确定。

当 $x=0$，$F_{RA}=1$

当 $x=l$，$F_{RA}=0$

作出 F_{RA} 的影响线如图 10-4b 所示。规定支反力向上为正，把正的竖标画在基线的上面，负的竖标画在基线的下面。

(2) 竖向反力 F_{RB} 的影响线

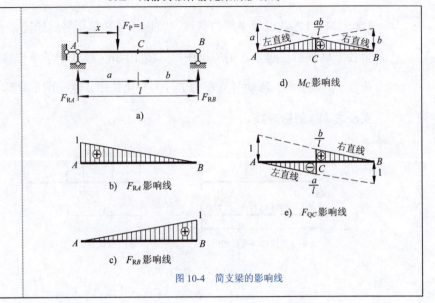

图 10-4 简支梁的影响线

同理，由 $\sum M_A = 0$，有

$$F_{RB}l - F_P x = 0$$

于是，可得

$$F_{RB} = F_P \frac{x}{l} = \frac{x}{l} \quad (0 \leq x \leq l) \qquad (10\text{-}2)$$

这就是 F_{RB} 的影响线方程。F_{RB} 的影响线也是一条直线，也可由两个竖标确定。

当 $x=0$，$F_{RB}=0$

当 $x=l$，$F_{RB}=1$

作出 F_{RB} 的影响线如图 10-4c 所示。

由式（10-1）和式（10-2）可以看出，既然单位荷载 $F_P=1$ 是不带任何单位的、量纲为一的量，因此，支反力影响线的竖标也是量纲为一的量，即无单位的纯数。

2 弯矩影响线

现在来求简支梁 AB 中截面 C 的弯矩 M_C 的影响线。规定使梁下侧纤维受拉的弯矩为正。

当 $F_P=1$ 在截面 C 以左移动时（即在 AC 段上移动，$0 \leq x \leq a$），可取截面 C 以右部分为隔离体，由平衡条件 $\sum M_C = 0$，得

$$M_C = F_{RB}b = \frac{x}{l}b \quad (0 \leq x \leq a) \qquad (10\text{-}3a)$$

可见，M_C 影响线在截面 C 以左部分为一直线（称左直线）。

$$\text{当 } x=0, \quad M_C = 0$$
$$\text{当 } x=a, \quad M_C = \frac{ab}{l}$$

据此，可绘出 M_C 影响线的左直线，如图 10-4d 所示。

当 $F_P=1$ 在截面 C 以右移动时（即在 CB 上移动，$a \leqslant x \leqslant l$），可取截面 C 以左为隔离体，由平衡条件 $\sum M_C = 0$，得

$$\boxed{M_C = F_{RA} a = (1 - \frac{x}{l})a} \quad (a \leqslant x \leqslant l) \qquad (10\text{-}3\text{b})$$

可见，M_C 影响线在截面 C 以右部分也是一条直线（称**右直线**）。据此，可绘出 M_C 影响线的右直线，如图 10-4d 所示。

由图 10-4d 可知，M_C 影响线由上述两段直线（左直线和右直线）组成，与基线形成一个三角形。左、右两直线的交点，即三角形的顶点，正好位于截面 C 处，其竖标为 ab/l，两支座处的竖标为零。

由 M_C 的影响线方程式（10-3a）和（10-3b）还可以看出，其左直线可由支反力 F_{RB} 的影响线乘以 b 并取其 AC 段而得到，其右直线则可由支反力 F_{RA} 的影响线乘以 a 并取其 CB 段而得到。这种利用已知量值的影响线作其他量值的影响线的方法，是很方便的。

弯矩影响线竖标的单位是长度的单位。

3 剪力影响线

设需作图 10-4a 所示简支梁截面 C 的剪力影响线。剪力的正负号规定与材料力学相同。当 $F_P=1$ 在截面 C 以左移动时（即在 AC 上移动，$0 \leqslant x \leqslant a$），由 CB 段隔离体 $\sum F_y = 0$，得

$$\boxed{F_{QC} = -F_{RB} = -\frac{x}{l}} \quad (0 \leqslant x \leqslant a) \qquad (10\text{-}4\text{a})$$

上式表明，只要将 F_{RB} 影响线画在基线下方，并取其 AC 段，即可得 F_{QC} 影响线的左直线（图 10-4e）。按比例可求得 C 点左侧的竖标为 $-a/l$。

当 $F_P=1$ 在截面 C 以右移动时（即在 CB 上移动，$a \leqslant x \leqslant l$），由 AC 段隔离体 $\sum F_y = 0$，得

$$\boxed{F_{QC} = F_{RA} = 1 - \frac{x}{l}} \quad (a \leqslant x \leqslant l) \qquad (10\text{-}4\text{b})$$

可见，只要画出 F_{RA} 影响线并取其 CB 段，即可得 F_{QC} 影响线的右直线（图 10-4e）。

由图 10-4e 可知，F_{QC} 影响线由两段平行的直线组成，在截面 C 点形成突变。当 $F_P=1$ 作用在 AC 段上时，截面 C 产生负剪力；当 $F_P=1$ 作用在 CB 段上时，截面 C 产生正剪力。当 $F_P=1$ 从截面 C 左侧移动到右侧，虽然这个移动是极微小的，F_{QC} 却从 $-a/l$ 跃为 $+b/l$，出现了一个突变，其突变值的绝对值为 $(a/l)+(b/l)=1$。由图看出，

F_{QC} 影响线在 C 处为一间断点。因此，当 $F_P=1$ 恰好作用在 C 点时，F_{QC} 是不确定的。

剪力影响线的竖标是无单位的量纲为 1 的量。

10.2.2 伸臂梁的影响线

1 支反力影响线

现在绘制伸臂梁（图10-5a）支反力 F_{RA}、F_{RB} 的影响线。取 A 点为坐标原点，横坐标 x 以 A 点向右为正。由平衡条件可求得两支反力为

$$\left. \begin{array}{l} F_{RA} = \dfrac{l-x}{l} \\ F_{RB} = \dfrac{x}{l} \end{array} \right\} \quad (-l_1 \leq x \leq l+l_2)$$

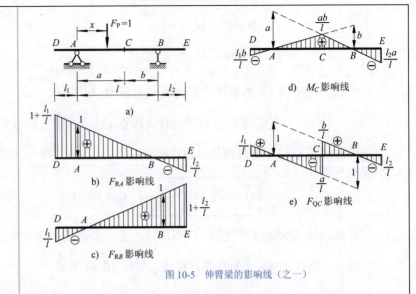

图 10-5 伸臂梁的影响线（之一）

注意到，当 $F_P=1$ 位于 A 点以左时 x 为负值，故以上两方程在梁的全长范围内都是适用的。由于上面两式与简支梁的支反力影响线方程完全相同，因此，只需将简支梁的支反力影响线向两个伸臂部分延长，即得伸臂梁的支反力影响线，如图10-5b、c所示。

2 跨内部分截面内力影响线

为求两支座间的任一指定截面 C 的弯矩和剪力影响线，可将它们表示为支反力 F_{RA} 和 F_{RB} 的函数如下：

当 $F_P=1$ 在截面 C 以左的 DC 段移动时，取截面 C 以右为隔离体，由 $\sum M_C = 0$ 和 $\sum F_y = 0$，分别有

$$\left. \begin{array}{l} M_C = F_{RB}b \\ F_{QC} = -F_{RB} \end{array} \right\} (F_P=1 \text{ 在 } DC \text{ 段})$$

当 $F_P=1$ 在截面 C 以右的 CE 段移动时，取截面 C 以左为隔离体，由 $\sum M_C = 0$ 和 $\sum F_y = 0$，分别有

$$\left. \begin{array}{l} M_C = F_{RA}a \\ F_{QC} = F_{RA} \end{array} \right\} (F_P=1 \text{ 在 } CE \text{ 段})$$

由此可知，M_C 和 F_{QC} 的影响线方程与简支梁的相应影响线方程相同。因而只需将相应简支梁截面 C 的弯矩和剪力影响线向伸臂部分延长即得，如图10-5d、e所示。

3 伸臂部分内力影响线

(1) 伸臂部分上任一指定截面 i 的内力影响线

1) 当指定截面 K_1（图 10-6a）位于右外伸臂上时：

当 $F_P=1$ 在截面 K_1 以左时，因截面 K_1 的右边部分无外力作用，所以

$$\left.\begin{array}{l}M_{K1}=0\\ F_{QK1}=0\end{array}\right\}\ (F_P=1\text{在}DK_1\text{段})$$

当 $F_P=1$ 在截面 K_1 以右时，以 K_1 为坐标原点，并规定 x 以向右为正（图 11-6a）。取截面 K_1 以右为隔离体，由 $\sum M_{K1}=0$ 和 $\sum F_y=0$，有

$$\left.\begin{array}{l}M_{K1}=-x\\ F_{QK1}=+1\end{array}\right\}\ (F_P=1\text{在}K_1E\text{段})$$

由此，可作 M_{K1} 和 F_{QK1} 影响线，如图 10-6b、c 所示。这里，只有 K_1E 段影响线的竖标不为零，也就是说，只有当荷载作用于 K_1E 段时，才对截面 K_1 的弯矩和剪力产生影响。

2) 当指定截面 K_2（图 10-6a）位于左外伸臂上时：

同理，可作 M_{K2} 和 F_{QK2} 的影响线，如图 10-6d、e 所示。只是要注意：当 $F_P=1$ 在截面 K_2 以左，并取 K_2 为原点时，应改规定 x 以向左为正。

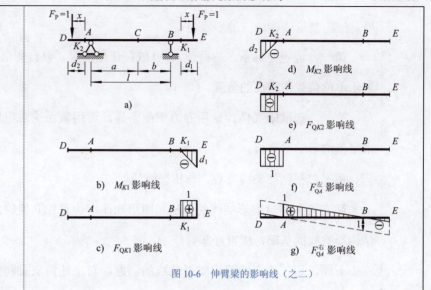

图 10-6 伸臂梁的影响线（之二）

(2) 支座处截面的剪力影响线

应分别对支座左、右两侧的截面进行讨论，因为这两侧的截面是分别属于伸臂部分和跨内部分的。例如，支座 A 左侧截面的剪力 $F_{QA}^{左}$ 影响线，可由 F_{QK2} 影响线使截面 K_2 趋于截面 A 左侧得到，如图 10-6f 所示；而支座 A 右侧截面的剪力 $F_{QA}^{右}$ 的影响线则应由 F_{QC}（图 10-5e）使截面 C 趋于截面 A 右侧得到，如图 10-6g 所示。

10.2.3 用静力法作静定梁影响线的步骤

通过以上简支梁和伸臂梁影响线的绘制，可得出用静力法作

静定结构某量值影响线的步骤为：

第一，选定坐标系，将荷载 $F_P=1$ 放在任意位置，以自变量 x 表示单位荷载作用点的位置。

第二，选取隔离体，应用静力平衡条件，可用截面法求出所求量值的影响线方程。

第三，根据影响线方程，作出影响线。

简支梁和伸臂梁影响线的作法和图形规律，也是作其他静定结构影响线的基础，应很好掌握。

下面，通过作多跨静定梁影响线的例题，对上述简支梁和伸臂梁影响线的作法予以综合应用。

【例 10-1】试作图 10-7a 所示多跨静定梁的支反力及截面 E、F 的内力影响线。

解：本例中多跨静定梁包含有基本部分 AD 和附属部分 DC。首先，要进行构造分析，作出层次图（图 10-7b），注意它们之间的传力关系。其次，注意到该多跨静定梁是由伸臂梁 AD 和简支梁 DC 组成的。因此，其影响线可利用已知的单跨静定梁的影响线进行绘制。一般可分为以下两类情况分别绘出：

(1) 第一类，位于附属部分上的某量值影响线

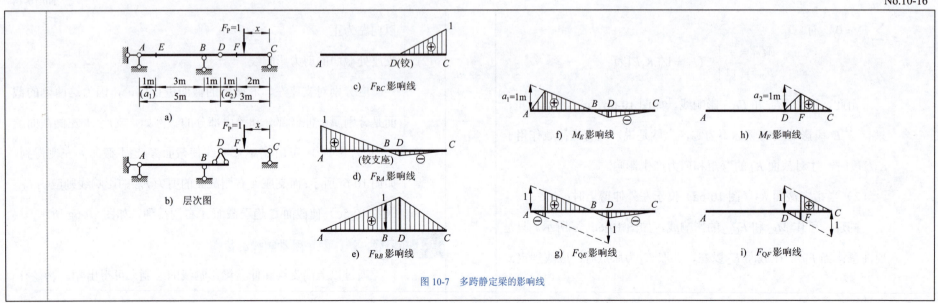

图 10-7 多跨静定梁的影响线

1）按照简支梁影响线作法，绘出附属部分 DC 范围内的量值影响线（F_{RC}、M_F 和 F_{QF} 的影响线如图 10-7c、h、i 所示）。

2）根据多跨静定梁的传力特点（力只能由附属部分向基本部分传递，而不能逆向传递），判定基本部分 AD 范围内的量值影响线的竖标为零。

(2) 第二类，位于基本部分上的某量值影响线

1）按伸臂梁影响线作法，绘出基本部分 AD 范围内的量值影响线（AD 段上 F_{RA}、F_{RB}、M_E 和 F_{QE} 的影响线如图 10-7d、e、f、g 所示）。

2）各影响线在附属部分上的图形，可根据静定梁附属部分影响线均为直线的特点，只要先找出两个控制点竖标，连以直线，即可绘出。控制点一般选在铰结点和支座处，其影响线的竖标容易求得：

①铰结点（实为基本部分与附属部分的一个结合点）处，其影响线竖标为已知，在绘基本部分的影响线时即已求出。

②支座处，其影响线竖标必为零。

据此，可绘出 DC 段上 F_{RA}、F_{RB}、M_E 和 F_{QE} 的影响线，如图 10-7d、e、f、g 所示）。

观察各量值影响线，会发现一个规律：附属部分影响线在铰结点处发生转折，在支座处竖标为零。利用它，可方便影响线的绘制，而且可用于校核影响线的正误。

10.2.4 内力影响线与内力图的区别

如图 10-8 所示简支梁，图 10-8a 表示其截面 C 的弯矩影响线，而图 10-8b 表示荷载 F_P 作用在 C 处时梁的弯矩图。这两个图形十分相似，但它们的意义却截然不同。

M_C 影响线表示单位荷载 $F_P=1$ 沿结构移动时，截面 C 的弯矩值的变化情况。M_C 影响线所有竖标都表示截面 C 的弯矩值。例如

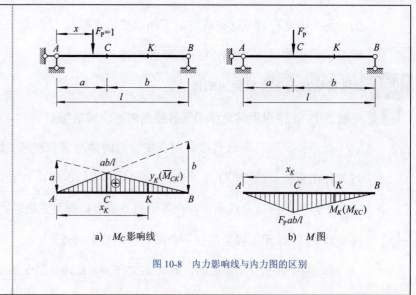

图 10-8 内力影响线与内力图的区别

M_C 影响线在截面 K 的竖标 y_K，表示 $F_P=1$ 作用在截面 K 时，截面 C 的弯矩值（可记作 $\overline{M}_{CK}$）。

而 M 图则表示在固定荷载作用下，梁上各截面弯矩的分布情况。M 图上的竖标表示所在截面自身的弯矩值。不同截面处的竖标表示不同截面的弯矩。如 M 图上在截面 K 的竖标 M_K 表示固定荷载 F_P 作用在截面 C 时，截面 K 的弯矩（可记作 M_{KC}）。

还须指出，由于 $F_P=1$ 无单位，因此 M_C 影响线竖标的单位是长度的单位，图中应标注正负号；而 M 图的单位是[力×长度]的单位，图中不注正负号，一律绘于受拉侧。

10.3 用静力法作间接荷载作用下梁的影响线

前两节讨论的影响线，移动荷载都是直接作用于梁上的。但在实际工程中，有些移动荷载却是通过纵横梁系，间接地作用于主梁上的。

图 10-9a 表示一桥面结构的计算简图。桥面纵梁简支在横梁上，横梁简支在主梁上。移动荷载 $F_P=1$ 直接作用在纵梁上，再通过横梁传到主梁。因此，无论任何荷载，主梁只在各横梁（结点处）受到集中力作用。对于主梁来说，这种荷载是经过横梁传来

的，称为间接荷载或结点荷载。下面以主梁上截面 C 的弯矩影响线为例，说明间接荷载作用下影响线的特点和作法。

10.3.1 间接荷载作用下主梁的影响线

1 先看当 $F_P=1$ 沿纵梁移动作用于各结点时影响线的特点

显然，此时与荷载直接作用在主梁上的情况完全相同。因此可先作出直接荷载作用下主梁 M_C 的影响线（图 10-9b），而在此影响线中，对于间接荷载来说，在各结点处的竖标都是正确的。

2 再看当 $F_P=1$ 作用于纵梁的任一节间时影响线的特点

如 $F_P=1$ 作用在 DE 之间，此时主梁在 D、E 处分别受到结点

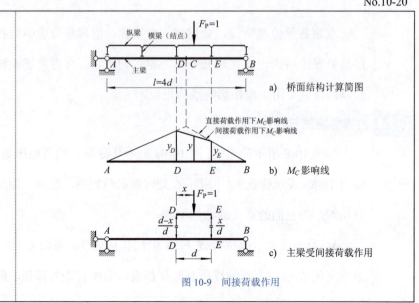

图 10-9 间接荷载作用

荷载$(d-x)/d$ 及 x/d 的作用（图 10-9c）。设直接荷载作用下 M_C 的影响线在 D、E 处的竖标分别为 y_D 和 y_E，则根据影响线的定义和叠加原理可知，在上述两结点荷载作用下 M_C 值应为

$$y = \frac{d-x}{d} y_D + \frac{x}{d} y_E$$

上式为 x 的一次式，说明主梁 DE 段内 M_C 随 x 直线变化，且由

当 $x = 0$，$y = y_D$

当 $x = d$，$y = y_E$

可知，用直线连接竖标 y_D 和 y_E 的顶点，就是在 DE 段这部分的影响线，如图 7-9b 实线所示。

3 两点结论

由以上分析可知，在间接荷载作用下，静定结构支反力（或内力）的影响线具有以下两个特点：在结点处，间接荷载与直接荷载的影响线竖标相同；在相邻两结点之间，影响线为一直线。

10.3.2 在间接荷载作用下作影响线的一般步骤

上面的结论，实际适用于间接荷载作用下任何量值的影响线。由此，可将绘制间接荷载作用下影响线的一般步骤归纳如下：

第一，作出直接荷载作用下所求量值的影响线。

第二，取各结点处的竖标，并将其顶点在每一纵梁范围内连以直线。

10.3.3 节间剪力影响线

现在用上述方法作图 10-10a 所示主梁截面 C_1 的剪力 F_{QC1} 影响线。先作直接荷载作用下的 F_{QC1} 影响线，如图 10-10b 中 $\overline{1234}$ 所示，在结点 D、E 间为间断；再用直线连接 D、E 结点处竖标顶点 5、6，即得到间接荷载作用下的 F_{QC1} 影响线，如图 10-10b 中 $\overline{1564}$ 所示。

同理，可作出主梁截面 C_2 在间接荷载作用下的剪力 F_{QC2} 影响

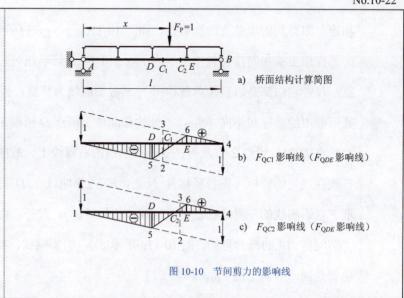

图 10-10 节间剪力的影响线

线，如图 10-10c 中 $\overline{1564}$ 所示。

比较图 10-10b 与图 10-10c 可见，主梁上位于同一节间 DE 内的截面 C_1、C_2 在间接荷载作用下的 F_{QC1} 和 F_{QC2} 影响线完全相同。这并非出于偶然，而是因为主梁只受到横梁传来的荷载作用，在两横梁间（节间）无荷载作用，所以相邻两结点间（节间）各截面的剪力均相同，通常称为**节间剪力**。此处，$F_{QC1} = F_{QC2} = F_{QDE}$（$F_{QDE}$ 表示 DE 节间剪力）。

【例 10-2】试作图 10-11a 所示主梁在间接荷载作用下的 F_{RA}、$F_{QD左}$、$F_{QD右}$、F_{QDF} 和 M_E 影响线。

解： 欲作图 10-11a 所示主梁在间接荷载作用下各指定量值的影响线，可按以上所归纳的一般步骤进行。即首先作出各指定量值在直接荷载作用下的影响线，分别如图 10-11b、d、f、h 所示；然后，将各结点向下投影到各指定量值影响线上，得到 2、3、4、5 四个点，将这些相邻结点处的影响线竖标顶点分别用直线相连，并注意将结点 D、F 处竖标顶点的连线向左延伸至纵梁上铰 B_1 对应的位置处，得到点 6，再将该点与支座 A_1 所对应的基线上的点 1 用直线相连，即得到所求量值的影响线，如图 10-11c、e、g、i 所示。

在作主梁在间接荷载作用下的 $F_{QD左}$ 和 $F_{QD右}$ 影响线时，需注意：尽管它们都是以直接荷载作用下 F_{QD} 影响线为依据，但在 D 处所取用的竖标却不同。$F_{QD左}$ 所处的截面位于结点 D 稍偏左，因此结点 D 的投影点 2 自然落在 F_{QD} 影响线的右直线上，故应取右直线在该处的竖标（正号竖标）；反之，$F_{QD右}$ 影响线在 D 处则应取 F_{QD} 影响线的左直线在点 2 的竖标（负号竖标）。此外，由上述"节间剪力"的概念可知，图 10-11g 所示 $F_{QD右}$ 的影响线，实际上也就是同一节间上的 F_{QDF} 影响线。

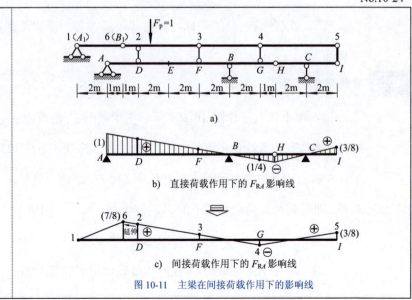

图 10-11 主梁在间接荷载作用下的影响线

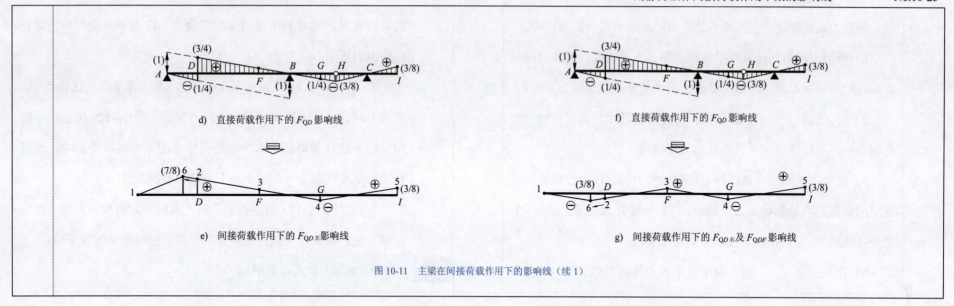

d) 直接荷载作用下的 F_{QD} 影响线

e) 间接荷载作用下的 $F_{QD左}$ 影响线

f) 直接荷载作用下的 F_{QD} 影响线

g) 间接荷载作用下的 $F_{QD右}$ 及 F_{QDF} 影响线

图 10-11 主梁在间接荷载作用下的影响线（续 1）

10.4 用静力法作静定桁架的影响线

本节讨论的是理想桁架承受由纵梁和横梁传递来的间接荷载（结点荷载）的情况，其影响线的性质与上节讨论的实体主梁在间接荷载作用下的影响线的性质相同：影响线在相邻两结点之间为一直线。

静定桁架影响线的具体作法是：以单位荷载 $F_P=1$ 位置 x 为自变量，用结点法或截面法列平衡方程求出桁架轴力的影响线方程，再据此画出影响线。

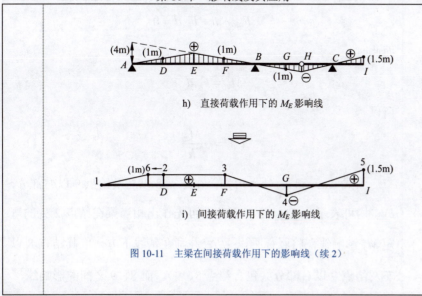

h) 直接荷载作用下的 M_E 影响线

i) 间接荷载作用下的 M_E 影响线

图 10-11 主梁在间接荷载作用下的影响线（续 2）

用静力法作静定桁架的影响线，可把握以下几个特点：

1) 桁架支反力的计算与相当梁（指其支承情况、荷载节间与桁架均相同的梁）相同，故二者的支反力的影响线也完全一样。

2) 对于斜杆，为了计算方便，可先绘出其水平或竖向分力的影响线，然后按比例关系求得其内力影响线。

3) 如采用截面法，单跨静定桁架的内力影响线一般以截面所在节间邻近的两承载结点为分界点，将影响线分为三段来绘制（个别竖杆除外），先绘左、右段，中间连以直线。

4) 在很多情况下，可先找出桁架内力与相当梁支反力、内力的静力关系，然后利用相当梁的支反力、内力影响线作出桁架杆件的内力影响线。

5) 单位荷载 $F_P=1$ 沿桁架上弦移动（称上承）或下弦移动（称下承）时，杆轴力影响线可能不同。例如，图 10-12a 所示简单桁架上、下弦杆和斜杆的水平或竖向分力的影响线不受影响，而竖杆的影响线则应区分为上承和下承两种情况。

下面以图 10-12a 所示桁架为例，说明静定桁架内力影响线的绘制方法。设单位移动荷载可分别作用于桁架的上弦或下弦。

10.4.1 上弦杆 $\overline{89}$ 的轴力 F_{N89} 影响线

作截面 I–I，取截面以左部分为隔离体，以结点 2 为矩心，由平衡条件 $\sum M_2 = 0$ 求 F_{N89}：

1) 若 $F_P=1$ 在结点 8 以左，则

$$F_{N89} \times h + F_{RA} \times d - F_P(d-x) = 0$$

而此时相当梁在结点 2 的弯矩为

$$M_2^0 = F_{RA} \times d - F_P(d-x)$$

所以

$$F_{N89} = -\frac{M_2^0}{h} \quad (a)$$

2) 若 $F_P=1$ 在结点 9 以右，则

$$F_{N89} \times h + F_{RA}d = 0$$

而此时

$$M_2^0 = F_{RA}d$$

所以

$$F_{N89} = -\frac{M_2^0}{h} \quad (b)$$

由式（a）和式（b）可知，在结点 8 以左及结点 9 以右部分，F_{N89} 均可表示为 $-M_2^0/h$。因此，可先作出相当梁在结点 2 处的弯矩 M_2^0 影响线，将竖标乘以 $1/h$，并画在基线下方，取其结点 8 以左及结点 9 以右部分（包含结点 8、9）。而 8、9 之间的影响线，

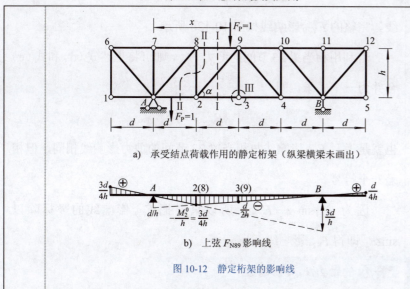

a) 承受结点荷载作用的静定桁架（纵梁横梁未画出）

b) 上弦 F_{N89} 影响线

图 10-12 静定桁架的影响线

应将结点 8 处与结点 9 处影响线竖标的顶点用直线相连，此连线刚好与右直线的延长线重合。完整的 F_{N89} 影响线如图 10-12b 所示，是一个三角形，其顶点（在矩心 2 的竖线上）竖标为

$$-\frac{ab}{lh} = -\frac{(d)(3d)}{(4d)h} = -\frac{3d}{4h}$$

10.4.2 下弦杆 $\overline{23}$ 的轴力 F_{N23} 影响线

取截面 Ⅰ-Ⅰ 以左为隔离体，以结点 9 为矩心，由平衡条件 $\sum M_9 = 0$，无论 $F_P=1$ 在结点 8 以左或是结点 9 以右，均有

$$F_{N23} \times h - M_3^0 = 0$$

即

$$F_{N23} = \frac{M_3^0}{h} \qquad (c)$$

故只需把相当梁结点 3 处的弯矩 M_3^0 影响线的竖标除以 h。由于相邻结点之间都是直线，因此，所得出的就是 F_{N23} 影响线，如图 10-12c 所示，是一个三角形，顶点（在矩心 9 的竖线上）竖标为 $(2d)(2d)/h(4d) = d/h$。

10.4.3 斜杆 $\overline{29}$ 的轴力的竖向分力 F_{Y29} 影响线

1）当 $F_P=1$ 在结点 8 以左时，取 Ⅰ-Ⅰ 以右部分为隔离体，由竖向平衡条件 $\sum F_y = 0$，得

$$F_{RB} - F_{Y29} = 0$$

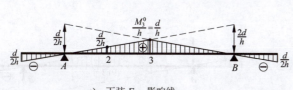

c) 下弦 F_{N23} 影响线

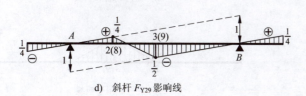

d) 斜杆 F_{Y29} 影响线

图 10-12 静定桁架的影响线（续1）

即

$$F_{Y29} = F_{RB} \quad (d)$$

画出 F_{RB} 影响线，取其结点 8 以左的一段，即为 F_{Y29} 在这部分上的影响线。

2）当 $F_P=1$ 在结点 9 以右时，取 Ⅰ-Ⅰ 以左部分为隔离体。由竖向平衡条件 $\sum F_y = 0$，得

$$F_{Y29} = -F_{RA} \quad (e)$$

在基线下方画出 F_{RA} 影响线，取其结点 9 以右部分。

连接 8、9 结点处的影响线顶点，即得到 8、9 点之间的影响线。完整的 F_{Y29} 影响线如图 10-12d 所示。

若利用相当梁 $\overline{23}$ 节间的剪力 F_{Q23}^0，则可将上述式（d）和式（e）合并为一个式子，即

$$F_{Y29} = -F_{Q23}^0 \quad (f)$$

也就是说，F_{Y29} 影响线与相当梁 $\overline{23}$ 节间的剪力影响线相同，但相差一个符号。

因为 $F_{N29} \sin\alpha = F_{Y29}$，所以只要把 F_{Y29} 影响线的竖标除以 $\sin\alpha$，即得 F_{N29} 影响线。

10.4.4 竖杆 $\overline{28}$ 的轴力 F_{N28} 影响线

作截面 Ⅱ-Ⅱ，利用投影方程 $\sum F_y = 0$，求 F_{N28}：

1）当 $F_P=1$ 在 Ⅱ-Ⅱ 以左时，取 Ⅱ-Ⅱ 以右部分为隔离体，得

$$F_{N28} = -F_{RB} \quad (g)$$

2）当 $F_P=1$ 在 Ⅱ-Ⅱ 以右时，取 Ⅱ-Ⅱ 以左部分为隔离体，得

$$F_{N28} = F_{RA} \quad (h)$$

为最后绘出 F_{N28} 影响线，这里，可先用虚线绘出 $-F_{RB}$ 和 F_{RA} 两根影响线（图 10-12e）。对于竖杆，尚需区分上承和下承这两种荷载情况。

1）当荷载沿上弦移动（上承），被 Ⅱ-Ⅱ 截开的上弦承载节间

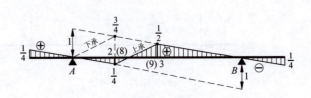

e）竖杆 F_{N28} 影响线

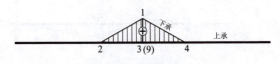

f）竖杆 F_{N39} 影响线

图 10-12 静定桁架的影响线（续 2）

是 $\overline{89}$ 节间，则式（g）的适用范围是结点 8 以左部分，式（h）的适用范围是结点 9 以右部分。而 $\overline{89}$ 节间的影响线为一直线。故荷载上承时，F_{N28} 影响线在 $\overline{89}$ 节间发生了转折，见图 10-12e。

2）当荷载沿下弦移动（下承），被 II-II 截面截开的下弦承载节间为 $\overline{A2}$ 节间。式（g）和式（h）的适用范围发生变化，前者变为结点 A 以左部分，后者变为结点 2 以右部分。故荷载下承时，F_{N28} 影响线的左直线的终点变为结点 A，右直线的起点变为 2，而 $\overline{A2}$ 节间的影响线为一直线，即 F_{N28} 影响线在 $\overline{A2}$ 节间发生了转折，如图 10-12e 所示。

10.4.5 竖杆 $\overline{39}$ 的轴力 F_{N39} 影响线

作截面 III-III，取结点 3 为隔离体，采用结点法，由竖向平衡条件 $\sum F_y = 0$，求 F_{N39}：

1）荷载上承时，$F_{N39} = 0$，F_{N39} 影响线与基线重合。

2）荷载下承时，分三种情况讨论：$F_P=1$ 在结点 2 以左时，$F_{N39} = 0$；$F_P=1$ 在结点 4 以右时，$F_{N39} = 0$；$F_P=1$ 在结点 3 处时，$F_{N39} = 1$。因此，F_{N39} 影响线在结点 2 以左、结点 4 以右部分与基线重合，在结点 3 处为 1。再把结点 2、4 处的竖标 0 分别与结点 3 处的竖标 1 以直线相连，即得 F_{N39} 影响线，如图 10-12f 所示。

10.5 用机动法作静定梁的影响线

本节介绍绘制影响线的另一种方法——机动法。

机动法是工程设计中很适用的方法。它的优点是，不需经具体计算，就能迅速地绘出影响线的轮廓图，可用来确定荷载最不利位置以及对静力法进行校核。

机动法的理论依据，是理论力学中已学习过的刚体体系虚位移原理，即刚体体系在力系作用下处于平衡的必要和充分条件是：在任何可能的微小的虚位移上，平衡力系所做的虚功总和为零。

应用机动法可以将作结构内力和支反力影响线的静力问题转化为求作结构位移图的几何问题。

下面以图 10-13a 所示伸臂梁为例，说明用机动法作静定梁影响线的原理和步骤。

现在来求该伸臂梁支反力 F_{RB} 影响线。

首先，撤去与该支反力相应的约束，即 B 处的支杆，同时代之以正向的支反力 F_{RB}，原结构变成具有一个自由度的可变体系（亦称机构）。然后，使该体系发生可能的微小的虚位移，即使刚片 ABC 绕 A 点作微小转动，并以 δ_B 表示 F_{RB} 作用点沿力作用方向的虚位移，以δ_P表示移动单位荷载作用点 x 处的虚位移（假设δ_P向上为正），如图 10-13b 所示。最后，应用刚体体系虚位移原理求支反力 F_{RB}。因为刚片 ABC 在 F_P、F_{RA}和F_{RB}共同作用下维持平衡，故它们在上述虚位移上所做虚功总和为零，即

$$F_{RB}\delta_B - F_P\delta_P = 0 \quad (a)$$

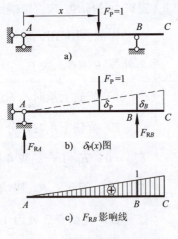

图 10-13 用机动法作静定梁影响线的原理

因 $F_P=1$，故得

$$F_{RB} = \frac{\delta_P}{\delta_B} \quad (b)$$

当 $F_P=1$ 移动时，位移δ_P也随$F_P=1$的位置变化，是荷载位置参数 x 的函数；而δ_B则与 x 无关，是一常数。因此式（b）可表示为

$$F_{RB}(x) = \frac{\delta_P(x)}{\delta_B} \quad (c)$$

这时，$F_{RB}(x)$表示F_{RB}随$F_P=1$位置 x 变化的规律，即是F_{RB}影响线；而$\delta_P(x)$是移动单位荷载各作用点的竖向位移图（图10-13b）。由式（c）可知，F_{RB}的影响线竖标与荷载作用点的竖向位移成正比，或者说，由$\delta_P(x)$图可得出F_{RB}的影响线的形状。

由式（c）还可知，F_{RB}的影响线竖标的数值由$\delta_P(x)$图竖标除以常数δ_B得到；为简便计，可在$\delta_P(x)$图中令$\delta_B=1$，则可得到如图 10-13c 所示形状和数值上完全确定的 F_{RB} 的影响线。

影响线竖标的正负号可规定如下：令撤去所求力约束后的机构沿所求力正向产生虚位移，当虚位移图在基线上方，则量值影响线的竖标取正号；反之则取负号。本例中 F_{RB} 影响线的竖标均为正。

归纳起来，用机动法作静定梁某量值 Z 影响线的步骤如下：

1) 撤去与量值 Z 相应的约束，代之以正向的未知力 Z（这时原结构成为一个机构）：

2) 使所得机构在撤除约束处，沿 Z 的正方向发生相应的单位虚位移（$\delta_Z=1$），则该机构的竖向位移图（δ_P图）即为 Z 的影响线。

3) 基线以上的竖标取正号，基线以下的竖标取负号。

【例 10-3】试用机动法作图 10-14a 所示简支梁截面 C 的弯矩和剪力影响线。

解：(1) 作弯矩 M_C 影响线

1) 撤去与 M_C 相应的约束，即将截面 C 处的约束由刚结改为铰结，并代之以一对大小相等方向相反的使下边受拉的弯矩 M_C，得图 10-14b 所示具有一个自由度（铰 C 两侧的刚体可以自由转动）的机构。

2) 使铰 C 左右两刚片沿 M_C 的正方向发生相对转角 $\delta_Z = \alpha + \beta = 1$ 的虚位移，如图 10-14b 所示。须注意的是，这里 $\delta_Z = 1$ 应理解为是一个可能的微小的单位转角，而不是 1rad。

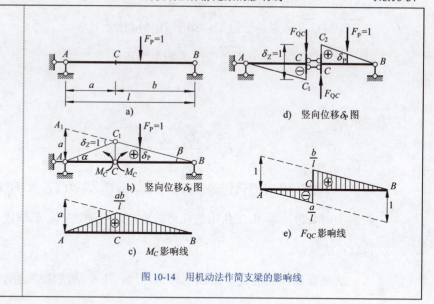

图 10-14 用机动法作简支梁的影响线

3) 列写虚位移方程为（假设 δ_P 向上为正）

$$M_C \times \delta_Z - 1 \times \delta_P = 0$$

于是得

$$M_C = \frac{\delta_P}{\delta_Z} = \frac{\delta_P}{1} = \delta_P$$

可见，当取 $\delta_Z = 1$ 时的机构的竖向位移图（δ_P 图）即为弯矩 M_C 影响线，如图 10-14c 所示。因 δ_Z 是微小的单位转角，故图中 A 点的竖标 $\overline{AA_1} = \delta_Z \times \overline{AC} = 1 \times a = a$；而 C 点的竖标可按比例求出，为 ab/l。

(2) 作剪力 F_{QC} 影响线

同理，可用机动法作出 F_{QC} 影响线，即

1) 撤去与 F_{QC} 相应的约束，即将截面 C 左、右改为用两根平行于杆轴的平行链杆（即定向联系）相连，代之以一对大小相等方向相反的正剪力 F_{QC}，得图 10-14d 所示具有一个自由度的机构。这时在截面 C 处可以发生相对的竖向位移，而不发生相对转动和水平移动。

2) 使机构在截面 C 左、右沿 F_{QC} 正方向发生相对竖向虚位移 $\delta_Z = \overline{CC_1} + \overline{CC_2} = 1$。由于 C 处组成定向联系的两根等长链杆和两侧的刚片在机构运动中必定保持为平行四边形，因此，在虚位移图

中 $\overline{AC_1}$ 与 $\overline{C_2B}$ 必定是平行的，如图 10-14d 所示。

3）列写虚位移方程（假设 δ_P 向上为正）

$$F_{QC} \times \delta_z - 1 \times \delta_P = 0$$

于是得

$$F_{QC} = \frac{\delta_P}{\delta_z} = \frac{\delta_P}{1} = \delta_P$$

可见，当取 $\delta_z = 1$ 时的机构的竖向位移图（δ_P 图）即为 F_{QC} 影响线，如图 10-14e 所示。由三角形的几何关系，即可确定 F_{QC} 影响线各控制点的竖标。

这里需要说明的是：由以上讨论可知，用机动法作静定梁的影响线；最后，判定影响线的正负号，分别如图 10-15b、c 所示。

（2）作剪力 F_{QC}、F_{QA} 影响线

首先，撤去与 F_{QC}（F_{QA}）相应的约束（将刚结改为定向联系），并代之以一对大小相等方向相反的正剪力 F_{QC}（F_{QA}）；然后，使机构在截面 C 左、右（截面 A 右相对于 A 左）沿 F_{QC}（F_{QA}）方向发生相对竖向虚位移 $\delta_z = 1$，则此时机构的竖向位移图，即为 F_{QC}（F_{QA}）影响线；最后，判定影响线的正负号，分别如图 10-15d、e 所示。

支反力（如 F_{RB}）和内力（M_C、F_{QC} 等）影响线，均可按本节所归纳的三个步骤进行。至于列写虚位移方程的推证过程，则可以省略。

【例 10-4】试用机动法作图 10-15a 所示悬臂梁弯矩 M_C、M_A 和剪力 F_{QC}、F_{QA} 的影响线。

解：(1) 作弯矩 M_C、M_A 影响线

首先，撤去 M_C（M_A）相应的约束（将刚结改为铰结），并代之以一对大小相等方向相反的使下边受拉的弯矩 M_C（M_A）；然后使铰 C 左、右两刚片（铰 A 右刚片）沿 M_C（M_A）的正方向发生相对单位转角 $\delta_z = 1$，则此时机构的竖向位移图，即为 M_C（M_A）

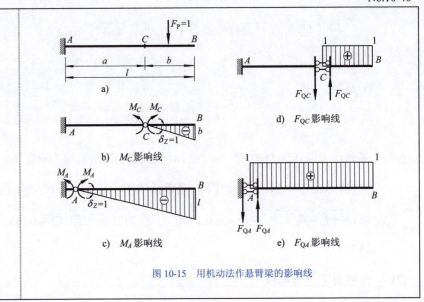

图 10-15 用机动法作悬臂梁的影响线

第 10 章 影响线及其应用

【例 10-5】 试用机动法作图 10-16a 所示多跨静定梁 M_K、F_{QK}、M_B、$F_{QB左}$ 和 $F_{QB右}$ 的影响线。

解： 用机动法作多跨静定梁各量值影响线的原理与步骤同前。只是应注意撤去约束后，虚位移图形的特点：

第一类，属于附属部分的某量值。撤去相应约束后，体系只能在附属部分发生虚位移，基本部分仍不能动。因此，位移图只发生在附属部分。

第二类，属于基本部分的某量值。撤去相应约束后，在基本部分和其所支承的附属部分都能发生虚位移。因此，位移图不仅发生在基本部分，而且还发生在其所支承的附属部分。在首先作出基本部分的位移图后，只需根据附属部分位移图均为直线的特点，以及在铰处的竖标为已知和支座处竖标为零的条件，即可便捷地作出相应附属部分的位移图，即影响线。

对于上述第二类情况，其具体作法还可进一步归纳为：先作基本部分某量值的位移图，再向两侧作直线延伸，在延伸范围内（仅限于所支承的附属范围内），遇全铰处转折，遇支座处为零，其间连以直线。

运用上述方法作出图 10-16a 中各指定量值影响线，如图 10-16b～f 所示。

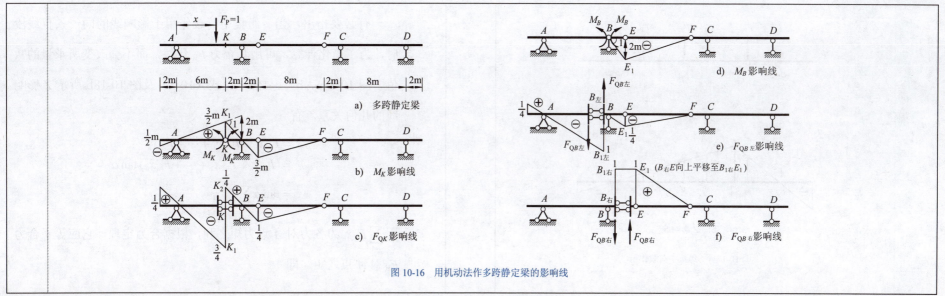

图 10-16 用机动法作多跨静定梁的影响线

10.6 利用影响线计算影响量值

影响线是研究移动荷载作用下结构分析的一项基本工具。前面讨论了影响线的基本原理和绘制方法；下面将讨论影响线的应用。

绘制影响线的目的，是为了利用它来确定具体移动荷载组对于某一量值（影响量）的最不利位置，从而求出该量值的最大值。在研究这一问题之前，本节先来说明荷载组不移动时（固定荷载下）影响量的计算。

前面作影响线时虽然采用的是单位移动荷载，但根据叠加原理，可以利用影响线求出一般荷载作用下的影响量值。

10.6.1 一组集中荷载作用

设结构上有一组集中荷载 $F_{P1}, F_{P2}, \cdots, F_{Pn}$ 作用，如图 10-17a 所示。某量值 Z 的影响线如图 10-17b 所示，影响线在各荷载作用点处的竖标为 $y_1, y_2, \cdots, y_n$。由影响线定义并运用叠加原理，可得

$$Z = F_{P1}y_1 + F_{P2}y_2 + \cdots + F_{Pn}y_n = \sum_{i=1}^{n} F_{P_i} y_i \qquad (10\text{-}5)$$

即集中荷载组所产生的影响量 Z 应等于各荷载所产生影响量的代数和。

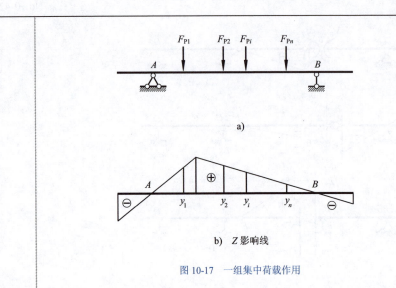

b) Z 影响线

图 10-17　一组集中荷载作用

有必要指出，当一组集中荷载作用于影响线的同一条直线段时，为了简化计算，可用其合力 F_R 代替，而不会改变所求量的数值（图 10-18a、b）。显然，由式（10-5）及图 10-18b 所示 Z 影响线的几何关系，有

$$\begin{aligned} Z &= F_{P1}y_1 + F_{P2}y_2 + \cdots + F_{Pn}y_n \\ &= (F_{P1}x_1 + F_{P2}x_2 + \cdots + F_{Pn}x_n)\tan\alpha \\ &= \tan\alpha \sum_{i=1}^{n} F_{P_i} x_i \end{aligned}$$

因 $\sum_{i=1}^{n} F_{P_i} x_i$ 为各力对 A 点力矩之和，根据合力定理，它应等于合力 F_R 对 A 点之矩，即

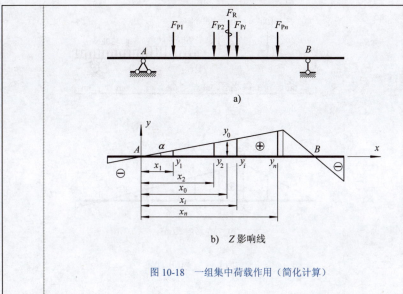

图 10-18 一组集中荷载作用（简化计算）

$$\sum_{i=1}^{n} F_{Pi} x_i = F_R x_0$$

故有

$$Z = (F_R x_0)\tan\alpha = F_R y_0 \quad (10\text{-}6)$$

式中，y_0 为与合力 F_R 位置对应的影响线竖标。

10.6.2 分布荷载作用

设图 10-19a 所示结构上区间 $[a,b]$ 有分布荷载作用，现要利用图 10-19b 所示影响线求该量值 Z。若将分布荷载沿其长度分为许多微段，则每一微段 dx 上的荷载 $q(x)dx$ 都可以作为一个集中荷载，如图 10-19a 所示。根据微积分原理，影响量 Z 可以表达为

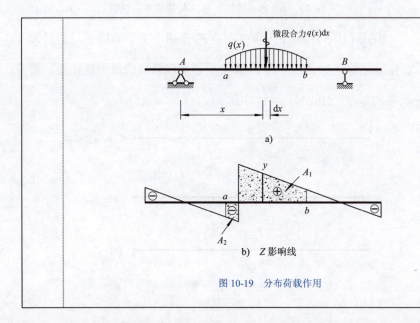

图 10-19 分布荷载作用

$$Z = \int_a^b q(x) y\, dx \quad (10\text{-}7)$$

当为均布荷载即 $q(x) = q$ 时，则上式成为

$$Z = q \int_a^b y\, dx = q A_0 \quad (10\text{-}8)$$

式中，A_0 表示 Z 影响线在均布荷载范围内面积的代数和，即图 10-19b 中的阴影面积 $A_1 - A_2$。

【例 10-6】试利用影响线求图 10-20a 所示梁中截面 K 的弯矩，并用静力平衡方程验算。

解：用静力法或机动法作 M_K 影响线，如图 10-20b 所示。

根据式（10-5）和式（10-8），有

$$M_K = F_{P1}y_1 + F_{P2}y_2 + q_1 A_1 + q_2 A_2 - q_2 A_3$$

其中，$y_1 = 4\text{m}$，$y_2 = 5\text{m}$，$A_1 = (4+2)\text{m} \times 6\text{m} \times \dfrac{1}{2} = 18\text{m}^2$

$A_2 = \dfrac{1}{2} \times 2\text{m} \times 6\text{m} = 6\text{m}^2$，$A_3 = \dfrac{1}{2} \times 1\text{m} \times 3\text{m} = \dfrac{3}{2}\text{m}^2$

所以

$$M_K = \left[(100 \times 4) + (100 \times 5) + (50 \times 18) + (30 \times 6) - \left(30 \times \dfrac{3}{2}\right)\right]\text{kN}\cdot\text{m} = 1935\text{kN}\cdot\text{m}$$

用静力平衡方程验算如下：

由整体平衡 $\sum M_B = 0$，得 $F_{RA} = 248.3\text{kN}$。再由局部平衡条件 $\sum M_K = 0$，得

$$M_K = F_{RA} \times 9 - F_{P1} \times 3 = (248.3 \times 9 - 100 \times 3)\text{kN}\cdot\text{m} = 1935\text{kN}\cdot\text{m}$$

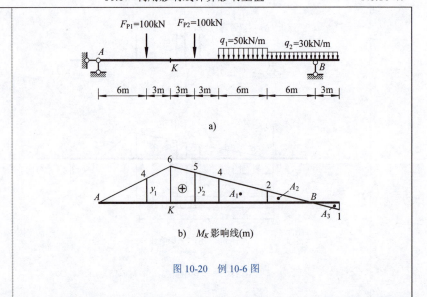

图 10-20　例 10-6 图

10.7　利用影响线确定移动荷载最不利位置

上节，利用影响线，说明了荷载组不移动时影响量的计算。本节，则将以此为基础，利用影响线进一步讨论：当具体荷载组移动时，要达到什么样的位置，才会使某影响量达到最大（或最小）的问题，也就是如何确定**移动荷载最不利位置**的问题。这是影响线在工程设计中的主要应用。下面，分别就几种情况来说明确定荷载最不利位置的方法。

10.7.1　单个移动集中荷载

由式（10-5）$Z = F_P y$ 可知：当 F_P 作用于 Z 影响线正号的最大竖标处，将产生 Z_{max}；当 F_P 作用于影响线负号的最大竖标处，将产生 Z_{min}（图 10-21）。

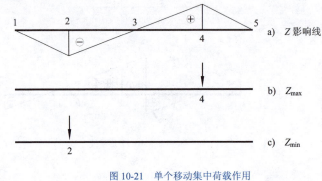

图 10-21　单个移动集中荷载作用

10.7.2 任意断续布置的均布荷载

对于人群、货物等任意断续布置的均布荷载，由 $Z = qA_0$ 可知：当荷载布满影响线所有正号区间时，引起 Z_{max}（图 10-22a、b）；当荷载布满影响线所有负号区间时，引起 Z_{min}（图 10-22a、c）。

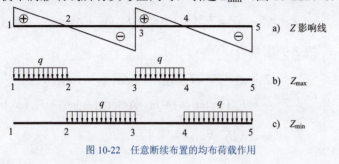

图 10-22 任意断续布置的均布荷载作用

10.7.3 行列荷载

间距不变的一系列移动集中荷载称为**行列荷载**，如列车、汽车车队、吊车组等。

确定行列荷载最不利位置，通常可分两步进行：

第一步，求出使 Z 达到极值的荷载位置，通常称为**荷载的临界位置**。在同一组行列荷载中，可能有几个临界荷载位置。

第二步，从这些荷载的临界位置中，确定荷载最不利位置。

1 确定荷载的临界位置

下面，以折线形影响线为例，说明荷载临界位置的特点及其判定方法。

(1) 荷载临界位置的特性

图 10-23a 为某量值 Z 的影响线，各段直线的倾角为 $\alpha_1, \alpha_2, \cdots, \alpha_n$（$\alpha$ 以逆时针方向为正）。现有一组集中荷载处在如图 10-23b 所示位置，所产生的量值以 Z_1 表示。若每一段直线范围内各荷载的合力分别为 $F_{R1}, F_{R2}, \cdots, F_{Rn}$，则有

$$Z_1 = F_{R1}y_1 + F_{R2}y_2 + \cdots + F_{Rn}y_n = \sum_{i=1}^{n} F_{Ri}y_i$$

式中，$y_1, y_2, \cdots, y_n$ 分别为各段合力 $F_{R1}, F_{R2}, \cdots, F_{Rn}$ 对应的影响线竖标。

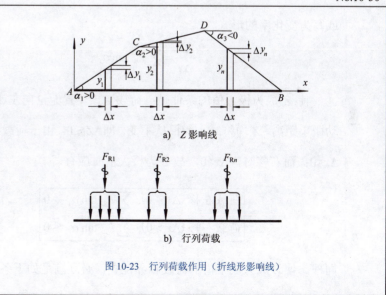

图 10-23 行列荷载作用（折线形影响线）

由于 F_{Ri} 为常数，y_i 为荷载位置参数 x 的一次函数，因此，Z 也是 x 的一次函数。我们知道，当 Z 为 x 的一次函数时，在极值出现的前后，$\Delta Z/\Delta x$ 必然改变符号或变为零（图10-24）。利用这一

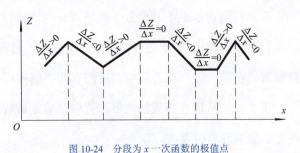

图10-24　分段为 x 一次函数的极值点

特性便可确定荷载的临界位置。

(2) 荷载临界位置的判别式

由图10-23可看到，当整个荷载组向右移动一个微小距离 Δx 时，则量值 Z 就会产生一个增量 ΔZ，此时有

$$Z_2 = Z_1 + \Delta Z = F_{R1}(y_1 + \Delta y_1) + F_{R2}(y_2 + \Delta y_2) + \cdots + F_{Rn}(y_n + \Delta y_n)$$

故 Z 的增量为

$$\begin{aligned}\Delta Z = Z_2 - Z_1 &= F_{R1}\Delta y_1 + F_{R2}\Delta y_2 + \cdots + F_{Rn}\Delta y_n \\ &= F_{R1}(\Delta x \tan\alpha_1) + F_{R2}(\Delta x \tan\alpha_2) + \cdots + F_{Rn}(\Delta x \tan\alpha_n) \\ &= \Delta x \sum_{i=1}^{n} F_{Ri} \tan\alpha_i\end{aligned}$$

或写为变化率的形式

$$\frac{\Delta Z}{\Delta x} = \sum_{i=1}^{n} F_{Ri} \tan\alpha_i$$

使 Z 成为极大值的条件是：荷载自该位置无论向左或向右移动微小距离，Z 均将减小或保持不变，即 $\Delta Z \le 0$。由于荷载左移时，$\Delta x < 0$；而右移时，$\Delta x > 0$，故 Z 为极大值时应有

$$\boxed{\begin{aligned}&\text{荷载左移}(\Delta x < 0),\ \sum F_{Ri}\tan\alpha_i \ge 0 \\ &\text{荷载右移}(\Delta x > 0),\ \sum F_{Ri}\tan\alpha_i \le 0\end{aligned}} \quad (10\text{-}9)$$

同理，使 Z 成为极小值的荷载临界位置，必须满足如下条件

$$\boxed{\begin{aligned}&\text{荷载左移}(\Delta x < 0),\ \sum F_{Ri}\tan\alpha_i \le 0 \\ &\text{荷载右移}(\Delta x > 0),\ \sum F_{Ri}\tan\alpha_i \ge 0\end{aligned}} \quad (10\text{-}10)$$

若只考虑 $\sum F_{Ri}\tan\alpha_i \ne 0$ 的情形，则由以上讨论可得：如 Z 为极值（极大值或极小值），则荷载稍向左、右移动时，$\sum F_{Ri}\tan\alpha_i$（亦即 $\Delta Z/\Delta x$）必须变号。

那么，在什么情况下才能实现这一变号呢？由于 $\tan\alpha_i$ 是影响线各段直线的斜率，它们是常数，并不随荷载的位置而改变。因此，欲使荷载向左、右移动微小距离时 $\sum F_{Ri}\tan\alpha_i$ 变号，就必须是各段上的合力 F_{Ri} 的数值发生变化，显然，这只有当某一集中荷

载恰好作用在影响线的某一个顶点（转折点）处，它向左侧或右侧移动时将分别计入不同直线段的 F_{Ri} 中去，才有可能。当然，不一定每个集中荷载位于顶点时都能使 $\sum F_{Ri} \tan\alpha_i$ 变号。我们把能使 $\sum F_{Ri} \tan\alpha_i$ 变号的集中荷载称为**临界荷载**（用 F_{Pcr} 表示），此时的荷载位置称为**临界位置**，而把式（10-9）和式（10-10）称为**临界位置判别式**。

(3) 特例：当影响线为三角形时，临界位置的判别可进一步简化。如图 10-25 所示三角形影响线，左直线的倾角为 $\alpha_1 = \alpha$，且 $\tan\alpha = h/a$；右直线的倾角为 $\alpha_2 = -\beta$，且 $\tan\beta = h/b$。临界荷载 F_{Pcr} 处于三角形

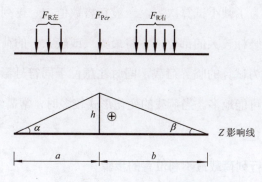

图 10-25 行列荷载作用（三角形影响线）

的顶点，F_{Pcr} 以左的荷载合力用 $F_{R左}$ 表示，F_{Pcr} 以右的荷载合力用 $F_{R右}$ 表示。则根据荷载稍向左右移动时，$\sum F_{Ri} \tan\alpha_i$ 必须变号，可写出

$$(F_{R左} + F_{Pcr})\tan\alpha - F_{R右}\tan\beta \geq 0$$
$$F_{R左}\tan\alpha - (F_{R右} + F_{Pcr})\tan\beta \leq 0$$

代入 $\tan\alpha = h/a$ 和 $\tan\beta = h/b$，得

$$\boxed{\begin{aligned}\frac{F_{R左} + F_{Pcr}}{a} &\geq \frac{F_{R右}}{b} \\ \frac{F_{R左}}{a} &\leq \frac{F_{R右} + F_{Pcr}}{b}\end{aligned}} \qquad (10\text{-}11)$$

这就是对三角形影响线判别临界位置的公式。不等式左、右两侧的表达式可视为 a、b 两段梁上的"平均荷载"。由此可见，三角形影响线荷载临界位置的特点是：必须有一个力作用在影响线的顶点处，把这个力归到顶点的哪一边，则该边的"平均荷载"就大于另一边。

2 确定荷载的最不利位置

确定行列荷载临界位置一般需通过试算，只有那些能使 $\sum F_{Ri} \tan\alpha_i$ 变号（包括由正、负变为零或由零变为正、负）的荷载位置，才是临界荷载位置。一般情况下，对一定的行列荷载和确定的影响线，荷载临界位置可能不只一个，这就需要将与各临界位置相应的 Z 极值求出，再从中选取最大（最小）值，而其相应的荷载位置即为最不利荷载位置。

为了减小试算次数，一般宜将数值大、排列密的荷载放在影响线竖标较大的部位，并将最大（或较大）的荷载放在竖标最大处作为试算的临界荷载，同时注意位于同符号影响线范围内的荷载尽可能地多。当荷载的变化形式较多时，常需经 2～3 次试算才能确定。

3 确定行列荷载最不利位置的步骤

1）从荷载中选定一个集中力设为 F_{Pcr}，并将它放在影响线顶点上。

2）当 F_{Pcr} 在顶点稍左或稍右时，对于折线形影响线，如能满足判别式（10-9）或式（10-10）；对于三角形影响线，如能满足判别式（10-11），则此荷载位置就是临界位置，F_{Pcr} 就是临界荷载。

3）对每个临界位置可以求出 Z 的一个极值，然后从各个极值中选出最大值或最小值。同时，也就确定了荷载的最不利位置。

应指出的是：在荷载向左或向右移动时，可能会有某些荷载离开了梁，在利用判别式时，式中 $F_{R左}$ 或 $F_{R右}$ 中应不包含已从梁上离开的荷载。

10.7.4 有限长均布荷载

履带车或轮轴距很密的挂车，可作为有限长移动均布荷载。当它跨越三角形影响线的顶点时（图 10-26），确定其临界位置的极值条件为

$$\frac{dZ}{dx} = \sum F_{Ri} \tan \alpha_i = 0$$

故有

$$F_{R左}\left(\frac{h}{a}\right) - F_{R右}\left(\frac{h}{b}\right) = 0$$

可得

$$\boxed{\frac{F_{R左}}{a} = \frac{F_{R右}}{b}} \qquad (10\text{-}12)$$

上式表明：有限长均布荷载跨越三角形影响线顶点时，左、右两

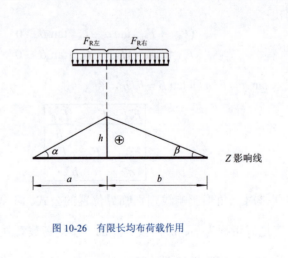

图 10-26 有限长均布荷载作用

第10章 影响线及其应用

边的**平均荷载**应相等。

【**例10-7**】两台吊车轮压力 $F_{P1}=F_{P2}=F_{P3}=F_{P4}$，轮距 $K=4.8\text{m}$，吊车间距 $d=1.44\text{m}$，如图10-27a所示。试求吊车梁跨中截面 C 的最大弯矩 $M_{C\max}$、最大剪力 $F_{QC\max}$ 和最小剪力 $F_{QC\min}$。

解：(1) 求 $M_{C\max}$

作 M_C 影响线，如图10-27b所示。由于 F_{P2} 或 F_{P3} 位于影响线顶点时，有较多的荷载位于顶点附近，故只需考虑 F_{P2}、F_{P3} 位于影响线顶点的情况。又由于本例的特殊情况，即 $F_{P2}=F_{P3}$ 和影响线为对称图形，故 F_{P2} 或 F_{P3} 位于影响线顶点时 M_C 相等，均为 $M_{C\max}$。当 F_{P2} 位于顶点时（图10-27c，此时 F_{P4} 已位于简支梁以外），有

$$M_{C\max}=F_{P1}y_1+F_{P2}y_2+F_{P3}y_3=280\times(0.6+3+2.28)\text{kN}\cdot\text{m}$$
$$=1646.4\text{kN}\cdot\text{m}$$

(2) 求 $F_{QC\max}$

作 F_{QC} 影响线，如图10-27d所示。由观察可知，当 F_{P2} 位于影响线正号图形的顶点时（图10-27e），F_{QC} 达到最大，即

$$F_{QC\max}=F_{P1}y_1+F_{P2}y_2+F_{P3}y_3=280\times(-0.1+0.5+0.38)\text{kN}=218.4\text{kN}$$

(3) 求 $F_{QC\min}$

F_{P3} 位于 F_{QC} 影响线负号图形的顶点时，为 $F_{QC\min}$ 的最不利荷载位置（图10-27f）。于是可得

$$F_{QC\min}=F_{P2}y_2+F_{P3}y_3+F_{P4}y_4=280\times(-0.38-0.5+0.1)\text{kN}=-218.4\text{kN}$$

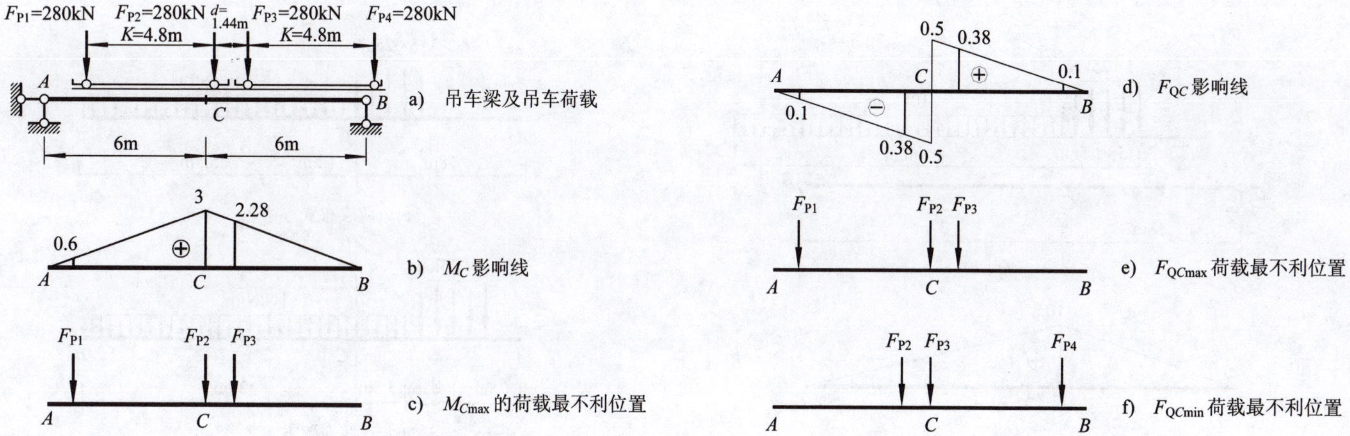

图10-27 例10-7图（两台吊车作用）

第10章 影响线及其应用

【例 10-8】 利用影响线求图 10-28a 所示列车荷载作用下简支梁截面 C 的最大弯矩。

解： 先作 M_C 影响线，如图 10-28b 所示。此影响线顶点离支座 A 较近，而列车是前重后轻，因此，最不利荷载位置必然发生在列车自右向左开行时的某一位置，才能使梁上所受荷载较多且使较重的荷载位于影响线顶点附近。这样，可只考虑这种开行方向的情况。

将左数第五只轮子置于影响线顶点处，如图 10-28c 所示（荷载布置方案之一）。利用判别式（10-11），有

$$\frac{5\times25}{18} < \frac{10\times25.5}{27}$$

10.7 利用影响线确定移动荷载最不利位置

$$\frac{4\times25}{18} < \frac{25+(10\times25.5)}{27}$$

可见，这不是临界位置。因为把第五只轮子左移时，左边的平均荷载尚比右边的小。因此，还应将荷载继续左移。

设继续左移荷载使均布荷载部分过影响线顶点的距离为 x 时为临界位置，如图 10-28d 所示（荷载布置方案之二），则由式（10-12），应有左边平均荷载等于右边平均荷载，即

$$\frac{5\times25+10x}{18} = \frac{10\times27}{27}$$

由此得

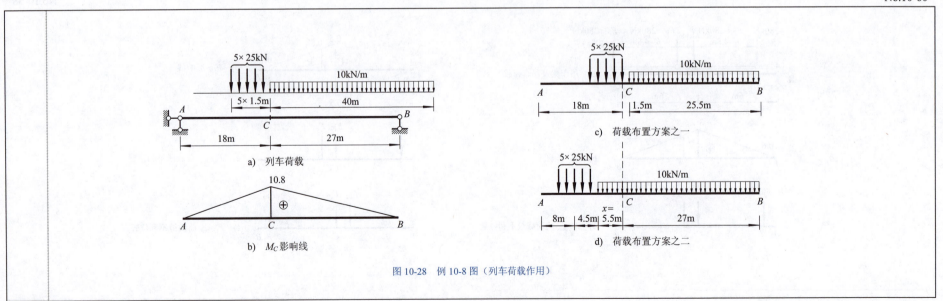

图 10-28 例 10-8 图（列车荷载作用）

$$x = 5.5\text{m}$$

需注意，解出 x 后，应检查按 x 布置荷载时，是否有前面的轮子超出梁外或后面的均布荷载未布满右边梁上。若出现这种情况，应按梁上的实有荷载重新确定 x。本例无此情况发生，故所求的 x 是临界荷载位置（图 10-28d）。于是，得到截面 C 的最大弯矩为

$$M_{C\max} = (5 \times 25) \times (\frac{8}{18} \times 10.8)\text{kN} \cdot \text{m} +$$
$$10 \times \left[\frac{5.5}{2} \times (10.8 + \frac{12.5}{18} \times 10.8) + \frac{10.8}{2} \times 27\right]\text{kN} \cdot \text{m}$$
$$= 2561.25\text{kN} \cdot \text{m}$$

10.8 铁路公路的标准荷载制

铁路上行驶的机车、车辆，公路上行驶的汽车、拖拉机等，类型繁多，载运情况复杂。设计结构时，不可能针对每种具体情况计算，而是以国家颁布的一种统一的标准荷载进行设计。这种标准荷载是经过统计分析制定出来的，它既概括了当前各类车辆的情况，又适当考虑了将来的发展。

21 世纪以来，我国高速铁路进入快速发展时期，至 2017 年底总里程达 2.5 万公里，居世界首位。2005 年我国修订铁路列车活载标准，以反映高速铁路工程实际，指导其工程设计。

10.8.1 铁路标准荷载

我国铁路桥涵设计使用的标准荷载，称为**中华人民共和国铁路标准活载**，简称**中—活载**。它包括普通活载（图 10-29a）和特种活载（图 10-29b）两种。

1 普通活载

表示一列火车，其中前面五个集中荷载代表一台机车的五个轴重，中部一段均布荷载代表与之连挂的另一台机车的平均重量，后面任意长的均布荷载代表车辆的平均重量。

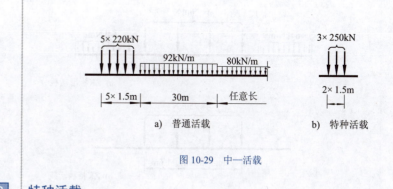

图 10-29 中—活载

2 特种活载

代表某些机车、车辆的较大轴重。在一般情况下按普通活载计算，但对于短跨度（约 7m 以下）的梁结构等，控制设计的是特

种活载。

使用中—活载时，可由图式中任意截取，但不得变更轴距。列车可由左端或右端进入桥梁。需要注意，图10-29所示为一个车道（一线）上的荷载，如果桥梁是单线的且有两片主梁，则每片主梁承受图示荷载的一半。

3 高速铁路设计活载

我国高速铁路设计活载采用**中华人民共和国高速铁路列车标准活载**，简称 **ZK 活载**（ZK—live load），为列车竖向静活载，包括 ZK 标准活载（图10-30a）和 ZK 特种活载（图10-30b）。

采用 ZK 活载设计时，对于单线或双线的桥梁结构，各线均应计入 ZK 活载作用。多于两线的桥梁结构应按照以下最不利情况考虑：（1）按两条线路在最不利位置承受 ZK 活载，其余线路不承受列车活载；（2）所有线路在最不利位置承受 75% 的 ZK 活载。设计加载时，活载图式可任意截取。对于多符号影响线，可在同符号影响线各区段进行加载，异符号影响线区段长度不大于 15m 时，可不加活载；异符号影响线区段长度大于 15m 时，可按空车静活载 10kN/m 加载。用空车检算桥梁各部分构件时，竖向活载应按 10kN/m 计算。横向计算时取特种活载。

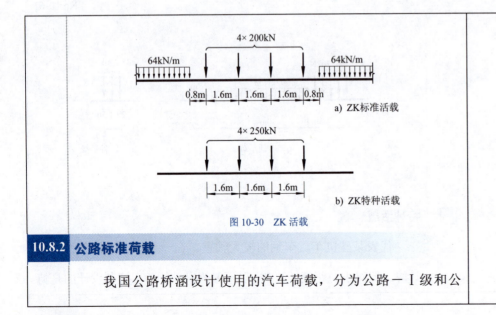

图 10-30 ZK 活载

10.8.2 公路标准荷载

我国公路桥涵设计使用的汽车荷载，分为公路—Ⅰ级和公路—Ⅱ级两个等级。汽车荷载由车道荷载和车辆荷载组成。车道荷载由均布荷载和集中荷载构成。桥梁结构的整体计算采用车道荷载；桥梁结构的局部加载、涵洞、桥台和挡土墙土压力等的计算采用车辆荷载。车道荷载和车辆荷载的作用不得叠加。

车道荷载的计算图式如图 10-31a 所示；车辆荷载布置图如图 10-31b（立面）和图 10-31c（平面）所示。公路—Ⅰ级和公路—Ⅱ级汽车荷载采用相同的车辆荷载标准值。

车道荷载的均布荷载标准值应满布于使结构产生最不利效应的同号影响线上；集中荷载标准值只作用于相应影响线中一个影

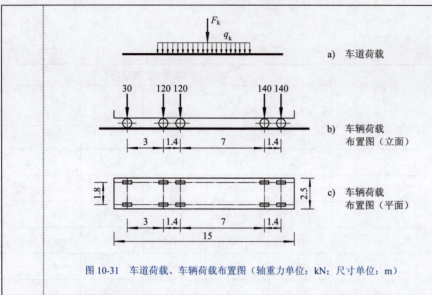

图 10-31 车道荷载、车辆荷载布置图（轴重力单位：kN；尺寸单位：m）

响线的峰值处。公路－Ⅰ级和公路－Ⅱ级车道荷载标准值分别为：

1 公路－Ⅰ级车道荷载

均布荷载标准值 q_k=10.5kN/m；集中荷载标准值 F_k 按以下规定选取：桥涵计算跨径小于或等于 5m 时，F_k=180kN；桥涵计算跨径等于或大于 50m 时，F_k=360kN；桥涵计算跨径大于 5m、小于 50m 时，F_k 值采用直线内插法求得。当计算剪力效应时，上述集中荷载标准值应乘以 1.2 的系数。

2 公路－Ⅱ级车道荷载

均布荷载标准值 q_k 和集中荷载标准值 F_k，均为公路－Ⅰ级车道荷载的 0.75 倍。

10.9 换算荷载

由 10.7 节可知，在铁路和公路的车辆荷载作用下，要求结构上某一量值的最大（最小）值，一般需要先通过计算确定最不利荷载位置，然后才能求出相应的最大影响量值，计算比较麻烦。在实际设计工作（手算）中，若影响线是三角形，为了简化计算，可利用预先编制的换算荷载表。

所谓**换算荷载**，是指这样一种经等效换算而得到的均布荷载（设集度为 K），当它布满影响线的正号（或负号）区域全长时，它所产生的影响量，与所给移动荷载组产生的同一影响量的最大值相等，即

$$KA_\omega = Z_{max} \qquad (10\text{-}13)$$

式中，A_ω 是量值 Z 影响线的面积。

由此定义，若先用确定最不利荷载位置的方法，求出该量值的最大值 Z_{max}，然后就可求得任何移动荷载的换算荷载，即

$$K = \frac{Z_{max}}{A_\omega} \qquad (10\text{-}14)$$

这样，设计人员只需要利用换算荷载表，根据影响线顶点位置 α 及荷载长度 l，查到 K 值后，即可按式（10-13）计算出 Z_{max}。

表 10-1 列出了我国现行的铁路"中—活载"的换算荷载 K 值，它们都是根据三角形影响线制成的。使用时应注意以下几点：

1）加载长度（或荷载长度）l 是指同符号影响线长度。

2）α 是影响线顶点至边端的最小水平距离 a 与荷载长度 l 的比值，故 α 值为 0~0.5。

3）当 l 或 a 值在表列数值之间时，K 值可按表 10-1 由直线内插法求得。

表 10-1 中—活载的换算荷载（kN/m，每线）

荷载长度 l/m	影响线顶点位置 α				
	端部 K_0	1/8 处 $K_{0.125}$	1/4 处 $K_{0.25}$	3/8 处 $K_{0.375}$	跨中 $K_{0.5}$
1	500.0	500.0	500.0	500.0	500.0
2	312.5	285.7	250.0	250.0	250.0
3	250	238.1	222.2	200.0	187.5
4	234.4	214.3	187.5	175.0	187.5
5	210.0	197.1	180.0	172.0	180.0
6	187.5	178.6	166.7	161.1	166.7
7	179.6	161.8	153.1	150.9	153.1
8	172.2	157.1	151.3	148.5	151.3
9	165.5	151.5	147.5	144.5	146.7
10	159.8	146.2	143.6	140.0	141.3
12	150.4	137.5	136.0	133.9	131.2
14	143.3	130.8	129.4	127.6	125.0
16	137.7	125.5	123.8	121.9	119.4
18	133.2	122.8	120.3	117.3	114.2
20	129.4	120.1	117.4	114.2	110.2
24	123.7	115.7	112.2	108.3	104.0

（续）

荷载长度 l/m	影响线顶点位置 α				
	端部 K_0	1/8 处 $K_{0.125}$	1/4 处 $K_{0.25}$	3/8 处 $K_{0.375}$	跨中 $K_{0.5}$
25	122.5	114.7	111.0	107.0	102.5
30	117.8	110.3	106.6	102.4	99.2
32	116.2	108.9	105.3	100.8	98.4
35	114.3	106.9	103.3	99.1	97.3
40	111.6	104.8	100.8	97.4	96.1
45	109.2	102.9	98.8	96.2	95.1
48	107.9	101.8	97.6	95.5	94.5
50	107.1	101.1	96.8	95.0	94.1
60	103.6	97.8	94.2	92.8	91.9
64	102.4	96.8	93.4	92.0	91.1
70	100.8	95.4	92.2	90.9	89.9
80	98.6	93.3	90.6	89.3	88.2
90	96.9	91.6	89.2	88.0	86.8
100	95.4	90.2	88.1	86.9	85.5
110	94.1	89.0	87.2	85.9	84.6
120	93.1	88.1	86.4	85.1	83.8
140	91.4	86.7	85.1	83.8	82.8
160	90.0	85.7	84.2	82.9	82.2
180	89.0	84.9	83.4	82.3	81.7
200	88.1	84.2	82.8	81.8	81.4

【例 10-9】 试利用换算荷载表计算中—活载作用下图 10-32a 所示简支梁截面 C 的最大（最小）剪力和最大弯矩。

解： 作出剪力 F_{QC} 和弯矩 M_C 的影响线，如图 10-32b、c 所示。

(1) 计算 $F_{QC\min}$

此时 $l=16$m，$\alpha = 0$，查表 10-1，得 $K = K_0 = 137.7$kN/m，故

$$F_{QC\min} = KA_\omega = 137.7 \times \left(-\frac{1}{2} \times 16 \times 0.38\right) \text{kN}$$
$$= -418.6 \text{kN}$$

(2) 计算 $F_{QC\max}$

此时 $l=26$m，$\alpha = 0$，查表 10-1 中无此 l 值，故需按直线内插法求 K 值。

当 $\alpha = 0$，$l=25$m 时，$K = 122.5$kN/m

当 $\alpha = 0$，$l=30$m 时，$K = 117.8$kN/m

故当 $\alpha = 0$，$l=26$m 时，K 值应为

$$K = 117.8 \text{kN/m} + \frac{30-26}{30-25} \times (122.5 - 117.8) \text{kN/m} = 121.6 \text{kN/m}$$

从而可求得

$$F_{QC\max} = KA_\omega = 121.6 \times \left(\frac{1}{2} \times 26 \times 0.62\right) \text{kN} = 980.1 \text{kN}$$

(3) 计算 $M_{C\max}$

此时 $l=42$m，$\alpha = 16/42 = 0.38$，均为表中未列数值，故需进行三次内插以求得 K 值。为了清楚起见，将有关数值列入表 10-2 中。

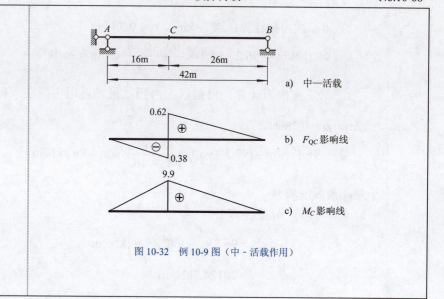

图 10-32 例 10-9 图（中 - 活载作用）

表 10-2 内插计算

l/m	$K_{0.375}$	$K_{0.38}$	$K_{0.5}$
40	97.4	(97.3)	96.1
(42)		96.8	
45	96.2	(96.1)	95.1

具体计算如下：

1）第一次内插计算：当 $l=40$m，$\alpha = 0.38$ 时，

$$K = 96.1 \text{kN/m} + (97.4 - 96.1) \times \frac{0.5 - 0.38}{0.5 - 0.375} \text{kN/m} = 97.3 \text{kN/m}$$

2）第二次内插计算：当 $l=45$m，$\alpha = 0.38$ 时，
$$K = 95.1\text{kN/m} + (96.2 - 95.1) \times \frac{0.5 - 0.38}{0.5 - 0.375}\text{kN/m} = 96.1\text{kN/m}$$

3）第三次内插计算：根据以上内插结果，再用内插法求得 $l=42$m，$\alpha = 0.38$ 时，
$$K = 96.1\text{kN/m} + (97.3 - 96.1) \times \frac{45 - 42}{45 - 40}\text{kN/m} = 96.8\text{kN/m}$$

于是，最后可求得
$$\begin{aligned}M_{C\max} &= KA_\omega \\ &= 96.8 \times \left(\frac{1}{2} \times 42 \times 9.9\right)\text{kN}\cdot\text{m} \\ &= 20124.7\text{kN}\cdot\text{m}\end{aligned}$$

10.10 简支梁的内力包络图和绝对最大弯矩

10.10.1 内力包络图

在设计承受移动荷载作用下的吊车梁、楼盖的连续梁和桥梁中的钢筋混凝土梁时，需要求出这些梁在恒载和移动荷载共同作用下各个截面内力的最大值和最小值。连接各截面内力最大值和最小值的曲线称为内力包络图。包络图由两条曲线构成：一条由各截面内力最大值构成，另一条由最小值构成。因此，内力包络图实际上表达了各截面上内力变化的上、下限。

考虑到移动荷载作用于结构时的动力效应，需将按前述方法求得的活荷载内力加以适当提高，有关设计规范作了规定。例如，铁路、公路桥涵结构中使用动力系数（$1+\mu_0$），其中 μ_0 称为冲击系数；工业厂房吊车梁中使用动力系数 μ。

在绘制内力包络图时，一般是将梁长分成若干等分，对每一分点所在截面均按 10.7~10.9 节所述方法，利用影响线求出其内力的上、下限值，最后再连成曲线。现以简支吊车梁为例，介绍内力包络图（包括弯矩包络图和剪力包络图）的绘制方法。

图 10-33a 所示为一跨度为 12m 的简支吊车梁，承受图示两台同吨位的吊车荷载，吊车轮压为 $F_{P1}=F_{P2}=F_{P3}=F_{P4}=280$kN，取动力系数 $\mu=1.1$。吊车梁自重 $q=12$kN/m。试作该梁的内力包络图。

先作弯矩包络图。首先，沿梁把梁分为 10 等分，利用对称性，只需计算梁左半部即可。然后按 10.7 节所述方法，求出吊车移动时在 0，1，2，3，4，5 截面所引起的最大弯矩 $M_{P\max}$，将它们分别乘以动力系数 μ（本例 $\mu=1.1$），并与相应的恒载弯矩值 M_q 相加，即得截面的最大弯矩 $M_{\max}$ 为

$$M_{\max} = M_q + \mu M_{P\max} \quad (10\text{-}15)$$

截面弯矩的最小值是仅由恒载引起的，即等于 M_q。最后，按同一

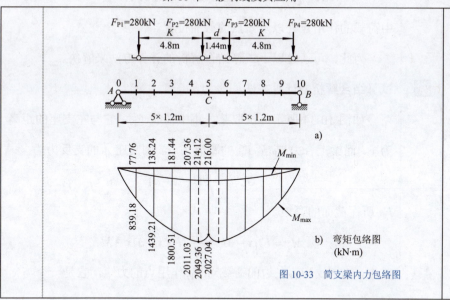

a)

b) 弯矩包络图 (kN·m)

图 10-33 简支梁内力包络图

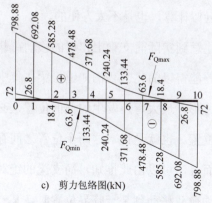

c) 剪力包络图(kN)

图 10-33 简支梁内力包络图（续）

比例量出各截面处的最大弯矩、最小弯矩，分别连以光滑曲线，即得出该简支吊车梁的弯矩包络图，如图 10-33b 所示。

同理，可求出吊车移动时在各截面所引起的最大剪力 F_{QPmax} 和最小剪力 F_{QPmin}，将它们分别乘以 μ，再与相应的恒载剪力值 F_{Qq} 相加，即可作出剪力包络图，如图 10-33c 所示。工程中常这样简化：求出两端和跨中截面的最大、最小剪力值，连以直线，即得到近似的剪力包络图。

10.10.2 简支梁的绝对最大弯矩

1 **定义**

简支梁弯矩包络图中的最大弯矩，亦即各截面最大弯矩中的最大者，称为简支梁的绝对最大弯矩。图 10-33 所示简支梁的绝对最大弯矩并不是跨中的最大弯矩 M_C=2027.04kN·m，而是与该截面相当靠近的左、右二截面的最大弯矩 2049.36kN·m（后详）。

2 **问题分析**

这个问题初看起来似乎比较复杂。因为一是绝对最大弯矩发生的截面位置不知道，二是相应于此截面的最不利荷载位置也不知道，这两个位置都是未知变量。

首先会想到的一个解决办法是：把各个截面的最大弯矩都求出来，然后再加以比较。但梁的截面有无穷多个，不可能一一计算，因此该解决办法实际上是不可能的；即使可选取有限多个截

若注意到实际简支梁上作用的移动荷载大多是集中荷载，则又使问题能得以简化。我们知道，梁在集中荷载组作用下的弯矩图为多边形，最大弯矩发生的截面位置，必然就在某一集中荷载作用的位置。也就是说，这两个位置之间存在着某种必然的内在联系。而且，可以由此推知，简支梁的绝对最大弯矩，必然产生在当移动荷载移动到某一临界位置时，某一集中荷载（即临界荷载）作用点处的截面。这样，就将两个变量化为只有一个变量 x；解决问题的关键也就集中在：绝对最大弯矩究竟发生在哪一个集中荷载的作用点处以及该点的截面位置。

为此，可通过以下试算结合解析的计算方法来解决。

3 试算结合解析的计算方法

如图 10-34 所示，试取某一集中荷载 F_{Pi}，它与左支座的距离为 x，而梁上合力 F_R 至 F_{Pi} 的距离为 a，则支座 A 的支反力为

$$F_{RA} = \frac{F_R}{l}(l - x - a)$$

F_{Pi} 所在截面的弯矩

$$M_x = F_{RA}x - M_i = \frac{F_R}{l}(l - x - a)x - M_i$$

式中，M_i 表示 F_{Pi} 左边的荷载对 F_{Pi} 作用点的力矩，它是一个与 x 无关的常数。M_x 取得极值的条件为

$$\frac{dM_x}{dx} = \frac{F_R}{l}(l - 2x - a) = 0$$

于是得

$$x = \frac{l}{2} - \frac{a}{2} \quad (AD \text{ 段长度}) \quad (10\text{-}16a)$$

或

$$x = l - x - a \quad (EB \text{ 段长度}) \quad (10\text{-}16b)$$

式（10-16）表明：当 F_{Pi} 与合力 F_R 恰好位于梁上中间两侧的对称位置时，F_{Pi} 之下截面的弯矩达到最大值，其值为

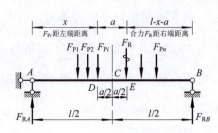

图 10-34　试算结合解析的计算方法

$$M_{max} = \frac{F_R}{l}\left(\frac{l}{2} - \frac{a}{2}\right)^2 - M_i \quad (10\text{-}17)$$

若合力 F_R 位于 F_{Pi} 的左边，则式（10-16）、式（10-17）中 $a/2$ 前的减号应改为加号。

4 实用计算法

根据以上结论,就可以将所需试算的各个荷载之下的最大弯矩按式(10-17)分别求出,并将它们加以比较,便可求得绝对最大弯矩。不过,当荷载数目较多时,这仍然是比较繁锁的。

为了避免试算比较这一工作,在实际计算中,常利用判断方法,事先估出绝对最大弯矩的临界荷载。因为简支梁在吊车荷载作用下的绝对最大弯矩通常总是发生在梁的跨中附近。经验表明,使梁的中点发生最大弯矩的临界荷载,也就是发生绝对最大弯矩的临界荷载。据此,计算绝对最大弯矩可按以下步骤进行:

1) 首先确定能使跨中截面 C 发生最大弯矩的临界荷载 F_{Pcr}(有时不只一个)。

2) 对每一临界荷载确定梁上合力 F_R 以及相应的 F_R 与 F_{Pcr} 之间的距离 a,然后,用最大弯矩计算式(10-17)计算可能的绝对最大弯矩。

3) 从这些可能的最大值中找出最大者,即为绝对最大弯矩。

应当注意的是,当临界荷载 F_{Pcr} 和合力 F_R 对称作用于梁中点的两侧时,如果梁上的荷载有变化,就应重新计算合力 F_R 的大小和位置。

【例 10-10】求图 10-35a(即例 10-7)所示吊车梁的绝对最大弯矩。

解:(1) 求跨中临界荷载

由图 10-35a、b 可知,荷载 F_{P2} 或 F_{P3} 移动到中点 C 时,跨中截面弯矩达到最大值,为

$$M_{P\max}^{(C)} = 280(0.6+3+2.28)\text{kN} \cdot \text{m} = 1646.4 \text{kN} \cdot \text{m}$$

故可确定 F_{P2} 和 F_{P3} 是跨中截面的临界荷载。

(2) 求 F_{P2} 作用点截面的最大弯矩(令 $F_{Pcr} = F_{P2}$ 时)

先求出合力 F_R 的大小和位置,设 F_{P2} 位于截面 C 之左(图 10-35c),则

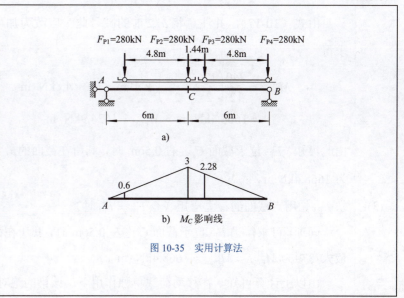

图 10-35 实用计算法

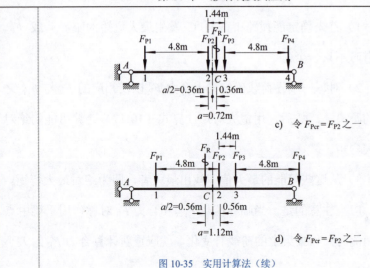

图 10-35 实用计算法（续）

$$F_R = 280 \times 4 \text{kN} = 1120 \text{kN}, \quad a = \frac{1.44}{2}\text{m} = 0.72\text{m}$$

令 a 被 C 点等分，F_{P2} 距 C 点距离为 $a/2 = 0.36$m。由式（10-17），得

$$M_{P\max}^{I} = \frac{1120}{12}\left(\frac{12}{2} - \frac{0.72}{2}\right)^2 \text{kN·m} - 280 \times 4.8 \text{kN·m} = 1624.9 \text{kN·m}$$

又设 F_{P2} 位于截面 C 之右（图 10-35d），且 F_{P4} 已移至梁外，则

$$F_R = 280 \times 3 \text{kN} = 840 \text{kN}$$

$$a = \frac{280 \times 4.8 - 280 \times 1.44}{840}\text{m} = 1.12\text{m}$$

令 a 被 C 点等分，F_{P2} 距 C 点距离为 $a/2 = 0.56$m。此时，F_{P4} 距 C 点的距离为 $(0.56+1.44+4.8)$m $= 6.8$m > 6m，故 F_{P4} 确已移至梁外。

由式（10-17），并注意将 $a/2$ 前的减号此时应改为加号，可求得

$$M_{P\max}^{II} = \frac{840}{12}\left(\frac{12}{2} + \frac{1.12}{2}\right)^2 \text{kN·m} - 280 \times 4.8 \text{kN·m}$$
$$= 1668.4 \text{kN·m} > M_{P\max}^{I} = 1624.9 \text{kN·m}$$

由此可知，F_{P2} 位于截面 C 之右 0.56m 时，其所在截面的最大弯矩为 1668.4kN·m。

(3) 求 F_{P3} 作用点截面的最大弯矩（令 $F_{Pcr} = F_{P3}$ 时）

同理，可求得当 F_{P3} 位于截面 C 之左 0.56m 时，其所在截面的最大弯矩为 $M_{P\max}^{III} = M_{P\max}^{II} = 1668.4$kN·m。

由以上计算可知，在移动荷载单独作用下，该梁的绝对最大弯矩发生在距跨中截面 C 为 0.56m 处，其值为 $M_{P\max}^{II}$（或 $M_{P\max}^{III}$）$= 1668.4$kN·m，与梁跨中截面 C 的最大弯矩 $M_{P\max}^{(C)} = 1646.4$kN·m 比较，仅大 1.3%。当考虑动力影响（$\mu = 1.1$），并叠加相应恒载弯矩 M_q，按式（10-15）计算，则该二值分别为 2049.36kN·m 和 2027.04kN·m（图 10-33），相差仅为 1.1%。由于一般情况下相差值均在 5%以内，因此，设计时常用跨中截面的最大弯矩代替绝对最大弯矩。

10.11 用机动法作连续梁的影响线

在楼盖、桥梁等结构设计中，常需确定连续梁的荷载最不利位置，而连续梁的支反力和内力影响线正是解决这一工程实际问

题的重要手段。

静定梁的支反力和内力影响线都是由直线段所组成，其计算比较简单。超静定梁的支反力和内力影响线都是三次曲线，其计算相当复杂。但实际工程中的连续梁结构，主要承受人群、货物等可以任意断续布置的均布荷载作用，只要知道影响线的轮廓，而不必求出其具体数值，便可确定荷载最不利位置。这一点，正好利用机动法来实现。

本节，先简单介绍用静力法作超静定梁影响线的基本概念，然后再讨论用机动法作连续梁影响线的方法。

10.11.1 用静力法作连续梁的影响线

下面，举例说明用静力法作连续梁影响线的具体方法。

图 10-36a 所示为等截面连续梁，试求作左跨中间截面弯矩 M_3 的影响线。

将各跨分成若干段（这里，左、右跨均分为六等分段）。让 $F_P=1$ 作用在 1 截面，用解超静定结构的任一种方法（例如力矩分配法），求出截面 3 的弯矩为 $0.067l$，以 y_1 表示，即 $y_1=0.067l$。同理，让 $F_P=1$ 依次作用在 2，3，…，11 截面处，求得截面 3 的弯矩分别为 $y_2=0.137l$, $y_3=0.213l$, …, $y_{11}=-0.037l$。另外，显然 $y_0=0$, $y_6=0$, $y_{12}=0$。根据影响线的定义，在 0，1，2，…，12 截面处画出 y_0,

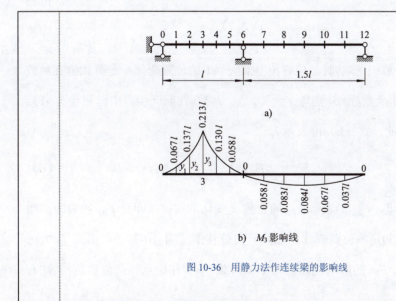

b) M_3 影响线

图 10-36 用静力法作连续梁的影响线

y_1, y_2, …, y_{12} 竖标，再连以光滑曲线，即得出 M_3 影响线。

由上看出，用静力法作连续梁影响线，实际上需多次求解超静定结构，工作量很大，可以编制成程序由计算机完成。

影响线提供了结构的大量信息，有了影响线，可以减轻结构分析的工作量，手算时，应充分利用有关计算手册和影响线图表。

10.11.2 用机动法作连续梁的影响线

在 10.5 节用机动法作静定梁影响线的讨论中，我们已经知道：机动法就是依据虚功原理并利用竖向位移图（挠度图）作影响线的方法。其基本原理和方法同样也可适用于连续梁。只是对于静定结构而言，依据的是刚体体系的虚功原理，作出的竖向位移图是几何可变刚体体系（机构）的位移图——分段直线图形；而对于连续梁而言，依据的是线弹性体系的虚功原理，作出的位移图是线弹性体系（较原超静定次数降低一次的体系）的位移图——曲线图形。

下面，以作图 10-37a 所示连续梁支座 B 的支反力 F_{RB} 的影响线为例，说明用机动法连续梁影响线的具体作法。

首先，撤去与该支反力相应的约束即 B 处的支杆，同时代之以正向的支反力 F_{RB}，使体系成为如图 10-37b 所示的处于平衡状态

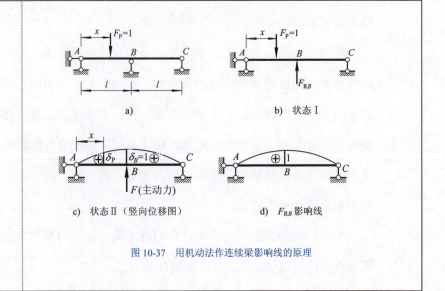

图 10-37　用机动法作连续梁影响线的原理

的几何不变体系，称为状态 I。

其次，在移去约束处，使该体系发生相应的正向单位虚位移 $\delta_B=1$（相应主动力为 F），并以 δ_P（假设向上为正）表示 $F_P=1$ 作用点 x 处的虚位移，绘出如图 10-37c 所示的弹性曲线（竖向位移图），称为状态 II。

最后，由线弹性体系虚功互等定理 $W_{12}=W_{21}$，即第 I 状态的外力在第 II 状态位移所做的功，等于第 II 状态的外力在第 I 状态的位移上所做的功，可得

$$F_{RB}\delta_B - 1\times \delta_P = F\times 0 \tag{a}$$

亦即

$$F_{RB} = \frac{\delta_P}{\delta_B} \tag{b}$$

当 $F_P=1$ 移动时，位移 δ_P 也随 $F_P=1$ 的位置变化，是荷载位置参数 x 的函数；而 δ_B 则与 x 无关，是一常数（在前一步骤中已假设 $\delta_B=1$）。因此，式（b）可表示为

$$F_{RB}(x) = \frac{\delta_P(x)}{1} = \delta_P(x) \tag{c}$$

这里，$F_{RB}(x)$ 表示 F_{RB} 随位置 x 变化的规律，即是 F_{RB} 影响线；而 $\delta_P(x)$ 是单位荷载作用点的竖向位移图（图 10-37c）。由式（c）可知，F_{RB} 的影响线竖标与单位荷载 $F_P=1$ 作用点竖向位移是相等的。

因此，该竖向位移图（图 10-37c）也就代表了或者说也就是 F_{RB} 的影响线（图 10-37d）。注意标注正负号（基线上方为正，下方为负）。

由此，可将用机动法（也称挠度图法）作连续梁某量值 Z 影响线形状的步骤归纳如下：

1）撤去与所求量值 Z 相应的约束，并代之以正向的 Z。

2）使所得体系在撤除约束处，沿 Z 的正向发生相应的单位虚位移（$\delta_Z=1$），作出该体系的竖向位移图（亦即挠度图，可徒手勾画一条满足约束条件的光滑曲线）。基线上方为正，下方为负。这样得到的图形即为 Z 影响线的大致形状。

图 10-38 所示为机动法（挠度图法）作出的连续梁的各种影响线，其中：

F_{R5} 影响线（图 10-38b）是撤去支杆 5 后，加正方向 F_{R5}，勾画出沿 F_{R5} 正向产生 $\delta_Z=1$ 引起的挠曲线得到的；M_3 影响线（图 10-38c）是将截面 3 改为铰结，加正向 M_3，并勾画沿 M_3 正向产生 $\delta_Z=1$ 引起的挠曲线得到的；连续梁跨中任一截面 i 处的 M_i 影响线（图 10-38d）绘制方法类似于 M_3；F_{Qi} 影响线（图 10-38e）是将截面 i 改为定向联系（滑动铰），加正向剪力 F_{Qi}，并勾画出沿 F_{Qi} 正向产生 $\delta_Z=1$ 引起挠曲线得到的；$F_{Q2}^{右}$、$F_{Q2}^{左}$ 影响线（图 10-38f、g）的绘制方法与 F_{Qi} 类似。

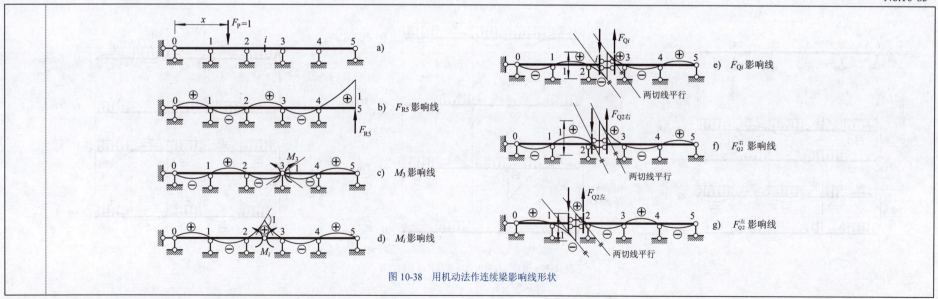

图 10-38　用机动法作连续梁影响线形状

10.12 连续梁的内力包络图

作为连续梁影响线在工程设计中的主要应用，本节将讨论如何确定连续梁的可动均布荷载最不利位置以及如何绘制连续梁的内力包络图。

10.12.1 连续梁的可动均布荷载最不利位置

工程中的连续梁同时承受恒载和可任意断续布置的均布荷载（以下简称活载）的作用。恒载引起的各截面内力可用弯矩图和剪力图表示，它是不变的。活载引起的内力随活载分布的不同而变化。只要能求出活载作用下某一截面的最大和最小内力，再加上恒载作用下该截面的内力，就可以求得该截面的最大和最小内力。为此，只需根据所绘影响线的轮廓，即可由 $Z = q\sum A_\omega$ 确定出活载最不利位置：当均布活载布满影响线正号面积部分时，该内力产生最大值；反之，当均布活载布满影响线负号面积部分时，该内力产生最小值。图 10-39 所示为五跨连续梁的各种量值影响线轮廓及其相应的最不利位置（图中曲线图形为影响线；基线以上为正号，以下为负号）。

由图 10-39 可以归纳出关于荷载最不利位置的如下几个结论：

(1) 跨中截面弯矩的最大值的最不利活载布置是，本跨布满

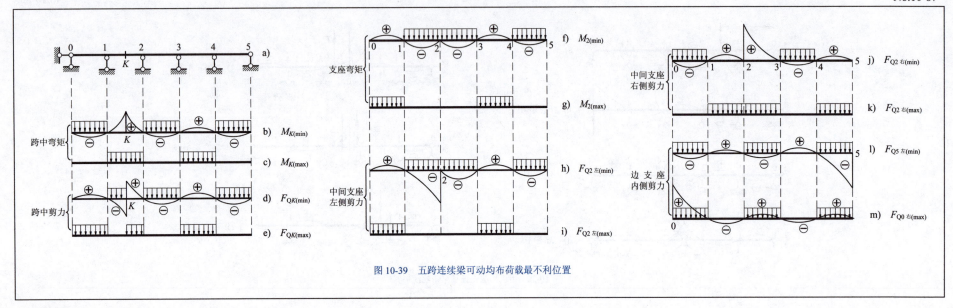

图 10-39 五跨连续梁可动均布荷载最不利位置

活载，然后每隔一跨布满活载，如图 10-39c 所示；其最小值的最不利活载布置是，本跨不布置活载，然后每隔一跨布满活载，如图 10-39b 所示。

(2) 中间支座截面弯矩的最大正值的最不利活载布置是，该支座左右相邻两跨不布置活载，然后每隔一跨布满活载，如图 10-39g 所示；其最大负值的最不利荷载布置是，该支座相邻两跨布满活载，然后每隔一跨布满活载，如图 10-39f 所示。

(3) 中间支座截面左侧的最小剪力和右侧的最大剪力的最不利活载布置是，该支座左右相邻两跨布满活载，然后每隔一跨布满活载，如图 10-39h、k 所示。

(4) 边支座内侧截面的最大剪力（指绝对值）的最不利活载布置是，本跨内布满活载，然后每隔一跨布满活载，如图 10-39l、m 所示。

10.12.2 连续梁的包络图

从图 10-39 所列的各种情况可以看出，连续梁各截面的内力影响线大多是在某一跨内不变号的。因此，其相应最大、最小值的最不利荷载位置，大多是在若干跨内布满荷载（对于如 F_{QK} 影响线在其截面所在跨内要变号，因此求最大、最小值时在该跨不应满跨荷载等少数情况，也可近似地处理为满跨荷载）。这样，所有各截面内力的最不利荷载位置都可以看成是在若干跨度内满布荷载。于是，各截面的最大、最小内力的计算，便可以应用叠加原理而得到简化。恒载作用下各截面的内力是固定不变因而必须计入的。而活载部分对最大、最小内力的贡献可以这样求出：作出连续梁每一跨单独布满活荷载时的内力图，然后对于任一截面，将这些内力图中对应的所有正值相加，便得到该截面在活载下的最大内力。同样，若将对应的所有负值相加，便得到该截面在活载下的最小内力。最后，将它们与恒载作用时对应的部分相加，便得到该截面总的最大、最小内力。按此方法算出各个截面的最大、最小内力后，便可据此绘出内力包络图。

结合以下例题，介绍具体做法和步骤。

【例 10-11】图 10-40a 所示三跨等截面连续梁，承受恒载 q=20kN/m，活载 p=37.5kN/m。试作其弯矩包络图和剪力包络图。

解：(1) 作弯矩包络图

首先，用力矩分配法（也可用其他方法）逐一作出恒载作用下的弯矩图（图 10-40b）和各跨分别布满活荷载时的弯矩图（图 10-40c、d、e），并将梁的每一跨分为四等分，求出等分点截面上的弯矩图竖标值。然后，将图 10-40b 恒载作用的弯矩竖标值加上活载作用下的图 10-40c、d、e 弯矩图中所有正值弯矩竖标值，就得到最大弯矩值；而将图 10-40b 恒载作用下的弯矩竖标加上图 10-40c、d、e 中所有负值弯矩，就得到最小弯矩值。在计算中，恒

第 10 章 影响线及其应用

10.12 连续梁的内力包络图

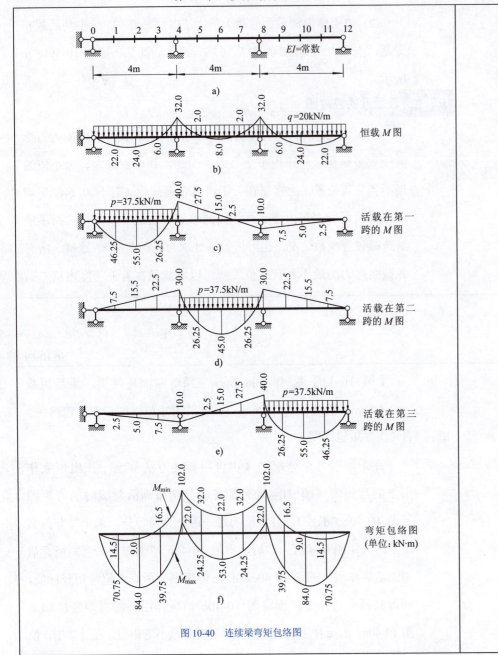

图 10-40 连续梁弯矩包络图

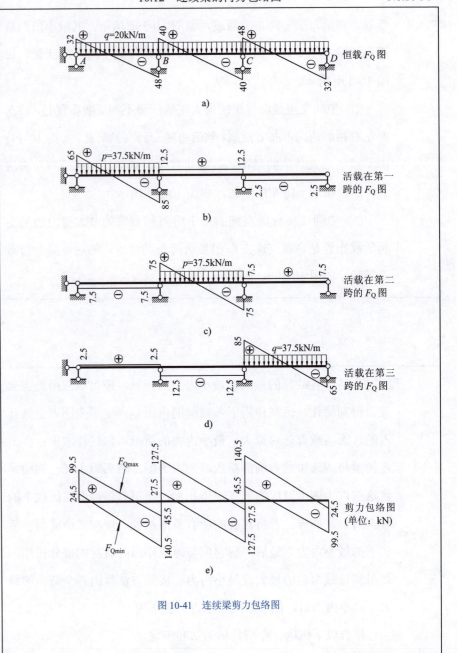

图 10-41 连续梁剪力包络图

载作用的弯矩是固有的,必须考虑;而活载作用的弯矩则可选择,根据所求是最大值或是最小值,选正值或选负值。例如,在截面 6 处的最大和最小弯矩值分别为

$$M_{6(\max)} = M_{6恒载} + \sum (+M_6)_{活载} = (8.0+45.0)\text{kN}\cdot\text{m} = 53.0\text{kN}\cdot\text{m}$$

$$M_{6(\min)} = M_{6恒载} + \sum (-M_6)_{活载}$$
$$= [8.0+(-15)+(-15)]\text{kN}\cdot\text{m} = -22.0\text{kN}\cdot\text{m}$$

最后,把各截面的最大弯矩和最小弯矩的竖标顶点分别用光滑曲线相连,即得弯矩包络图,如图 10-40f 所示。

(2) **作剪力包络图**

首先,根据弯矩图逐一作出恒载作用下的剪力图(图 10-41a)和各跨分别承受活载时的剪力图(图 10-41b、c、d)。然后,将图 10-41a 中各支座左右两侧截面的竖标值分别与图 10-41b、c、d 中对应的正值竖标相加,便得到支座两侧截面的最大剪力值;将图 10-41a 中各支座左右两侧截面的竖标值分别与图 10-41b、c、d 中对应的负值竖标相加,便得到支座两侧截面的最小剪力值。例如

$$F_{QB(\max)}^{右} = F_{QB恒载}^{右} + \sum (+F_{QB})_{活载} = (40+12.5+75)\text{kN} = 127.5\text{kN}$$

$$F_{QB(\min)}^{右} = F_{QB恒载}^{右} + \sum (-F_{QB})_{活载} = [40+(-12.5)]\text{kN} = 27.5\text{kN}$$

最后,把支座两侧截面上的最大剪力值和最小剪力值分别用直线相连,便得到近似的剪力包络图,如图 10-41e 所示。

习 题
分析计算题

10-1 作习题 10-1 图所示悬臂梁 F_{RA}、M_C、F_{QC} 的影响线。

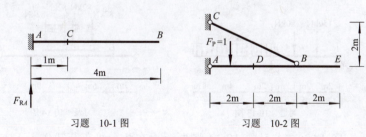

习题 10-1 图　　习题 10-2 图

10-2 作习题 10-2 图所示结构中 F_{NBC}、M_D 的影响线,$F_P=1$ 在 AE 上移动。

10-3 作习题 10-3 图所示伸臂梁的 M_A、M_C、$F_{QA左}$、$F_{QA右}$ 的影响线。

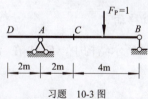

习题 10-3 图

10-4 作习题 10-4 图所示结构中截面 C 的 M_C、F_{QC} 影响线。

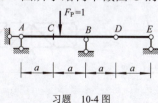

习题 10-4 图

10-5 作习题 10-5 图所示梁 M_A、F_{RB} 的影响线。

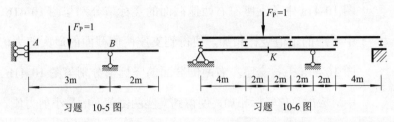

习题 10-5 图　　习题 10-6 图

10-6 作习题 10-6 图所示梁在结点荷载作用下的 M_K、F_{QK} 影响线。

10-7 作习题 10-7 图所示斜梁 F_{RA}、F_{RB}、M_C、F_{QC} 的影响线。

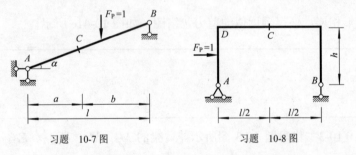

习题 10-7 图　　习题 10-8 图

10-8 作习题 10-8 图所示刚架 M_C（设下侧受拉为正）、F_{QC} 的影响线。$F_P=1$ 沿柱高 AD 移动。

10-9 习题 10-9 图所示结构中，$F_P=1$ 在 AB 上移动，作 F_{QC}、M_D、F_{QD} 的影响线。

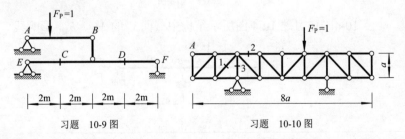

习题 10-9 图　　习题 10-10 图

10-10 试作习题 10-10 图所示桁架轴力 F_{N1}、F_{N2}、F_{N3} 的影响线。$F_P=1$ 沿上弦移动。

10-11 试作习题 10-11 图所示桁架轴力 F_{N1}、F_{N2}、F_{N3}、F_{N4} 的影响线。$F_P=1$ 沿下弦移动。

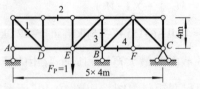

习题 10-11 图

10-12 用机动法作习题 10-12 图所示静定多跨梁的 F_{RB}、M_E、$F_{QB左}$、$F_{QB右}$、F_{QC} 的影响线。

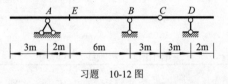

习题 10-12 图

10-13 利用影响线，求习题 10-13 图所示固定荷载作用下截面 K 的内力 M_K 和 $F_{QK左}$。

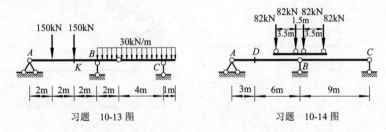

习题 10-13 图　　习题 10-14 图

10-14 试求习题 10-14 图所示梁在两台吊车荷载作用下支座 B 的最大支反力和截面 D 的最大弯矩。

10-15 试求习题10-14图所示AB段简支梁内的绝对最大弯矩及跨中截面的最大弯矩。

10-16 用机动法作习题 10-16 图所示连续梁 M_K、M_B、$F_{QB左}$、$F_{QB右}$ 影响线的形状。若梁上有随意布置的均布活荷载，请画出使截面 K 产生最大弯矩的荷载布置。

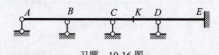

习题 10-16 图

10-17 试求在汽车—20级荷载作用下，习题 10-17 图所示简支梁跨中截面 C 的最大弯矩 M_{Cmax} 和最大剪力 F_{QCmax}，并用换算荷载核对 M_{Cmax}。

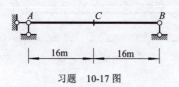

习题 10-17 图

判断题

10-18 习题 10-18 图所示结构 BC 杆轴力的影响线应画在 BC 杆上。（　）

10-19 习题 10-19 图所示梁的 M_C 影响线的形状如图 a 所示。
（　）

10-20 习题 10-19 图所示梁的 F_{QC} 影响线的形状如图 b 所示。
（　）

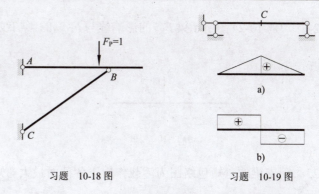

习题 10-18 图　　习题 10-19 图

10-21 习题 10-21 图所示结构，利用 M_C 影响线求固定荷载 F_{P1}、F_{P2}、F_{P3} 作用下 M_C 的值，可用它们的合力 F_R 来代替，即 $M_C = F_{P1}y_1 + F_{P2}y_2 + F_{P3}y_3 = F_R \bar{y}$。（　）

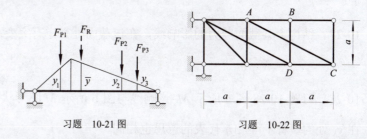

习题 10-21 图　　习题 10-22 图

10-22 荷载 $F_P=1$ 沿习题 10-22 图所示桁架的上弦或下弦移动，杆件 AC 的轴力影响线在结点 B 或 D 以左部分的竖标均为零。（　）

10-23 习题 10-23 图 a 所示主梁 $F_{QC左}$ 的影响线如图 b 所示。
（　）

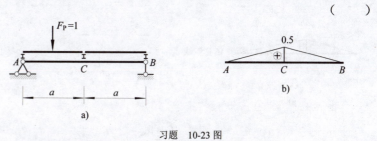

习题 10-23 图

10-24 习题 10-24 图所示梁 F_{RA} 的影响线与 $F_{QA右}$ 的影响线相同。
（　　）

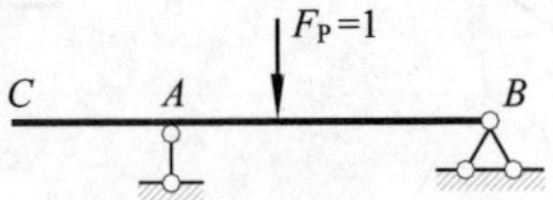

习题 10-24 图

10-25 简支梁的弯矩包络图为活载作用下各截面最大弯矩的连线。（　　）

10-26 用机动法作静定梁和连续梁影响线的原理相同，均为刚体体系的虚功原理。（　　）

10-27 结构上某截面剪力的影响线，在该截面处必定有突变。
（　　）

10-28 习题 10-28 图 a 所示 M_C 影响线与图 b 所示 M 图形状相同，在 x_K 处的竖标 y_K 与 M_K 代表的意思也相同。（　　）

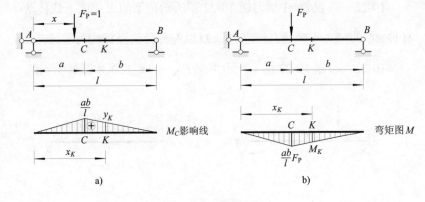

习题 10-28 图

10-29 习题 10-29 图所示桁架中杆 1、2、3 的影响线不受单位荷载沿上弦或下弦移动的影响。（　　）

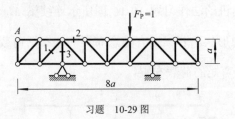

习题 10-29 图

10-30 习题 10-30 图所示简支梁的绝对最大弯矩比跨中截面 C 的最大弯矩稍大，设计时可用跨中截面 C 的最大弯矩代替。（　　）

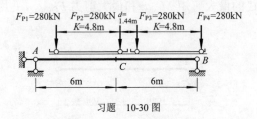

习题 10-30 图

10-31 求习题 10-31 图所示连续梁在可任意布置的均布活荷载作用下截面 i 的最大弯矩时，应将荷载布置在第一、三、五跨上。
（　　）

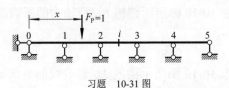

习题 10-31 图

10-32 连续梁的弯矩包络图由两条封闭的曲线组成，据此可确定恒载与活载共同作用下各截面弯矩的上限和下限值。（　　）

单项选择题

10-33 习题 10-33 图所示结构中支座 A 右侧截面剪力影响线的形状为（　　）。

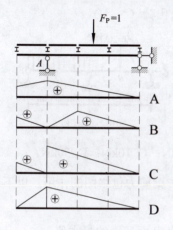

习题　10-33 图

10-34 习题 10-34 图所示梁在行列荷载作用下，反力 F_{RA} 的最大值为（　　）。

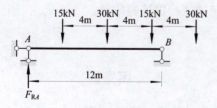

习题　10-34 图

A. 55kN；　　　　　　B. 50kN；
C. 75kN；　　　　　　D. 90kN。

10-35 习题 10-35 图所示结构 F_{QC} 影响线（$F_P=1$ 在 BE 上移动）BC、CD 段竖标为（　　）。

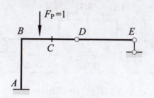

习题　10-35 图

A. BC、CD 均不为零；

B. BC、CD 均为零；

C. BC 为零、CD 不为零；

D. BC 不为零、CD 为零。

10-36 习题 10-36 图所示结构中，支座 B 左侧截面剪力影响线形状为（　　）。

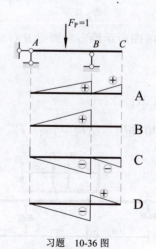

习题　10-36 图

10-37 习题 10-37 图所示梁在行列荷载作用下，截面 K 的最大弯矩为（　　）。

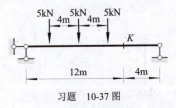

习题 10-37 图

A. 15kN·m； B. 35kN·m； C. 30kN·m； D. 42.5kN·m。

10-38 习题 10-38 图所示静定多跨梁截面 D 弯矩 M_D 的影响线，在 E 点处的值为（　　）。

A. −2m； B. 2m； C. 1m； D. −1m。

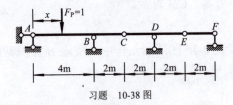

习题 10-38 图

10-39 习题 10-38 图所示静定多跨梁 B 右侧的剪力 $F_{QB右}$ 的影响线，在 E 点处的值为（　　）。

A. −2； B. 2； C. 1； D. −1。

10-40 习题 10-40 图所示结构中 $F_{P1} = F_{P2} = 80$kN，$F_{P3} = F_{P4} =$ 60kN。截面 B 的最大弯矩 M_{Bmax} 的最不利荷载位置为（　　）。

A. F_{P1} 在 B 点； B. F_{P2} 在 B 点；
C. F_{P3} 在 B 点； D. F_{P4} 在 B 点。

10-41 习题 10-41 图所示静定多跨梁中，截面 B 左侧的剪力 $F_{QB左}$，可由影响线求出为（　　）。

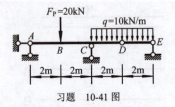

习题 10-41 图

A. 0； B. −10kN； C. 10kN； D. 50kN。

10-42 关于连续梁剪力包络图的作用，以下说法中错误的是（　　）

A. 用于确定各截面剪力的最大值；

B. 用于确定箍筋的数量；

C. 用于确定纵向受力筋的数量；

D. 用于确定弯起钢筋的数量。

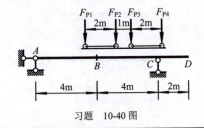

习题 10-40 图

填空题

10-43 用静力法作影响线时，其影响线方程是_____；用机动法作静定结构的影响线，其形状为机构的_____。

10-44 弯矩影响线竖标的量纲是_____。

10-45 习题10-45图所示结构，$F_P=1$沿AB移动，M_D的影响线在B点的竖标为_____，F_{QD}的影响线在B点的竖标为_____。

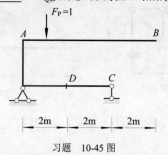

习题 10-45 图

10-46 习题10-46图所示结构，$F_P=1$沿ABC移动，则M_D影响线在B点的竖标为_____。

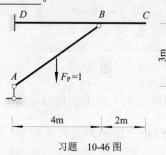

习题 10-46 图

10-47 习题10-47图所示结构，$F_P=1$沿AC移动，截面B的轴力F_{NB}的影响线在C点的竖标为_____。

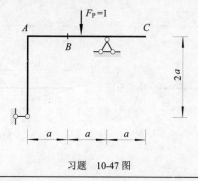

习题 10-47 图

10-48 习题10-48图所示结构中，竖向荷载$F_P=1$沿ACD移动，M_B影响线在D点的竖标为_____，F_{QC}右影响线在B点的竖标为_____。

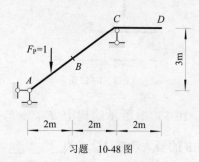

习题 10-48 图

10-49 提出影响线的定义时，采用了两个假定条件，即移动荷载的大小是_____，且是缓慢移动的_____。

10-50 机动法作静定结构内力影响线依据的原理是_____。

10-51 习题10-51图所示三铰拱的拉杆F_{NAB}的影响线形状为_____。

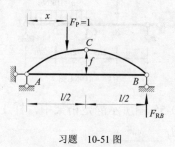

习题 10-51 图

10-52 设单位荷载在 AB、CD 杆上移动，习题 10-52 图所示结构支反力 F_{RA} 的影响线在 CD 段的竖标为_____。

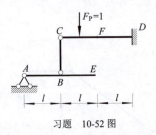

习题 10-52 图

10-53 习题 10-53 图所示结构中 $F_{P1} = F_{P2} = 80\text{kN}$，$F_{P3} = F_{P4} = 100\text{kN}$。截面 B 的最大弯矩 $M_{B\max}$ 为_____。

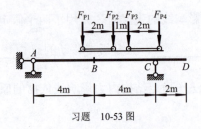

习题 10-53 图

10-54 习题 10-54 图所示静定多跨梁支座截面 C 的弯矩 M_C，可由影响线求出为_____。

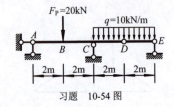

习题 10-54 图

10-55 习题 10-55 图所示静定桁架中，杆 1 的轴力 F_{N1} 的影响线，在 B 点处的值为_____。

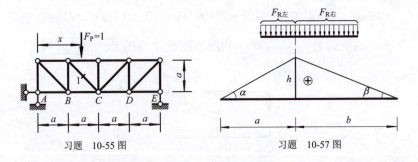

习题 10-55 图   习题 10-57 图

10-56 由机动法作出的静定梁的影响线由_____组成，而连续梁的影响线则为_____。

10-57 如习题 10-57 图所示，若某量值 Z 的影响线为三角形，在有限长度均布荷载作用下 $Z_{\max}$ 的最不利位置为_____。

思考题

10-58 试举例说明土木工程中的移动荷载和固定荷载有哪些？

10-59 习题 10-59 图 a 所示为简支梁的 M_C 影响线，图 b 所示为简支梁在集中荷载 F_P 作用下的弯矩图。试说明二者有何区别？

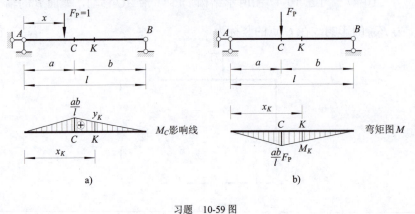

习题 10-59 图

10-60　用静力法作影响线的理论依据是什么？

10-61　用机动法作影响线的理论依据是什么？

10-62　习题 10-62 图 a 所示简支梁截面 C 剪力 F_{QC} 的影响线如图 b 所示，左、右直线是平行的，在 C 点有突变，它们各代表什么含义？

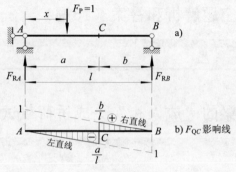

习题　10-62 图

10-63　行列荷载作用下，梁中同一截面的不同内力（如弯矩 M、剪力 F_{QC} 等）的最不利荷载位置是否相同？为什么？

10-64　为什么静定多跨梁附属部分的内力（或反力）影响线在基本部分上的线段与基线重合？

10-65　对于折线形影响线，若移动荷载中既有行列荷载又有定长均布荷载（其分布长度为 l），如何确定荷载的最不利位置？

10-66　若结构仅承受有限长移动均布荷载，且某量值的影响线为三角形，如何确定荷载的最不利位置？

10-67　均布活载作用下，连续梁中间支座截面最大负弯矩的最不利荷载位置是什么？

第10章 影响线及其应用 数字资源目录

【本章回顾】
基本内容归纳与解题方法提示

【思辨试题一】
思考题解析和答案（10题）

【思辨试题二】
判断题解析和答案（15题）

【思辨试题三】
单选题解析和答案（10题）

【思辨试题四】
填空题解析和答案（15题）

【趣味力学】
桥梁的"成人礼"—成桥荷载试验

深圳平安国际金融大厦

第 11 章 矩阵位移法

● **本章教学的基本要求**：掌握用矩阵位移法计算平面杆件结构的基本原理和方法。包括单元和结点的划分；单元和结构坐标系中单元刚度矩阵的形成；用单元定位向量形成结构刚度矩阵；形成结构综合结点荷载列阵；结构刚度方程的形成及其求解；结构各杆内力的计算。掌握矩阵位移法的计算步骤。

● **本章教学内容的重点**：用先处理法形成结构刚度矩阵和综合结点荷载列阵。

● **本章教学内容的难点**：用先处理法形成结构刚度矩阵中各步骤的物理意义；单元刚度矩阵和结构刚度矩阵中刚度系数的物理意义和求法；矩阵位移法与位移法之间的联系与区别。

● **本章内容简介**：

11.1 概述
11.2 杆件结构的离散化
11.3 单元坐标系中的单元刚度矩阵
11.4 结构坐标系中的单元刚度矩阵
11.5 用先处理法形成结构刚度矩阵
11.6 结构的综合结点荷载列阵
11.7 求解结点位移和单元杆端力
11.8 矩阵位移法的计算步骤和算例
11.9 平面刚架程序设计

第 11 章 矩阵位移法

11.1 概 述

11.1.1 结构矩阵分析

结构矩阵分析是 20 世纪 60 年代迅速发展起来的一种将经典的力学理论（力法和位移法）、传统的数学工具（矩阵代数）与现代的计算手段（电子计算机）三者有机结合的、高效实用的结构分析方法。

结构矩阵分析以结构力学的原理为基础，采用矩阵进行运算，不仅公式紧凑，而且形式统一，便于计算过程的规格化和程序化，因而正满足电子计算机进行自动化计算的要求。

结构矩阵分析已普遍应用于结构的内力分析、位移计算和截面设计工作中，也是计算机辅助设计（CAD）的基础。

11.1.2 结构矩阵分析的两类基本方法

根据所选基本未知量的不同，与传统的力法和位移法相对应，结构矩阵分析也有**矩阵力法**（又称**柔度法**）和**矩阵位移法**（又称**刚度法**）两类基本解法。此外，将矩阵位移法与矩阵力法结合起来，即为**矩阵混合法**。由于矩阵位移法计算过程更为规格化，程序简单，通用性强，故应用最广。本章主要介绍分析杆件结构的矩阵位移法。

杆件结构的矩阵分析有时也称为**杆件结构的有限单元法**，所得结果为精确解；将该方法推广应用于分析连续体结构，则称为**有限单元法**，所得结果为近似解。

11.1.3 矩阵位移法的三个基本环节

简单说来，矩阵位移法就是以矩阵形式表达的位移法。它与位移法的基本原理总体上是相同的。即它们都是以结点位移为基本未知量，通过先"拆散"、后"组装"，利用平衡方程求解，然后再计算结构内力的方法。按照矩阵位移法的术语，矩阵位移法主要有以下三个基本环节：

1 结构的离散化

结构的离散化，就是把结构划分为有限个较小的单元，各单元只在有限个结点处相连。对于杆件结构，一般以一根等截面直杆为一个单元，因此，整个结构可看作是有限个单元的集合体。这一环节，相当于建立位移法的基本结构。

2 单元分析

单元分析的任务在于，分析杆件单元的杆端内力与杆端位移之间的关系，以矩阵形式表示，建立单元刚度方程。这一环节，与位移法中建立转角位移方程相对应。

3 整体分析

整体分析 把各杆单元集合成原来的结构。整体分析的任务就是，在单元分析的基础上，进一步分析整个结构各结点荷载与结点位移之间的关系，通过考虑各结点的变形协调条件和平衡条件，建立整个结构的刚度方程，以求解原结构的结点位移。这一环节，与建立和求解位移法的基本方程相对应。据此，可进一步计算出各单元的杆端内力。

下面，将遵循结构的离散化→单元分析→整体分析这三个基本环节，对矩阵位移法进行讨论。

11.2 杆件结构的离散化

11.2.1 单元与结点的划分和编号

进行结构矩阵分析，首先就需要将结构离散化，包括划分单元和结点，并进行编号。

1 关于单元与结点的划分

在矩阵位移法中，从理论上讲，单元和结点的划分可不受任何限制。但为了计算方便，对杆件结构通常每个杆件单元要采用等截面直杆，且为同一种材料。这样，结构中的某些点就必须作为结点，它们有杆件的转折点、汇交点、支承点、截面突变点、自由端、材料交界点等。这些结点都是根据结构本身的构造特征来确定的，故称为**构造结点**。图 11-1a 中结点 1～6 和 8～10 以及图 11-1b 中结点 1～5 都是构造结点。对于集中力作用点，为了保证结构只承受结点荷载，也可将它作为一个结点来处理（图 11-1a 中结点 7），这种结点则称为**非构造结点**；若不把它看作结点，则可按本章 11.6 节讨论的方法，改用等效结点荷载来替代。除此之外，杆件中任何位置都可设置非构造结点，有时，为了提高计算精度，这样做也是必要的。

对于一些特殊情况的杆，有时需要做特殊处理。例如，对于渐变截面杆，通常是把单元中点截面几何参数作为该单元的截面几何参数；对于曲杆，则把它划分成若干个单元，用一段段直线组成的折线近似地代替原曲杆。

结构的所有结点确定以后，结点间的单元也就随之确定了。

2 关于单元与结点的编号

为了有所区别，单元号用①、②、③、…表示；结点号用 1、2、3、…表示，如图 11-1a、b 所示。单元号和结点号顺序原则上是任意的，但学到后面会知道，结点编号顺序对计算机内存和计

第 11 章 矩阵位移法

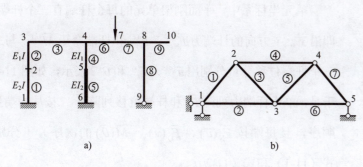

图 11-1 单元与结点的划分和编号

算时间影响很大。为了减少内存和机时，通常应使每个单元两端结点号的差值尽可能小。

11.2 杆件结构的离散化

11.2.2 两种直角坐标系

组成结构的各杆方向不尽相同，为了分析的方便，需要采用两种直角坐标系。一种是在整体分析时对整个结构建立的坐标系，称为 **结构坐标系**或**整体坐标系**，用 $x-y$ 表示。另一种是在单元分

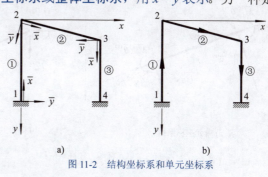

图 11-2 结构坐标系和单元坐标系

析时为每个单元建立的坐标系，称为该单元的**单元坐标系**或**局部坐标系**，用 $\bar{x}-\bar{y}$ 表示。结构坐标系的原点位置可任意选取（但应便于确定各结点坐标值），x 轴水平向右为正。单元坐标系的原点设在单元的一个端点（称该端点为单元的**始端**，另一端为**末端**），$\bar{x}$ 轴与单元的轴线重合，从单元的始端到末端为正。结构坐标系和单元坐标系可采用右手旋转直角坐标系，即从 x（或 $\bar{x}$）轴的正方向顺时针旋转 90°就得到 y（或 $\bar{y}$）轴的正方向，如图 11-2a 所示。

为了减少图上的标注，使图形看上去更简洁，各单元的单元坐标系可不画出，而在单元的 $\bar{x}$ 轴方向加画一箭头表示，如图 11-2b 所示。

11.2.3 单元杆端力和杆端位移

单元杆端截面的内力和位移，分别称为**单元杆端力**和**杆端位移**。

1 正负号规定

无论是在单元坐标系或是在结构坐标系中，沿坐标轴正方向的杆端力和杆端位移为正，顺时针方向的杆端弯矩和杆端转角为正；反之皆为负。

2 单元坐标系中的单元杆端力和杆端位移

图 11-3 所示为一平面刚架单元 e，其始端和末端的结点编号分别为 i 和 j。

单元坐标系中，平面刚架单元的每个杆端有三个杆端力分量，即沿 $\bar{x}$、$\bar{y}$ 方向的杆端力 $\bar{F}_N^{(e)}$、$\bar{F}_Q^{(e)}$ 和杆端弯矩 $\bar{M}^{(e)}$。与之对应的三个杆端位移分量分别用 $\bar{u}^{(e)}$、$\bar{v}^{(e)}$ 和 $\bar{\theta}^{(e)}$ 表示，如图 11-3a 所示。于是，单元杆端力列阵 $\bar{F}^e$ 和杆端位移列阵 $\bar{\delta}^e$（按从始端到末端的顺序，且每端按 $\bar{F}_N(\bar{u})$、$\bar{F}_Q(\bar{v})$、$\bar{M}(\bar{\theta})$ 的次序）可分别表示为式（11-1）和式（11-2）。

3 结构坐标系中的单元杆端力和杆端位移

在结构坐标系中，平面刚架单元杆端力和杆端位移如图 11-3b 所示。单元杆端力列阵 F^e 和杆端位移列阵 δ^e（排序方式与 $\bar{F}^e$ 和

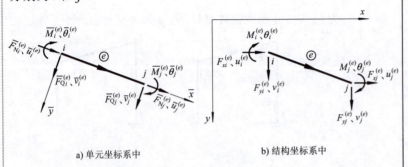

a) 单元坐标系中 b) 结构坐标系中

图 11-3 单元杆端力和杆端位移

$$\bar{F}^e = \begin{bmatrix} \bar{F}_i^e \\ \bar{F}_j^e \end{bmatrix} = \begin{bmatrix} \bar{f}_1^{(e)} \\ \bar{f}_2^{(e)} \\ \bar{f}_3^{(e)} \\ \bar{f}_4^{(e)} \\ \bar{f}_5^{(e)} \\ \bar{f}_6^{(e)} \end{bmatrix} = \begin{bmatrix} \bar{F}_{Ni}^{(e)} \\ \bar{F}_{Qi}^{(e)} \\ \bar{M}_i^{(e)} \\ \bar{F}_{Nj}^{(e)} \\ \bar{F}_{Qj}^{(e)} \\ \bar{M}_j^{(e)} \end{bmatrix} \quad (11\text{-}1)$$

$$\bar{\delta}^e = \begin{bmatrix} \bar{\delta}_i^e \\ \bar{\delta}_j^e \end{bmatrix} = \begin{bmatrix} \bar{\delta}_1^{(e)} \\ \bar{\delta}_2^{(e)} \\ \bar{\delta}_3^{(e)} \\ \bar{\delta}_4^{(e)} \\ \bar{\delta}_5^{(e)} \\ \bar{\delta}_6^{(e)} \end{bmatrix} = \begin{bmatrix} \bar{u}_i^{(e)} \\ \bar{v}_i^{(e)} \\ \bar{\theta}_i^{(e)} \\ \bar{u}_j^{(e)} \\ \bar{v}_j^{(e)} \\ \bar{\theta}_j^{(e)} \end{bmatrix} \quad (11\text{-}2)$$

$$F^e = \begin{bmatrix} F_i^e \\ F_j^e \end{bmatrix} = \begin{bmatrix} f_1^{(e)} \\ f_2^{(e)} \\ f_3^{(e)} \\ f_4^{(e)} \\ f_5^{(e)} \\ f_6^{(e)} \end{bmatrix} = \begin{bmatrix} F_{xi}^{(e)} \\ F_{yi}^{(e)} \\ M_i^{(e)} \\ F_{xj}^{(e)} \\ F_{yj}^{(e)} \\ M_j^{(e)} \end{bmatrix} \quad (11\text{-}3)$$

$$\delta^e = \begin{bmatrix} \delta_i^e \\ \delta_j^e \end{bmatrix} = \begin{bmatrix} \delta_1^{(e)} \\ \delta_2^{(e)} \\ \delta_3^{(e)} \\ \delta_4^{(e)} \\ \delta_5^{(e)} \\ \delta_6^{(e)} \end{bmatrix} = \begin{bmatrix} u_i^{(e)} \\ v_i^{(e)} \\ \theta_i^{(e)} \\ u_j^{(e)} \\ v_j^{(e)} \\ \theta_j^{(e)} \end{bmatrix} \quad (11\text{-}4)$$

$\bar{\delta}^e$ 类似）可分别表示为式（11-3）和式（11-4）。

11.2.4 单元坐标转换

在结构矩阵分析中，单元分析采用的是单元坐标系，而整体分析采用的是结构坐标系。一般情况下，各单元坐标系的方向互不相同。为了便于利用单元坐标系中的单元杆端力和杆端位移来建立结构坐标系中的结构刚度方程，有必要建立单元杆端力和杆端位移在两种坐标系之间的转换关系。

图 11-4a、b 所示分别为平面刚架单元 e 在两种坐标系中的杆端力，规定 α 由 x 轴顺时针转到 $\bar{x}$ 轴为正。

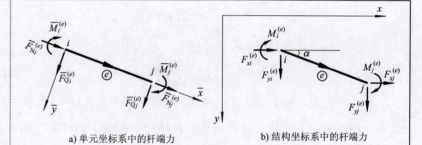

a) 单元坐标系中的杆端力 b) 结构坐标系中的杆端力

图 11-4 单元坐标转换

根据两种坐标系之间杆端力的等效关系，对 i 端可写出

$$\left.\begin{array}{l}\bar{F}_{Ni}^{(e)} = F_{xi}^{(e)}\cos\alpha + F_{yi}^{(e)}\sin\alpha \\ \bar{F}_{Qi}^{(e)} = -F_{xi}^{(e)}\sin\alpha + F_{yi}^{(e)}\cos\alpha \\ \bar{M}_i^{(e)} = M_i^{(e)}\end{array}\right\} \quad (a)$$

同理，对 j 端有

$$\left.\begin{array}{l}\bar{F}_{Nj}^{(e)} = F_{xj}^{(e)}\cos\alpha + F_{yj}^{(e)}\sin\alpha \\ \bar{F}_{Qj}^{(e)} = -F_{xj}^{(e)}\sin\alpha + F_{yj}^{(e)}\cos\alpha \\ \bar{M}_j^{(e)} = M_j^{(e)}\end{array}\right\} \quad (b)$$

将（a）、（b）两式合并写成矩阵形式，则有

$$\begin{bmatrix}\bar{F}_{Ni}\\ \bar{F}_{Qi}\\ \bar{M}_i\\ \bar{F}_{Nj}\\ \bar{F}_{Qj}\\ \bar{M}_j\end{bmatrix}^{(e)} = \begin{bmatrix}\cos\alpha & \sin\alpha & 0 & 0 & 0 & 0\\ -\sin\alpha & \cos\alpha & 0 & 0 & 0 & 0\\ 0 & 0 & 1 & 0 & 0 & 0\\ 0 & 0 & 0 & \cos\alpha & \sin\alpha & 0\\ 0 & 0 & 0 & -\sin\alpha & \cos\alpha & 0\\ 0 & 0 & 0 & 0 & 0 & 1\end{bmatrix}\begin{bmatrix}F_{xi}\\ F_{yi}\\ M_i\\ F_{xj}\\ F_{yj}\\ M_j\end{bmatrix}^{(e)} \quad (11\text{-}5)$$

或简记为

$$\bar{F}^e = TF^e \quad (11\text{-}6)$$

其中

$$T = \begin{bmatrix}\cos\alpha & \sin\alpha & 0 & 0 & 0 & 0\\ -\sin\alpha & \cos\alpha & 0 & 0 & 0 & 0\\ 0 & 0 & 1 & 0 & 0 & 0\\ 0 & 0 & 0 & \cos\alpha & \sin\alpha & 0\\ 0 & 0 & 0 & -\sin\alpha & \cos\alpha & 0\\ 0 & 0 & 0 & 0 & 0 & 1\end{bmatrix} \quad (11\text{-}7)$$

称为平面刚架单元坐标转换矩阵，它是正交矩阵，因而满足

$$T^{-1} = T^{\mathrm{T}} \tag{11-8}$$

结合式（11-6）和式（11-8），可导出

$$F^e = T^{\mathrm{T}} \bar{F}^e \tag{11-9}$$

显然，对于单元杆端位移，也可导出与式（11-6）和式（11-9）相类似的关系式。既可将单元在结构坐标系中的杆端位移 δ^e 转换成为单元坐标系中的杆端位移 $\bar{\delta}^e$，即

$$\bar{\delta}^e = T \delta^e \tag{11-10}$$

又可将单元坐标系中的杆端位移 $\bar{\delta}^e$ 转换成为结构坐标系中的杆端位移 δ^e，即

$$\delta^e = T^{\mathrm{T}} \bar{\delta}^e \tag{11-11}$$

11.3 单元坐标系中的单元刚度矩阵

11.3.1 单元刚度方程与单元刚度矩阵

单元杆端力和杆端位移之间的转换关系，称为**单元刚度方程**。它表示单元在给定任意的杆端位移时所产生的杆端力。

在单元坐标系中，单元刚度方程可表示为

$$\bar{F}^e = \bar{k}^e \bar{\delta}^e \tag{11-12}$$

式中，$\bar{k}^e$ 称为平面刚架单元在**单元坐标系中的单元刚度矩阵**，简称**单刚**，它是杆端力与杆端位移之间的转换矩阵。

图 11-5 所示为一等截面平面刚架单元 $\text{\textcircled{e}}$ 的杆端力与杆端位移，在线性弹性范围内，可忽略轴向变形与弯曲变形之间的相互影响。其轴向力 $\bar{F}_{\mathrm{N}i}^{(e)}$、$\bar{F}_{\mathrm{N}j}^{(e)}$ 与轴向位移 $\bar{u}_i^{(e)}$、$\bar{u}_j^{(e)}$（图 11-6）之间的关系，由材料力学知识可知

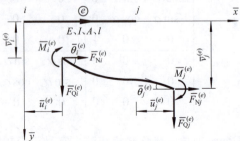

图 11-5 平面刚架单元杆端力与杆端位移之间的关系

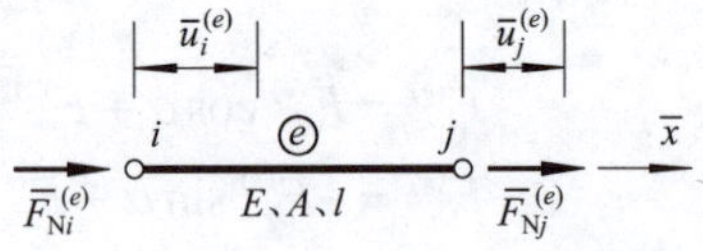

图 11-6 轴向力与轴向位移之间的关系

$$\bar{F}_{\mathrm{N}j}^{(e)} = \frac{EA}{l}(\bar{u}_j^{(e)} - \bar{u}_i^{(e)}) = -\frac{EA}{l}\bar{u}_i^{(e)} + \frac{EA}{l}\bar{u}_j^{(e)} \tag{a}$$

再根据单元的平衡条件，有

$$\bar{F}_{\mathrm{N}i}^{(e)} = -\bar{F}_{\mathrm{N}j}^{(e)} = \frac{EA}{l}\bar{u}_i^{(e)} - \frac{EA}{l}\bar{u}_j^{(e)} \tag{b}$$

而杆端剪力和杆端弯矩 $\bar{F}_{\mathrm{Q}i}^{(e)}$、$\bar{F}_{\mathrm{Q}j}^{(e)}$、$\bar{M}_i^{(e)}$、$\bar{M}_j^{(e)}$ 与横向位移和杆

第11章 矩阵位移法

端转角 $\overline{v}_i^{(e)}$、$\overline{v}_j^{(e)}$、$\overline{\theta}_i^{(e)}$、$\overline{\theta}_j^{(e)}$ 之间的关系，可由无荷载作用时的等截面直杆转角位移方程直接写出，为

$$\left.\begin{aligned}
-\overline{F}_{Qi}^{(e)} &= -\frac{6EI}{l^2}\overline{\theta}_i^{(e)} - \frac{6EI}{l^2}\overline{\theta}_j^{(e)} + \frac{12EI}{l^3}(\overline{v}_j^{(e)} - \overline{v}_i^{(e)}) \\
\overline{M}_i^{(e)} &= \frac{4EI}{l}\overline{\theta}_i^{(e)} + \frac{2EI}{l}\overline{\theta}_j^{(e)} - \frac{6EI}{l^2}(\overline{v}_j^{(e)} - \overline{v}_i^{(e)}) \\
\overline{F}_{Qj}^{(e)} &= -\frac{6EI}{l^2}\overline{\theta}_i^{(e)} - \frac{6EI}{l^2}\overline{\theta}_j^{(e)} + \frac{12EI}{l^3}(\overline{v}_j^{(e)} - \overline{v}_i^{(e)}) \\
\overline{M}_j^{(e)} &= \frac{2EI}{l}\overline{\theta}_i^{(e)} + \frac{4EI}{l}\overline{\theta}_j^{(e)} - \frac{6EI}{l^2}(\overline{v}_j^{(e)} - \overline{v}_i^{(e)})
\end{aligned}\right\} \quad \text{(c)}$$

将式（a）、式（b）、式（c）合为一式，并写成矩阵形式，得

11.3 单元坐标系中的单元刚度矩阵

$$\begin{bmatrix}\overline{F}_{Ni}\\ \overline{F}_{Qi}\\ \overline{M}_i\\ \overline{F}_{Nj}\\ \overline{F}_{Qj}\\ \overline{M}_j\end{bmatrix}^{(e)} = \begin{bmatrix}\frac{EA}{l} & 0 & 0 & -\frac{EA}{l} & 0 & 0 \\ 0 & \frac{12EI}{l^3} & \frac{6EI}{l^2} & 0 & -\frac{12EI}{l^3} & \frac{6EI}{l^2} \\ 0 & \frac{6EI}{l^2} & \frac{4EI}{l} & 0 & -\frac{6EI}{l^2} & \frac{2EI}{l} \\ -\frac{EA}{l} & 0 & 0 & \frac{EA}{l} & 0 & 0 \\ 0 & -\frac{12EI}{l^3} & -\frac{6EI}{l^2} & 0 & \frac{12EI}{l^3} & -\frac{6EI}{l^2} \\ 0 & \frac{6EI}{l^2} & \frac{2EI}{l} & 0 & -\frac{6EI}{l^2} & \frac{4EI}{l}\end{bmatrix}\begin{bmatrix}\overline{u}_i\\ \overline{v}_i\\ \overline{\theta}_i\\ \overline{u}_j\\ \overline{v}_j\\ \overline{\theta}_j\end{bmatrix}^{(e)}$$

(11-13)

式（11-13）就是式（11-12）的展开形式，单刚 $\overline{\boldsymbol{k}}^e$ 为

$$\overline{\boldsymbol{k}}^e = \begin{bmatrix}
\overset{1}{(\overline{u}_i=1)} & \overset{2}{(\overline{v}_i=1)} & \overset{3}{(\overline{\theta}_i=1)} & \overset{4}{(\overline{u}_j=1)} & \overset{5}{(\overline{v}_j=1)} & \overset{6}{(\overline{\theta}_j=1)} \\
\frac{EA}{l} & 0 & 0 & -\frac{EA}{l} & 0 & 0 \\
0 & \frac{12EI}{l^3} & \frac{6EI}{l^2} & 0 & -\frac{12EI}{l^3} & \frac{6EI}{l^2} \\
0 & \frac{6EI}{l^2} & \frac{4EI}{l} & 0 & -\frac{6EI}{l^2} & \frac{2EI}{l} \\
-\frac{EA}{l} & 0 & 0 & \frac{EA}{l} & 0 & 0 \\
0 & -\frac{12EI}{l^3} & -\frac{6EI}{l^2} & 0 & \frac{12EI}{l^3} & -\frac{6EI}{l^2} \\
0 & \frac{6EI}{l^2} & \frac{2EI}{l} & 0 & -\frac{6EI}{l^2} & \frac{4EI}{l}
\end{bmatrix}^{(e)} \begin{matrix} 1\,(\overline{F}_{Ni})\\ 2\,(\overline{F}_{Qi})\\ 3\,(\overline{M}_i)\\ 4\,(\overline{F}_{Nj})\\ 5\,(\overline{F}_{Qj})\\ 6\,(\overline{M}_j) \end{matrix}$$

(11-14)

11.3.2 单元刚度矩阵的性质

单元坐标系中的单刚 $\overline{\boldsymbol{k}}^e$ 具有如下性质：

1 $\overline{\boldsymbol{k}}^e$ 是单元固有的性质

$\overline{\boldsymbol{k}}^e$ 中各元素只与单元的弹性模量 E、横截面面积 A、惯性矩 I 及杆长 l 等有关，而与外荷载等其他因素无关。

2 单元刚度矩阵中各元素（也称为单元刚度系数）的物理意义

(1) 单刚 $\overline{\boldsymbol{k}}^e$ 中任一元素 $\overline{k}_{lm}^{(e)}$，表示 $\overline{\boldsymbol{\delta}}^e$ 中第 m 个杆端位移分量等于 1（其他杆端位移分量为零）时，所引起的 $\overline{\boldsymbol{F}}^e$ 中第 l 个杆端力分量之值。

例如，式(11-14)中元素 $\overline{k}_{35}^{(e)} = -6EI/l^2$，表示 $\overline{v}_j^e = 1$ 时，所引起的第

(2) $\bar{k}^e$ 中第 m 列的 6 个元素，分别表示仅由第 m 个杆端位移分量发生单位位移时，所引起的 6 个杆端力分量之值。图 11-7 表示仅当 $\bar{v}_j^{(e)}=1$ 所引起的 6 个杆端力分量，将它们按顺序排列，就得到式（11-14）中的第五列的 6 个元素。

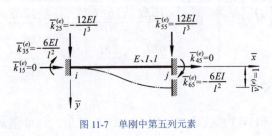

图 11-7　单刚中第五列元素

(3) $\bar{k}^e$ 中第 l 行的 6 个元素，分别表示各个杆端位移分量分别等于 1 时，所引起的 $\bar{F}^e$ 中第 l 杆端力分量的数值。例如，第二行的 6 个元素，对应于各个杆端位移分量分别等于 1 时，所引起的该单元 i 端的相应剪力 $\bar{F}_{Qi}$ 的值。

3　单元刚度矩阵是对称矩阵

这一性质可由单刚元素的物理意义及支反力互等定理加以证明。例如，在式（11-14）中，$\bar{k}_{25}^{(e)}=-12EI/l^3$ 表示两端固定的单元 e 中，末端支座位移 $\bar{v}_j^{(e)}=1$ 时引起的始端支座位移 $\bar{v}_i^{(e)}$ 方向的支反力值；而 $\bar{k}_{52}^{(e)}=-12EI/l^3$ 则表示始端 $\bar{v}_i^{(e)}=1$ 时引起的末端 $\bar{v}_j^{(e)}$

方向的支反力值。根据支反力互等定理，必有 $\bar{k}_{25}^{(e)}=\bar{k}_{52}^{(e)}$。由此可知，$\bar{k}^e$ 中，位于主对角线两边处于对称位置上的两个元素相等，即 $\bar{k}_{ij}^{(e)}=\bar{k}_{ji}^{(e)}$　$(i\neq j)$。

4　单元刚度矩阵是奇异矩阵

单刚的奇异性是指其对应的行列式之值 $|\bar{k}^e|$ 为零，即不存在逆矩阵。这表明，如果给定单元的杆端位移 $\bar{\delta}^e$，可由单元刚度方程式(11-12)或式(11-13)确定唯一的杆端力 $\bar{F}^e$；反之，若给定杆端力 $\bar{F}^e$，却不能由式(11-12)或式(11-13)求得杆端位移 $\bar{\delta}^e$ 的唯一解。从物理概念来理解，这是由于所讨论的单元是两端没有任何支承的自由单元，在杆端力 $\bar{F}^e$ 作用下，单元本身除产生弹性变形外，还可以产生任意的刚体位移，故某一组满足平衡条件的杆端力可与弹性位移和任意刚体位移组成的多组杆端位移相对应。

5　单元刚度元素值的性质

单元刚度矩阵 $\bar{k}^e$ 中，主对角线上各元素 $\bar{k}_{ii}^{(e)}$ 皆为正（这可由刚度系数的物理意义理解，实际上也就是位移法基本方程中的主系数）；第二列与第五列各非零元素等值反号（这是因为第二列对应着 $\bar{v}_i^{(e)}=1$ 与第五列对应着 $\bar{v}_j^{(e)}=1$ 各自所产生的单元变形刚好相反，因而各自所引起的四个杆端力大小相等而符号相反）；同理，第二行与第五行各非零元素也等值反号。

11.4　结构坐标系中的单元刚度矩阵

将式（11-12）代入式（11-9），并考虑到式（11-10），得

$$F^e = T^T \overline{F}^e = T^T \overline{k}^e \overline{\delta}^e = T^T \overline{k}^e T \delta^e$$

上式可写为

$$F^e = k^e \delta^e \quad (11\text{-}15)$$

这就是结构坐标系中的单元刚度方程。其中

$$k^e = T^T \overline{k}^e T \quad (11\text{-}16)$$

称为结构坐标系中的单元刚度矩阵。式（11-16）即为单元刚度矩阵由单元坐标系向结构坐标系转换的公式。

将式（11-7）和式（11-14）代入式（11-16），可求出平面刚架单元在结构坐标系中的单刚为

$$k^e = \begin{bmatrix} S_1 & S_2 & -S_3 & -S_1 & -S_2 & -S_3 \\ & S_4 & S_5 & -S_2 & -S_4 & S_5 \\ & & 2S_6 & S_3 & -S_5 & S_6 \\ & & & S_1 & S_2 & S_3 \\ & \text{对 称} & & & S_4 & -S_5 \\ & & & & & 2S_6 \end{bmatrix} \quad (11\text{-}17)$$

其中

$$\left. \begin{aligned} S_1 &= \frac{EA}{l}\cos^2\alpha + \frac{12EI}{l^3}\sin^2\alpha \\ S_2 &= \left(\frac{EA}{l} - \frac{12EI}{l^3}\right)\sin\alpha\cos\alpha \\ S_3 &= \frac{6EI}{l^2}\sin\alpha \\ S_4 &= \frac{EA}{l}\sin^2\alpha + \frac{12EI}{l^3}\cos^2\alpha \\ S_5 &= \frac{6EI}{l^2}\cos\alpha \\ S_6 &= \frac{2EI}{l} \end{aligned} \right\} \quad (11\text{-}18)$$

顺便指出，在编制程序形成结构坐标系中的单刚 k^e 时，既可由式（11-16）按矩阵乘法计算，也可按式（11-17）的展开形式直接形成。

结构坐标系中的单刚 k^e 中的任一元素 $k_{lm}^{(e)}$，表示结构坐标系中的杆端位移 δ^e 中第 m 个分量等于 1（其他杆端位移分量为零）时，所引起的结构坐标系中的杆端力 F^e 中第 l 个分量之值。它不仅与单元的弹性模量 E、横截面面积 A、惯性矩 I 及杆长 l 等有关，还与两种坐标系之间的夹角 α 有关。与单元坐标系中的单刚 $\overline{k}^e$ 类似，k^e 也是对称矩阵和奇异矩阵。

11.5 用先处理法形成结构刚度矩阵

前面,讨论了杆件结构的离散化和结构的单元分析这两个矩阵位移法的基本环节,现在来讨论第三个基本环节——结构的整体分析。

11.5.1 结构的整体分析

在结构坐标系中,平面刚架整体分析的主要任务,就是要建立**结构的结点位移列阵 Δ 与结构的综合结点荷载列阵 F 之间的关系式**,称为**结构刚度方程**(即矩阵位移法的基本方程),以求解作为基本未知量的各结点位移。

结构刚度方程可写作

$$K\Delta = F \quad (11\text{-}19)$$

式中,**K** 称为**结构刚度矩阵**(简称**总刚**)。本节主要讨论 **K** 的形成。关于 **F** 的形成及方程(11-19)的求解,则将分别在 11.6 节和 11.7 节中予以讨论。

11.5.2 先处理法和后处理法

1 先处理法

所谓**先处理法**,就是一开始即考虑结构的支承条件,把已知的支座位移排除在基本未知量之外,不列入结构的结点位移列阵 **Δ** 中。相应地,结构的综合结点荷载列阵 **F** 中也不包括支反力。

因而,所形成的结构刚度方程阶数较小,且不用再修正。先处理法可以很方便地处理有铰结点的结构、具有各种不同支承的结构及忽略轴向变形的结构等。

2 后处理法

所谓**后处理法**,就是先不考虑支承条件,即使已知的支座结点位移,也一并列入结构的结点位移列阵 **Δ** 中,结构的综合结点荷载列阵 **F** 中同时包括支反力。先形成不受约束的**原始刚度方程**,再根据结构的实际支承条件修改而形成结构刚度方程,以求解结点位移。后处理法的基本未知量数目更多,占用计算机内存和机时也更多。一般用于结点多而支座约束少、考虑轴向变形的结构。

本章主要介绍先处理法。

11.5.3 结点位移分量的统一编号

在结构坐标系中,若要考虑平面刚架的轴向变形,则其每个刚结点有 3 个互相独立的位移分量,即沿 x 轴和 y 轴方向的线位移 u、v(与坐标轴一致时为正),以及角位移 θ(顺时针为正)。采用先处理法时,对于已知的支座结点位移分量(零位移或非零的支座位移),均不作为结构的未知量。

有几个约定,说明如下:

(1) 若结构共有 n 个未知结点位移分量,必须按照其结点编号从小到大的顺序,依次对每个结点的未知位移分量 u、v、θ 按照 1、2、…、n 的次序进行统一编号,此编号称为**结点位移分量统一编号**(或称为**结点位移总码**)。显然,此编号也是相应的结点荷载分量的编号,两者是一一对应的。在支座结点处,其 u、v、θ 对应的任一方向若有约束,则给以"0"编号。如图 11-8a 所示刚架共有 4 个结点,位移分量的编号写在结点号旁的圆括号内。该结构的结点位移列阵 Δ 中共有 6 个未知结点位移分量。

(2) 当刚架内部有铰(全铰或半铰)结点时,则应将相互铰结的杆端

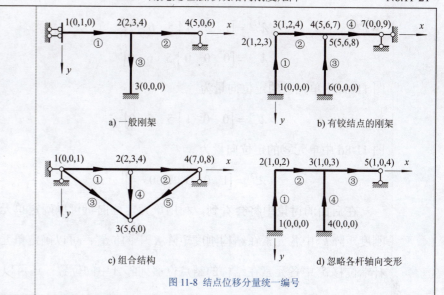

图 11-8 结点位移分量统一编号

编以不同的结点号(即进行**双编号**)。如图 11-8b 中的结点 2 与结点 3(分别为①、②两个单元的杆端结点),它们的线位移分量相同,则编号相同;而转角不同,则应分别编号。图 11-8b 中进行双编号的结点 4 与结点 5 也属此种情况。

(3) 组合结构中,仅连接桁架单元的铰结点,其转角位移可不作为未知量,给以"0"编号,如图 11-8c 中的结点 3 所示。至于连接梁单元与桁架单元之间的铰结点(如图 11-8c 中的结点 1、2、4),因其角位移分量仅仅影响与其连接的梁单元,而不影响与其连接的桁架单元,故这些结点仍可按具有三个独立的位移未知量进行编号(分别为 0,0,1;2,3,4;7,0,8),不需进行任何处理。

(4) 当忽略刚架杆件的轴向变形时,则每个刚结点就不一定都有 3 个独立的位移分量。如图 11-8d 所示刚架,若忽略各杆的轴向变形,则结点 2、3 的竖向位移 $v_2 = v_3 = 0$;而结点 2、3、5 的水平位移 $u_2 = u_3 = u_5$,它们是同一个未知量,则相应的位移分量编号相同。

11.5.4 单元定位向量

将单元两端结点位移分量的统一编号按从始端到末端的顺序排列而成的向量称为**单元定位向量**。通常,单元 e 的定位向量用 λ^e 表示。例如,图 11-8b 中单元②、③的定位向量分别为

$$\boldsymbol{\lambda}^{(2)} = \begin{bmatrix} 1 & 2 & 4 & \vdots & 5 & 6 & 7 \end{bmatrix}^\mathrm{T}$$

$$\boldsymbol{\lambda}^{(3)} = \begin{bmatrix} 0 & 0 & 0 & \vdots & 5 & 6 & 8 \end{bmatrix}^\mathrm{T}$$

图 11-8c 中单元③的定位向量为

$$\boldsymbol{\lambda}^{(3)} = \begin{bmatrix} 0 & 0 & 1 & \vdots & 5 & 6 & 0 \end{bmatrix}^\mathrm{T}$$

图 11-8d 中单元③的定位向量为

$$\boldsymbol{\lambda}^{(3)} = \begin{bmatrix} 1 & 0 & 3 & \vdots & 1 & 0 & 4 \end{bmatrix}^\mathrm{T}$$

在后面的讨论中将会看到，利用单元定位向量可以确定单元刚度矩阵 $\boldsymbol{k}^e$ 中各元素在结构刚度矩阵 $\boldsymbol{K}$ 中的位置；可以确定单元杆端位移 $\boldsymbol{\delta}^e$ 中各元素在结构的结点位移列阵 $\boldsymbol{\Delta}$ 中的位置；还可以确定单元的等效结点荷载 $\boldsymbol{F}_\mathrm{E}^e$ 中各元素在结构的等效结点荷载列阵 $\boldsymbol{F}_\mathrm{E}$ 中的位置。由此可见，单元定位向量在结构分析的全过程中，实际上起着组织整个计算流程图实施的重要作用。如果我们把结构的整体分析比作一场精彩的演出，那么，单元定位向量就成功地扮演着"最佳主持"的角色。

11.5.5 按照直接平衡法形成结构刚度方程和结构刚度矩阵

下面，结合图 11-9a 所示在结点荷载作用下的平面刚架，讨论结构刚度方程的建立。该刚架有 5 个结点、8 个结点位移未知量，在结点 1、结点 2（或 3）和结点 4 上作用有结点荷载。结构的结点位移列阵 $\boldsymbol{\Delta}$ 和结点荷载列阵 $\boldsymbol{F}$ 分别为

$$\boldsymbol{\Delta} = \begin{bmatrix} \delta_1 \\ \delta_2 \\ \delta_3 \\ \delta_4 \\ \delta_5 \\ \delta_6 \\ \delta_7 \\ \delta_8 \end{bmatrix} = \begin{bmatrix} u_1 \\ v_1 \\ \theta_1 \\ u_2 \\ v_2 \\ \theta_2 \\ \theta_3 \\ \theta_4 \end{bmatrix}, \quad \boldsymbol{F} = \begin{bmatrix} f_1 \\ f_2 \\ f_3 \\ f_4 \\ f_5 \\ f_6 \\ f_7 \\ f_8 \end{bmatrix} = \begin{bmatrix} F_{\mathrm{H}1} \\ F_{\mathrm{V}1} \\ M_1 \\ F_{\mathrm{H}2} \\ F_{\mathrm{V}2} \\ 0 \\ 0 \\ M_4 \end{bmatrix} \quad (\mathrm{a})$$

在结构坐标系中，结点线位移 u、v 和结点荷载 F_H、F_V 的方向与坐标轴正向一致时为正，反之为负；结点角位移 θ 和结点力偶 M 以顺时针方向为正，反之为负。

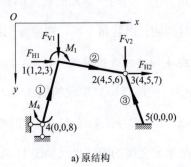

图 11-9 结构的整体分析

a) 原结构

图 11-9b 为结构坐标系中单元隔离体和结点隔离体的受力情况。

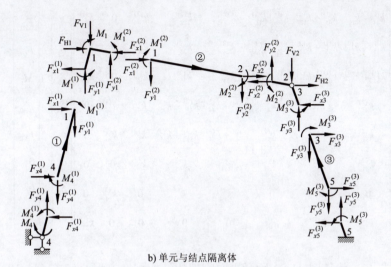

b) 单元与结点隔离体

图 11-9 结构的整体分析（续）

根据结点 1、2、3 和 4 的平衡条件，可以得到与结构的未知结点位移相应的 8 个平衡方程为

$$\left.\begin{array}{r} F_{x1}^{(1)} + F_{x1}^{(2)} = F_{H1} \\ F_{y1}^{(1)} + F_{y1}^{(2)} = F_{V1} \\ M_1^{(1)} + M_1^{(2)} = M_1 \\ F_{x2}^{(2)} + F_{x3}^{(3)} = F_{H2} \\ F_{y2}^{(2)} + F_{y3}^{(3)} = F_{V2} \\ M_2^{(2)} = 0 \\ M_3^{(3)} = 0 \\ M_4^{(1)} = M_4 \end{array}\right\} \quad (b)$$

根据变形协调条件，单元杆端位移应等于与之相连的结点的结点位移，由图 11-9a，可得

$$\boldsymbol{\delta}^{(1)} = \begin{bmatrix} 0 \\ 0 \\ \delta_8 \\ \hline \delta_1 \\ \delta_2 \\ \delta_3 \end{bmatrix}, \quad \boldsymbol{\delta}^{(2)} = \begin{bmatrix} \delta_1 \\ \delta_2 \\ \delta_3 \\ \hline \delta_4 \\ \delta_5 \\ \delta_6 \end{bmatrix}, \quad \boldsymbol{\delta}^{(3)} = \begin{bmatrix} 0 \\ 0 \\ 0 \\ \hline \delta_4 \\ \delta_5 \\ \delta_7 \end{bmatrix} \quad (c)$$

于是，用结构的结点位移表示的结构坐标系中的单元①至单元③的刚度方程，分别如式（d）、式（e）和式（f）所示。

$$\begin{bmatrix} F_{x4}^{(1)} \\ F_{y4}^{(1)} \\ M_4^{(1)} \\ \hline F_{x1}^{(1)} \\ F_{y1}^{(1)} \\ M_1^{(1)} \end{bmatrix} = \begin{bmatrix} k_{11}^{(1)} & k_{12}^{(1)} & k_{13}^{(1)} & k_{14}^{(1)} & k_{15}^{(1)} & k_{16}^{(1)} \\ k_{21}^{(1)} & k_{22}^{(1)} & k_{23}^{(1)} & k_{24}^{(1)} & k_{25}^{(1)} & k_{26}^{(1)} \\ k_{31}^{(1)} & k_{32}^{(1)} & k_{33}^{(1)} & k_{34}^{(1)} & k_{35}^{(1)} & k_{36}^{(1)} \\ \hline k_{41}^{(1)} & k_{42}^{(1)} & k_{43}^{(1)} & k_{44}^{(1)} & k_{45}^{(1)} & k_{46}^{(1)} \\ k_{51}^{(1)} & k_{52}^{(1)} & k_{53}^{(1)} & k_{54}^{(1)} & k_{55}^{(1)} & k_{56}^{(1)} \\ k_{61}^{(1)} & k_{62}^{(1)} & k_{63}^{(1)} & k_{64}^{(1)} & k_{65}^{(1)} & k_{66}^{(1)} \end{bmatrix} \begin{bmatrix} 0 \\ 0 \\ \delta_8 \\ \hline \delta_1 \\ \delta_2 \\ \delta_3 \end{bmatrix} \quad (d)$$

$$\begin{bmatrix} F_{x1}^{(2)} \\ F_{y1}^{(2)} \\ M_1^{(2)} \\ \hline F_{x2}^{(2)} \\ F_{y2}^{(2)} \\ M_2^{(2)} \end{bmatrix} = \begin{bmatrix} k_{11}^{(2)} & k_{12}^{(2)} & k_{13}^{(2)} & k_{14}^{(2)} & k_{15}^{(2)} & k_{16}^{(2)} \\ k_{21}^{(2)} & k_{22}^{(2)} & k_{23}^{(2)} & k_{24}^{(2)} & k_{25}^{(2)} & k_{26}^{(2)} \\ k_{31}^{(2)} & k_{32}^{(2)} & k_{33}^{(2)} & k_{34}^{(2)} & k_{35}^{(2)} & k_{36}^{(2)} \\ \hline k_{41}^{(2)} & k_{42}^{(2)} & k_{43}^{(2)} & k_{44}^{(2)} & k_{45}^{(2)} & k_{46}^{(2)} \\ k_{51}^{(2)} & k_{52}^{(2)} & k_{53}^{(2)} & k_{54}^{(2)} & k_{55}^{(2)} & k_{56}^{(2)} \\ k_{61}^{(2)} & k_{62}^{(2)} & k_{63}^{(2)} & k_{64}^{(2)} & k_{65}^{(2)} & k_{66}^{(2)} \end{bmatrix} \begin{bmatrix} \delta_1 \\ \delta_2 \\ \delta_3 \\ \hline \delta_4 \\ \delta_5 \\ \delta_6 \end{bmatrix} \quad (e)$$

$$\begin{bmatrix} F_{x5}^{(3)} \\ F_{y5}^{(3)} \\ M_{5}^{(3)} \\ \hline F_{x3}^{(3)} \\ F_{y3}^{(3)} \\ M_{3}^{(3)} \end{bmatrix} = \begin{bmatrix} k_{11}^{(3)} & k_{12}^{(3)} & k_{13}^{(3)} & | & k_{14}^{(3)} & k_{15}^{(3)} & k_{16}^{(3)} \\ k_{21}^{(3)} & k_{22}^{(3)} & k_{23}^{(3)} & | & k_{24}^{(3)} & k_{25}^{(3)} & k_{26}^{(3)} \\ k_{31}^{(3)} & k_{32}^{(3)} & k_{33}^{(3)} & | & k_{34}^{(3)} & k_{35}^{(3)} & k_{36}^{(3)} \\ \hline k_{41}^{(3)} & k_{42}^{(3)} & k_{43}^{(3)} & | & k_{44}^{(3)} & k_{45}^{(3)} & k_{46}^{(3)} \\ k_{51}^{(3)} & k_{52}^{(3)} & k_{53}^{(3)} & | & k_{54}^{(3)} & k_{55}^{(3)} & k_{56}^{(3)} \\ k_{61}^{(3)} & k_{62}^{(3)} & k_{63}^{(3)} & | & k_{64}^{(3)} & k_{65}^{(3)} & k_{66}^{(3)} \end{bmatrix} \begin{bmatrix} 0 \\ 0 \\ 0 \\ \hline \delta_4 \\ \delta_5 \\ \delta_7 \end{bmatrix} \quad (f)$$

展开式（d）、式（e）和式（f），就可得到用结构的结点位移表示的单元杆端力。如式（b）中的第一个方程所需的杆端力 $F_{x1}^{(1)}$ 和 $F_{x1}^{(2)}$ 可以分别由式（d）和式（e）展开，为

$$\left. \begin{array}{l} F_{x1}^{(1)} = k_{43}^{(1)}\delta_8 + k_{44}^{(1)}\delta_1 + k_{45}^{(1)}\delta_2 + k_{46}^{(1)}\delta_3 \\ F_{x1}^{(2)} = k_{11}^{(2)}\delta_1 + k_{12}^{(2)}\delta_2 + k_{13}^{(2)}\delta_3 + k_{14}^{(2)}\delta_4 + k_{15}^{(2)}\delta_5 + k_{16}^{(2)}\delta_6 \end{array} \right\} \quad (g)$$

将式（g）代入式（b）中的第一个方程，可得

$$\left(k_{44}^{(1)} + k_{11}^{(2)}\right)\delta_1 + \left(k_{45}^{(1)} + k_{12}^{(2)}\right)\delta_2 + \left(k_{46}^{(1)} + k_{13}^{(2)}\right)\delta_3 + k_{14}^{(2)}\delta_4 + k_{15}^{(2)}\delta_5 + k_{16}^{(2)}\delta_6 + k_{43}^{(1)}\delta_8 = F_{H1} \quad (h)$$

同理，式（b）中的第二至第八个方程可写为

$$\left. \begin{array}{l} \left(k_{54}^{(1)}+k_{21}^{(2)}\right)\delta_1+\left(k_{55}^{(1)}+k_{22}^{(2)}\right)\delta_2+\left(k_{56}^{(1)}+k_{23}^{(2)}\right)\delta_3+k_{24}^{(2)}\delta_4+k_{25}^{(2)}\delta_5+k_{26}^{(2)}\delta_6+k_{53}^{(1)}\delta_8=F_{V1} \\ \left(k_{64}^{(1)}+k_{31}^{(2)}\right)\delta_1+\left(k_{65}^{(1)}+k_{32}^{(2)}\right)\delta_2+\left(k_{66}^{(1)}+k_{33}^{(2)}\right)\delta_3+k_{34}^{(2)}\delta_4+k_{35}^{(2)}\delta_5+k_{36}^{(2)}\delta_6+k_{63}^{(1)}\delta_8=M_1 \\ k_{41}^{(2)}\delta_1+k_{42}^{(2)}\delta_2+k_{43}^{(2)}\delta_3+\left(k_{44}^{(2)}+k_{44}^{(3)}\right)\delta_4+\left(k_{45}^{(2)}+k_{45}^{(3)}\right)\delta_5+k_{46}^{(2)}\delta_6+k_{46}^{(3)}\delta_7=F_{H2} \\ k_{51}^{(2)}\delta_1+k_{52}^{(2)}\delta_2+k_{53}^{(2)}\delta_3+\left(k_{54}^{(2)}+k_{54}^{(3)}\right)\delta_4+\left(k_{55}^{(2)}+k_{55}^{(3)}\right)\delta_5+k_{56}^{(2)}\delta_6+k_{56}^{(3)}\delta_7=F_{V2} \\ k_{61}^{(2)}\delta_1+k_{62}^{(2)}\delta_2+k_{63}^{(2)}\delta_3+k_{64}^{(2)}\delta_4+k_{65}^{(2)}\delta_5+k_{66}^{(2)}\delta_6=0 \\ k_{64}^{(3)}\delta_4+k_{65}^{(3)}\delta_5+k_{66}^{(3)}\delta_7=0 \\ k_{34}^{(1)}\delta_1+k_{35}^{(1)}\delta_2+k_{36}^{(1)}\delta_3+k_{33}^{(1)}\delta_8=M_4 \end{array} \right\} \quad (i)$$

将式（h）、式（i）汇总写成矩阵形式，得

$$\begin{bmatrix} k_{44}^{(1)}+k_{11}^{(2)} & k_{45}^{(1)}+k_{12}^{(2)} & k_{46}^{(1)}+k_{13}^{(2)} & k_{14}^{(2)} & k_{15}^{(2)} & k_{16}^{(2)} & 0 & k_{43}^{(1)} \\ k_{54}^{(1)}+k_{21}^{(2)} & k_{55}^{(1)}+k_{22}^{(2)} & k_{56}^{(1)}+k_{23}^{(2)} & k_{24}^{(2)} & k_{25}^{(2)} & k_{26}^{(2)} & 0 & k_{53}^{(1)} \\ k_{64}^{(1)}+k_{31}^{(2)} & k_{65}^{(1)}+k_{32}^{(2)} & k_{66}^{(1)}+k_{33}^{(2)} & k_{34}^{(2)} & k_{35}^{(2)} & k_{36}^{(2)} & 0 & k_{63}^{(1)} \\ k_{41}^{(2)} & k_{42}^{(2)} & k_{43}^{(2)} & k_{44}^{(2)}+k_{44}^{(3)} & k_{45}^{(2)}+k_{45}^{(3)} & k_{46}^{(2)} & k_{46}^{(3)} & 0 \\ k_{51}^{(2)} & k_{52}^{(2)} & k_{53}^{(2)} & k_{54}^{(2)}+k_{54}^{(3)} & k_{55}^{(2)}+k_{55}^{(3)} & k_{56}^{(2)} & k_{56}^{(3)} & 0 \\ k_{61}^{(2)} & k_{62}^{(2)} & k_{63}^{(2)} & k_{64}^{(2)} & k_{65}^{(2)} & k_{66}^{(2)} & 0 & 0 \\ 0 & 0 & 0 & k_{64}^{(3)} & k_{65}^{(3)} & 0 & k_{66}^{(3)} & 0 \\ k_{34}^{(1)} & k_{35}^{(1)} & k_{36}^{(1)} & 0 & 0 & 0 & 0 & k_{33}^{(1)} \end{bmatrix} \begin{bmatrix} \delta_1 \\ \delta_2 \\ \delta_3 \\ \delta_4 \\ \delta_5 \\ \delta_6 \\ \delta_7 \\ \delta_8 \end{bmatrix} = \begin{bmatrix} F_{H1} \\ F_{V1} \\ M_1 \\ F_{H2} \\ F_{V2} \\ 0 \\ 0 \\ M_4 \end{bmatrix} \quad (j)$$

式（j）就是图 11-9a 所示平面刚架的结构刚度方程。与式（11-19）$K\Delta = F$ 比较可知，其左边的 8×8 阶矩阵就是结构刚度矩阵 K，即

$$K = \begin{bmatrix} k_{44}^{(1)}+k_{11}^{(2)} & k_{45}^{(1)}+k_{12}^{(2)} & k_{46}^{(1)}+k_{13}^{(2)} & k_{14}^{(2)} & k_{15}^{(2)} & k_{16}^{(2)} & 0 & k_{43}^{(1)} \\ k_{54}^{(1)}+k_{21}^{(2)} & k_{55}^{(1)}+k_{22}^{(2)} & k_{56}^{(1)}+k_{23}^{(2)} & k_{24}^{(2)} & k_{25}^{(2)} & k_{26}^{(2)} & 0 & k_{53}^{(1)} \\ k_{64}^{(1)}+k_{31}^{(2)} & k_{65}^{(1)}+k_{32}^{(2)} & k_{66}^{(1)}+k_{33}^{(2)} & k_{34}^{(2)} & k_{35}^{(2)} & k_{36}^{(2)} & 0 & k_{63}^{(1)} \\ k_{41}^{(2)} & k_{42}^{(2)} & k_{43}^{(2)} & k_{44}^{(2)}+k_{44}^{(3)} & k_{45}^{(2)}+k_{45}^{(3)} & k_{46}^{(2)} & k_{46}^{(3)} & 0 \\ k_{51}^{(2)} & k_{52}^{(2)} & k_{53}^{(2)} & k_{54}^{(2)}+k_{54}^{(3)} & k_{55}^{(2)}+k_{55}^{(3)} & k_{56}^{(2)} & k_{56}^{(3)} & 0 \\ k_{61}^{(2)} & k_{62}^{(2)} & k_{63}^{(2)} & k_{64}^{(2)} & k_{65}^{(2)} & k_{66}^{(2)} & 0 & 0 \\ 0 & 0 & 0 & k_{64}^{(3)} & k_{65}^{(3)} & 0 & k_{66}^{(3)} & 0 \\ k_{34}^{(1)} & k_{35}^{(1)} & k_{36}^{(1)} & 0 & 0 & 0 & 0 & k_{33}^{(1)} \end{bmatrix} \quad (k)$$

11.5.6 按照直接刚度法形成结构刚度矩阵

如果每个结构都从变形协调条件和结点平衡方程出发，按照式（b）到式（k）的过程建立结构刚度矩阵，虽然其物理意义十分清楚，但显然是相当麻烦的。对复杂结构来说，既不可能也无必要。事实上，结构刚度矩阵的元素是由单刚元素按照一定规律组成的，只要确定了单刚元素在结构刚度矩阵中的位置，就可以由各单元的单刚 k^e 直接集成结构刚度矩阵 K。

利用单元定位向量确定单刚元素在结构刚度矩阵中的行码和列码后，直接将单刚元素送入结构总刚中的对应位置，这种装配结构总刚的方法，称为**直接刚度法**。

1 装配过程

(1) 计算单元 ⓔ 在结构坐标系中的单刚 k^e，将其定位向量中各分量（始末两端结点位移分量编号）及单元自身的结点位移分量编号（用数字 $\bar{1}$，$\bar{2}$，…，$\bar{6}$ 表示），分别写在 k^e 的上方和右侧。

(2) 按照单元定位向量中的非零分量所指定的行码和列码，将各单元单刚 k^e 中的元素，正确地叠加到结构总刚 K 中去，行、列码相同的元素则相加。这一做法称为"**对号入座，同号相加**"。

例如，图 11-9a 所示刚架，各单元的定位向量分别为

$$\lambda^{(1)} = \begin{bmatrix} 0 & 0 & 8 & | & 1 & 2 & 3 \end{bmatrix}^T$$

$$\lambda^{(2)} = \begin{bmatrix} 1 & 2 & 3 & | & 4 & 5 & 6 \end{bmatrix}^T$$

$$\lambda^{(3)} = \begin{bmatrix} 0 & 0 & 0 & | & 4 & 5 & 7 \end{bmatrix}^T$$

各单元的单刚如图 11-10 所示。

为使装配过程的物理概念更加明晰，可先将本例中各单刚在行、列方向上，定位向量元素均为非零值时所对应的单元刚度系数，按照单元定位向量的指引，分别送入 8×8 阶的结构总刚中"对号入座"，这样形成的 K_1、K_2 和 K_3 矩阵（如图 11-11 所示）称为每个单元对总刚的**贡献矩阵**。

显然，结构总刚 K 与三个单元贡献矩阵的关系为

$$K = K_1 + K_2 + K_3$$

将三个单元贡献矩阵中相同行、列的各元素"同号相加"，即可最后装配成结构刚度矩阵（总刚），所得结果与式（k）完全相同。

实际装配总刚时，无需将每个单元的单刚逐个扩大形成对总刚的贡献矩阵，而是直接利用单元定位向量，逐一将各单元单刚中与定位向量非零分量所对应的单元刚度系数，按照"对号入座，同号相加"的原则，送入总刚中相应位置，即可十分方便地形成结构刚度矩阵。

11.5 用先处理法形成结构刚度矩阵

$$\boldsymbol{k}^{(1)} = \begin{matrix} \overline{1} & \overline{2} & \overline{3} & \overline{4} & \overline{5} & \overline{6} \\ 0 & 0 & 8 & 1 & 2 & 3 \end{matrix} \begin{bmatrix} & & & & & \\ & & & & & \\ & & k_{33}^{(1)} & k_{34}^{(1)} & k_{35}^{(1)} & k_{36}^{(1)} \\ \hline & & k_{43}^{(1)} & k_{44}^{(1)} & k_{45}^{(1)} & k_{46}^{(1)} \\ & & k_{53}^{(1)} & k_{54}^{(1)} & k_{55}^{(1)} & k_{56}^{(1)} \\ & & k_{63}^{(1)} & k_{64}^{(1)} & k_{65}^{(1)} & k_{66}^{(1)} \end{bmatrix} \begin{matrix} \overline{1} \\ \overline{2} \\ \overline{3} \\ \overline{4} \\ \overline{5} \\ \overline{6} \end{matrix} \begin{matrix} 0 \\ 0 \\ 8 \\ 1 \\ 2 \\ 3 \end{matrix}$$

a) 单元①的单刚

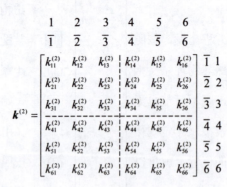

b) 单元②的单刚

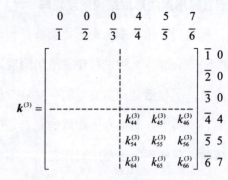

c) 单元③的单刚

说明：为清楚起见，定位向量中 0 分量所对应的单元刚度系数均省去，未标出。

图 11-10　各单元的单刚

图 11-11　各单元的贡献矩阵

2 直接刚度法的正确性说明

上述做法的正确性，可由单刚中刚度系数与结构总刚中刚度系数的物理意义加以说明。总刚 K 中任一元素 k_{ij}，表示结点位移列阵 Δ 中第 j 个结点位移分量 $\delta_j = 1$（其余结点位移分量均为零）时，所引起的结点荷载列阵 F 中第 i 个结点力分量 f_i 之值。

例如，式(k)中结构总刚的刚度系数 k_{12}，表示当结点位移分量 $\delta_2 = 1$（其余结点位移分量为零）时，所引起的结点荷载列阵 F 中第 1 个结点力分量 f_1 之值，如图 11-12a 所示。

当 $\delta_2 = 1$ 时，则应有单元①的 $\delta_5^{(1)} = 1$ 和单元②的 $\delta_2^{(2)} = 1$，分别如图 11-12b、c 所示。再由结点 1 水平方向的受力（如图 11-12d

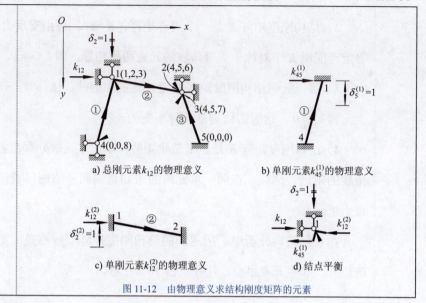

图 11-12 由物理意义求结构刚度矩阵的元素

所示）及其平衡条件 $\sum F_x = 0$，可得 $k_{12} = k_{45}^{(1)} + k_{12}^{(2)}$，与式（k）中结果一致。

3 结构刚度矩阵 K 中元素的组成规律

如果将单元定位向量中有编号 i 的所有单元称为未知量 δ_i 的**相关单元**，将与未知量 δ_i 同属一个单元的其他未知量称为未知量 δ_i 的**相关未知量**，则结构刚度矩阵 K 具有如下组成规律：

(1) 主对角线元素（简称**主元**）k_{ii}

k_{ii} 由未知量 δ_i 的相关单元的单刚中的相应主对角线元素叠加而成。如式（k）中 $k_{55} = k_{55}^{(2)} + k_{55}^{(3)}$。

(2) 非主对角线元素 $k_{ij} (i \neq j)$

k_{ij} 有两种情况：若 δ_i 和 δ_j 是相关未知量，那么必有某些单元的相应单刚元素对 k_{ij} 和 k_{ji} 产生贡献，故一般 $k_{ij} = k_{ji} \neq 0$；若 δ_i 和 δ_j 不是相关未知量，自然无任何单元的单刚元素对 k_{ij} 和 k_{ji} 产生贡献，则必有 $k_{ij} = k_{ji} = 0$。

例如式(k)中，由于 δ_1 和 δ_4 是相关未知量，则 $k^{(2)}$ 中元素 $k_{14}^{(2)}$ 和 $k_{41}^{(2)}$ 分别对 k_{14} 和 k_{41} 产生贡献，只要 $k_{14}^{(2)} (= k_{41}^{(2)})$ 不为零，则 $k_{14} = k_{41} \neq 0$；而 δ_6 和 δ_7 不是相关未知量，故 $k_{67} = k_{76} = 0$。

11.5.7 结构刚度矩阵 K 的性质

1）结构刚度矩阵 K 是一个 $N \times N$ 阶的方阵，N 为结点的位移未知量总数。

2) 结构刚度矩阵 K 是一个对称矩阵，$K=K^T$。可由支反力互等定理证明 K 中对称于主对角线的元素两两相等，即 $k_{ij}=k_{ji}$。

3) 可以证明结构刚度矩阵 K 是正定的。因此，$|K|>0$，任一主元素 $k_{ii}>0$。这时的结构是几何不变的。

4) 结构刚度矩阵 K 是一个带状矩阵，即非零元素分布在主对角线的附近。因此，在同一单元内的未知量编码差值应尽量保持最小值。

在实际结构分析中，所遇到的结构刚度矩阵一般都是大型稀疏矩阵，非零元素很少，往往只占10%左右。

【例 11-1】试形成图 11-13 所示刚架的结构刚度矩阵。已知各杆 $EA=4.8\times10^6$kN，$EI=0.9\times10^5$ kN·m^2。

解：(1) 结构离散化

结构坐标系、单元坐标系、结点编号、单元编号及结点位移分量统一编号，如图 11-13 所示。

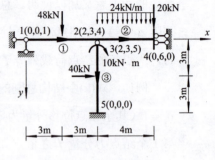

图 11-13 形成结构刚度矩阵

各单元定位向量为

$$\lambda^{(1)}=\begin{bmatrix}0&0&1&2&3&4\end{bmatrix}^T$$

$$\lambda^{(2)}=\begin{bmatrix}2&3&4&0&6&0\end{bmatrix}^T$$

$$\lambda^{(3)}=\begin{bmatrix}2&3&5&0&0&0\end{bmatrix}^T$$

(2) 形成结构坐标系中的单刚

按式（11-17）和式（11-18）直接计算，各单元单刚分别为

$$k^{(1)}=10^4\times\begin{bmatrix}80&0&0&-80&0&0\\0&0.5&1.5&0&-0.5&1.5\\0&1.5&6.0&0&-1.5&3.0\\-80&0&0&80&0&0\\0&-0.5&-1.5&0&0.5&-1.5\\0&1.5&3.0&0&-1.5&6.0\end{bmatrix}\begin{matrix}0\\0\\1\\2\\3\\4\end{matrix}$$

列标：0 0 1 2 3 4

$$k^{(2)}=10^4\times\begin{bmatrix}120&0&0&-120&0&0\\0&1.688&3.375&0&-1.688&3.375\\0&3.375&9.0&0&-3.375&4.5\\-120&0&0&120&0&0\\0&-1.688&-3.375&0&1.688&-3.375\\0&3.375&4.5&0&-3.375&9.0\end{bmatrix}\begin{matrix}2\\3\\4\\0\\6\\0\end{matrix}$$

列标：2 3 4 0 6 0

$$k^{(3)}=10^4\times\begin{bmatrix}0.5&0&-1.5&-0.5&0&-1.5\\0&80&0&0&-80&0\\-1.5&0&6.0&1.5&0&3.0\\-0.5&0&1.5&0.5&0&1.5\\0&-80&0&0&80&0\\-1.5&0&3.0&1.5&0&6.0\end{bmatrix}\begin{matrix}2\\3\\5\\0\\0\\0\end{matrix}$$

列标：2 3 5 0 0 0

第 11 章　矩阵位移法

(3) 集成结构刚度矩阵

将单元定位向量分别写在单刚 k^e 的上方和右侧，根据定位向量中非零分量所指明的行码和列码，就可按"对号入座，同号相加"的原则，将单刚中各元素送入 K 中。于是得

$$K = 10^4 \times \begin{bmatrix} 6.0 & 0 & -1.5 & 3.0 & 0 & 0 \\ 0 & 200.5 & 0 & 0 & -1.5 & 0 \\ -1.5 & 0 & 82.188 & 1.875 & 0 & -1.688 \\ 3.0 & 0 & 1.875 & 15.0 & 0 & -3.375 \\ 0 & -1.5 & 0 & 0 & 6.0 & 0 \\ 0 & 0 & -1.688 & -3.375 & 0 & 1.688 \end{bmatrix}$$

11.6　结构的综合结点荷载列阵

在上节中推导结构刚度方程时，只讨论了**结点荷载**作用的情况。当实际结构中单元（即杆件）上作用有荷载时，称为**非结点荷载**。这时，应根据叠加原理及结点位移相同的原则，将非结点荷载转换为**等效结点荷载**，才能用矩阵位移法进行求解。

11.6.1　等效结点荷载

图 11-14a 所示刚架的单元②上作用有垂直于杆轴的均布荷载 q，对此非结点荷载，欲求单元②的杆端内力，可以先分两步计算，

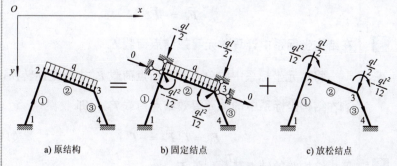

a) 原结构　　b) 固定结点　　c) 放松结点

图 11-14　等效结点荷载

再按叠加法来处理。

首先，用附加链杆（沿单元②的单元坐标轴方向）和附加刚臂将结点 2 和结点 3 固定，使其不能产生位移，如图 11-14b 所示。

这样，单元②成为两端固定梁，在非结点荷载作用下的杆端截面内力又称为**单元坐标系中的单元固端力**，用 $\bar{F}_P^{(2)}$ 表示。设单元②的杆长为 l，则有

$$\bar{F}_P^{(2)} = \begin{bmatrix} 0 & -\dfrac{1}{2}ql & -\dfrac{1}{12}ql^2 & \bigg| & 0 & -\dfrac{1}{2}ql & \dfrac{1}{12}ql^2 \end{bmatrix}^T$$

单元固端力 $\bar{F}_P^e$ 的正负号规定与单元杆端力 $\bar{F}^e$ 相同。

然后，去掉附加链杆和附加刚臂，即将图 11-14b 中由 $\bar{F}_P^{(2)}$ 引起的附加约束中的支反力反向（即为 $-\bar{F}_P^{(2)}$）并作用在相应的结点上。于是，得到一组结点荷载如图 11-14c 所示。结构在这一组结点荷载作用下的内力可用矩阵位移法求解。

最后，叠加图 11-14b、c 所对应的两组杆端内力，便得到图 11-14a 所示原结构在非结点荷载作用下的杆端内力。

由于图 11-14b 中的结点位移等于零，故图 11-14a 所示原结构在非结点荷载作用下的结点位移，与该结构在图 11-14c 所示结点荷载作用下的结点位移相等。因此，就结点位移而言，这两组荷载是等效的。所以，把图 11-14c 中的结点荷载称为图 11-14a 所示非结点荷载在**单元坐标系中的单元等效结点荷载**，用 $\bar{\boldsymbol{F}}_{\mathrm{E}}^{(2)}$ 表示，即

$$\bar{\boldsymbol{F}}_{\mathrm{E}}^{(2)} = -\bar{\boldsymbol{F}}_{\mathrm{P}}^{(2)}$$

由于结构刚度方程中的结点荷载列阵 $\boldsymbol{F}$ 是在结构坐标系中建立的，故还应将按单元坐标系形成的 $\bar{\boldsymbol{F}}_{\mathrm{E}}^{(2)}$ 进行坐标转换，以得到在结构坐标系中单元②的等效结点荷载 $\boldsymbol{F}_{\mathrm{E}}^{(2)}$。由式（11-9），得

$$\boldsymbol{F}_{\mathrm{E}}^{(2)} = \left(\boldsymbol{T}^{(2)}\right)^{\mathrm{T}} \bar{\boldsymbol{F}}_{\mathrm{E}}^{(2)} = -\left(\boldsymbol{T}^{(2)}\right)^{\mathrm{T}} \bar{\boldsymbol{F}}_{\mathrm{P}}^{(2)}$$

11.6.2 计算结构的综合结点荷载列阵的步骤

一般情况下，作用在结构上的荷载既有直接结点荷载，也有非结点荷载。求出非结点荷载作用下的**结构等效结点荷载列阵** $\boldsymbol{F}_{\mathrm{E}}$，并与**结构直接结点荷载列阵** $\boldsymbol{F}_{\mathrm{J}}$ 叠加，所得到的**总结点荷载列阵** $\boldsymbol{F}$ 即为**结构的综合结点荷载列阵**。计算结构综合结点荷载列阵的步骤如下。

1 在单元坐标系中计算单元固端力 $\bar{\boldsymbol{F}}_{\mathrm{P}}^{e}$ 和单元等效结点荷载 $\bar{\boldsymbol{F}}_{\mathrm{E}}^{e}$

在单元坐标系中，将结构的各单元均视为两端固定梁。某单元 e 在非结点荷载作用下的固端力为

$$\bar{\boldsymbol{F}}_{\mathrm{P}}^{e} = \begin{bmatrix} \bar{\boldsymbol{F}}_{\mathrm{P}i}^{e} & \bar{\boldsymbol{F}}_{\mathrm{P}j}^{e} \end{bmatrix}^{\mathrm{T}} = \begin{bmatrix} \bar{F}_{\mathrm{PN}_{i}}^{(e)} & \bar{F}_{\mathrm{PQ}_{i}}^{(e)} & \bar{M}_{\mathrm{P}_{i}}^{(e)} \mid \bar{F}_{\mathrm{PN}_{j}}^{(e)} & \bar{F}_{\mathrm{PQ}_{j}}^{(e)} & \bar{M}_{\mathrm{P}_{j}}^{(e)} \end{bmatrix}^{\mathrm{T}} \quad (a)$$

常见荷载作用下等截面直杆单元的固端力计算公式，参见表 11-1。非结点荷载的正负号规定为：集中力和分布力的方向与单元坐标系的坐标轴正方向一致时为正，反之为负；集中力偶和分布力偶以顺时针方向为正，反之为负。

将单元坐标系中的单元固端力 $\bar{\boldsymbol{F}}_{\mathrm{P}}^{e}$ 反号，可得到单元坐标系中的单元等效结点荷载，即

$$\bar{\boldsymbol{F}}_{\mathrm{E}}^{e} = -\bar{\boldsymbol{F}}_{\mathrm{P}}^{e} \quad (b)$$

2 在结构坐标系中计算单元等效结点荷载 $\boldsymbol{F}_{\mathrm{E}}^{e}$

将单元坐标系中的单元等效结点荷载 $\bar{\boldsymbol{F}}_{\mathrm{E}}^{e}$ 进行坐标转换，可得到在结构坐标系中的单元等效结点荷载 $\boldsymbol{F}_{\mathrm{E}}^{e}$，即

$$\boldsymbol{F}_{\mathrm{E}}^{e} = \boldsymbol{T}^{\mathrm{T}} \bar{\boldsymbol{F}}_{\mathrm{E}}^{e} = -\boldsymbol{T}^{\mathrm{T}} \bar{\boldsymbol{F}}_{\mathrm{P}}^{e} \quad (11\text{-}20)$$

3 形成结构等效结点荷载列阵 $\boldsymbol{F}_{\mathrm{E}}$

结构等效结点荷载列阵 $\boldsymbol{F}_{\mathrm{E}}$ 的形成方式，与结构刚度矩阵 $\boldsymbol{K}$ 的形成方式相类似。即将各单元按式(11-20)求出的 $\boldsymbol{F}_{\mathrm{E}}^{e}$ 中的 6 个元素与单元定位向量 $\boldsymbol{\lambda}^{e}$ 中的 6 个元素一一对应，按照 $\boldsymbol{\lambda}^{e}$ 中非零分量所

表 11-1 单元坐标系中的单元固端力 $\overline{F}_P^e$

类型码	荷载简图	$\overline{F}_P^e$	始端（i）	末端（j）
1		$\overline{F}_{PN}^{(e)}$	0	0
		$\overline{F}_{PQ}^{(e)}$	$-Gc\left(1-\dfrac{c^2}{l^2}+\dfrac{c^3}{2l^3}\right)$	$-G\dfrac{c^3}{l^2}\left(1-\dfrac{c}{2l}\right)$
		$\overline{M}_P^{(e)}$	$-G\dfrac{c^2}{12}\left(6-8\dfrac{c}{l}+3\dfrac{c^2}{l^2}\right)$	$G\dfrac{c^3}{12l}\left(4-3\dfrac{c}{l}\right)$
2		$\overline{F}_{PN}^{(e)}$	0	0
		$\overline{F}_{PQ}^{(e)}$	$-G\dfrac{b^2}{l^2}\left(1+2\dfrac{c}{l}\right)$	$-G\dfrac{c^2}{l^2}\left(1+2\dfrac{b}{l}\right)$
		$\overline{M}_P^{(e)}$	$-G\dfrac{cb^2}{l^2}$	$G\dfrac{c^2 b}{l^2}$
3		$\overline{F}_{PN}^{(e)}$	0	0
		$\overline{F}_{PQ}^{(e)}$	$G\dfrac{6cb}{l^3}$	$-G\dfrac{6cb}{l^3}$
		$\overline{M}_P^{(e)}$	$G\dfrac{b}{l}\left(2-3\dfrac{b}{l}\right)$	$G\dfrac{c}{l}\left(2-3\dfrac{c}{l}\right)$
4		$\overline{F}_{PN}^{(e)}$	0	0
		$\overline{F}_{PQ}^{(e)}$	$-G\dfrac{c}{4}\left(2-3\dfrac{c^2}{l^2}+1.6\dfrac{c^3}{l^3}\right)$	$-G\dfrac{c^3}{4l^2}\left(3-1.6\dfrac{c}{l}\right)$
		$\overline{M}_P^{(e)}$	$-G\dfrac{c^2}{6}\left(2-3\dfrac{c}{l}+1.2\dfrac{c^2}{l^2}\right)$	$G\dfrac{c^3}{4l}\left(1-0.8\dfrac{c}{l}\right)$
5		$\overline{F}_{PN}^{(e)}$	$-Gc\left(1-\dfrac{c}{2l}\right)$	$-G\dfrac{c^2}{2l}$
		$\overline{F}_{PQ}^{(e)}$	0	0
		$\overline{M}_P^{(e)}$	0	0
6		$\overline{F}_{PN}^{(e)}$	$-G\dfrac{b}{l}$	$-G\dfrac{c}{l}$
		$\overline{F}_{PQ}^{(e)}$	0	0
		$\overline{M}_P^{(e)}$	0	0

注：关于温度变化、支座移动等广义荷载作用下的单元固端力，请参阅文国治、李正良主编的《结构分析中的有限元法》等教材。

指引的位置，根据"对号入座，同号相加"的原则，就可将 F_E^e 中的元素正确地叠加到 F_E 中去。若 F_E^e 中某分量对应的 λ^e 中的分量为零，则表示该等效结点荷载分量作用在支座上而对结点位移无影响，该分量就不送入 F_E 中。F_E 与结构的结点位移列阵 Δ 同阶。

4 **形成结构的综合结点荷载列阵 F**

对于直接作用在结点上的荷载，按其对应的结点位移分量的编号，容易形成结构的直接结点荷载列阵 F_J（与 Δ 同阶）。将 F_J 与 F_E 叠加，就得到结构的综合结点荷载列阵

$$F = F_J + F_E \tag{11-21}$$

【例 11-2】 试求例 11-1 中图 11-13 所示结构的综合结点荷载列阵 F。

解：（1）计算单元固端力

在单元坐标系中，将结构的各单元均视作两端固定梁，查表 11-1，可求得

$$\overline{F}_P^{(1)} = \begin{bmatrix} 0 \\ -24 \\ -36 \\ 0 \\ -24 \\ 36 \end{bmatrix}, \quad \overline{F}_P^{(2)} = \begin{bmatrix} 0 \\ -48 \\ -32 \\ 0 \\ -48 \\ 32 \end{bmatrix}, \quad \overline{F}_P^{(3)} = \begin{bmatrix} 0 \\ 20 \\ 30 \\ 0 \\ 20 \\ -30 \end{bmatrix}$$

（2）计算单元等效结点荷载 F_E^e，并将单元定位向量写在 F_E^e 的右侧

单元①

$\alpha = 0°$，$\boldsymbol{T}^{(1)} = \boldsymbol{I}$，$\boldsymbol{\lambda}^{(1)} = \begin{bmatrix} 0 & 0 & 1 & 2 & 3 & 4 \end{bmatrix}^{\mathrm{T}}$

$$\boldsymbol{F}_{\mathrm{E}}^{(1)} = -\bar{\boldsymbol{F}}_{\mathrm{P}}^{(1)} = \begin{bmatrix} 0 \\ 24 \\ 36 \\ 0 \\ 24 \\ -36 \end{bmatrix} \begin{matrix} 0 \\ 0 \\ 1 \\ 2 \\ 3 \\ 4 \end{matrix}$$

单元②

$\alpha = 0°$，$\boldsymbol{T}^{(2)} = \boldsymbol{I}$，$\boldsymbol{\lambda}^{(2)} = \begin{bmatrix} 2 & 3 & 4 & 0 & 6 & 0 \end{bmatrix}^{\mathrm{T}}$

$$\boldsymbol{F}_{\mathrm{E}}^{(2)} = -\bar{\boldsymbol{F}}_{\mathrm{P}}^{(2)} = \begin{bmatrix} 0 \\ 48 \\ 32 \\ 0 \\ 48 \\ -32 \end{bmatrix} \begin{matrix} 2 \\ 3 \\ 4 \\ 0 \\ 6 \\ 0 \end{matrix}$$

单元③

$\alpha = 90°$，$\boldsymbol{\lambda}^{(3)} = \begin{bmatrix} 2 & 3 & 5 & 0 & 0 & 0 \end{bmatrix}^{\mathrm{T}}$

$$\boldsymbol{F}_{\mathrm{E}}^{(3)} = -\boldsymbol{T}^{(3)\mathrm{T}} \bar{\boldsymbol{F}}_{\mathrm{P}}^{(3)} = -\begin{bmatrix} 0 & -1 & 0 & 0 & 0 & 0 \\ 1 & 0 & 0 & 0 & 0 & 0 \\ 0 & 0 & 1 & 0 & 0 & 0 \\ 0 & 0 & 0 & 0 & -1 & 0 \\ 0 & 0 & 0 & 1 & 0 & 0 \\ 0 & 0 & 0 & 0 & 0 & 1 \end{bmatrix} \begin{bmatrix} 0 \\ 20 \\ 30 \\ 0 \\ 20 \\ -30 \end{bmatrix} = \begin{bmatrix} 20 \\ 0 \\ -30 \\ 20 \\ 0 \\ 30 \end{bmatrix} \begin{matrix} 2 \\ 3 \\ 5 \\ 0 \\ 0 \\ 0 \end{matrix}$$

(3) 利用单元定位向量形成结构的等效结点荷载列阵

$$\boldsymbol{F}_{\mathrm{E}} = \begin{bmatrix} 36 \\ 0+0+20 \\ 24+48+0 \\ -36+32 \\ -30 \\ 48 \end{bmatrix} \begin{matrix} 1 \\ 2 \\ 3 \\ 4 \\ 5 \\ 6 \end{matrix} = \begin{bmatrix} 36 \\ 20 \\ 72 \\ -4 \\ -30 \\ 48 \end{bmatrix}$$

(4) 由结点荷载形成结构的直接结点荷载列阵

$$\boldsymbol{F}_{\mathrm{J}} = \begin{bmatrix} 0 & 0 & 0 & 0 & 10 & 20 \end{bmatrix}^{\mathrm{T}}$$

(5) 计算结构的综合结点荷载列阵

$$\boldsymbol{F} = \boldsymbol{F}_{\mathrm{J}} + \boldsymbol{F}_{\mathrm{E}} = \begin{bmatrix} 0 \\ 0 \\ 0 \\ 0 \\ 10 \\ 20 \end{bmatrix} + \begin{bmatrix} 36 \\ 20 \\ 72 \\ -4 \\ -30 \\ 48 \end{bmatrix} = \begin{bmatrix} 36 \text{ kN·m} \\ 20 \text{ kN} \\ 72 \text{ kN·m} \\ -4 \text{ kN·m} \\ -20 \text{ kN·m} \\ 68 \text{ kN} \end{bmatrix}$$

11.7 求解结点位移和单元杆端力

前面，采用先处理法对结点位移分量进行了统一编号（即列出了 $\varDelta$），并利用单元定位向量，于 11.5 节装配了结构刚度矩阵 $\boldsymbol{K}$，11.6 节形成了结构的综合结点荷载列阵 $\boldsymbol{F}$。因此，整个结构刚度方程（即位移法的基本方程）

$$K\varDelta = F$$

实际上已经建立起来了。

下面的任务是：

第一，解方程 $K\varDelta = F$，求出基本未知量——结点位移 $\varDelta$。

第二，求出单元杆端位移 $\overline{\pmb{\delta}}^e$。

第三，求出单元杆端内力 $\overline{\pmb{F}}^e$。

11.7.1 求解结点位移 $\varDelta$

用先处理法直接形成的结构刚度方程 $K\varDelta = F$，是一个线性代数方程组，其结构刚度矩阵 K 为对称正定矩阵。求解此方程组，即可得到未知结点位移 $\varDelta$ 的唯一确定解。

11.7.2 求单元杆端位移 $\overline{\pmb{\delta}}^e$

这是一个逆向求解过程。对于单元 ij 而言，首先通过单元定位向量，从 $\varDelta$ 中取出结构坐标系中的 $\pmb{\delta}^e$；然后，再利用坐标转换矩阵，将 $\pmb{\delta}^e$ 变换到单元坐标系中去，求得 $\overline{\pmb{\delta}}^e$，即

$$\varDelta \xrightarrow[\text{(根据变形连续条件)}]{\text{通过}\lambda^e,\text{取出}} \pmb{\delta}^e \xrightarrow{\text{利用}T,\text{变换}} \overline{\pmb{\delta}}^e = T\pmb{\delta}^e$$

11.7.3 求单元杆端内力 $\overline{\pmb{F}}^e$

为了便于工程设计，一般需要求出单元坐标系中的单元杆端内力

$$\overline{\pmb{F}}^e = \begin{bmatrix} \overline{F}_{Ni} & \overline{F}_{Qi} & \overline{M}_i & | & \overline{F}_{Nj} & \overline{F}_{Qj} & \overline{M}_j \end{bmatrix}^e$$

1 计算公式

平面刚架的单元杆端内力 $\overline{\pmb{F}}^e$ 由两部分组成（参见图 11-14）：

第一，固定结点时，由单元非结点荷载产生的单元固端力 $\overline{\pmb{F}}_P^e$（图 11-14b），可由表 11-1 查得。

第二，放松结点时，由单元杆端位移引起的杆端力 $\overline{\pmb{F}}_\delta^e$（图 11-14c）。这里，杆端力特意加上下标"$\delta$"，是为了强调该杆端力 $\overline{\pmb{F}}_\delta^e$ 是仅由杆端位移引起的。

将以上两部分叠加，就可得到单元杆端内力为

$$\overline{\pmb{F}}^e = \underset{\text{（固定结点）}}{\overline{\pmb{F}}_P^e} + \underset{\text{（放松结点）}}{\overline{\pmb{F}}_\delta^e} \qquad (a)$$

关于 $\overline{\pmb{F}}_\delta^e$ 的计算，具体说明如下：

若利用结构坐标系中的单刚 $\pmb{k}^e$ 计算，则先按式（11-15）求出单元杆端力 $\pmb{F}^e = \pmb{k}^e \pmb{\delta}^e$ 后，再经过坐标转换，就可求得单元坐标系中的杆端内力

$$\overline{\pmb{F}}_\delta^e = \pmb{T}^e \pmb{F}^e = \pmb{T}^e \pmb{k}^e \pmb{\delta}^e \qquad (b)$$

若利用单元坐标系中的单刚 $\overline{\pmb{k}}^e$ 计算，则可求得

$$\overline{\pmb{F}}_\delta^e = \overline{\pmb{k}}^e \overline{\pmb{\delta}}^e = \overline{\pmb{k}}^e (\pmb{T}^e \pmb{\delta}^e) \qquad (c)$$

将式（b）、式（c）分别代入式（a），即可导出求解平面刚架单元杆端内力 $\overline{\pmb{F}}^e$ 的两种实用的计算公式，即

方法一：

$$\bar{F}^e = \bar{F}_P^e + T^e k^e \delta^e \quad (11-22)$$

方法二：

$$\bar{F}^e = \bar{F}_P^e + \bar{k}^e \bar{\delta}^e = \bar{F}_P^e + \bar{k}^e (T^e \delta^e) \quad (11-23)$$

② 符号规定

按式（11-22）或式（11-23）求得的 $\bar{F}^e$ 中，杆端轴力与 $\bar{x}$ 轴正向同向为正，杆端剪力与 $\bar{y}$ 轴正向同向为正，杆端弯矩以顺时针方向为正。这与本书前面各章节中内力正负号规定不尽相同。注意在绘内力图时，仍应按原规定的内力正负号进行绘制，即轴力以受拉为正，剪力以绕它端顺时针旋转为正，弯矩不区分正负，而应绘在杆件受拉一侧。

11.8 矩阵位移法的计算步骤和算例

11.8.1 先处理法的计算步骤

归纳起来，用先处理法计算平面刚架的步骤如下：

1）结构离散化。建立结构坐标系和单元坐标系，并对结点、单元及结点位移分量分别进行编号。

2）形成单元坐标系中的单元刚度矩阵 $\bar{k}^e$，用式（11-14）。

3）形成结构坐标系中的单元刚度矩阵 k^e。既可用式（11-16）形成，也可直接由式（11-17）和式（11-18）形成。

4）按直接刚度法形成结构刚度矩阵 K。

5）按式（11-21）形成结构的综合结点荷载列阵 F。

6）解线性代数方程组 $K\Delta = F$，求出结构的未知结点位移列阵 Δ。

7）按式（11-22）或式（11-23）计算单元杆端内力，并由计算结果绘内力图。

对于连续梁和平面桁架等结构，可参照以上步骤进行，但要注意考虑不同结构的具体受力特点。

11.8.2 举例

① 平面刚架

【例 11-3】 试用矩阵位移法计算例 11-1 中图 11-13 所示刚架的内力，并作内力图。

解：(1) 形成结构刚度矩阵

结构刚度矩阵已在例 11-1 中形成，为

$$K = 10^4 \times \begin{bmatrix} 6.0 & 0 & -1.5 & 3.0 & 0 & 0 \\ 0 & 200.5 & 0 & 0 & -1.5 & 0 \\ -1.5 & 0 & 82.188 & 1.875 & 0 & -1.688 \\ 3.0 & 0 & 1.875 & 15.0 & 0 & -3.375 \\ 0 & -1.5 & 0 & 0 & 6.0 & 0 \\ 0 & 0 & -1.688 & -3.375 & 0 & 1.688 \end{bmatrix}$$

(2) **计算结构的综合结点荷载列阵**

已在例 11-2 中求得，为

$$F = \begin{bmatrix} 36 & 20 & 72 & -4 & -20 & 68 \end{bmatrix}^T$$

(3) **解结构刚度方程 $K\Delta = F$，求出结构的结点位移列阵 Δ**

由

$$10^4 \times \begin{bmatrix} 6.0 & 0 & -1.5 & 3.0 & 0 & 0 \\ 0 & 200.5 & 0 & 0 & -1.5 & 0 \\ -1.5 & 0 & 82.188 & 1.875 & 0 & -1.688 \\ 3.0 & 0 & 1.875 & 15.0 & 0 & -3.375 \\ 0 & -1.5 & 0 & 0 & 6.0 & 0 \\ 0 & 0 & -1.688 & -3.375 & 0 & 1.688 \end{bmatrix} \begin{bmatrix} \theta_1 \\ u_2 \\ v_2 \\ \theta_2 \\ \theta_3 \\ v_4 \end{bmatrix} = \begin{bmatrix} 36 \\ 20 \\ 72 \\ -4 \\ -20 \\ 68 \end{bmatrix}$$

解得结构的结点位移 Δ 为

$$\Delta = \begin{bmatrix} \theta_1 \\ u_2 \\ v_2 \\ \theta_2 \\ \theta_3 \\ v_4 \end{bmatrix} = 10^{-4} \times \begin{bmatrix} -2.0515 & \text{rad} \\ 0.0750 & \text{m} \\ 2.0197 & \text{m} \\ 17.1128 & \text{rad} \\ -3.3146 & \text{rad} \\ 76.5398 & \text{m} \end{bmatrix} \begin{matrix} 1 \\ 2 \\ 3 \\ 4 \\ 5 \\ 6 \end{matrix}$$

(4) **计算单元杆端力 $\bar{F}^e$**

按式(11-22)，即 $\bar{F}^e = \bar{F}_P^e + Tk^e \delta^e$ 计算。分别为

单元①

$\alpha = 0°, \ T^{(1)} = I$

$\bar{F}^{(1)} = \bar{F}_P^{(1)} + k^{(1)} \delta^{(1)}$ （单元定位向量）

$$= \begin{bmatrix} 0 \\ -24 \\ -36 \\ \hline 0 \\ -24 \\ 36 \end{bmatrix} + \begin{bmatrix} 80 & 0 & 0 & -80 & 0 & 0 \\ 0 & 0.5 & 1.5 & 0 & -0.5 & 1.5 \\ 0 & 1.5 & 6.0 & 0 & -1.5 & 3.0 \\ -80 & 0 & 0 & 80 & 0 & 0 \\ 0 & -0.5 & -1.5 & 0 & 0.5 & -1.5 \\ 0 & 1.5 & 3.0 & 0 & -1.5 & 6.0 \end{bmatrix} \begin{bmatrix} 0 \\ 0 \\ -2.0515 \\ 0.0750 \\ 2.0197 \\ 17.1128 \end{bmatrix} \begin{matrix} 0 \\ 0 \\ 1 \\ 2 \\ 3 \\ 4 \end{matrix}$$

$$= \begin{bmatrix} -6.0 \text{ kN} \\ -2.4179 \text{ kN} \\ -0.0001 \text{ kN·m} \\ \hline 6.0 \text{ kN} \\ -45.5821 \text{ kN} \\ 129.4928 \text{ kN·m} \end{bmatrix}$$

单元②

$\alpha = 0°, \ T^{(2)} = I$

$\bar{F}^{(2)} = \bar{F}_P^{(2)} + k^{(2)} \delta^{(2)}$ （单元定位向量）

$$= \begin{bmatrix} 0 \\ -48 \\ -32 \\ \hline 0 \\ -48 \\ 32 \end{bmatrix} + \begin{bmatrix} 120 & 0 & 0 & -120 & 0 & 0 \\ 0 & 1.688 & 3.375 & 0 & -1.688 & 3.375 \\ 0 & 3.375 & 9.0 & 0 & -3.375 & 4.5 \\ -120 & 0 & 0 & 120 & 0 & 0 \\ 0 & -1.688 & -3.375 & 0 & 1.688 & -3.375 \\ 0 & 3.375 & 4.5 & 0 & -3.375 & 9.0 \end{bmatrix} \begin{bmatrix} 0.0750 \\ 2.0197 \\ 17.1128 \\ 0 \\ 76.5398 \\ 0 \end{bmatrix} \begin{matrix} 2 \\ 3 \\ 4 \\ 0 \\ 6 \\ 0 \end{matrix}$$

$$= \begin{bmatrix} 9.0 \text{ kN} \\ -115.9970 \text{ kN} \\ -129.4901 \text{ kN·m} \\ \hline -9.0 \text{ kN} \\ 19.9970 \text{ kN} \\ -142.4977 \text{ kN·m} \end{bmatrix}$$

单元③：$\alpha = \pi/2$

$$\bar{F}^{(3)} = \bar{F}_P^{(3)} + T^{(3)} k^{(3)} \delta^{(3)} = \begin{bmatrix} 0 \\ 20 \\ 30 \\ 0 \\ 20 \\ -30 \end{bmatrix} + \begin{bmatrix} 0 & 1 & 0 & 0 & 0 & 0 \\ -1 & 0 & 0 & 0 & 0 & 0 \\ 0 & 0 & 1 & 0 & 0 & 0 \\ 0 & 0 & 0 & 0 & 1 & 0 \\ 0 & 0 & 0 & -1 & 0 & 0 \\ 0 & 0 & 0 & 0 & 0 & 1 \end{bmatrix} \begin{bmatrix} 0.5 & 0 & -1.5 & -0.5 & 0 & -1.5 \\ 0 & 80 & 0 & 0 & -80 & 0 \\ -1.5 & 0 & 6.0 & 1.5 & 0 & 3.0 \\ -0.5 & 0 & 1.5 & 0.5 & 0 & 1.5 \\ 0 & -80 & 0 & 0 & 80 & 0 \\ -1.5 & 0 & 3.0 & 1.5 & 0 & 6.0 \end{bmatrix} \begin{bmatrix} 0.0750 \\ 2.0197 \\ -3.3146 \\ 0 \\ 0 \\ 0 \end{bmatrix} \begin{matrix} 2 \\ 3 \\ 5 \\ 0 \\ 0 \\ 0 \end{matrix} = \begin{bmatrix} 161.5760 \text{ kN} \\ 14.9906 \text{ kN} \\ 9.9999 \text{ kN·m} \\ -161.5760 \text{ kN} \\ 25.0094 \text{ kN} \\ -40.0563 \text{ kN·m} \end{bmatrix}$$

（单元定位向量）

(5) 绘制内力图

三个内力图分别如图 11-15a、b、c 所示。

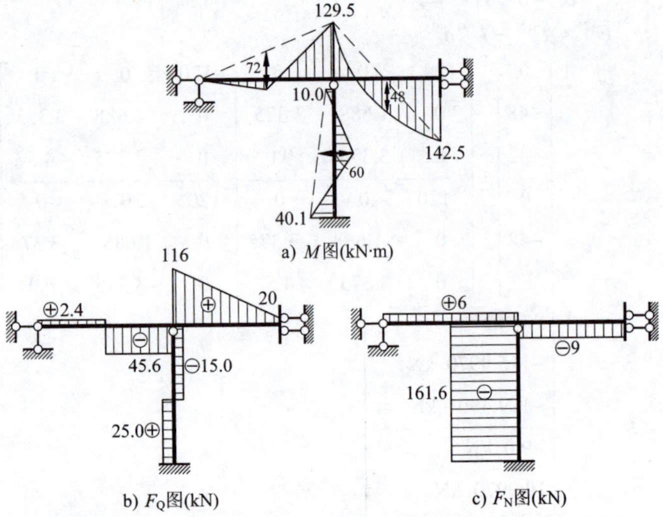

图 11-15 刚架的内力图

a) M 图 (kN·m)
b) F_Q 图 (kN)
c) F_N 图 (kN)

2 连续梁

对于每跨各自为等截面、跨内无铰结点，且梁端无定向支座的连续梁，离散得出的单元（通常忽略轴向变形），只有两端的弯矩（$\bar{M}_i$ 和 $\bar{M}_j$）与转角（$\bar{\theta}_i$ 和 $\bar{\theta}_j$）存在，杆端轴向位移和横向位移为零，即

$$\bar{u}_i = \bar{v}_i = \bar{u}_j = \bar{v}_j = 0 \qquad (\text{a})$$

将式（a）代入式（11-13），即可得其单元刚度方程为

$$\begin{bmatrix} \bar{M}_i \\ \bar{M}_j \end{bmatrix}^{(e)} = \begin{bmatrix} \dfrac{4EI}{l} & \dfrac{2EI}{l} \\ \dfrac{2EI}{l} & \dfrac{4EI}{l} \end{bmatrix}^{(e)} \begin{bmatrix} \bar{\theta}_i \\ \bar{\theta}_j \end{bmatrix}^{(e)} \qquad (11\text{-}24)$$

相应的单元刚度矩阵为

$$\bar{k}^e = \begin{bmatrix} \dfrac{4EI}{l} & \dfrac{2EI}{l} \\ \dfrac{2EI}{l} & \dfrac{4EI}{l} \end{bmatrix}^{(e)} \begin{matrix} (\bar{\theta}_i=1) & (\bar{\theta}_j=1) \\ (\bar{M}_i) \\ (\bar{M}_j) \end{matrix} \quad (11\text{-}25)$$

显然，它可由平面刚架单元的单刚 $\bar{k}^e$（式（11-14）），划去与杆端轴向位移和横向位移对应的第 1、2、4、5 行和列而得。

连续梁各单元坐标 $\bar{x}$ 与结构坐标 x 一致，即各单元 $\alpha=0$，故

$$k^e = \bar{k}^e = \begin{bmatrix} \dfrac{4EI}{l} & \dfrac{2EI}{l} \\ \dfrac{2EI}{l} & \dfrac{4EI}{l} \end{bmatrix}^{(e)} \quad (11\text{-}26)$$

【例 11-4】 试用先处理法计算图 11-16a 所示连续梁的内力，并作弯矩图。忽略各杆轴向变形的影响。

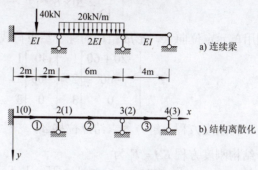

图 11-16 连续梁算例

解：(1) 建立结构坐标系和单元坐标系，并对结点、单元及结点位移分量分别进行编号，如图 11-16b 所示。其中，圆括号中数字为结点位移未知量统一编号。

(2) 形成结构坐标系中的单元刚度矩阵 k^e

用式（11-26）计算，分别为

$$k^{(1)} = EI \begin{bmatrix} 1 & \frac{1}{2} \\ \frac{1}{2} & 1 \end{bmatrix} \begin{matrix} 0 \\ 1 \end{matrix}, \quad k^{(2)} = EI \begin{bmatrix} \frac{4}{3} & \frac{2}{3} \\ \frac{2}{3} & \frac{4}{3} \end{bmatrix} \begin{matrix} 1 \\ 2 \end{matrix}, \quad k^{(3)} = EI \begin{bmatrix} 1 & \frac{1}{2} \\ \frac{1}{2} & 1 \end{bmatrix} \begin{matrix} 2 \\ 3 \end{matrix}$$

(3) 利用单元定位向量形成结构刚度矩阵 K

$$K = EI \begin{bmatrix} 1+\dfrac{4}{3} & \dfrac{2}{3} & 0 \\ \dfrac{2}{3} & \dfrac{4}{3}+1 & \dfrac{1}{2} \\ 0 & \dfrac{1}{2} & 1 \end{bmatrix} \begin{matrix} 1 \\ 2 \\ 3 \end{matrix} = EI \begin{bmatrix} 2.3333 & 0.6667 & 0 \\ 0.6667 & 2.3333 & 0.5 \\ 0 & 0.5 & 1 \end{bmatrix} \begin{matrix} 1 \\ 2 \\ 3 \end{matrix}$$

(4) 形成结构的综合结点荷载列阵 F

先形成单元等效结点荷载列阵 F_E^e，用式（11-20）$F_E^e = -T^T \bar{F}_P^e$ 计算，分别为

$$F_E^{(1)} = -\bar{F}_P^{(1)} = -\begin{bmatrix} -\dfrac{1}{8} \times 40 \times 4 \\ \dfrac{1}{8} \times 40 \times 4 \end{bmatrix} \begin{matrix} 0 \\ 1 \end{matrix} = \begin{bmatrix} 20 \\ -20 \end{bmatrix} \begin{matrix} 0 \\ 1 \end{matrix}$$

$$F_E^{(2)} = -\bar{F}_P^{(2)} = -\begin{bmatrix} -\dfrac{1}{12} \times 20 \times 6^2 \\ \dfrac{1}{12} \times 20 \times 6^2 \end{bmatrix}\begin{matrix}1\\2\end{matrix} = \begin{bmatrix} 60 \\ -60 \end{bmatrix}\begin{matrix}1\\2\end{matrix}$$

再利用单元定位向量,形成结构的综合结点荷载列阵,为

$$F = \begin{bmatrix} -20+60 \\ -60 \\ 0 \end{bmatrix}\begin{matrix}1\\2\\3\end{matrix} = \begin{bmatrix} 40 \\ -60 \\ 0 \end{bmatrix}\begin{matrix}1\\2\\3\end{matrix}$$

(5) 形成结构刚度方程,解方程求结点位移 Δ

结构刚度方程 $K\Delta = F$ 为

$$EI\begin{bmatrix} 2.3333 & 0.6667 & 0 \\ 0.6667 & 2.3333 & 0.5 \\ 0 & 0.5 & 1 \end{bmatrix}\begin{bmatrix} \theta_1 \\ \theta_2 \\ \theta_3 \end{bmatrix} = \begin{bmatrix} 40 \\ -60 \\ 0 \end{bmatrix}$$

解方程,得结点位移 Δ 为

$$\begin{bmatrix} \theta_1 \\ \theta_2 \\ \theta_3 \end{bmatrix} = \dfrac{1}{EI}\begin{bmatrix} 27.928 \\ -37.740 \\ 18.872 \end{bmatrix}\begin{matrix}1\\2\\3\end{matrix}$$

(6) 利用单元定位向量从结点位移 Δ 中取出各单元杆端位移 δ^e,有

$$\delta^{(1)} = \dfrac{1}{EI}\begin{bmatrix} 0 \\ 27.928 \end{bmatrix}\begin{matrix}0\\1\end{matrix},\quad \delta^{(2)} = \dfrac{1}{EI}\begin{bmatrix} 27.928 \\ -37.740 \end{bmatrix}\begin{matrix}1\\2\end{matrix}$$

$$\delta^{(3)} = \dfrac{1}{EI}\begin{bmatrix} -37.740 \\ 18.872 \end{bmatrix}\begin{matrix}2\\3\end{matrix}$$

(7) 用式(11-22) $\bar{F}^e = \bar{F}_P^e + T^e(k^e\delta^e) = \bar{F}_P^e + k^e\delta^e$ 计算单元杆端内力 $\bar{F}^e$,分别为

$$\bar{F}^{(1)} = \bar{F}_P^{(1)} + k^{(1)}\delta^{(1)}$$
$$= \begin{bmatrix} -20 \\ 20 \end{bmatrix} + EI\begin{bmatrix} 1 & \dfrac{1}{2} \\ \dfrac{1}{2} & 1 \end{bmatrix} \times \dfrac{1}{EI}\begin{bmatrix} 0 \\ 27.928 \end{bmatrix} = \begin{bmatrix} -6.04\ \text{kN}\cdot\text{m} \\ 47.93\ \text{kN}\cdot\text{m} \end{bmatrix}\begin{matrix}0\\1\end{matrix}$$

$$\bar{F}^{(2)} = \bar{F}_P^{(2)} + k^{(2)}\delta^{(2)}$$
$$= \begin{bmatrix} -60 \\ 60 \end{bmatrix} + EI\begin{bmatrix} \dfrac{4}{3} & \dfrac{2}{3} \\ \dfrac{2}{3} & \dfrac{4}{3} \end{bmatrix} \times \dfrac{1}{EI}\begin{bmatrix} 27.928 \\ -37.740 \end{bmatrix} = \begin{bmatrix} -47.93\ \text{kN}\cdot\text{m} \\ 28.30\ \text{kN}\cdot\text{m} \end{bmatrix}\begin{matrix}1\\2\end{matrix}$$

$$\bar{F}^{(3)} = \bar{F}_P^{(3)} + k^{(3)}\delta^{(3)}$$
$$= \begin{bmatrix} 0 \\ 0 \end{bmatrix} + EI\begin{bmatrix} 1 & \dfrac{1}{2} \\ \dfrac{1}{2} & 1 \end{bmatrix} \times \dfrac{1}{EI}\begin{bmatrix} -37.740 \\ 18.872 \end{bmatrix} = \begin{bmatrix} -28.30\ \text{kN}\cdot\text{m} \\ 0 \end{bmatrix}\begin{matrix}2\\3\end{matrix}$$

(8) 作弯矩图

由上面求得的 $\bar{F}^{(1)}$、$\bar{F}^{(2)}$ 和 $\bar{F}^{(3)}$ 可作出弯矩图,如图 11-17 所示。图中,结点 2 和结点 3 的弯矩保持平衡,表明计算无误。

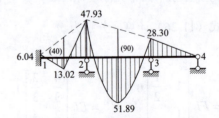

图 11-17 连续梁 M 图(kN·m)

顺便指出,对于无结点线位移的刚架,若忽略轴向变形的影

响，各结点只有角位移，单元刚度矩阵 $\bar{\boldsymbol{k}}^e$ 与连续梁相同，单元杆端力即为杆端弯矩。其计算方法和步骤与连续梁相同。

3 平面桁架

对于理想桁架，各杆件只有轴向变形，在单元坐标系中杆端位移仅有 $\bar{u}_i$ 和 $\bar{u}_j$，其余位移为零，即

$$\bar{v}_i = \bar{v}_j = \bar{\theta}_i = \bar{\theta}_j = 0$$

因此，可将平面刚架单元的单刚（即式（11-14））中第 2、3、5、6 行和列划去后，得到平面桁架单元在单元坐标系中的刚度矩阵 $\bar{\boldsymbol{k}}^e$，为

$$\bar{\boldsymbol{k}}^e = \begin{bmatrix} \dfrac{EA}{l} & -\dfrac{EA}{l} \\ -\dfrac{EA}{l} & \dfrac{EA}{l} \end{bmatrix}^e \quad (11\text{-}27)$$

在结构坐标系中，平面桁架的每个结点有两个独立的位移分量，即沿 x 轴方向的线位移 u 和沿 y 轴方向的线位移 v。平面桁架单元的坐标转换矩阵 $\boldsymbol{T}$ 为

$$\boldsymbol{T} = \begin{bmatrix} \cos\alpha & \sin\alpha & 0 & 0 \\ 0 & 0 & \cos\alpha & \sin\alpha \end{bmatrix} \quad (11\text{-}28)$$

按式（11-16），即 $\boldsymbol{k}^e = \boldsymbol{T}^\mathrm{T} \bar{\boldsymbol{k}}^e \boldsymbol{T}$，可得平面桁架单元在结构坐标系中的单刚为

$$\boldsymbol{k}^e = \dfrac{EA}{l} \begin{bmatrix} \cos^2\alpha & \sin\alpha\cos\alpha & -\cos^2\alpha & -\sin\alpha\cos\alpha \\ & \sin^2\alpha & -\sin\alpha\cos\alpha & -\sin^2\alpha \\ & \text{对} & \cos^2\alpha & \sin\alpha\cos\alpha \\ & \text{称} & & \sin^2\alpha \end{bmatrix} \quad (11\text{-}29)$$

形成平面桁架结构刚度矩阵 $\boldsymbol{K}$ 的方法与平面刚架相同。对结点位移分量编号时应注意，桁架单元的结点角位移不作为基本未知量。

【例 11-5】试用先处理法计算图 11-18a 所示桁架的内力。各杆 EA 相同。

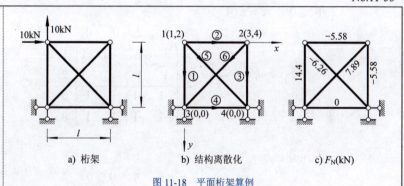

图 11-18 平面桁架算例

解：(1) 建立结构坐标系和单元坐标系，并对结点、单元及结点位移分量分别进行编号，如图 11-18b 所示。

(2) 利用式（11-29）形成结构坐标系中的单元刚度矩阵 $\boldsymbol{k}^e$，并将单元

定位向量写在各单元刚度矩阵的上方和右侧。

单元①和单元③：$\alpha = \pi/2$

$$k^{(1)} = k^{(3)} = \frac{EA}{l}\begin{bmatrix} 0 & 0 & 0 & 0 \\ 0 & 1 & 0 & -1 \\ 0 & 0 & 0 & 0 \\ 0 & -1 & 0 & 1 \end{bmatrix}\begin{matrix} 1 & 3 \\ 2 & 4 \\ 0 & 0 \\ 0 & 0 \end{matrix}$$

上方标注：$\begin{matrix} 3 & 4 & 0 & 0 \leftarrow 单元③ \\ 1 & 2 & 0 & 0 \leftarrow 单元① \end{matrix}$

单元②和单元④：$\alpha = 0°$

$$k^{(2)} = k^{(4)} = \frac{EA}{l}\begin{bmatrix} 1 & 0 & -1 & 0 \\ 0 & 0 & 0 & 0 \\ -1 & 0 & 1 & 0 \\ 0 & 0 & 0 & 0 \end{bmatrix}\begin{matrix} 1 & 0 \\ 2 & 0 \\ 3 & 0 \\ 4 & 0 \end{matrix}$$

上方标注：$\begin{matrix} 0 & 0 & 0 & 0 \leftarrow 单元④ \\ 1 & 2 & 3 & 4 \leftarrow 单元② \end{matrix}$

单元⑤：$\alpha = \pi/4$

$$k^{(5)} = \frac{EA}{l} \times \frac{\sqrt{2}}{4}\begin{bmatrix} 1 & 1 & -1 & -1 \\ 1 & 1 & -1 & -1 \\ -1 & -1 & 1 & 1 \\ -1 & -1 & 1 & 1 \end{bmatrix}\begin{matrix} 1 \\ 2 \\ 0 \\ 0 \end{matrix}$$

上方标注：$1\ 2\ 0\ 0$

单元⑥：$\alpha = 3\pi/4$

$$k^{(6)} = \frac{EA}{l} \times \frac{\sqrt{2}}{4}\begin{bmatrix} 1 & -1 & -1 & 1 \\ -1 & 1 & 1 & -1 \\ -1 & 1 & 1 & -1 \\ 1 & -1 & -1 & 1 \end{bmatrix}\begin{matrix} 3 \\ 4 \\ 0 \\ 0 \end{matrix}$$

上方标注：$3\ 4\ 0\ 0$

(3) 利用单元定位向量形成结构刚度矩阵 K

$$K = \frac{EA}{l}\begin{bmatrix} 1.35 & 0.35 & -1 & 0 \\ 0.35 & 1.35 & 0 & 0 \\ -1 & 0 & 1.35 & 0.35 \\ 0 & 0 & 0.35 & 1.35 \end{bmatrix}\begin{matrix} 1 \\ 2 \\ 3 \\ 4 \end{matrix}$$

(4) 形成结构的综合结点荷载列阵 F

由图 11-18a 和图 11-18b，可直接根据作用在结点 1 上的结点荷载形成 F_J，即

$$F = F_J = \begin{bmatrix} 10 & -10 & 0 & 0 \end{bmatrix}^T$$

(5) 形成结构刚度方程 $K\Delta = F$，即

$$\frac{EA}{l}\begin{bmatrix} 1.35 & 0.35 & -1 & 0 \\ 0.35 & 1.35 & 0 & 0 \\ -1 & 0 & 1.35 & 0.35 \\ 0 & 0 & 0.35 & 1.35 \end{bmatrix}\begin{bmatrix} u_1 \\ v_1 \\ u_2 \\ v_2 \end{bmatrix} = \begin{bmatrix} 10 \\ -10 \\ 0 \\ 0 \end{bmatrix}$$

解方程，得结点位移 Δ 为

$$\begin{bmatrix} u_1 \\ v_1 \\ u_2 \\ v_2 \end{bmatrix} = \frac{l}{EA}\begin{bmatrix} 26.94 \\ -14.42 \\ 21.36 \\ 5.58 \end{bmatrix}\begin{matrix} 1 \\ 2 \\ 3 \\ 4 \end{matrix}$$

(6) 计算各单元轴力 $\bar{F}^e$

$$\bar{F}^{(1)} = T^{(1)}F^{(1)} = T^{(1)}k^{(1)}\delta^{(1)}$$

$$= \begin{bmatrix} 0 & 1 & 0 & 0 \\ 0 & 0 & 0 & 1 \end{bmatrix}\begin{bmatrix} 0 & 0 & 0 & 0 \\ 0 & 1 & 0 & -1 \\ 0 & 0 & 0 & 0 \\ 0 & -1 & 0 & 1 \end{bmatrix}\begin{bmatrix} 26.94 \\ -14.42 \\ 0 \\ 0 \end{bmatrix} = \begin{bmatrix} -14.4\ \text{kN} \\ 14.4\ \text{kN} \end{bmatrix}$$

$$\bar{F}^{(2)} = T^{(2)}F^{(2)} = T^{(2)}k^{(2)}\delta^{(2)}$$

$$= \begin{bmatrix} 1 & 0 & 0 & 0 \\ 0 & 0 & 1 & 0 \end{bmatrix} \begin{bmatrix} 1 & 0 & -1 & 0 \\ 0 & 0 & 0 & 0 \\ -1 & 0 & 1 & 0 \\ 0 & 0 & 0 & 0 \end{bmatrix} \begin{bmatrix} 26.94 \\ -14.42 \\ 21.36 \\ 5.58 \end{bmatrix} \begin{matrix} 1 \\ 2 \\ 3 \\ 4 \end{matrix} = \begin{bmatrix} 5.58 \text{ kN} \\ -5.58 \text{ kN} \end{bmatrix}$$

$$\bar{F}^{(3)} = T^{(3)}k^{(3)}\delta^{(3)}$$

$$= \begin{bmatrix} 0 & 1 & 0 & 0 \\ 0 & 0 & 0 & 1 \end{bmatrix} \begin{bmatrix} 0 & 0 & 0 & 0 \\ 0 & 1 & 0 & -1 \\ 0 & 0 & 0 & 0 \\ 0 & -1 & 0 & 1 \end{bmatrix} \begin{bmatrix} 21.36 \\ 5.58 \\ 0 \\ 0 \end{bmatrix} \begin{matrix} 3 \\ 4 \\ 0 \\ 0 \end{matrix} = \begin{bmatrix} 5.58 \text{ kN} \\ -5.58 \text{ kN} \end{bmatrix}$$

$$\bar{F}^{(4)} = F^{(4)} = k^{(4)}\delta^{(4)} = 0$$

$$\bar{F}^{(5)} = T^{(5)}k^{(5)}\delta^{(5)}$$

$$= \frac{\sqrt{2}}{2}\begin{bmatrix} 1 & 1 & 0 & 0 \\ 0 & 0 & 1 & 1 \end{bmatrix} \times \frac{\sqrt{2}}{4}\begin{bmatrix} 1 & 1 & -1 & -1 \\ 1 & 1 & -1 & -1 \\ -1 & -1 & 1 & 1 \\ -1 & -1 & 1 & 1 \end{bmatrix} \begin{bmatrix} 26.94 \\ -14.42 \\ 0 \\ 0 \end{bmatrix} \begin{matrix} 1 \\ 2 \\ 0 \\ 0 \end{matrix}$$

$$= \begin{bmatrix} 6.26 \text{ kN} \\ -6.26 \text{ kN} \end{bmatrix}$$

$$\bar{F}^{(6)} = T^{(6)}k^{(6)}\delta^{(6)}$$

$$= \frac{\sqrt{2}}{2}\begin{bmatrix} -1 & 1 & 0 & 0 \\ 0 & 0 & -1 & 1 \end{bmatrix} \times \frac{\sqrt{2}}{4}\begin{bmatrix} 1 & -1 & -1 & 1 \\ -1 & 1 & 1 & -1 \\ -1 & 1 & 1 & -1 \\ 1 & -1 & -1 & 1 \end{bmatrix} \begin{bmatrix} 21.36 \\ 5.58 \\ 0 \\ 0 \end{bmatrix} \begin{matrix} 3 \\ 4 \\ 0 \\ 0 \end{matrix}$$

$$= \begin{bmatrix} -7.89 \text{ kN} \\ 7.89 \text{ kN} \end{bmatrix}$$

各杆内力值标注在图 11-18c 中桁架各杆杆旁。各结点受力平衡，说明计算正确。

11.9 平面刚架程序设计

11.9.1 程序说明及总框图

依据前述矩阵位移法原理，本节使用 Visual C++ 6.0 编译器，编制了平面刚架先处理法计算程序 PFF。该程序未使用 C++面向对象的编程方法，而仍沿用兼容 C 的结构化程序设计方法，以便和高校本科生先修课程 C 语言相容。本程序不建议使用 TC++3.0 及更低版本的编译器编译。

1 PFF 的主要功能和特点

1）输入单元编号、结点编号、结点位移分量统一编号和单元材料信息；

2）用先处理法形成结构刚度矩阵和综合结点荷载列阵；

3）用高斯(Gauss)消元法解线性代数方程组；

4）计算并输出结点位移和单元杆端力。

2 PFF 的使用方法

(1) 输入输出数据文件

PFF 从原始数据文件中读取结构的离散化信息，经计算后，将结果输出到结果数据文件中。运行编译好的 PFF 可执行程序，会提示"请输入原始数据文件名："，此时，输入事先准备好的原始数据文件名。回车后，会提示"请输入结果数据文件名："，输入结果数据文件名并回车后，程序会自动进行计算，并生成结果数据文件。

原始数据文件最好同 PFF 可执行程序放置在同一文件夹中。在输入文件名时，应包含后缀（.TXT）。

C 语言以 0 作为数组各维的开始下标，称为 0 基数组；而人们的习惯一般是以 1 作为数组各维的开始下标，称为 1 基数组。PFF 源程序编制时，仍以 C 语言为标准，使用 0 基数组，即 PFF 程序内部处理机制是 0 基的。但是为方便读者，原始数据文件和输出数据文件则仍按一般习惯，使用 1 基数组对结点、单元、结点位移分量、结点荷载和非结点荷载进行编号，即 PFF 程序外部表现是 1 基的。

(2) **原始数据文件的准备**

下面，按程序 PFF 所要求的输入数据的顺序，说明各符号的含义及对应数据的准备方法。

1）结构信息 ne,nj,n,np,nf,e

ne——单元总数；nj——结点总数；n——结点位移未知量总数；np——结点荷载总数；nf——非结点荷载总数；e——弹性模量。

2）结点坐标 (x[i],y[i])(i=0;i<nj;i++)

x 和 y 分别为一维数组。

用于存放各结点（按照 1 到 nj 的顺序）的 x 和 y 坐标，每个结点占一行。

3）单元信息 (ij[i][0],ij[i][1],a[i],zi[i])(i=0;i<ne;i++)

ij 为二维数组，a 和 zi 分别为一维数组。

ij[][0]——单元的始端结点码；ij[][1]——单元的末端结点码；a[]——单元的截面积；zi[]——单元的惯性矩。依单元编号顺序（从 1 到 ne）依次输入，每个单元占一行。

4）结点位移分量统一编号 (jn[i][j](j=0;j<3;j++))(i=0;i<nj;i++)

jn 为二维数组。

按结点编号顺序（从 1 到 nj）依次输入各结点的 u、v 和 θ 位移分量编号，每个结点占一行。

5）结点荷载信息 (pj[i][j](j=0;j<3;j++))(i=0;i<np;i++)

pj 为二维数组。

对每个结点荷载（输入时占一行）需存放以下三个信息：

pj[][0]——荷载作用的结点编号；pj[][1]——荷载的方向代码，结构坐标系 x、y 和转角方向分别用 1.0，2.0 和 3.0 表示；pj[][2]——荷载值（含正负号），与结构坐标系一致（力偶顺时针）为正，反之为负。

6）非结点荷载信息 (pf[i][j](j=0;j<4;j++))(i=0;i<nf;i++)

pf 为二维数组。

对每个非结点荷载（输入时占一行）需存放以下四个信息：

pf[][0]——非结点荷载作用的单元编号；pf[][1]——非结点荷载的类型代码，即表 11-1 中的六类；pf[][2]——非结点荷载的大小（含正负号），与单元坐标系一致（力偶顺时针）为正，反之为负；pf[][3]——非结点荷载的位置参数 c，即表 11-1 各图中的 c。

3 PFF 程序的总框图

PFF 的总框图如图 11-19 所示,其中,主程序直接调用的一级子程序使用 1,2,…编号;被一级子程序调用的二级子程序使用 01,02,…编号;在一级子程序右侧,使用箭头表示一级子程序所调用到的二级子程序。

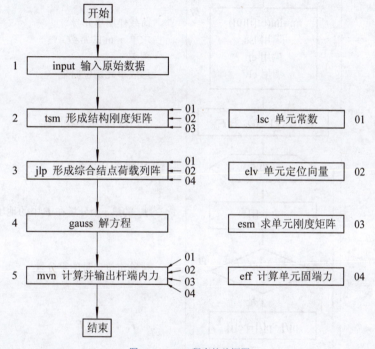

图 11-19 PFF 程序的总框图

11.9.2 子程序流程图

总刚(即结构刚度矩阵)K 的形成、综合结点荷载列阵 F 的形成和单元杆端力 $\bar{F}^e$ 的计算,这三个重要的一级子程序 tsm、jlp 和 mvn 的流程图,分别如图 11-20~图 11-22 所示。

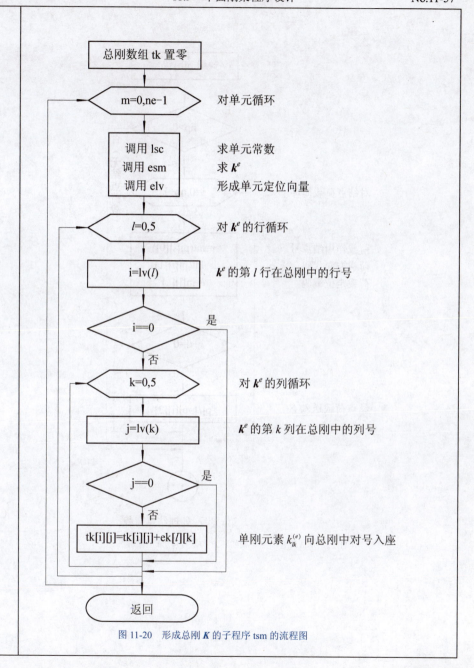

图 11-20 形成总刚 K 的子程序 tsm 的流程图

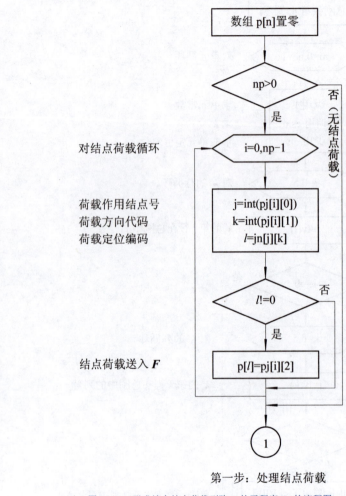

第一步：处理结点荷载

图 11-21　形成综合结点荷载列阵 F 的子程序 jlp 的流程图

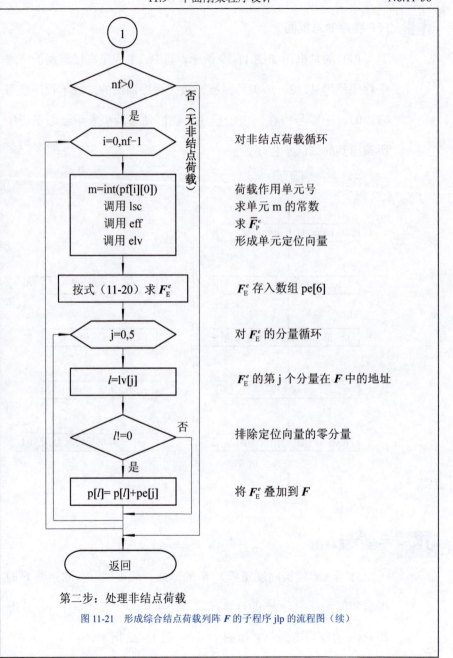

第二步：处理非结点荷载

图 11-21　形成综合结点荷载列阵 F 的子程序 jlp 的流程图（续）

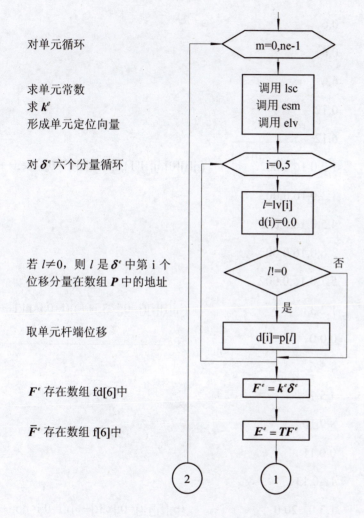

第一步：计算由结点位移引起的杆端内力

图 11-22 计算单元杆端内力 $\bar{F}^e$ 的子程序 mvn 的流程图

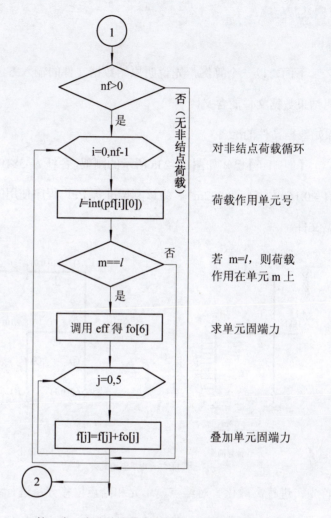

第二步：有非结点荷载的单元，还需叠加单元固端力

图 11-22 计算单元杆端内力 $\bar{F}^e$ 的子程序 mvn 的流程图（续）

11.9.3 算例及源程序

1 算例

下面，以一个算例，先说明原始数据文件的输入方法，再说明结果数据文件的含义。

(1) 原始数据文件的准备

【例 11-6】已知如图 11-23a 所示的刚架，各杆 $E=3\times10^7\text{kN/m}^2$，$A=0.16\text{m}^2$，$I=0.002\text{m}^4$。为该刚架准备 PFF 程序使用的原始数据文件。

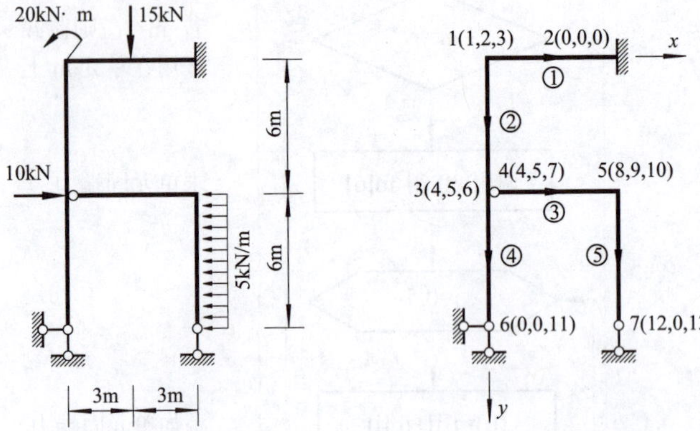

图 11-23 形成原始数据文件
a) 计算简图 b) 结构离散化

解： 首先，进行离散化。对结点、单元和结点位移分量进行编号，如图 11-23b 所示。然后，建立一个文本文件，按上述原始数据文件的格式，输入原始数据如下（右侧为注释，不输入）：

5,7,13,2,2,3.0e7	ne,nj,n,np,nf,e
0,0	(x[i],y[i])(i=0;i<nj;i++)
6,0	
0,6	
0,6	
6,6	
0,12	
6,12	
1,2,0.16,0.002	(ij[i][0],ij[i][1],a[i],zi[i])(i=0;i<ne;i++)
1,3,0.16,0.002	
4,5,0.16,0.002	
3,6,0.16,0.002	
5,7,0.16,0.002	
1,2,3	(jn[i][j](j=0;j<3;j++))(i=0;i<nj;i++)
0,0,0	
4,5,6	
4,5,7	
8,9,10	
0,0,11	
12,0,13	
1,3.0,−20.0	(pj[i][j](j=0;j<3;j++))(i=0;i<np;i++)
3,1.0,10.0	
1,2,15.0,3.0	(pf[i][j](j=0;j<4;j++))(i=0;i<nf;i++)
5,1,5.0,6.0	

(2) 结果数据文件的含义

仍以例 11-6 加以说明，PFF 程序输出的结果数据文件如下（括号中为说明，不会输出）：

平面刚架静力分析程序

（以下的总体信息和五张表直接来自原始数据文件，可作校核用）

总体信息
NE= 5, NJ= 7, N= 13, NP= 2, NF= 2, E= 3e+007

结点坐标信息表

结点号	x	y
1	0	0
2	6	0
3	0	6
4	0	6
5	6	6
6	0	12
7	6	12

单元信息表

单元号	始结点号 i	末结点号 j	横截面积 A	截面惯性矩 ZI
1	1	2	0.16	0.002
2	1	3	0.16	0.002
3	4	5	0.16	0.002
4	3	6	0.16	0.002
5	5	7	0.16	0.002

结点位移分量统一编码表

结点号	u 方向	v 方向	ceta 方向
1	1	2	3
2	0	0	0
3	4	5	6
4	4	5	7
5	8	9	10
6	0	0	11
7	12	0	13

结点荷载表

结点号	方向代码 XYM	荷载大小
1	3	−20
3	1	10

非结点荷载表

单元号	荷载类型	荷载大小	荷载位置参数 c
1	2	15	3
5	1	5	6

（以下的两张表为计算结果）

结点位移表

结点号	u	v	ceta
1	−1.6151e−005	−1.6406e−005	6.6171e−004
2	0.0000e+000	0.0000e+000	0.0000e+000
3	−6.7499e−003	−1.7578e−005	2.9077e−004
4	−6.7499e−003	−1.7578e−005	−1.4939e−003
5	6.7874e−003	1.8750e−005	3.0061e−003
6	0.0000e+000	0.0000e+000	−1.8329e−003
7	−3.8324e−002	0.0000e+000	6.0061e−003

单元杆端内力表

单元号	杆端轴力 FN	杆端剪力 FQ	杆端弯矩 M
1(始端)	−12.9212	−0.937619	15.0542
（末端）	12.9212	−14.0624	24.3201
2(始端)	0.937619	−12.9212	−35.0542
（末端）	−0.937619	12.9212	−42.4729
3(始端)	30	15	0
（末端）	−30	−15	90
4(始端)	−14.0624	7.07882	42.4729
（末端）	14.0624	−7.07882	0
5(始端)	15	−30	−90
（末端）	−15	0	0

（注意正负号规定不同于传统位移法，轴力和剪力与单元坐标系一致时为正）

根据结果数据文件，可绘出结构的内力图，如图 11-24 所示。

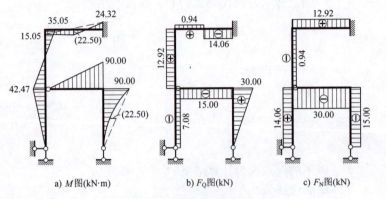

图 11-24 根据电算结果绘制内力图

2 **PFF 的源程序**（详见附录 A）

习　题
分析计算题

11-1 根据单元刚度矩阵元素的物理意义，直接求出习题 11-1 图所示刚架的 $\bar{\boldsymbol{k}}^{(1)}$ 中元素 $\bar{k}_{11}^{(1)}$、$\bar{k}_{23}^{(1)}$、$\bar{k}_{35}^{(1)}$ 的值以及 $\boldsymbol{k}^{(1)}$ 中元素 $k_{11}^{(1)}$、$k_{23}^{(1)}$、$k_{35}^{(1)}$ 的值。

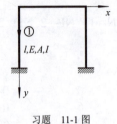

习题 11-1 图

11-2 根据结构刚度矩阵元素的物理意义，直接求出习题 11-2 图所示刚架结构刚度矩阵中的元素 k_{11}、k_{21}、k_{32} 之值。各杆 E、A、I 相同。

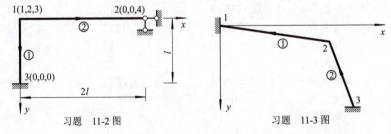

习题 11-2 图　　习题 11-3 图

11-3 用简图表示习题 11-3 图所示刚架的单元刚度矩阵 $\bar{\boldsymbol{k}}^{(1)}$ 中元素 $\bar{k}_{23}^{(1)}$、$\boldsymbol{k}^{(2)}$ 中元素 $k_{44}^{(2)}$ 的物理意义。

11-4 习题 11-4 图所示刚架各单元杆长为 l，EA、EI 为常数。根据单元刚度矩阵元素的物理意义，写出单元刚度矩阵 $\boldsymbol{k}^{(1)}$、$\boldsymbol{k}^{(2)}$ 的第 3 列和第 5 列元素。

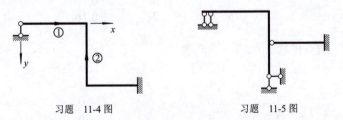

习题 11-4 图　　习题 11-5 图

11-5 用先处理法，对习题 11-5 图所示结构进行单元编号、结点编号和结点位移分量编号，并写出各单元的定位向量。

11-6 用先处理法形成习题 11-6 图所示结构的综合结点荷载列阵。

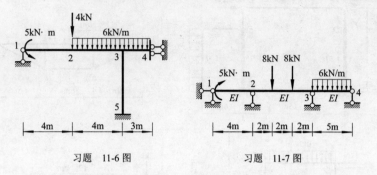

习题 11-6 图   习题 11-7 图

11-7 用先处理法求习题 11-7 图所示连续梁的结构刚度矩阵和综合结点荷载列阵。已知：$EI=2.4\times10^4\text{kN}\cdot\text{m}^2$。

11-8 用先处理法求习题 11-8 图所示结构刚度矩阵。忽略杆件的轴向变形。各杆 $EI=5\times10^5\text{kN}\cdot\text{m}^2$。

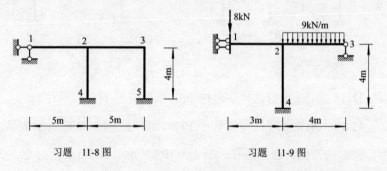

习题 11-8 图   习题 11-9 图

11-9 用先处理法建立习题 11-9 图所示结构的矩阵位移法方程。已知：各杆 $EA=4\times10^5\text{kN}$，$EI=5\times10^4\text{kN}\cdot\text{m}^2$。

11-10 用先处理法计算习题 11-10 图所示刚架的结构刚度矩阵。已知：$EA=3.2\times10^5\text{kN}$，$EI=4.8\times10^4\text{kN}\cdot\text{m}^2$。

11-11 用先处理法计算习题 11-11 图所示组合结构的刚度矩阵 K。已知：梁杆单元的 $EA=3.2\times10^5\text{kN}$，$EI=4.8\times10^4\text{kN}\cdot\text{m}^2$，链杆单元的 $EA=2.4\times10^5\text{kN}$。

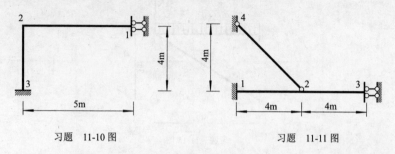

习题 11-10 图   习题 11-11 图

11-12 若用先处理法计算习题 11-12 图所示结构，则在结构刚度矩阵 K 中零元素的个数至少有多少个？

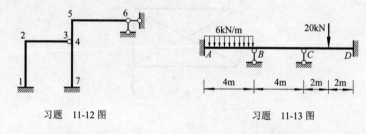

习题 11-12 图   习题 11-13 图

11-13 试用矩阵位移法计算习题 11-13 图所示连续梁，并画出弯矩图。各杆 EI=常数。

11-14 习题 11-14 图所示为一等截面连续梁，设支座 C 向下沉降 $\Delta=3\text{cm}$。用矩阵位移法计算并画出 M 图。已知：$EI=6\times10^4\text{kN}\cdot\text{m}^2$。

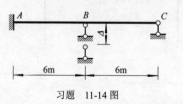

习题 11-14 图

11-15 用先处理法计算习题 11-15 图所示刚架的内力，并绘内力图。已知：各杆 $E=3\times10^7 \text{kN/m}^2$，$A=0.16\text{m}^2$，$I=0.002\text{m}^4$。

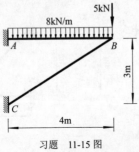

习题 11-15 图

11-16 用矩阵位移法计算习题 11-16 图所示平面桁架的内力。已知：$E=3\times10^7 \text{kN/m}^2$，各杆 $A=0.1\text{m}^2$。

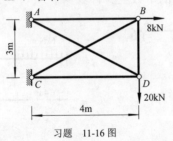

习题 11-16 图

11-17 用先处理法电算程序 PFF 计算习题 11-17 图所示结构，并作内力图。已知：$E=3.0\times10^7 \text{kN/m}^2$，$A=0.2\text{m}^2$，$I=0.004\text{m}^4$。

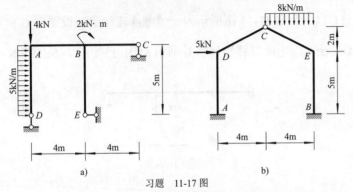

习题 11-17 图

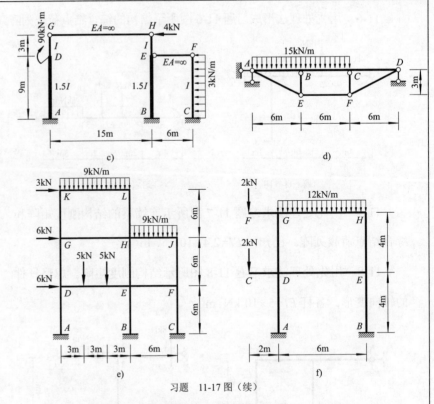

习题 11-17 图（续）

11-18 用先处理法电算程序 PFF 重做习题 11-15。

11-19 用先处理法电算程序 PFF 计算习题 11-19 图所示桁架结构，并作内力图。已知各杆：$E=2.0\times10^6 \text{kN/m}^2$，$A=0.1\text{m}^2$，并令 $I=0$。

11-20 用先处理法电算程序 PFF 计算习题 11-20 图所示结构，并作内力图。已知横梁：$E=2.8\times10^6 \text{kN/m}^2$，$A=0.15\text{m}^2$，$I=0.005\text{m}^4$。弹性支座的刚度系数 $k=3500\text{kN/m}$。

提示：弹性支座可作为一链杆处理，令其 $I=0$，并设该链杆的长度为 $l=6\text{m}$，E 同横梁。由链杆的刚度 $EA=kl$ 可知，其横截面面积为 $A=kl/E$。

第11章 矩阵位移法

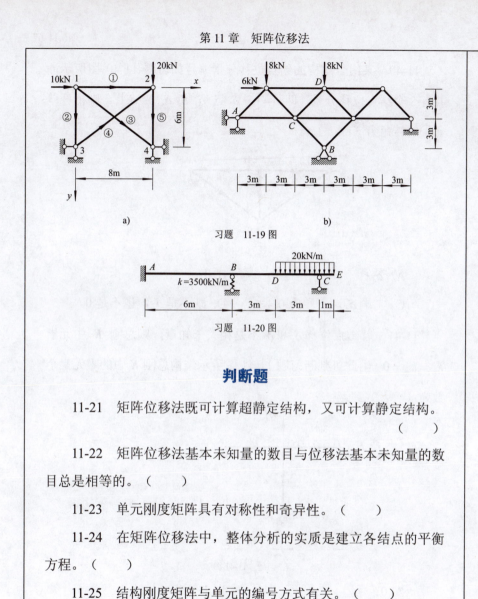

习题 11-19 图

习题 11-20 图

判断题

11-21 矩阵位移法既可计算超静定结构，又可计算静定结构。（　）

11-22 矩阵位移法基本未知量的数目与位移法基本未知量的数目总是相等的。（　）

11-23 单元刚度矩阵具有对称性和奇异性。（　）

11-24 在矩阵位移法中，整体分析的实质是建立各结点的平衡方程。（　）

11-25 结构刚度矩阵与单元的编号方式有关。（　）

11-26 原荷载与对应的等效结点荷载使结构产生相同的内力和变形。（　）

11-27 平面刚架单元的坐标转换矩阵是对称矩阵。（　）

11-28 虽然单元杆端力在单元坐标系和结构坐标系中的表现形式不同，但二者是等效的。（　）

11-29 在线性弹性范围内分析平面刚架单元的刚度方程 $\bar{F}^e = \bar{k}^e \bar{\delta}^e$ 时，忽略了轴向变形与弯曲变形之间的相互影响。（　）

11-30 若结点位移 δ_i 和 δ_j 不是相关未知量，则结构总刚 K 中元素 $k_{ij} = k_{ji} = 0$。（　）

11-31 结构刚度矩阵 K 是对称正定的，即任一主元素 $k_{ii} > 0$ 且 $|K| > 0$。这时的结构是几何不变的。（　）

11-32 编制计算机程序时，结构刚度矩阵 K 可以采用满阵、等带宽和变带宽三种方式存储。（　）

11-33 用式 $\bar{F}^e = \bar{F}_P^e + T^e k^e \delta^e$ 计算出单元杆端力后，可直接用 $\bar{F}^e$ 中各元素的数值绘制结构的内力图，内力图中的正负号也与 $\bar{F}^e$ 中各元素的正负号相同。（　）

11-34 平面桁架单元的坐标变换矩阵是正交矩阵。（　）

11-35 平面桁架单元在单元坐标系中的刚度矩阵 $\bar{k}^e$，可将平面刚架单元的单刚中第2、3、5、6行和列划去后而得到。（　）

单项选择题

11-36 关于平面刚架单元单刚 $\bar{k}^e$ 的性质，以下说法错误的是（　）。

A. 是正交矩阵；　　　　B. 是对称矩阵；

C. 是奇异矩阵；　　　　D. 是单元固有的性质。

11-37 习题 11-37 图 a 所示结构的结点位移分量编号如图 b 所示。若不计杆件的轴向变形，各杆 EI 为常数。该结构总刚 $\boldsymbol{K}$ 中的元素 k_{23} 为（　　）。

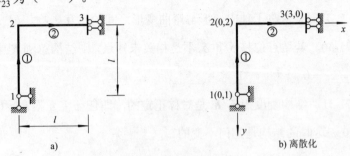

习题 11-37 图

A. $\dfrac{6EI}{l^2}$； B. $-\dfrac{2EI}{l}$； C. $-\dfrac{6EI}{l^2}$； D. $\dfrac{2EI}{l}$。

11-38 习题 11-38 图所示结构中单刚 $\boldsymbol{k}^{(1)}$ 的元素 $k_{61}^{(1)}$ 的值为（　　）。

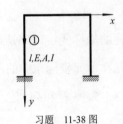

习题 11-38 图

A. $\dfrac{6EI}{l^2}$； B. $\dfrac{12EI}{l^3}$； C. 0； D. $-\dfrac{6EI}{l^2}$。

11-39 在未考虑支座条件时，用后处理法形成的结构整体方程 $\boldsymbol{K}\boldsymbol{\varDelta}=\boldsymbol{F}$ 称为（　　）。

A. 原始刚度方程；　　　B. 结构刚度方程；
C. 单元刚度方程；　　　D. 单元劲度方程。

11-40 某组合结构的结点位移分量编号如习题 11-40 图所示，共有 8 个结点位移分量，即 $\varDelta=\begin{bmatrix}\delta_1 & \delta_2 & \delta_3 & \delta_4 & \delta_5 & \delta_6 & \delta_7 & \delta_8\end{bmatrix}^{\mathrm{T}}$。则桁杆单元④的转角为（　　）。

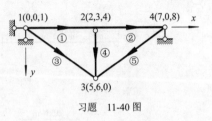

习题 11-40 图

A. δ_4；　　　　　　　B. 0；
C. 上端 δ_4，下端为 0；　D. 既不是 δ_4，也不是 0。

11-41 若结点位移 δ_i 和 δ_j 不是相关未知量，则总刚 $\boldsymbol{K}$ 中元素 $k_{ij}=k_{ji}=0$。由此可判断习题 11-41 图所示结构总刚 $\boldsymbol{K}$ 中的零元素个数为（　　）。

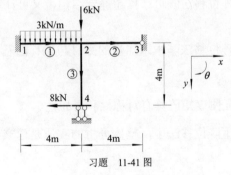

习题 11-41 图

A. 0；　　　　　　　B. 1；
C. 2；　　　　　　　D. 3。

11-42 采用支座条件后处理法形成习题 11-42 图所示结构的原始刚度矩阵 $\boldsymbol{K}$（18×18 阶）时，为了使非零元素尽可能集中分布在主对角线元素尽可能集中分布在主对角线元素附近的一定带状区域内，则 6 个结点最合理的编号顺序为( )。

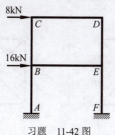

习题 11-42 图

A. A,B,C,D,E,F； B. A,B,C,F,E,D；
C. C,D,B,E,A,F； D. C,D,A,F,B,E。

11-43 平面桁架单元坐标变换矩阵 T 的行列阶数大小为（   ）。

A. 2×2；B. 4×2；C. 6×6；D. 2×4。

11-44 编制计算机程序存储结构刚度矩阵 K 时，不能采用的存储方式为（   ）。

A. 满阵二维数组； B. 等带宽二维数组；
C. 变带宽二维数组； D. 变带宽一维数组。

11-45 平面刚架程序不能计算的结构为（   ）。

A. 连续梁；B. 平面桁架；C. 交叉梁系；D. 平面刚架。

填空题

11-46 矩阵位移法分析过程主要包含三个基本环节，其一是结构的_____，其二是_____分析，其三是_____分析。

11-47 已知某单元 e 的定位向量为 $[3\ 5\ 6\ 7\ 8\ 9]^T$，则单元刚度系数 $k^{(e)}_{35}$ 应叠加到结构刚度矩阵的元素_____中去。

11-48 将非结点荷载转换为等效结点荷载，等效的原则是_____。

11-49 矩阵位移法中，在求解结点位移之前，主要工作是形成_____矩阵和_____列阵。

11-50 用矩阵位移法求得某结构结点 2 的位移为 $\Delta_2 = [u_2\ v_2\ \theta_2]^T = [0.8\ 0.3\ 0.5]^T$，单元①的始、末端结点码为 3、2，单元定位向量为 $\lambda^{(1)} = [0\ 0\ 0\ 3\ 4\ 5]^T$，设单元①与 x 轴之间的夹角为 $\alpha = \dfrac{\pi}{2}$，则 $\overline{\delta}^{(1)} =$ _____。

11-51 用矩阵位移法求得平面刚架某单元在单元坐标系中的杆端力为 $\overline{F}^e = [7.5\ -48\ -70.9\ -7.5\ 48\ -121.09]^T$，则该单元的轴力 $F_N =$ _____ kN。

11-52 平面刚架单元的坐标变换矩阵 T 是正交矩阵，即_____。

11-53 若忽略各杆的轴向变形（各杆 EI 为常数），习题 11-53 图所示结构的结点位移共有 3 个，分别为结点 1、结点 2 和结点 3 的转角。则结构总刚中的元素 $k_{22} =$ _____。

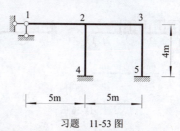

习题 11-53 图

11-54 用矩阵位移法求解习题 11-54 图所示连续梁时的基本未知量数目为____。

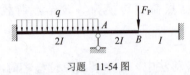

习题 11-54 图

11-55 习题 11-55 图 a 所示结构的离散化如图 b 所示。经计算，单元②的杆端力为 $\bar{F}^{(2)} = [28.9 \ -1.5 \ -2.8 \ -28.9 \ 1.5 \ -4.6]^T$。由此得杆端弯矩 M_{BC}=____kN·m，____侧受拉。

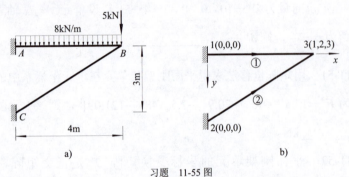

习题 11-55 图

11-56 习题 11-56 图 a 所示连续梁的离散化如图 b 所示，结构总刚 K 中的元素 k_{12} 为____；综合结点荷载列阵 F 中的第 3 个元素 f_3 为____。

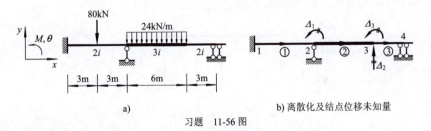

a)
b) 离散化及结点位移未知量

习题 11-56 图

11-57 习题 11-57 图 a 所示超静定桁架的离散化结果如图 b 所示，可知单元④的轴力为____。

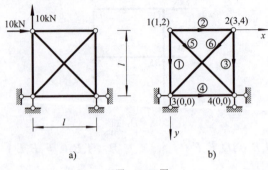

习题 11-57 图

11-58 习题 11-58 图所示刚架各单元杆长为 l，EA、EI 为常数。根据单元刚度矩阵元素的物理意义，可写出单元刚度矩阵 $\bar{k}^{(2)}$ 中的元素 $\bar{k}^{(2)}_{35}$ 为____。

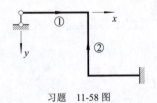

习题 11-58 图

11-59 用矩阵位移法计算平面刚架仅由支座移动引起的内力时，可将支座移动作为____。

11-60 结构刚度矩阵与____编号方式有关。

思考题

11-61 什么是结构的离散化？单元划分的原则是什么？

11-62　为什么杆端无任何约束的自由单元（如平面刚架单元）的单元刚度矩阵是奇异矩阵？

11-63　单元刚度矩阵各元素的物理意义是什么？试说明一般单元刚度矩阵中第 2 行及第 6 列元素的物理意义。

11-64　自由单元的单元刚度矩阵是奇异的，由它们集成的结构刚度矩阵是不是也是奇异的？为什么？

11-65　刚架中的铰结点是如何处理的？为什么其铰结点的角位移在矩阵位移法中作为基本未知量，而在传统位移法中却不作为基本未知量？

11-66　在矩阵位移法中，为什么要将非结点荷载转化为等效结点荷载？

11-67　矩阵位移法中的结构刚度方程 $K\Delta = F$ 与位移法基本方程有何异同？

11-68　矩阵位移法计算出的单元在结构坐标系中的杆端力是否是该单元的内力，为什么？

11-69　什么是单元定位向量？它的用处是什么？

11-70　什么是等效结点荷载？矩阵位移法的等效结点荷载和传统位移法基本体系附加约束中的约束力是相同的吗？

11-71　刚架计算中，当忽略轴向变形时，单元定位向量会有何改变？试举例说明。

第11章 矩阵位移法 数字资源目录

【本章回顾】
基本内容归纳与解题方法提示

【思辨试题一】
思考题解析和答案（11题）

【思辨试题二】
判断题解析和答案（15题）

【思辨试题三】
单选题解析和答案（10题）

【思辨试题四】
填空题解析和答案（15题）

【自测试卷】《结构力学》I
期末自测题（含答案）3套

【专家论坛】
谈计算力学

【趣味力学】1. 超级计算机—银河
2. 超级计算机—神威

南京紫峰大厦

附　录

附录A　平面刚架静力分析程序（PFF 程序）

PFF 源程序中，凡是 "/*" 和 "*/" 之间，以及同一行内 "//" 之后的内容，均为注释内容，不会被编译、执行。

```c
/* 平面刚架静力分析程序 */
/*     （先处理法）     */

#include "stdio.h"
#include "math.h"
#include "stdlib.h"

FILE *fpin, *fpout;
const int ARRSIZE=50;    //数组大小
const int JDOF=3;        //结构坐标系下的结点自由度
const int JPE=2;         //每单元结点数

/* 主程序读取总体信息，调用一级子程序进行计算 */
main()
{
    char indat[30], outdat[30];
    int ne,nj,n,np,nf;
    double e;
    double x[ARRSIZE],y[ARRSIZE],a[ARRSIZE],zi[ARRSIZE],
        pj[ARRSIZE][3],pf[ARRSIZE][4];
    double p[JDOF*ARRSIZE],tk[JDOF*ARRSIZE][JDOF*ARRSIZE];
    int ij[ARRSIZE][JPE],jn[ARRSIZE][JDOF];
    int input(int ne,int nj,int np,int nf,double *x,double *y,int (*ij)[JPE],
        double *a,double *zi,int (*jn)[JDOF],double (*pj)[3],double
        (*pf)[4]);
    int tsm(int ne, int nj, int n, double e, double *x, double *y,
        int (*ij)[JPE], double *a, double *zi, int (*jn)[JDOF],
        double (*tk)[JDOF*ARRSIZE]);
    int jlp(int ne, int nj, int n, int np, int nf, double *x, double *y,
        int (*ij)[JPE], int (*jn)[JDOF], double (*pj)[3], double (*pf)[4],
        double *p);
    int gauss(double (*a)[JDOF*ARRSIZE], double *b, int n);
    int mvn(int ne, int nj, int n, int nf, double e, double *x, double *y,
        int (*ij)[JPE], double *a, double *zi, int (*jn)[JDOF],
        double (*pf)[4], double *p);

    printf("请输入原始数据文件名：\n");
    scanf("%s",indat);
    if((fpin=fopen(indat,"r"))==NULL)
      {printf("无法打开原始数据文件！\n");
       return(1);}
    printf("请输入结果数据文件名：\n");
    scanf("%s",outdat);
    if((fpout=fopen(outdat,"w"))==NULL)
      {printf("无法打开结果数据文件！\n");
       return(1);}
```

```c
    fscanf(fpin,"%d,%d,%d,%d,%d,%lg",&ne,&nj,&n,&np,&nf,&e);
    fprintf(fpout,"平面刚架静力分析程序\n\n");
    fprintf(fpout,"总体信息\n");
    fprintf(fpout,"    NE=%d  NJ=%d  N=%d  NP=%d  NF=%d\n        E=%lg\n",ne,nj,n,np,nf,e);

    input(ne,nj,np,nf,x,y,ij,a,zi,jn,pj,pf);
    tsm(ne,nj,n,e,x,y,ij,a,zi,jn,tk);
    jlp(ne,nj,n,np,nf,x,y,ij,jn,pj,pf,p);
    gauss(tk,p,n);
    mvn(ne,nj,n,nf,e,x,y,ij,a,zi,jn,pf,p);

    fclose(fpin);
    fclose(fpout);
    printf("\n 计算结束！\n");
    printf("请查看结果数据文件 "%s"。\n",outdat);
    return(0);
}

/* 读取并输出原始数据 */
int input(int ne,int nj,int np,int nf,double *x,double *y,int (*ij)[JPE],
double *a,double *zi,int (*jn)[JDOF],double (*pj)[3],double (*pf)[4])
{
    int i,j;

    for(i=0;i<nj;i++) fscanf(fpin,"%lg,%lg",&x[i],&y[i]);
    fprintf(fpout,"\n 结点坐标信息表\n");
    fprintf(fpout,"    结点号          x              y\n");
    for(i=0;i<nj;i++)fprintf(fpout,"     %-4d       %-7lg     %-7lg\n",i+1,x[i],y[i]);   //0 基调整

    for(i=0;i<ne;i++)
        fscanf(fpin,"%d,%d,%lg,%lg",&ij[i][0],&ij[i][1],&a[i],&zi[i]);
    fprintf(fpout,"\n 单元信息表\n");
    fprintf(fpout,"    单元号    始结点号 i    末结点号 j    横截面积 A    截面惯性矩 ZI\n");
    for(i=0;i<ne;i++)
        fprintf(fpout,"     %-4d       %-4d         %-4d         %-7lg    %-7lg\n",
            i+1,ij[i][0],ij[i][1],a[i],zi[i]);   //0 基调整

    for(i=0;i<nj;i++)
        for(j=0;j<JDOF;j++) fscanf(fpin,"%d,",&jn[i][j]);
    fprintf(fpout,"\n 结点位移分量统一编码表\n");
    fprintf(fpout,"    结点号       u 方向        v 方向       ceta 方向\n");
    for(i=0;i<nj;i++)
    {
        fprintf(fpout,"     %-4d",i+1);   //0 基调整
        for(j=0;j<JDOF;j++)
            printf(fpout,"         %-4d", jn[i][j]);
        fprintf(fpout,"\n");
    }

    if(np>0)
    {
        for(i=0;i<np;i++)
            for(j=0;j<3;j++) fscanf(fpin,"%lg,",&pj[i][j]);
```

```c
    fprintf(fpout,"\n 结点荷载表\n");
    fprintf(fpout,"    结点号      方向代码 XYM        荷载大小\n");
    for(i=0;i<np;i++)
        {
            for(j=0;j<3;j++)
                fprintf(fpout,"         %-7lg", pj[i][j]);
    fprintf(fpout,"\n 非结点荷载表\n");
    fprintf(fpout,"    单元号      荷载类型      荷载大小       荷载位置参数 c\n");
    for(i=0;i<nf;i++)
        {
            for(j=0;j<4;j++)
                fprintf(fpout,"          %-7lg", pf[i][j]);
            fprintf(fpout,"\n");
        }
    }

    return(0);
}

/* 计算单元长度, 夹角 alph 的正余弦值 */
int lsc(int m, int ne, int nj, double *x, double *y, int (*ij)[JPE],
double *bl, double *si, double *co)
{
    int i,j;
    double dx,dy;

    i=ij[m][0]-1,j=ij[m][1]-1;   //0 基调整
    dx=x[j]-x[i];
    dy=y[j]-y[i];
    *bl=sqrt(dx*dx+dy*dy);
    *si=dy / *bl;
    *co=dx / *bl;

    return(0);
}

/* 形成单元定位向量 */
int elv(int m, int ne, int nj, int (*ij)[JPE],int (*jn)[JDOF],int *lv)
{
    int i,j,k;

    i=ij[m][0]-1,j=ij[m][1]-1;   //0 基调整
    for(k=0;k<JDOF;k++)
        {
            lv[k]=jn[i][k];
            lv[k+JDOF]=jn[j][k];
        }

    return(0);
}

/* 计算整体坐标系下的单元刚度矩阵 */
int esm(int m, int ne, double e, double *a, double *zi, double bl,
double si, double co, double ek[JPE*JDOF][JPE*JDOF])
{
    int i,j;
```

```c
    double c1,c2,c3,c4,s1,s2,s3,s4,s5,s6;

    c1=e*a[m]/bl;
    c2=2.0*e*zi[m]/bl;
    c3=3.0*c2/bl;
    c4=2.0*c3/bl;
    s1=c1*co*co+c4*si*si;
    s2=(c1-c4)*si*co;
    s3=c3*si;
    s4=c1*si*si+c4*co*co;
    s5=c3*co;
    s6=c2;
    ek[0][0]=s1;
    ek[0][1]=s2;
    ek[0][2]=-s3;
    ek[0][3]=-s1;
    ek[0][4]=-s2;
    ek[0][5]=-s3;
    ek[1][1]=s4;
    ek[1][2]=s5;
    ek[1][3]=-s2;
    ek[1][4]=-s4;
    ek[1][5]=s5;
    ek[2][2]=2.0*s6;
    ek[2][3]=s3;
    ek[2][4]=-s5;
    ek[2][5]=s6;
    ek[3][3]=s1;
    ek[3][4]=s2;
    ek[3][5]=s3;
    ek[4][4]=s4;
    ek[4][5]=-s5;
    ek[5][5]=2.0*s6;
    for(i=0;i<JPE*JDOF-1;i++)
        for(j=i+1;j<JPE*JDOF;j++) ek[j][i]=ek[i][j];

    return(0);
}

/*  集成总刚  */
int tsm(int ne, int nj, int n, double e, double *x, double *y, int (*ij)[JPE],
double *a, double *zi, int (*jn)[JDOF], double (*tk)[JDOF*ARRSIZE])
{
    double ek[JPE*JDOF][JPE*JDOF];
    int lv[JPE*JDOF];
    int i,j,l,k,m;
    double bl,si,co;
    int lsc(int m, int ne, int nj, double *x, double *y, int (*ij)[JPE],
            double *bl,double *si, double *co);
    int esm(int m, int ne, double e, double *a, double *zi, double bl,
            double si, double co, double ek[JPE*JDOF][JPE*JDOF]);
    int elv(int m, int ne, int nj, int (*ij)[JPE],int (*jn)[JDOF], int *lv);

    for(i=0;i<n;i++)
        for(j=0;j<n;j++) tk[i][j]=0.0;

for(m=0;m<ne;m++)
    {
```

```c
        lsc(m,ne,nj,x,y,ij,&bl,&si,&co);
        esm(m,ne,e,a,zi,bl,si,co,ek);
        elv(m,ne,nj,ij,jn,lv);
        for(l=0;l<JPE*JDOF;l++)
          {
            i=lv[l];
            if(i!=0)
              {
                for(k=0;k<JPE*JDOF;k++)
                  {
                    j=lv[k];
                    if(j!=0) tk[i-1][j-1]=tk[i-1][j-1]+ek[l][k];   //0 基调整
                  }
              }
          }
      }

      return(0);
}


/*  计算单元固端力  */
int eff(int i, double (*pf)[4], int nf, double bl, double *fo)
{
    int no;
    double q,c,b,c1,c2,c3;
    int j;
    no=int(pf[i][1]);
    q=pf[i][2];
    c=pf[i][3];
    b=bl-c;
    c1=c/bl;
    c2=c1*c1;
    c3=c1*c2;
    for(j=0;j<JPE*3;j++) fo[j]=0.0;
    switch(no)
    {
      case 1:
        fo[1]=-q*c*(1.0-c2+c3/2.0);
        fo[2]=-q*c*c*(0.5-2.0*c1/3.0+0.25*c2);
        fo[4]=-q*c*c2*(1.0-0.5*c1);
        fo[5]=q*c*c*c1*(1.0/3.0-0.25*c1);
        return(0);
      case 2:
        fo[1]=-q*b*b*(1.0+2.0*c1)/bl/bl;
        fo[2]=-q*c*b*b/bl/bl;
        fo[4]=-q*c2*(1.0+2.0*b/bl);
        fo[5]=q*c2*b;
        return(0);
      case 3:
        fo[1]=6.0*q*c1*b/bl/bl;
        fo[2]=q*b*(2.0-3.0*b/bl)/bl;
        fo[4]=-6.0*q*c1*b/bl/bl;
        fo[5]=q*c1*(2.0-3.0*c1);
        return(0);
      case 4:
        fo[1]=-q*c*(0.5-0.75*c2+0.4*c3);
        fo[2]=-q*c*c*(1.0/3.0-0.5*c1+0.2*c2);
        fo[4]=-q*c*c2*(0.75-0.4*c1);
```

```c
        fo[5]=q*c*c*c1*(0.25-0.2*c1);
        return(0);
    case 5:
        fo[0]=-q*c*(1.0-0.5*c1);
        fo[3]=-0.5*q*c*c1;
        return(0);
    case 6:
        fo[0]=-q*b/bl;
        fo[3]=-q*c1;
        return(0);
    }
    return(0);
}

/* 计算综合结点荷载列阵 */
int jlp(int ne, int nj, int n, int np, int nf, double *x, double *y,
int (*ij)[JPE], int (*jn)[JDOF], double (*pj)[3], double (*pf)[4], double
*p)
{
    int i,j,k,l,m;
    int ii;
    double bl,si,co;
    int lv[JPE*JDOF];
    double fo[6],pe[JPE*JDOF];
    int lsc(int m, int ne, int nj, double *x, double *y, int (*ij)[JPE],
            double *bl, double *si, double *co);
    int elv(int m, int ne, int nj, int (*ij)[JPE],int (*jn)[JDOF],int *lv);
    int eff(int i, double (*pf)[4], int nf, double bl, double *fo);

    for(i=0;i<n;i++)  p[i]=0.0;
    if(np>0)
     {
       for(i=0;i<np;i++)
        {
           j=int(pj[i][0]);
           k=int(pj[i][1]);
           l=jn[j-1][k-1];     //0 基调整
           if(l!=0) p[l-1]=pj[i][2];   //0 基调整
        }
     }

    if(nf>0)
     {
       for(i=0;i<nf;i++)
        {
           m=int(pf[i][0])-1;   //0 基调整
           lsc(m,ne,nj,x,y,ij,&bl,&si,&co);
           eff(i,pf,nf,bl,fo);
           elv(m,ne,nj,ij,jn,lv);
           pe[0]=-fo[0]*co+fo[1]*si;
           pe[1]=-fo[0]*si-fo[1]*co;
           pe[2]=-fo[2];
           pe[3]=-fo[3]*co+fo[4]*si;
           pe[4]=-fo[3]*si-fo[4]*co;
           pe[5]=-fo[5];
           for(j=0;j<JPE*JDOF;j++)
            {
```

```
                    l=lv[j];
                    if(l!=0) p[l-1]=p[l-1]+pe[j];    //0 基调整
                }
            }
        }

        return(0);
}


/* Gauss 消去法解方程 */
int gauss(double (*a)[JDOF*ARRSIZE], double *b, int n)
{
    int i,j,k;
    double a1;
    for(k=0;k<n-1;k++)
        {
            for(i=k+1;i<n;i++)
                {
                    a1=a[k][i]/a[k][k];
                    for(j=k+1;j<n;j++) a[i][j]=a[i][j]-a1*a[k][j];
                    b[i]=b[i]-a1*b[k];
                }
        }
    b[n-1]=b[n-1]/a[n-1][n-1];    //0 基调整
    for(i=n-2;i>-1;i--)    //0 基调整
        {
            for(j=i+1;j<n;j++)
                b[i]=b[i]-a[i][j]*b[j];
            b[i]=b[i]/a[i][i];
```

```
        }

        return(0);
}


/* 输出结点位移；计算并输出单元杆端力 */
int mvn(int ne, int nj, int n, int nf, double e, double *x, double *y,
int (*ij)[JPE], double *a, double *zi, int (*jn)[JDOF], double (*pf)[4],
double *p)
{
    int i,j,l,m,ii;
    int lv[JPE*JDOF];
    double bl,si,co;
    double fo[6],d[JPE*JDOF],fd[JPE*JDOF],f[6];
    double ek[JPE*JDOF][JPE*JDOF];
    int lsc(int m, int ne, int nj, double *x, double *y, int (*ij)[JPE],
            double *bl, double *si, double *co);
    int esm(int m, int ne, double e, double *a, double *zi, double bl,
            double si, double co, double ek[JPE*JDOF][JPE*JDOF]);
    int elv(int m, int ne, int nj, int (*ij)[JPE], int (*jn)[JDOF], int *lv);
    int eff(int i, double (*pf)[4], int nf, double bl, double *fo);

    fprintf(fpout,"\n 结点位移表\n");
    fprintf(fpout,"      结点号            u            v            ceta\n");
    for(j=0;j<nj;j++)
        {
            for(i=0;i<JDOF;i++)
                {
```

```c
          d[i]=0.0;
          l=jn[j][i];
          if(l!=0) d[i]=p[l-1];   //0 基调整
        }
      fprintf(fpout,"       %-4d",j+1);   //0 基调整
      for(ii=0;ii<JDOF;ii++) fprintf(fpout,"   %12.4le",d[ii]);
      fprintf(fpout,"\n");
    }

  fprintf(fpout,"\n 单元杆端内力表\n");
  fprintf(fpout,"      单元号       杆端轴力 FN      杆端剪力 FQ
           杆端弯矩 M\n");
  for(m=0;m<ne;m++)
    {
      lsc(m,ne,nj,x,y,ij,&bl,&si,&co);
      esm(m,ne,e,a,zi,bl,si,co,ek);
      elv(m,ne,nj,ij,jn,lv);
      for(i=0;i<JPE*JDOF;i++)
        {
          l=lv[i];
          d[i]=0.0;
          if(l!=0) d[i]=p[l-1];   //0 基调整
        }
      for(i=0;i<JPE*JDOF;i++)
        {
          fd[i]=0.0;
          for(j=0;j<JPE*JDOF;j++) fd[i]=fd[i]+ek[i][j]*d[j];
        }
      f[0]=fd[0]*co+fd[1]*si;
      f[1]=-fd[0]*si+fd[1]*co;
      f[2]=fd[2];
      f[3]=fd[3]*co+fd[4]*si;
      f[4]=-fd[3]*si+fd[4]*co;
      f[5]=fd[5];
      if(nf>0)
        {
          for(i=0;i<nf;i++)
            {
              l=int(pf[i][0]);
              if(m==l-1)   //0 基调整
                {
                  eff(i,pf,nf,bl,fo);
                  for(j=0;j<JPE*3/*非 JDOF*/;j++) f[j]=f[j]+fo[j];
                }
            }
        }
      fprintf(fpout,"   %4d(始端)",m+1);   //0 基调整
      for(i=0;i<3;i++) fprintf(fpout,"   %12.6lg",
                        (fabs(f[i])<1.0e-12)?0.0:f[i]);
      fprintf(fpout,"\n");
      fprintf(fpout,"         (末端)");
      for(i=0;i<JDOF;i++) fprintf(fpout,"   %12.6lg",
                        (fabs(f[i+3])<1.0e-12)?0.0:f[i+3]);
      fprintf(fpout,"\n");
    }

return(0);
}
```

附录 B 部分分析计算题答案

第 2 章 平面体系的几何组成分析

2-1 a) $W=0$；b) $W=0$；c) $W=0$；d) $W=-1$；e) $W=0$；f) $W=0$；

g) $W=0$；h) $W=-1$；i) $W=0$；j) $W=0$；k) $W=+1$；l) $W=0$。

2-2 a) 几何不变，无多余约束；b) 几何不变，无多余约束；

c) 几何不变，无多余约束；d) 几何不变，有 1 个多余约束；

e) 几何瞬变；f) 几何不变，无多余约束；

g) 几何不变，无多余约束；h) 几何不变，有 1 个多余约束；

i) 几何瞬变；j) 几何瞬变；k) 几何可变；l) 几何瞬变。

第 3 章 静定梁和静定刚架的受力分析

3-1 a) $M_{CB}=F_P a/4$（下侧受拉）；b) $M_{BC}=ql^2/8$（上侧受拉）；

c) $M_{CA}=24\text{kN}\cdot\text{m}$（下侧受拉）；d) $M_{CA}=2F_P a/3$（下侧受拉）；

e) $M_{BC}=0$，$M_{AB}=1.5qa^2$（上侧受拉）；

f) $M_{DA}=10\text{kN}\cdot\text{m}$（上侧受拉）。

3-2 a) $M_{AD}=16\text{kN}\cdot\text{m}$（下侧受拉），$F_{QDB}=-4\text{kN}$；

b) $M_{CB}=8\text{kN}\cdot\text{m}$（下侧受拉），$F_{QAC}=9\text{kN}$；

c) $M_{CD}=12\text{kN}\cdot\text{m}$（下侧受拉），$F_{QCD}=0$；

d) $M_{CB}=13\text{kN}\cdot\text{m}$（下侧受拉），$F_{QCB}=-4\text{kN}$。

3-3 $M_{BA}=20\text{kN}\cdot\text{m}$（下侧受拉），$F_{QAB}=12\text{kN}$，$F_{NAB}=-9\text{kN}$。

3-4 a) $M_{BC}=8\text{kN}\cdot\text{m}$（上侧受拉），$M_{EF}=8\text{kN}\cdot\text{m}$（下侧受拉），

$F_{QEF}=-4\text{kN}$，$F_{QFG}=0$；

b) $M_{AB}=6\text{kN}\cdot\text{m}$（上侧受拉），$M_{CD}=3\text{kN}\cdot\text{m}$（下侧受拉），

$F_{QCB}=-2\text{kN}$，$F_{QED}=-6\text{kN}$；

c) $M_{CB}=50\text{kN}\cdot\text{m}$（下侧受拉），$M_{DE}=42\text{kN}\cdot\text{m}$（上侧受拉），

$F_{QCD}=-33\text{kN}$，$F_{QDE}=6\text{kN}$。

3-5 a) $M_{AE}=2\text{kN}\cdot\text{m}$（左侧受拉），$M_{EB}=0$，$F_{QAB}=-4\text{kN}$，$F_{NBC}=-4\text{kN}$；

b) $M_{AD}=2\text{kN}\cdot\text{m}$（左侧受拉），$M_{DC}=4\text{kN}\cdot\text{m}$（右侧受拉），

$F_{QAD}=0$，$F_{NAD}=-7\text{kN}$；

c) $M_{AC}=72\text{kN}\cdot\text{m}$（左侧受拉），$M_{CA}=0$，$F_{QAC}=14.4\text{kN}$，

$F_{NAC}=-19.2\text{kN}$。

3-6 a) $M_{CD}=80\text{kN}\cdot\text{m}$（下侧受拉），$F_{QCA}=0$，$F_{NAC}=10\text{kN}$；

b) $M_{BC}=20\text{kN}\cdot\text{m}$（下侧受拉），$F_{QBC}=1\text{kN}$，$F_{NBC}=0$；

c) $M_{DB}=8\text{kN}\cdot\text{m}$（下侧受拉），$F_{QDB}=4\text{kN}$，$F_{NAD}=-4\text{kN}$；

d) $M_{BD}=10\text{kN}\cdot\text{m}$（下侧受拉），$F_{QDB}=18\text{kN}$，$F_{NAD}=-30\text{kN}$；

e) $M_{CD}=ql^2/4$（左侧受拉），$F_{QCD}=0$，$F_{NCD}=-ql/4$；

f) $M_{EB}=4\text{kN}\cdot\text{m}$（下侧受拉），$F_{QAD}=2\text{kN}$，$F_{NED}=-4\text{kN}$。

3-7 a) $M_{DC}=15.55\text{kN}\cdot\text{m}$（右侧受拉），$F_{QCD}=-5.04\text{kN}$，$F_{NCE}=-4.62\text{kN}$；

b) $M_{DC}=7.5$kN·m（上侧受拉），$F_{QAD}=-1.5$kN，$F_{NBE}=-3.5$kN；

c) $M_{AD}=F_P l$（左侧受拉），$F_{QDC}=F_P$，$F_{NBE}=-F_P$。

3-8　a) $M_{DC}=ql^2$（上侧受拉）；

b) $M_{EB}=F_P l$（下侧受拉）；

c) $M_{DE}=28$kN·m（下侧受拉）；

d) $M_{AF}=120$kN·m（下侧受拉）；

e) $M_{DC}=0$，$M_{BC}=F_P l$（上侧受拉）；

f) $M_{DA}=0$，$M_{EB}=2F_P a$（下侧受拉）；

g) $M_{DC}=32$kN·m（上侧受拉），$M_{BE}=96$kN·m（左侧受拉）；

h) $M_{AB}=F_P l$（下侧受拉），$M_{CB}=2F_P l$（上侧受拉）；

i) $M_{BC}=0$；

j) $M_{AC}=27$kN·m（上侧受拉），$M_{EF}=54$kN·m（右侧受拉），

$M_{BD}=9$kN·m（上侧受拉）；

k) $M_{EF}=F_P a$（下侧受拉）；

l) $M_{EF}=0$，$M_{DC}=F_P a$（上侧受拉）；

m) $M_{FE}=F_P a$（上侧受拉）；

n) $M_{ED}=12$kN·m（下侧受拉）；

o) $M_{AE}=4$kN·m（左侧受拉），$M_{BD}=12$kN·m（上侧受拉）；

p) $M_{DE}=32$kN·m（下侧受拉），$M_{FC}=16$kN·m（左侧受拉）；

q) $M_{DA}=6$kN·m（上侧受拉），$M_{FB}=18$kN·m（上侧受拉）。

3-9　a) $M_{yCD}=40$kN·m（上侧受拉），$M_{xBC}=57$kN·m（上侧受拉）。

b) $M_{yBA}=20$kN·m（上侧受拉），$M_{zBC}=M_{xBC}=0$。

第 4 章　三铰拱和悬索结构的受力分析

4-1　$F_{VA}=F_{VB}=qr$。

4-2　$F_{VA}=5$kN（↓），$F_{VB}=5$kN（↑），$F_{NDE}=15$kN（拉力）。

4-3　$M_D=6$kN·m，$M_E=-2$kN·m，$F_{QD左}=1.8$kN，$F_{ND左}=-3.12$kN。

4-4　$M_K=-6.4$kN·m，$F_{QK}=-4.7$kN，$F_{NK}=-89.3$kN。

4-5　$y=\begin{cases}\dfrac{5}{4}x & 0\leqslant x\leqslant 4\text{m} \\ -\dfrac{1}{4}x+6 & 4\text{m}\leqslant x\leqslant 8\text{m} \\ \dfrac{1}{8}\left(-\dfrac{3}{2}x^2+22x-48\right) & 8\text{m}\leqslant x\leqslant 12\text{m}\end{cases}$

4-6　$M_K=44$kN·m，$F_{QK}=-0.6$kN，$F_{NK}=5.8$kN。

4-7　$y=-\dfrac{1}{27}x^2+\dfrac{7}{9}x$。

第 5 章　静定桁架和组合结构的受力分析

5-1　a) $F_{N12}=F_P$，$F_{N13}=0$，$F_{N24}=2F_P$，$F_{N25}=-\sqrt{5}F_P$，$F_{N34}=0$，$F_{N46}=2F_P$，

$F_{N35}=0$，$F_{N36}=0$，$F_{N56}=F_P$。

b) $F_{N12}=-80$kN，$F_{N13}=0$，$F_{N23}=100$kN，$F_{N24}=-80$kN，

$F_{N34}=-60$kN，$F_{N36}=80$kN，$F_{N45}=-106.67$kN，$F_{N46}=33.33$kN，

$F_{N56}=-40$kN。

5-2 a) 5根； b) 11根； c) 22根； d) 8根。

5-3 a) $F_{Na}=-F_P$，$F_{Nb}=\sqrt{2}F_P$，$F_{Nc}=F_P$；

b) $F_{Na}=-12\text{kN}$，$F_{Nb}=3.33\text{kN}$，$F_{Nc}=9.33\text{kN}$；

c) $F_{Na}=\sqrt{2}F_P$，$F_{Nb}=0$，$F_{Nc}=0$；

d) $F_{Na}=-5.66\text{kN}$，$F_{Nb}=-1.4\text{kN}$，$F_{Nc}=-8\text{kN}$。

5-4 a) $F_{Na}=F_P$，$F_{Nb}=0$，$F_{Nc}=0$；

b) $F_{Na}=12.73\text{kN}$，$F_{Nb}=18.97\text{kN}$，$F_{Nc}=-18.00\text{kN}$；

c) $F_{Na}=0$，$F_{Nb}=\dfrac{\sqrt{2}}{3}F_P$，$F_{Nc}=-\dfrac{\sqrt{5}}{3}F_P$；

d) $F_{Na}=-0.33F_P$，$F_{Nb}=0.94F_P$，$F_{Nc}=0$。

5-5 a) $F_{Na}=F_P$，$F_{Nb}=-\sqrt{2}F_P$；

b) $F_{Na}=F_P$，$F_{Nb}=\dfrac{\sqrt{2}}{2}F_P$；

c) $F_{Na}=0$，$F_{Nb}=0.94F_P$；

d) $F_{Na}=0$，$F_{Nb}=0.5F_P$，$F_{Nc}=0$。

5-6 a) $F_{Na}=0$，$F_{Nb}=0$，$F_{Nc}=-13.33\text{kN}$；

b) $F_{Na}=-3F_P$，$F_{Nb}=\sqrt{2}F_P$；

c) $F_{Na}=-14.14\text{kN}$，$F_{Nb}=14.14\text{kN}$，$F_{Nc}=0$；

d) $F_{Na}=-25\text{kN}$，$F_{Nb}=0$，$F_{Nc}=20\text{kN}$。

5-7 a) $M_B=M_D=45\text{kN}\cdot\text{m}$（上侧受拉），$F_{NFG}=180\text{kN}$，$F_{QBA}=-30\text{kN}$，

$F_{QBC}=30\text{kN}$；

b) $M_B=M_D=64\text{kN}\cdot\text{m}$（下侧受拉），$F_{NAF}=F_{NEG}=-117.33\text{kN}$，

$F_{NHF}=F_{NJG}=95.41\text{kN}$，$F_{QAB}=32\text{kN}$，$F_{QCB}=-32\text{kN}$；

c) $M_E=qa^2$（上侧受拉），BC跨中 $M=\dfrac{1}{8}qa^2$，$F_{NAD}=qa$，$F_{NBE}=-2qa$；

d) $F_{NBF}=-\dfrac{\sqrt{2}}{2}F_P$，$M_B=\dfrac{F_Pl}{4}$（上侧受拉）。

5-8 a) $F_{N1}=28.3\text{kN}$，$F_{N2}=F_{N3}=-11.2\text{kN}$；

b) $F_{NBD}=\sqrt{2}F_P$，$F_{NDE}=\dfrac{5}{6}F_P$。

第 6 章 虚功原理和结构的位移计算

6-1 $\Delta_{CH}=\dfrac{3ql^4}{8EI}$（→）。

6-2 $\Delta_{AV}=\dfrac{\pi F_P R^3}{4EI}$（↓）。

6-3 $\Delta_{CV}=2.64\text{mm}$（↓）；$\angle ADC$ 增大 $3.867\times10^{-4}\text{rad}$。

6-4 $\Delta_{CV}=\dfrac{2354}{3EI}q$（↓）。

6-5 $\varphi_D=\dfrac{13}{12EI}ql^3$ (↷)

6-6 $\varphi_{AB}=\dfrac{11}{24EI}ql^3$ (↶)(↷)。

6-7 $\Delta_{CD}=\dfrac{\sqrt{2}F_Pl^3}{24EI}$（→←），$\varphi_{C_1C_2}=\dfrac{1}{6EI}F_Pl^2$ (↷)(↶)。

6-8 $\Delta_{CV}=\dfrac{680}{3EI}$（↓）。

6-9 $\varphi_A=\dfrac{5}{8EI}ql^3$ (↷)。

6-10 $\Delta_{AB}=\dfrac{ql^4}{60EI}$（→←）。

6-11　$\Delta_{CV} = 9\text{mm}$（↓）。

6-12　$q = 32.04\text{kN/m}$。

6-13　$\Delta_{CV} = 0.07a$（↓），$\varphi_{B_1B_2} = 0$。

6-14　a）$\Delta_{AB} = 0$；b）$\Delta_{BH} = 1.16\text{cm}$（→）。

6-15　$\Delta_{GH} = 1.1\text{cm}$（→）。

6-16　$\Delta_{BH} = \dfrac{4}{3EI}ql^4$（→）。

第7章　力　法

7-1　a）1；b）2；c）5；d）3；e）4；f）1。

7-2　a）$M_B = 13.5\text{kN·m}$（上侧受拉）；
　　b）$M_A = 0.44F_p l$（上侧受拉），$M_C = 0.28F_p l$（下侧受拉）；
　　c）$M_A = 0.25F_p l$（下侧受拉），$M_B = 0.50F_p l$（上侧受拉）。

7-3　a）横梁中点弯矩为$\dfrac{1}{8}ql^2$；
　　b）$M_{CD} = 0.5ql^2$（下侧受拉），$M_{BC} = \dfrac{1}{16}ql^2$（右侧受拉），
　　　$F_{QDC} = -ql$，$F_{QBC} = 0.56ql$，$F_{NCD} = -0.56ql$，$F_{NBC} = 0$；
　　c）$M_A = 49.34\text{kN·m}$（左侧受拉），$M_E = 24.34\text{kN·m}$（左侧受拉），
　　　$F_{QA} = 32.5\text{kN}$，$F_{QE} = 7.5\text{kN}$，$F_{NAB} = 3.29\text{kN}$（拉力），
　　　$F_{NDE} = -3.29\text{kN}$（压力）。

7-4　a）$M_B = M_C = 10\text{kN·m}$（上侧受拉）；
　　b）$M_{BA} = \dfrac{10}{7}\text{kN·m}$（右侧受拉）；
　　c）$M_{BA} = 40\text{kN·m}$（左侧受拉），$M_{CB} = 40\text{kN·m}$（下侧受拉）；

d）$M_A = 0.52F_p l$（左侧受拉），$M_{BC} = 0.91F_p l$（下侧受拉），
　　$M_{DC} = 0.57F_p l$（左侧受拉）。

7-5　a）$F_{NBD} = 6.52\text{kN}$（拉力），$F_{NBF} = -5.43\text{kN}$（压力），$F_{NAB} = -7.07\text{kN}$（压力）；
　　b）$F_{NAB} = 3.32\text{kN}$（拉力），$F_{NBC} = -4.02\text{kN}$（压力），$F_{NAC} = 3.22\text{kN}$（拉力）。

7-6　a）$F_{NCD} = -1.28\text{kN}$（压力），$M_C = 45.43\text{kN·m}$（下侧受拉）；
　　b）$M_D = 64\text{kN·m}$（左侧受拉），$M_{BE} = 13.72\text{kN·m}$（上侧受拉），
　　　$F_{NDE} = -35.55\text{kN}$（压力）。

7-7　a）$M_A = M_B = 135\text{kN·m}$（左侧受拉）；
　　b）$M_A = 79.76\text{kN·m}$（左侧受拉），$M_B = 67.25\text{kN·m}$（左侧受拉），
　　　$M_C = 68.98\text{kN·m}$（左侧受拉）。

7-8　a）$M_A = \dfrac{6EI}{l^2}\Delta$（上侧受拉）；b）$M_A = \dfrac{4EI}{l}\varphi$；
　　c）$M_{BC} = \dfrac{6}{7}(l\theta - 3a + 2b)\dfrac{EI}{l^2}$。

7-9　a）$M_{BC} = 31.2EI\alpha$（上侧受拉）；b）$M_A = 47.11\dfrac{EI}{l}\alpha$（内侧受拉）。

7-10　a）$M_{DA} = \dfrac{ql^2}{16}$（左侧受拉）；
　　b）$M_A = 0.27F_p l$（左侧受拉），$M_{BC} = 0.23F_p l$（下侧受拉）；
　　c）$M_{BA} = 30.42\text{kN·m}$（左侧受拉），$M_{CB} = 7.04\text{kN·m}$（内侧受拉）；
　　d）$M_{BA} = 0.5F_p h$（右侧受拉），$M_{CD} = F_p h$（右侧受拉）；
　　e）$M_{BA} = 18\text{kN·m}$（右侧受拉），$M_{BD} = 22.76\text{kN·m}$（下侧受拉），
　　　$M_{BC} = 4.76\text{kN·m}$（左侧受拉）；

f) $M_A = 23.12\text{kN}\cdot\text{m}$（左侧受拉），$M_{CA} = 16.87\text{kN}\cdot\text{m}$（右侧受拉），

$M_{CE} = 7.5\text{kN}\cdot\text{m}$（下侧受拉）。

7-11 $M_A = \dfrac{4}{3}\text{kN}\cdot\text{m}$（下侧受拉）。

7-12 （1）$y_S = \dfrac{2}{5}l$；

（2）$y_S = 0.363R$。

7-13 $\Delta_{BH} = \dfrac{0.1884F_P l^3}{EI}$ （→）。

7-14 $\Delta_{DH} = \dfrac{837}{EI}$ （→）。

第 8 章 位移法

8-1 a) 4；b) 3；c) 6；d) 8；e) 2；f) 2。

8-2 a) $M_{AB} = -13\text{kN}\cdot\text{m}$，$M_{BC} = -13\text{kN}\cdot\text{m}$，$F_{QBC} = 33.17\text{kN}$；

b) $M_{AB} = -4\text{kN}\cdot\text{m}$，$M_{CB} = 12\text{kN}\cdot\text{m}$，$F_{QCD} = 19\text{kN}$。

8-3 a) $M_{BA} = 26\text{kN}\cdot\text{m}$，$F_{QBC} = 12.5\text{kN}$，$F_{NDB} = -36.5\text{kN}$；

b) $M_{BC} = 8\text{kN}\cdot\text{m}$，$M_{CE} = -11\text{kN}\cdot\text{m}$，$F_{QDC} = -1\text{kN}$，$F_{NDC} = -15\text{kN}$；

c) $M_{AC} = 0.4F_P l$，$F_{QAB} = -0.3F_P$，$F_{NAB} = -1.6F_P$；

d) $M_{AB} = -36\text{kN}\cdot\text{m}$，$M_{DC} = -54\text{kN}\cdot\text{m}$，$F_{QEF} = 36\text{kN}$，$F_{NBC} = -50.3\text{kN}$，

$F_{NEF} = -18\text{kN}$。

8-4 a) $M_{AB} = -200\text{kN}\cdot\text{m}$，$M_{CD} = -120\text{kN}\cdot\text{m}$，$M_{EF} = -160\text{kN}\cdot\text{m}$；

b) $M_{AC} = 36.38\text{kN}\cdot\text{m}$，$M_{CD} = -2.09\text{kN}\cdot\text{m}$，$M_{EC} = -21.74\text{kN}\cdot\text{m}$；

c) $M_{AB} = 22.1\text{kN}\cdot\text{m}$，$M_{BD} = -99.6\text{kN}\cdot\text{m}$，$M_{ED} = -26.9\text{kN}\cdot\text{m}$；

d) $M_{AB} = -109.7\text{kN}\cdot\text{m}$，$M_{BD} = 34.1\text{kN}\cdot\text{m}$；

e) $M_{AB} = -44.1\text{kN}\cdot\text{m}$，$M_{CD} = -44.7\text{kN}\cdot\text{m}$；

f) $M_{AB} = -133.1\text{kN}\cdot\text{m}$，$M_{BC} = 62.6\text{kN}\cdot\text{m}$，$M_{BD} = 27.4\text{kN}\cdot\text{m}$。

8-6 a) $M_{CD} = -\dfrac{2F_P l}{7}$，$M_{CA} = -\dfrac{3}{14}F_P l$；

b) $M_{AB} = -36\text{kN}\cdot\text{m}$，$M_{CD} = 36\text{kN}\cdot\text{m}$；

c) $M_{BA} = -7.45\text{kN}\cdot\text{m}$，$M_{CB} = 26.07\text{kN}\cdot\text{m}$，$M_{BD} = 0$。

8-7 $M_{AB} = 166.2\text{kN}\cdot\text{m}$，$M_{CD} = 443.1\text{kN}\cdot\text{m}$。

8-8 $\varphi_D = 0.00165\text{rad}$。

8-9 $m = 727.3\text{kN}\cdot\text{m}$，$\Delta_{DV} = 0.182\text{cm}$ （↑）。

8-10 $M_{AB} = -106.1\text{kN}\cdot\text{m}$，$M_{CB} = 86.8\text{kN}\cdot\text{m}$，$M_{EF} = -39.3\text{kN}\cdot\text{m}$。

第 9 章 渐近法和近似法

9-1 a) $M_{CB} = 34.48\text{kN}\cdot\text{m}$，$F_{QAB} = 10.74\text{kN}$，$F_{RB} = 39.02\text{kN}$ （↑）；

b) $M_{BA} = 34.23\text{kN}\cdot\text{m}$，$F_{QAB} = 25.72\text{kN}$，$F_{RB} = 46.65\text{kN}$ （↑）；

c) $M_{AB} = -28.75\text{kN}\cdot\text{m}$，$F_{QCB} = -27.92\text{kN}$，$F_{RB} = 63.02\text{kN}$ （↑）；

d) $M_{DC} = -50.4\text{kN}\cdot\text{m}$，$F_{QCB} = -26.4\text{kN}$，$F_{RB} = 31.6\text{kN}$ （↑）。

9-2 a) $M_{BA} = 8.8\text{kN}\cdot\text{m}$，$M_{DC} = 74.9\text{kN}\cdot\text{m}$；

b) $M_{BA} = 12.4\text{kN}\cdot\text{m}$；

c) $M_{BA} = 74.80\text{kN}\cdot\text{m}$，$M_{CB} = 61.63\text{kN}\cdot\text{m}$；

d) $M_{AB} = 85.4\text{kN}\cdot\text{m}$，$M_{DC} = 23.5\text{kN}\cdot\text{m}$。

9-3 a) $M_{BA} = 38.5\text{kN}\cdot\text{m}$，$M_{CB} = -6.2\text{kN}\cdot\text{m}$；

b) $M_{BA} = 25.2\text{kN}\cdot\text{m}$，$M_{BD} = -18.9\text{kN}\cdot\text{m}$；

c) $M_{CF} = 8\text{kN}\cdot\text{m}$，$M_{BA} = 0$；

d) $M_{AB} = -35.6\text{kN}\cdot\text{m}$，$M_{BE} = 39.4\text{kN}\cdot\text{m}$；

e) $M_{AB} = 10.7\text{kN}\cdot\text{m}$，$M_{CB} = 48.8\text{kN}\cdot\text{m}$；

f) $M_{BC} = -43.8\text{kN}\cdot\text{m}$，$M_{CF} = -95.3\text{kN}\cdot\text{m}$。

9-4　$M_{BA} = 9.3\text{kN}\cdot\text{m}$。

9-5　$M_A = 86.6\text{kN}\cdot\text{m}$。

9-6　$M_{DC} = -165.9\text{kN}\cdot\text{m}$，$M_{ED} = 78.7\text{kN}\cdot\text{m}$，$M_{BE} = 140.6\text{kN}\cdot\text{m}$。

9-7　a) $M_{BA} = 39.9\text{kN}\cdot\text{m}$，$M_{DE} = 103.0\text{kN}\cdot\text{m}$，$M_{FD} = -212.8\text{kN}\cdot\text{m}$。

　　b) $M_{AB} = 34.2\text{kN}\cdot\text{m}$，$M_{DC} = -33.1\text{kN}\cdot\text{m}$，$M_{ED} = 11.0\text{kN}\cdot\text{m}$。

9-8　a) $M_{AB} = -12.3\text{kN}\cdot\text{m}$，$M_{CE} = 0.9\text{kN}\cdot\text{m}$；

　　b) $M_{AB} = -145.2\text{kN}\cdot\text{m}$，$M_{BD} = 116.1\text{kN}\cdot\text{m}$，$M_{BA} = -154.8\text{kN}\cdot\text{m}$；

　　c) $M_{AB} = -43.9\text{kN}\cdot\text{m}$，$M_{CD} = 16.3\text{kN}\cdot\text{m}$，$M_{BE} = 35.6\text{kN}\cdot\text{m}$；

　　d) $M_{AC} = -3.5\text{kN}\cdot\text{m}$，$M_{CB} = 48.7\text{kN}\cdot\text{m}$，$M_{DC} = 33.2\text{kN}\cdot\text{m}$。

9-10　$M_{GH} = -33.8\text{kN}\cdot\text{m}$，$M_{AD} = 27.9\text{kN}\cdot\text{m}$。

9-11　$M_{AB} = M_{BA} = -30\text{kN}\cdot\text{m}$，$M_{EF} = M_{FE} = 60\text{kN}\cdot\text{m}$。

第 10 章　影响线及其应用

10-1　$F_{RA} = 1$，$M_C = -3\text{m}$，$F_{QC} = 1$。（均为 B 点值）

10-2　$F_{NBC} = \sqrt{5}/2$，$M_D = 1\text{m}$。（均为 D 点值）

10-3　$M_A = -2\text{m}$，$M_C = -\dfrac{4}{3}\text{m}$，$F_{QA左} = -1$，$F_{QA右} = \dfrac{1}{3}$。（D 点值）

10-4　$M_C = -a/2$，$F_{QC} = -0.5$。（D 点值）

10-5　$M_A = 3\text{m}$，$F_{RB} = 1$。（A 点值）

10-6　$M_K = 1.6\text{m}$，$F_{QK} = -0.4$。（A 点值）

10-7　$M_C = ab/l$（$F_P=1$ 在 C 点），$F_{QC} = \dfrac{b}{l}\cos\alpha$（$F_P=1$ 在 C 点右）。

10-8　$M_C = h/2$，$F_{QC} = -h/l$。（D 点值）

10-9　$F_{QC} = 0.5$，$M_D = 1\text{m}$，$F_{QD} = -0.5$。（B 点值）

10-10　$F_{N1} = \sqrt{2}$，$F_{N2} = 3/2$，$F_{N3} = -3/2$。（A 点值）

10-11　$F_{N1} = \sqrt{2}$，$F_{N2} = -1$，$F_{N3} = 0$，$F_{N4} = 0.5$。（D 点值）

10-12　$F_{RB} = 11/8$，$M_E = -3/4$，$F_{QB左} = -3/8$，$F_{QB右} = 1$，$F_{QC} = 1$。（C 点值）

10-13　$M_K = 185\text{kN}\cdot\text{m}$，$F_{QK左} = -28.75\text{kN}$。

10-14　$F_{RB\max} = 236.9\text{kN}$，$M_{D\max} = 314.3\text{kN}$。

10-15　$M_{\max}=351.5\text{kN}\cdot\text{m}$，$M_{跨中\max} = 348.5\text{kN}\cdot\text{m}$。

10-16　AB、CD 跨布置活载，产生 $M_{K\max}$。

10-17　$M_{C\max} = 2494\text{kN}\cdot\text{m}$，$F_{QC\max} = 134.6\text{kN}$。

第 11 章　矩阵位移法

11-1　$\bar{k}_{11}^{(1)} = EA/l$，$\bar{k}_{23}^{(1)} = 6EI/l^2$，$\bar{k}_{35}^{(1)} = -6EI/l^2$；$k_{11}^{(1)} = 12EI/l^3$，$k_{23}^{(1)} = 0$，$k_{35}^{(1)} = 0$。

11-2　$k_{11} = \dfrac{EA}{2l} + \dfrac{12EI}{l^3}$，$k_{21} = 0$，$k_{32} = 3EI/2l^2$。

11-3　$\mathbf{k}^{(1)}$ 中第 3 列元素：$\left[\begin{array}{cccccc} 0 & \dfrac{6EI}{l^2} & \dfrac{4EI}{l} & 0 & \dfrac{-6EI}{l^2} & \dfrac{2EI}{l} \end{array}\right]^{\text{T}}$

　　$\mathbf{k}^{(1)}$ 中第 5 列元素：$\left[\begin{array}{cccccc} 0 & -\dfrac{12EI}{l^3} & \dfrac{-6EI}{l^2} & 0 & \dfrac{12EI}{l^3} & \dfrac{-6EI}{l^2} \end{array}\right]^{\text{T}}$

$\boldsymbol{k}^{(2)}$ 中第 3 列元素：$\begin{bmatrix} \dfrac{6EI}{l^2} & 0 & \dfrac{4EI}{l} & \dfrac{-6EI}{l^2} & 0 & \dfrac{2EI}{l} \end{bmatrix}^{\mathrm{T}}$

$\boldsymbol{k}^{(3)}$ 中第 5 列元素：$\begin{bmatrix} 0 & \dfrac{-EA}{l} & 0 & 0 & \dfrac{EA}{l} & 0 \end{bmatrix}^{\mathrm{T}}$

11-5　$\boldsymbol{\lambda}^{(1)} = [1\ 0\ 0\ 2\ 3\ 4]^{\mathrm{T}}$，$\boldsymbol{\lambda}^{(3)} = [5\ 6\ 7\ 0\ 0\ 9]^{\mathrm{T}}$

　　　$\boldsymbol{\lambda}^{(2)} = [2\ 3\ 4\ 5\ 6\ 7]^{\mathrm{T}}$，$\boldsymbol{\lambda}^{(4)} = [5\ 6\ 8\ 0\ 0\ 0]^{\mathrm{T}}$。

11-6　$\boldsymbol{F} = \begin{bmatrix} 0 \\ -5\ \mathrm{kN \cdot m} \\ 0 \\ 16\ \mathrm{kN} \\ 8\ \mathrm{kN \cdot m} \\ 0 \\ 21\ \mathrm{kN} \\ -3.5\ \mathrm{kN \cdot m} \\ 9\ \mathrm{kN} \end{bmatrix}$

11-7　$\boldsymbol{K} = 10^4 \begin{bmatrix} 2.4\mathrm{kN \cdot m} & 1.2\mathrm{kN \cdot m} & 0.0 & 0.0 \\ 1.2\mathrm{kN \cdot m} & 4.0\mathrm{kN \cdot m} & 0.8\mathrm{kN \cdot m} & 0.0 \\ 0.0 & 0.8\mathrm{kN \cdot m} & 3.52\mathrm{kN \cdot m} & 0.96\mathrm{kN \cdot m} \\ 0.0 & 0.0 & 0.96\mathrm{kN \cdot m} & 1.92\mathrm{kN \cdot m} \end{bmatrix}$，

　　　$\boldsymbol{F} = \begin{bmatrix} 5.0\ \mathrm{kN \cdot m} \\ 10.67\ \mathrm{kN \cdot m} \\ 1.83\ \mathrm{kN \cdot m} \\ -12.5\ \mathrm{kN \cdot m} \end{bmatrix}$。

11-8　$\boldsymbol{K} = 10^5 \begin{bmatrix} 4\mathrm{kN \cdot m} & 2\mathrm{kN \cdot m} & 0 \\ 2\mathrm{kN \cdot m} & 13\mathrm{kN \cdot m} & 2\mathrm{kN \cdot m} \\ 0 & 2\mathrm{kN \cdot m} & 9\mathrm{kN \cdot m} \end{bmatrix}$。

11-9

$10^4 \begin{bmatrix} 2.22\mathrm{kN/m} & 0.0 & -2.22\mathrm{kN/m} & 3.33\mathrm{kN} & 0.0 & 0.0 \\ & 24.24\mathrm{kN/m} & 0.0 & -1.88\mathrm{kN} & -10\mathrm{kN} & 0.0 \\ & & 13.16\mathrm{kN/m} & -1.46\mathrm{kN} & 0.0 & 1.88\mathrm{kN} \\ & 对 & & 16.67\mathrm{kN \cdot m} & 0.0 & 2.5\mathrm{kN \cdot m} \\ & & 称 & & 10\mathrm{kN/m} & 0.0 \\ & & & & & 5\mathrm{kN \cdot m} \end{bmatrix} \begin{bmatrix} v_1 \\ u_2 \\ v_2 \\ \theta_2 \\ u_3 \\ \theta_3 \end{bmatrix} = \begin{bmatrix} 8.0\ \mathrm{kN} \\ 0.0 \\ 18.0\ \mathrm{kN} \\ 12.0\ \mathrm{kN \cdot m} \\ 0.0 \\ -12.0\ \mathrm{kN \cdot m} \end{bmatrix}$

11-10　$\boldsymbol{K} = 10^4 \begin{bmatrix} 0.4608\mathrm{kN/m} & 0.0 & -0.4608\mathrm{kN/m} & -1.152\mathrm{kN} \\ 0.0 & 7.3\mathrm{kN/m} & 0.0 & -1.8\mathrm{kN} \\ -0.4608\mathrm{kN/m} & 0.0 & 8.468\mathrm{kN/m} & 1.152\mathrm{kN} \\ -1.152\mathrm{kN} & -1.8\mathrm{kN} & 1.152\mathrm{kN} & 8.64\mathrm{kN \cdot m} \end{bmatrix}$。

11-11　$\boldsymbol{K} = 10^4 \begin{bmatrix} 19.072\mathrm{kN/m} & 2.304\mathrm{kN/m} & 0.00 & 0.00 \\ 2.304\mathrm{kN/m} & 3.528\mathrm{kN/m} & 0.00 & -0.90\mathrm{kN/m} \\ 0.00 & 0.00 & 9.60\mathrm{kN \cdot m} & -1.8\mathrm{kN} \\ 0.00 & -0.90\mathrm{kN/m} & -1.8\mathrm{kN} & 0.90\mathrm{kN/m} \end{bmatrix}$。

11-12　至少有 46 个零元素。

11-13　$M_{AB} = -10.8\mathrm{kN \cdot m}$，$M_{BA} = 2.4\mathrm{kN \cdot m}$，$M_{CB} = 3.6\mathrm{kN \cdot m}$，$M_{DC} = 13.2\mathrm{kN \cdot m}$。

11-14　$M_{AB} = -257.14\mathrm{kN \cdot m}$，$M_{BA} = -214.2857\mathrm{kN \cdot m}$。

11-15　$M_{AB} = -14.56\mathrm{kN \cdot m}$，$M_{BA} = 4.56\mathrm{kN \cdot m}$，$M_{CB} = -2.79\mathrm{kN \cdot m}$，$F_{NAB} = 22.22\mathrm{kN}$，$F_{NBC} = -28.87\mathrm{kN}$。

11-16　$F_{NAB} = 19.18\mathrm{kN}$，$F_{NBD} = 8.385\mathrm{kN}$，$F_{NCD} = -15.5\mathrm{kN}$，$F_{NAD} = 19.4\mathrm{kN}$，$F_{NBC} = -13.98\mathrm{kN}$。

参考文献

[1] 龙驭球,包世华. 结构力学教程:Ⅰ[M]. 3版. 北京:高等教育出版社,2012.

[2] 包世华,熊峰,范小春. 结构力学教程[M]. 武汉:武汉理工大学出版社,2016.

[3] 李廉锟. 结构力学:上册[M]. 6版. 北京:高等教育出版社,2017.

[4] 杨茀康,李家宝. 结构力学:上册[M]. 4版. 北京:高等教育出版社,1998.

[5] 朱伯钦,周竞欧,许哲明. 结构力学:上册[M]. 2版. 上海:同济大学出版社,2004.

[6] 朱慈勉. 结构力学:上册[M]. 2版. 北京:高等教育出版社,2009.

[7] 王焕定,章梓茂,景瑞. 结构力学:Ⅰ[M]. 3版. 北京:高等教育出版社,2010.

[8] 阳日. 结构力学[M]. 北京:高等教育出版社,2005.

[9] 赵超燮. 结构矩阵分析原理[M]. 北京:人民教育出版社,1983.

[10] 雷钟和,江爱川,郝静明. 结构力学解疑[M]. 北京:清华大学出版社,1996.

[11] 缪加玉. 结构力学的若干问题[M]. 成都:成都科技大学出版社,1993.

[12] 张来仪,景瑞. 结构力学:上册[M]. 北京:中国建筑工业出版社,1997.

[13] 吴德伦. 结构力学:上册[M]. 重庆:重庆大学出版社,1994.

[14] 张来仪. 结构力学[M]. 北京:中国建筑工业出版社,2003.

[15] 赵更新. 结构力学[M]. 北京:中国水利水电出版社,知识产权出版社,2004.

[16] 赵更新. 土木工程结构分析程序设计[M]. 北京:中国水利水电出版社,2002.

[17] H I 劳森. 结构分析[M]. 邹汉道,萧允徽,张忠国,译. 北京:科学出版社,1995.

[18] 赵更新. 结构力学辅导——概念·方法·题解[M]. 北京:中国水利水电出版社,2001.

[19] 王兰生,罗汉泉,李存权,等. 结构力学难题分析[M]. 北京:高等教育出版社,1989.

[20] 文国治,李正良. 结构分析中的有限元法[M]. 武汉:武汉理工大学出版社,2010.

[21] 文国治. 结构力学[M]. 重庆:重庆大学出版社,2011.

[22] 文国治. 结构力学辅导[M]. 北京:机械工业出版社,2012.

[23] 钱令希. 发展中的计算结构力学[J]. 力学与实践,1979(1):10-13.

[24] 张希黔. 建筑施工科技创新及应用[M]. 北京:中国建筑工业出版社,2009.

[25] 刘子祥,戴为志. 国家体育场(鸟巢)钢结构工程施工技术[M]. 北京:化学工业出版社,2011.